VORWORT

Seit mehr als 20 Jahren bringen wir in unserem jobvector Stellenmarkt und auf unseren jobvector career days Bewerber und Unternehmen aus der wissenschatlichen, medizinischen und technischen Branche zusammen. Oft haben Bewerber uns nach einer Orientierungshilfe zum Thema Karriere gefragt, die speziell auf die Bedürfnisse von Naturwissenschaftlern und Medizinern zugeschnitten ist. Dieser fachspezifische Ratgeber liegt nun in Ihrer Hand!

Unser Ziel ist es, Ihnen das breite Spektrum an Karrierewegen aufzuzeigen, das Ihnen mit einem naturwissenschaftlichen oder medizinischen Hintergrund offen steht sowie Ihnen wertvolle Tipps für Ihre Karriereplanung zu geben.

Es gibt die klassischen Wege, wie etwa ein Einstieg in die Forschung und Entwicklung oder in die Produktion, doch die heutige Berufswelt ist offen für Menschen, die über ihr eigenes Studium hinausblicken und interdisziplinär arbeiten möchten.

Uns ist es wichtig, auch ungewöhnliche und weniger bekannte Karrierewege vorzustellen, an die Sie bisher vielleicht noch nicht gedacht haben.

Die Berufsbilder und Erfahrungsberichte können natürlich nur Beispiele für die Bandbreite an Möglichkeiten sein, die für Sie als Naturwissenschaftler oder Mediziner in Frage kommen. Gerne möchten wir Ihre Neugier wecken und Ihnen neue Perspektiven aufzeigen.

Erfahren Sie mehr über Arbeitgeber aus der Science- und High-Tech-Branche. Die Unternehmensporträts zeigen, welch vielfältige Möglichkeiten sich Ihnen bieten.

Nutzen Sie dieses Nachschlagewerk als Orientierungshilfe, entdecken Sie Ihre Karriereperspektiven und profitieren Sie von spannenden Bewerbungs- und Karrieretipps. Wir möchten Ihnen etwas Inspiration mit auf Ihren Karriereweg geben.

Viel Erfolg für Ihre berufliche Zukunft wünscht Ihnen

Eva Birkmann

Dr. Eva Birkmann,
CEO jobvector

Inhaltsübersicht

Impressum

Karrieretrends für Naturwissenschaftler & Mediziner

Capsid GmbH (Herausgeber)

Diese Publikation ist ein Karriereratgeber für Absolventen, Fach- und Führungskräfte. In unseren Karrieretrends finden Sie Tipps für Ihre Bewerbung, aktuelle Trends auf dem Arbeitsmarkt, verschiedene Berufsbilder und Karriereperspektiven.

10. Auflage, 1. Ausgabe 2019 | **ISBN-Nr. 978-3-96467-003-8**

Bestellung

Die Publikation „Karrieretrends für Naturwissenschaftler & Mediziner" wird national und international auf branchenspezifischen Messen und Konferenzen, an Universitäten, Fachhochschulen und Berufsschulen kostenlos verteilt. Des Weiteren ist sie über den Herausgeber auf **www.jobvector.de** gegen ein Entgelt von 15,00 € erhältlich. Für die Richtigkeit der Angaben kann der Herausgeber keine Gewähr übernehmen.

Hinweise

 Die Beiträge geben nicht in jedem Fall die Meinung des Herausgebers wieder. Aus Gründen der Lesbarkeit wird bei den meisten geschlechtsspezifischen Bezeichnungen die männliche Form gewählt.

Kontaktdaten

jobvector/Capsid GmbH
Kölner Landstr. 40
40591 Düsseldorf
Deutschland

Tel.: +49 (0) 211 301 384 01
Fax.: +49 (0) 211 301 384 69
www.jobvector.de

Inhaltsverzeichnis

1. Berufsbilder & Erfahrungsberichte

2. Unternehmen & Jobs

3. BRANCHENTRENDS & PERSPEKTIVEN

4. Bewerbung & Karriereplanung

1. Berufsbilder & Erfahrungsberichte

Sie sind Berufseinsteiger oder planen in Ihrem Berufsleben den nächsten Karriereschritt? Im ersten Kapitel werden Ihnen vielseitige Berufsbilder und Erfahrungsberichte aus unterschiedlichen Tätigkeitsfeldern vorgestellt. Die Artikel können Ihnen bei der Entscheidung behilflich sein, interessante Bereiche für sich zu entdecken. Die Beiträge geben Ihnen Einblicke, wie Sie in den Berufsfeldern erfolgreich sein können. Es werden nicht nur Berufsbilder vorgestellt, welche für Naturwissenschaftler und Mediziner als die klassischen Tätigkeitsfelder gelten, wie z.B. die Forschung & Entwicklung, der praktizierende Arzt, sondern auch weitere interdisziplinäre Bereiche. Somit können Sie die Vielfältigkeit Ihrer beruflichen Möglichkeiten entdecken. Alle Artikel sind für Sie ausschließlich von Naturwissenschaftlern und Medizinern verfasst.

I. Berufsbilder & Erfahrungsberichte

Klinischer Monitor

Unterwegs im Namen der Patientensicherheit

Clinical Research Associate (CRA) - auch Klinischer Monitor genannt - ist ein klassischer Einsteigerberuf in die klinische Forschung der pharmazeutischen Industrie für Biologen, Pharmazeuten und Chemiker. Viele im Studium erworbene Kompetenzen können hier angewendet werden.

Clinical Research Associates befassen sich mit der Organisation und Durchführung von klinischen Studien. Dabei betreiben sie keine eigene Forschung, sondern schaffen die Rahmenbedingungen, sorgen für deren Einhaltung und für den reibungslosen Ablauf einer Studie. Die konkreten Aufgaben sind je nach Arbeitgeber und Erfahrungsstufe vielfältig und reichen von der Suche nach geeigneten Prüfzentren über die Betreuung der Studie bis zum Verfassen eines Abschlussberichts. Klinische Monitore arbeiten in der Regel in der pharmazeutischen Industrie oder bei einem Auftragsforschungsinstitut - Clinical Research Organistion (CRO), welches Studien im Auftrag eines Pharmaunternehmens durchführt. Einige Klinische Monitore arbeiten als Freelancer auch selbstständig und nehmen eigene Aufträge an.

Die richtige Einrichtung finden

Im Vorfeld einer Studie versuchen Klinische Monitore meist telefonisch, Kliniken und Arztpraxen als Prüfzentren für die geplante Studie zu gewinnen. Sagt eine Einrichtung zu, besucht der CRA sie vor Ort, um die Anforderungen der Studie mit den Ärzten zu besprechen. ▶

CRF Abkürzung für Case Report Form. Prüfbogen, auf dem die Untersuchungsdaten eines Patienten für die Studie eingetragen werden

CRA Abkürzung für Clinical Research Associate; Synonym für Klinischer Monitor

CRO Abkürzung für Clinical Research Organisation; Synonym für Dienstleister, der z.B. von Pharmafirmen beauftragt wird, klinische Studien durchzuführen

CTA Abkürzung für Clinical Trials Assistent; arbeitet in-house und unterstützt die CRAs und / oder die Projektleitung

Data Manager Derjenige, der die Daten der unterschiedlichen Prüfzentren zusammenführt und sie auf Qualität und Validität überprüft

Deklaration von Helsinki Eine Deklaration des Weltärztebundes zu ethischen Grundsätzen der medizinischen Forschung am Menschen

GCP Abkürzung für Good Clinical Practice; international gültige Richtlinien, die wissenschaftliche und ethische Standards zur Durchführung von klinischen Studien definieren

Lead CRA Bindeglied zwischen dem CRA-Team und der Projektleitung

Projektmanager Hat die Verantwortung über die gesamte Studie: Planung, CRA-Team, Finanzen; ist bei einer CRO der Hauptkontakt zum Sponsor (Auftraggeber)

Prüfarzt Arzt, der die Studie mit Patienten durchführt

Prüfzentrum Klinik oder Praxis, an der die Studie praktisch durchgeführt wird

Studienprotokoll Dokument, in dem die Rahmenbedingungen einer Studie festgelegt sind, u.a. die Ziele der Studie, die zu messenden Parameter, Auswahlkriterien für Probanden, Zeitpunkte der Messungen, die Dosierung des zu testenden Präparats und die Methode zur Datenauswertung

Ziel ist es, festzustellen, ob die Einrichtung für die Studie geeignet ist. Im nächsten Schritt werden die am besten geeigneten Praxen oder Kliniken ausgewählt und zu Prüfzentren ernannt. Darüber hinaus klärt der CRA den Arzt über die rechtlichen Rahmenbedingungen und den geplanten Studienablauf auf. Er weist den Arzt in das Studienprotokoll ein und stellt sicher, dass der Arzt weiß, wie die Daten dokumentiert und verschlüsselt werden müssen.

Die Auswahl der Probanden übernehmen die Ärzte anhand der Anforderungen der Studie anschließend selbst. Der Klinische Monitor hat in der Regel keinen direkten Kontakt zu den Patienten, jedoch prüft er anhand von Patientenakten und anderen Dokumenten, ob sie den Studienkriterien entsprechen.

Einhalten von Richtlinien

Während der Durchführung der Studie ist der CRA häufig in den Prüfzentren vor Ort, um die Einhaltung des Studienprotokolls sowie der verschiedenen rechtlichen Vorschriften und Richtlinien zu überprüfen. Dazu zählen unter anderem die international anerkannten Richtlinien der Good Clinical Practice (GCP) und der Deklaration von Helsinki. Diese Richtlinien gewährleisten, dass in klinischen Studien ethische und wissenschaftliche Standards eingehalten werden, wobei immer die Sicherheit des Patienten im Vordergrund steht.

Zum Beispiel ist festgelegt, dass ein Proband über alle Umstände der Studie inklusive aller Risiken aufgeklärt sein und eine schriftliche Einwilligung erteilt haben muss. Darüber ▶

hinaus beschreiben die Richtlinien, wie auf unerwünschte und unter Umständen gefährliche Nebenwirkungen reagiert werden soll.

Der Klinische Monitor überprüft auch, ob der Arzt die Case Report Form (CRF), also den Prüfbogen, in den die Daten des Patienten anonymisiert eingetragen werden, korrekt ausfüllt. Während der gesamten Studienphase ist der Klinische Monitor bei allen Fragen und Problemen der direkte Ansprechpartner für den Prüfarzt. Er ist das Bindeglied zwischen ihm und dem Auftraggeber der Studie. Hat beispielsweise der Data Manager Fragen zu den Daten, leitet der CRA sie weiter und klärt sie gemeinsam mit dem Prüfarzt.

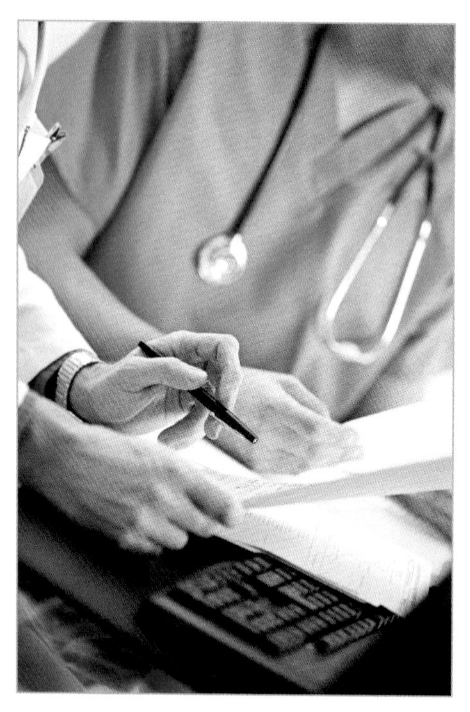

Reisebereitschaft

So verbringt ein Klinischer Monitor zwischen 50 und 70 Prozent der Arbeitszeit mit Terminen vor Ort. Dabei sind mehrtägige Reisen keine Seltenheit. Hinzu kommen Büroarbeiten, wie der Versand von Studienmaterial oder die Dokumentation der Besuche in den Prüfzentren.

Wichtige Eigenschaften für die Arbeit eines Klinischen Monitors sind Organisationsfähigkeit, Kommunikationsstärke und Reisebereitschaft. Medizinisches Wissen und Kenntnisse über GCP, die Deklaration von Helsinki und gesetzliche Rahmenbedingungen sind ebenfalls wichtig, können aber durch Trainings und Fortbildungen vom Arbeitgeber vermittelt werden.

Quereinstieg

In Deutschland gibt es keine einheitliche Ausbildung für CRAs - die Branche lebt von Quereinsteigern. In großen Auftragsforschungsinstituten haben Berufseinsteiger daher gute Chancen auf einen Direkteinstieg. Allerdings ist auch eine Weiterbildung zum CRA möglich.

Klinische Monitore sind auf dem Arbeitsmarkt häufig gesuchte Berufsprofile. Daher sind auch die Auftragsbücher der Freelancer gut gefüllt. Als Freelancer besteht die Möglichkeit, die Anzahl der Projekte selbstständig zu skalieren und sich spannende Studien aussuchen zu können. Insbesondere die Nachfrage nach Freelancern mit Erfahrung ist hoch. Hier können zusätzlich Einblicke in die Arbeitsweise von verschiedenen Arbeitgebern gewonnen werden. Dadurch wird die Möglichkeit eröffnet, sich später bei seinem präferierten Arbeitgeber auf Stellen zu bewerben. Als Freelancer wird selbstständig gearbeitet, dies beinhaltet einige organisatorische Aufgaben.

Perspektiven

Mit einem Einstieg im Bereich der Auftragsforschung hat man die Möglichkeit, an der praxisorientierten Forschungsspitze mitzuarbeiten. Ebenso kann man an Studien teilnehmen, die den Patienten helfen, ihr Leiden zu verringern oder gar zu heilen.

Am Karrierestart muss man lernen, die umfassende Reisezeit zu kompensieren. Man baut ein großes Netzwerk an Kontakten zu Ärzten und Kliniken auf und lernt die Koryphäen der medizinischen Fachgebiete und ihre Arbeit kennen. Manche Unternehmen unterscheiden je nach Berufserfahrung zwischen CRA 1 (weniger als ein Jahr Berufserfahrung) und CRA 2 (ein bis vier Jahre Berufserfahrung). Ein Senior CRA hat in der Regel mehr als drei Jahre Berufserfahrung. Darüber hinaus bestehen Weiterentwicklungsmöglichkeiten zum so genannten Lead CRA oder zum Clinical Project Manager. Weitere Optionen sind Teamleiter, LRA (Local Regulatory Affairs) oder QA (Quality Assurance).

Für Lead CRAs oder Projektleiter für klinische Studien richtet sich der Fokus mehr auf die Kunden, also auf die Pharmafirmen, die Studien in Auftrag geben, als auf die Studienteilnehmer: „Können wir diese Studie mit unserem Netzwerk durchführen?" ist eine typische Frage, die ein Projektleiter für klinische Studien beantworten kann. Weitere Aufgaben eines Projektmanagers sind zum Beispiel Studienplanung, Entwicklung des Studienprotokolls, sowie Verantwortung über das Studienbudget. ■

Erfolgsfaktoren für Klinische Monitore

- Hohe Reisebereitschaft
- Hervorragende Kommunikationsfähigkeiten
- Großes Organisationstalent
- Soziale Kompetenz, Freude am Umgang mit Menschen
- Sehr gute Kenntnisse der relevanten Gesetze und Guidelines
- Sehr gute Englischkenntnisse in Wort und Schrift
- Führerschein
- Eigenverantwortliches Arbeiten
- Fokussierte und effiziente Arbeitsweise

Ein typischer Tag eines Clinical Research Associates - Erfahrungsbericht

Nachdem die Bitte, einen kurzen Erfahrungsbericht zu schreiben an mich herangetragen wurde, musste ich mich selbst erst einmal fragen, ob es so etwas wie den typischen Tag in meinem Berufsleben überhaupt gibt. Ich bin dann recht schnell zu dem Ergebnis gelangt, dass die Anwort „Nein“ ist. Dies ist sicherlich darin begründet, dass die Arbeiten eines Clinical Research Associates (CRAs) sehr vielfältig sind und je nach Studienphase stark variieren.

Die Hauptaufgabe ist sicherlich das eigentliche Monitoring – weil dies auch die längste Phase im Rahmen einer Studie ausmacht. Dennoch habe ich mich entschieden, hier einen Überblick über die verschiedenen Phasen einer klinischen Studie und ihren jeweiligen Anforderungen zu geben, denn jede Phase einer Studie birgt ihre ganz eigenen Herausforderungen. Es ist gerade diese Vielschichtigkeit, die diesen Beruf so interessant macht.

Machbarkeitsanalyse (Feasibility)

Häufig werde ich neben der laufenden Arbeit mit sogenannter Feasibility beauftragt. Dies kann entweder bedeuten, dass wir uns als Clinical Research Organistion (CRO) bei einem Pharmaunternehmen (Sponsor) um die Durchführung einer Studie bewerben oder aber schon mit der Durchführung beauftragt worden sind. Nun muss geklärt werden, in welchen Ländern die Studie am besten durchzuführen ist. Fragen wie: „Wo gibt es geeignete Prüfzentren? Wo existiert überhaupt ▶

die gesuchte Patientenpopulation?" sind zu beantworten.

In diesen Fällen informiert man sich über die entsprechende Indikation und versucht, auf Grund von Fachliteratur herauszufinden, wo in Deutschland die sogenannten ‚Key Opinion Leader' in der entsprechenden Indikation sind. Mit diesen Prüfzentren tritt man in Kontakt und versucht, eine repräsentative Meinung zur Durchführbarkeit dieser Studie einzuholen. Die Zusammenfassung der recherchierten Daten werden anschließend an die Projektleitung weiter gegeben. Diese Daten leisten oft einen wichtigen Beitrag dazu, einen Sponsor davon zu überzeugen, dass unser Unternehmen mit dem bestehenden Netzwerk in der Lage ist, die jeweilige Studie durchzuführen.

Site Selection

Diese Aufgaben treten ein, wenn der CRA mit der Durchführung einer Studie schon beauftragt wurde. Nun kontaktieren wir Zentren (z.B. aus der Feasibility) und versuchen, sie für eine Teilnahme an der Studie zu begeistern. Gleichzeitig versucht man bereits zu klären, ob interessierte Zentren die von Studie zu Studie variierenden Anforderungen erfüllen können.

Dies ist das Ziel und diese Verantwortung liegt zu einem Großteil bei den CRAs. Wirklich die besten Zentren zu finden, die einer Studie zum Erfolg verhelfen, ist also eine der Kernaufgaben. Nachdem die Vorauswahl getroffen wurde, entscheidet der Sponsor, an welchen Zentren ein Pre-Study-Visit (PSV) durchgeführt werden soll.

Pre-Study-Visit

Bislang war die beschriebene Arbeit eher ‚Schreibtischarbeit' - jetzt geht es für den CRA wieder auf Reisen! Ein PSV ist dabei eine Mischung aus gegenseitigem Kennenlernen, einer kurzen Vorstellung des Studienprotokolls und dessen besonderer Anforderungen und der Überprüfung des Zentrums auf Einhaltung der Anforderungen. Im Anschluss muss ein kurzer Bericht geschrieben werden, schon geht es auf zum nächsten Zentrum. Anhand dieser Berichte entscheidet der Sponsor zusammen mit dem Projektmanagement, an welchen Zentren die Studie letztendlich durchgeführt werden soll und mit welchen Zentren ich demnächst zusammenarbeiten werde.

Die Einreichung

Jede Studie muss vor Durchführung bei den zuständigen Behörden eingereicht und von diesen genehmigt werden. Wie man sich vorstellen kann, bedeutet dies jede Menge Papierarbeit – Behörden halt! Bei uns arbeiten in dieser Phase die CRAs sehr eng mit den CTAs (Clinical Trial Assistent) und den LRAs (Local Regulatory Affairs) zusammen. Eine der Hauptaufgaben der CRAs ist hierbei die Einholung essentieller Dokumente von den Prüfzentren und Ärzten. Hat man alle erforderlichen Dokumente zusammen, erfolgt die Einreichung, gefolgt von dem Warten auf Genehmigung. Dies ist gleichbedeutend mit einer kurzen Verschnaufpause für die CRAs – aber nur kurz! Und meistens nicht mal das, da man im Normalfall immer mehr als eine Studie gleichzeitig betreut und die andere Studie natürlich ganz normal weiterläuft. Hier ist ▶

also Organisationstalent und gutes Zeitmanagement gefragt.

Initiierung

Noch während des Wartens auf die Genehmigung der Behörden, finden in der Regel schon die ersten Site-Initiation-Visits (SIV) statt. Die Zentren, die nach den Pre-Study-Visits ausgewählt wurden, werden initiiert. Aus meiner Erfahrung ist dies der wichtigste Besuch am Zentrum im Verlauf einer Studie. Das Studienprotokoll und die Case Report Form (CRF) werden bis ins kleinste Detail durchgesprochen. Und hier ist der CRA der Experte!

Aus meiner Sicht besteht eine der größten Herausforderungen darin, die Aufgaben deutlich zu erklären. Der CRA muss entscheiden, was das Wichtigste ist und wie er die Aufmerksamkeit des ‚Publikums' (Prüfärzte, Studienkoordinatoren, Study Nurses) aufrecht erhalten kann. Hier sind also gute Kommunikations- und Präsentationsfähigkeiten gefragt. Ich finde den SIV nicht nur den wichtigsten, sondern auch den spannendsten Besuch an einem Zentrum. Es gibt interessante fachliche Diskussionen und oft kommen auch Fragen auf, die bislang noch nicht bedacht worden sind. In dieser Phase der Studie steht der CRA in besonders engem Kontakt zum Projektmanager und auch zum Sponsor, die er über eventuelle Schwierigkeiten und Herausforderungen informiert.

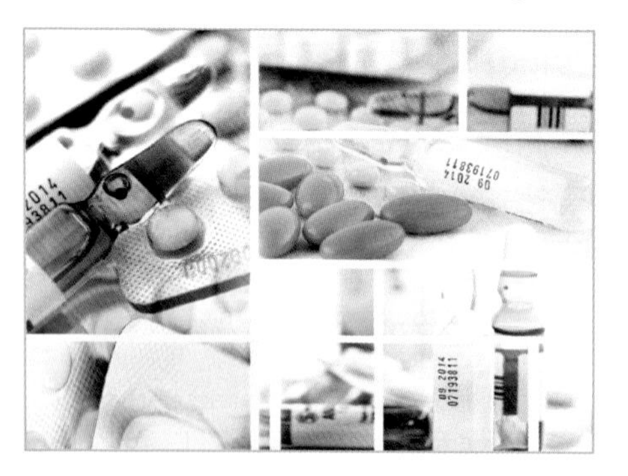

Wie nach jedem Besuch steht nun auch das Berichteschreiben an. Dabei geht es darum, dem Leser (Lead CRA, Projekt Manager, Sponsor) zu vermitteln, was tatsächlich ‚on-site' passiert ist: Welche Fragen wurden gestellt? Hatte das Zentrum irgendwelche Bedenken? Was wurde im Speziellen diskutiert? Sind die SIVs erledigt und liegen die Genehmigungen der Behörden vor (nicht nur für die Studie selbst, sondern für jedes einzelne Zentrum und jeden Prüfarzt), wird die Prüfmedikation an die Zentren geliefert und damit kann die eigentliche Studie beginnen!

Monitoring

Die Zentren rekrutieren nun Patienten, welche den definierten Voraussetzungen für die Studie entsprechen. Der CRA schaut in regelmäßigen Abständen (4 Wochen bis 3 Monate) nach dem Rechten. Im Klartext heißt das: Haben die Patienten schriftlich in die Teilnahme an der Studie eingewilligt? Erfüllen sie die Ein- und Ausschlusskriterien? Hat der Prüfarzt sich an das Protokoll gehalten? Ist der CRF ordnungsgemäß ausgefüllt? Wurden alle Untersuchungen wie verlangt durchgeführt? Ist dies auch alles in den Patientenakten dokumentiert? Mitunter ist es schwierig, unerfahrene Zentren von der Notwendigkeit der doppelten ‚Buchhaltung' nach ICH-GCP zu überzeugen. Ich persönlich habe auch schon ▶

die Erfahrung gemacht, dass die Ärzte es gar nicht gutheißen, wenn ein CRA ihnen in ihrer Praxis versucht zu erklären, was sie zu tun haben. Spätestens seitdem ist mir klar, dass Diplomatie eine sehr wichtige Anforderung an einen Monitor ist. Die Kunst besteht darin, die Balance zwischen Motivation der Ärzte und Erfüllung der Anforderungen zu finden.

Als Rätselfan mag ich die Arbeit ‚on-site' beim Monitorieren besonders: Ist das Kreuz im CRF wirklich an der richtigen Stelle? Bei komplexen Studien gleicht ein CRF oft einem Logical. Und oft kennen nur der CRA und das Datenmanagement die Lösung des Rätsels. Dann gilt es wieder, das Zentrum in die Geheimnisse einzuweihen und darauf zu vertrauen, dass sie es sich auch bis zum nächsten Patienten merken! Obwohl ein Großteil der Arbeit die Überprüfung der Zentren ausmacht, gilt das Hauptaugenmerk immer der Sicherheit der Patienten.

Es ist zwar nicht vergleichbar mit der Arbeit z.B. eines Chirurgen am OP-Tisch, aber dennoch hat man als CRA eine große Verantwortung. Schließlich geht es hier um die Erprobung neuer Medikamente – mit allen Risiken und Nebenwirkungen! Und in diesem Fall heißt es nicht ‚Fragen Sie Ihren Arzt oder Apotheker' sondern ‚Bitte kontaktieren Sie Ihren Monitor'!

Freelancer

In der klinischen Forschung gibt es einige Berufsbilder, die sich als Freelancerpositionen eignen. So sind einige klinische Monitore oder auch Qualitätsmanager selbstständig. Wer seine Arbeit also gerne selber verwaltet, dem steht in der klinischen Forschung der Weg in die Selbstständigkeit offen. Einige Konzerne und Dienstleister setzen auf Freelancer und bieten ihnen Schulungen an. Dadurch können sich Freelancer kontinuierlich weiterentwickeln und ihre Auftragslage sichern. Da viele Pharmaunternehmen oftmals so viele Aufträge haben, dass sie allein das gesamte Auftragsbuch eines einzigen Freelancers füllen können, können diese sich innerhalb kurzer Zeit ein hohes Maß an Fachwissen und Berufserfahrung aneignen. Somit sind auch Folgeaufträge anderer Unternehmen leichter zu ergattern und die Angst vor der Selbstständigkeit ist eher unbegründet.

Ingenieur in der Medizintechnik

Entwickler zwischen Mensch und Maschine

Medizingenieure oder Medizintechnikingenieure sind der Motor für den medizinischen Fortschritt für die Entwicklung von neuen Implantaten, Prothesen, Verfahren und Geräten. Insbesondere chirurgische Instrumente und medizintechnische Geräte werden von Medizingenieuren entwickelt.

Vielseitige Produkte

Fast jeder ist schon mal in Berührung mit Produkten aus der Medizintechnik gekommen: Bildgebende Verfahren (Röntgenaufnahmen, Kernspintomografie, Ultraschall), Zahnfüllmaterialien, Herzschrittmacher, künstliche Hüftgelenke und Hörgeräte sind nur einige Beispiele für die sehr unterschiedlichen und längst etablierten Errungenschaften der Medizintechnik. Aktuelle Forschungsfelder sind z.B. Prothesen, die vom Gehirn gesteuert werden können oder die Entwicklung von Geräten zur minimalinvasiven Chirurgie. Dies ist eine Operationsmethode, bei der der Patient u.a. durch möglichst kleine Schnitte in die Haut wenig belastet wird. Dazu werden spezielle Geräte wie beispielsweise Endoskope benötigt, die eine Orientierung im Körper ermöglichen. Sogenannte Telemedizinprodukte könnten in Zukunft viele Krankenhausaufenthalte verkürzen oder überflüssig machen.

Hier forschen aktuell unter anderem Elektrotechniker und Informatiker an zukunftsweisenden Projekten. Die Idee ist, dass Sensoren am Körper der Patienten oder Messgeräte in ▶

der Wohnung der Patienten zum Beispiel Blutdruck, Puls, Blutzucker, Sauerstoffsättigung, EKG oder auch das Gewicht der Patienten messen und diese Daten automatisch an ein Krankenhaus, einen Arzt oder ein telemedizinisches Zentrum senden, wo sie ausgewertet werden. Zur Beobachtung dieser Werte wäre kein Krankenhausaufenthalt mehr nötig und der Patient könnte sich in einer für ihn angenehmeren Umgebung erholen oder seinem Alltag nachgehen. Durch die somit mögliche längerfristige Beobachtung der Vitalparameter könnten Prävention, Behandlung und Nachversorgung von Volkskrankheiten wie Herz-, Kreislauf- oder Lungenerkrankungen und Schlaganfällen verbessert werden.

Industrie oder Forschung?

Medizingenieure arbeiten in der Regel in der Medizintechnik-Industrie oder -Forschung. Ihre Aufgabe besteht darin, Medizintechnik-Produkte zur Prävention, Diagnose, Therapie und Rehabilitation zu entwickeln, beziehungsweise weiterzuentwickeln. Sie arbeiten an der Schnittstelle zwischen Medizin und Technik, wobei der Technikaspekt deutlich überwiegt. Sie schaffen die technischen Möglichkeiten, die der Arzt anwenden kann. Um die Technik praxistauglich zu gestalten, benötigt der Medizingenieur auch umfassendes Wissen über den menschlichen Körper und die medizinischen Anwendungen. Medizintechnik ist eine Querschnitttechnologie, für die man ein großes Breitenwissen und je nach Arbeitsgebiet ganz unterschiedliches Spezialwissen benötigt.

In das Aufgabenfeld der Ingenieure in der Medizintechnik fällt auch ein Teil des Qualitätsmanagements. Gerade die Entwicklung und der Einsatz von Medizintechnikprodukten unterliegt strengen Normen und Vorschriften. Jeder Schritt und jede Funktionalität in der Entwicklung wird detailliert dokumentiert. In diesem Bereich ist eine akribische Arbeitsweise und Detailgenauigkeit gefragt.

Einstiegsmöglichkeiten

Der Zugang zu diesem Beruf ist für Absolventen von Studiengängen wie Medizintechnik oder benachbarten Studiengängen wie etwa Medizinische Informatik, Dentaltechnologie, Lasertechnik, Technische Orthopädie offen. Doch auch Interessierten aus verwandten Fachbereichen ist der Weg nicht versperrt: Zum Beispiel kann nach einem Bachelorstudium in einem technischen oder naturwissenschaftlichen Bereich ein Medizintechnik-Master verfolgt werden.

Wie vielfältig die Studiengänge sind, mit denen man sich für einen Medizintechnik-Master qualifizieren kann, zeigt zum Beispiel ein Blick in die Prüfungsordnung der RWTH Aachen für den Masterstudiengang Biomedical Engineering: „Zugangsvoraussetzung ist ein anerkannter erster Hochschulabschluss in einem der Fächer Maschinenbau, Mechatronik, Automatisierungstechnik, Chemieingenieur, Elektrotechnik, Computer Sciences, Informationstechnik, Mathematik, Medizin, Zahnmedizin, Biologie, Biotechnologie, Chemie, Biochemie, Physik und Biophysik, durch den die fachliche Vorbildung für den Masterstudiengang nachgewiesen wird.“ ▶

Das Studium beginnt mit allgemeinen technischen Themen und spezialisiert sich erst später in Richtung Medizin. Studieninhalte sind unter anderem Mathematik, Physik, Elektrotechnik, Elektronik, Biologie, Mechanik und Anatomie, Hygiene, Informatik, Biomechanik, Physiologie. Je nach Vertiefungsrichtung beschäftigt man sich anschließend mit Biomedizintechnik, Krankenhaustechnik, Gerätetechnik, angewandter Medizintechnik, Nano-Technologie, Laser- und Materialforschung, Feinwerktechnik, Flüssigkeitsmechanik oder noch ganz anderen Schwerpunkten.

Perspektiven

Als Medizingenieur trägt man maßgeblich zum medizinischen Fortschritt bei, verbessert die Lebensqualität vieler Menschen und hilft, eine effektive Gesundheitsversorgung zu ermöglichen. Damit kann man dazu beitragen vielen Menschen das Leben zu retten. Medizingenieure können in kleinen und großen Unternehmen der Branche oder an Universitäten und Forschungszentren forschen oder aber auch als Servicetechniker anwendungsbezogen Hilfe leisten.

Weitere Arbeitsbereiche sind Kundenservice oder insbesondere Krankenhäuser, Kliniken und Forschungsinstitute. Dort betreut man die technische Ausstattung, berät zu Neuanschaffungen, hält vorhandene Geräte instand und schult Mitarbeiter im Umgang mit den Anwendungen. Wer neue Wege sucht, kann als Medizingenieur etwa auch im Vertrieb oder in der Qualitätssicherung arbeiten. Aber auch in den klassischen Forschungs- und Entwicklungsbereichen haben Medizingenieure hervorragende Karriere- und Verdienstaussichten. Die Branche boomt in Deutschland und gilt als Zukunftsbranche. Rund 50 % der produzierten Medizintechnik-Produkte sind für den Export bestimmt. Deutschland hat einen Welthandelsanteil von 15 % und ist damit zweitgrößter Exporteur nach den USA. Das steigende Bevölkerungsalter in den Industriestaaten wird die Wichtigkeit der Medizintechnik noch verstärken. Da die Innovationsgeschwindigkeit sehr hoch ist, werden in Deutschland Medizintechnikingenieure gebraucht, um die Führungsrolle beizubehalten. Absolventen können daher mit hervorragenden Perspektiven rechnen. ■

Erfolgsfaktoren für Ingenieure in der Medizintechnik

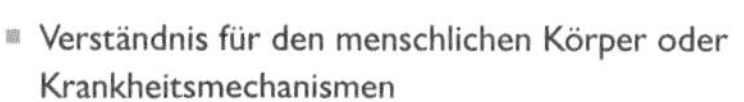

- Verständnis für den menschlichen Körper oder Krankheitsmechanismen
- Technisches Fachwissen, Verständnis und Ideen
- Talent für die Entwicklung von technischen Anwendungen
- Dialogfähigkeit mit anderen Fachgruppen (Ärzten), zuhören können
- Innovationsstärke

Passende Stellen aus der Medizintechnik finden Sie auf jobvector.de

Abteilungsleiter Technik / technische Anlagen in der pharmazeutischen Industrie - Erfahrungsbericht

Ein Ingenieurstudium sollte es eigentlich von Anfang an sein, dass es dann aber Pharmatechnik wurde war schon irgendwie Zufall. Aber der Mix aus Technik, Qualitätssicherungsthemen und die Aussicht auf die pharmazeutische Industrie haben mich dann gereizt. Mit dem Studiengang Pharmatechnik (FH) werden naturwissenschaftliche Grundlagen mit verfahrenstechnischen, biotechnologischen, pharmatechnologischen, biopharmazeutischen und ökologischen Kenntnissen sowie Überblicken über die Qualitätskontrolle und Fragen zum Qualitätsmanagement kombiniert. Nach meinem Studium startete ich als Betriebs- und Projektingenieur in einem Betrieb zur Herstellung von sterilen und aseptischen Lösungen für die Tiermedizin. Von Anfang an war klar, dass sämtliche Anlagen oder Maschinen, die ich zu betreuen hatte, direkten und entscheidenden Einfluss auf die Qualität des Arzneimittels hatten. Gleich zu Beginn musste ich für diese Anlagen Verantwortung übernehmen und den Zustand dieser in Inspektionen vor den verschiedenen Regierungsbehörden vertreten.

Seit Anfang diesen Jahres bin ich als technischer Leiter eines Produktionsbetriebes recht sesshaft geworden. Die Möglichkeit über einen längeren Zeitraum am selben Ort einzuwirken war es hauptsächlich, die mich zu diesem Wechsel gebracht hat. Jetzt gibt es zwar einen mehr oder weniger wiederkehrenden Tagesablauf, allerdings muss ich auch sagen, dass ▶

es schwerfällt einen typischen Tagesablauf zu beschreiben.

Die Technikabteilung am Standort des weltweit agierenden Lohnherstellers besteht aus insgesamt vier Teams. Wir unterscheiden zum einen in typische Haustechnik-Aufgaben, zum anderen in technische Arbeiten mit Produktkontakt, zum Beispiel an den Produktionsmaschinen der sogenannten Produktionstechnik. Das dritte Team ist für die Instandhaltung der Werkstatt zuständig. Sie unterstützt grundsätzlich beide bereits genannten Bereiche. Als technischer Leiter des Herstellbetriebes bin ich also verantwortlich für sämtliche Anlagen und Liegenschaften. Da sind zum einen die gesamten Gebäude und ihre Infrastruktur zu nennen. Jeder denkt zunächst an die speziellen Räumlichkeiten zur Herstellung der Arzneimittel, die Reinräume. Allerdings gehören natürlich auch die ganz normalen Bürobereiche, Besprechungsräume, Sozialbereiche, ein Hochregallager und Werkstätten oder Laborbereiche zum Standort. Ähnlich ist wohl die Aufzählung der Anlagen: An Herstellbehälter, Abfüllmaschinen oder Verpackungslinien denkt man relativ schnell.

Dass im Technikbereich unter dem Hallendach aber auch eine große Anzahl an Lüftungsanlagen, Kältemaschinen, Heizungsanlagen, Druckluftkompressoren, Wasseranlagen oder Elektroverteilungen untergebracht sind, kommt oft erst auf den zweiten Blick hervor. Wir verfügen, wenn man so will, über unsere eigene Controllinggruppe: Unser Compliance-Team, das mit einer Art interner Qualitätssicherung gleichgesetzt werden kann. Diese Abteilungsgruppe erstellt Anlagenqualifizierungen, überwacht die Wartungen und Kalibrierungen und erstellt gegebenenfalls Abweichungen bei Unregelmäßigkeiten. Die Kollegen der Compliance-Gruppe sind aber auch von Anfang an bei der Auslegung von neuen Anlagen oder Gewerken mit dabei. Ein ganz normaler Arbeitstag bringt mich dabei mit allen unseren Teams in Verbindung. Bei einer Abteilungsgröße von 20 Personen ist dies aber auch nicht allzu schwierig.

Die ersten Aufgaben am Morgen sind in der Regel die Überprüfung, ob es während der vergangenen Nachtschicht zu Problemen, Anlagenausfällen oder anderen besonderen Vorkommnissen gekommen ist. Hatte die technische Rufbereitschaft diese Nacht einen Einsatz? Gibt es Rückmeldungen aus der Produktion? Gibt es gar Anlagen, die die Produktion im Moment behindern? Sicher ist dies nicht die Regel, nur kommen solche Ausfälle natürlich hin und wieder vor. Dann heißt es sofort nach Ankunft im Werk, sich mit den sich bereits vor Ort befindlichen Technikern zu treffen und abzustimmen. Zunächst gilt es natürlich die Anlage wieder in Betrieb zu bekommen. Gelingt dies nicht immer gleich, so ist die Abstimmung mit den verantwortlichen Kollegen der Produktion der nächste Schritt. Wie kann die Produktion ihre Mitarbeiter anderweitig einsetzen, wann wird die Anlage wieder in Betrieb gehen können? Wie sind die Auswirkungen auf das Produkt selbst? Haben wir Alternativen zu Anlagen, Produktionsräumen oder Bereichen? Fehlersuchen an defekten Anlagen sind immer wieder spannende Aufgaben. Diese sind zwar am ▶

besten, wenn sie gar nicht erst vorkommen, jedoch im Notfall trotz der Anspannung, gegeben durch den Produktionsdruck, bereiten sie auch in gewissem Sinne Spaß. Wir sind im Team zusammen an der Anlage, im Produktions- oder Technikbereich; eben gemeinsam unterwegs auf Fehlersuche. Als Abteilungsleiter hat man ja auch schon einige Erfahrungen mit Anlagen gehabt, aber primär gilt es die Kollegen aus Mechanik, Elektrik und Automatisierung zu fordern. Sie kennen Ihre Anlagen am besten. Die Gruppe hierbei gut zu motivieren und durch geschicktes Hinterfragen in die richtige Richtung zu lenken ist jetzt angesagt. In aller Regel werden die Probleme dann früher oder später auch gefunden und die Anlagen gehen wieder in Betrieb!

Darüber soll und darf man sich auch einmal freuen. Nur gilt es nicht zu vergessen, dass jetzt die gesamte Dokumentation zum Vorgang erstellt werden muss. Die Techniker erstellen einen Eintrag ins Anlagenlogbuch. Eventuell sind verwendete Ersatzteile im Verzeichnis auszutragen und der Bestand ist nachzuführen.

Eine komplett andere Seite der Dokumentation ist dann dem Qualitätssicherungsaspekt gewidmet. Hatte der Störfall direkt mit der Produktqualität zu tun? Handelt es sich um eine qualifizierungspflichtige Anlage, die ausgefallen ist? Ein Abweichungsbericht, oder auch Deviationreport genannt, ist zu erstellen. Der Anlagenfehler ist darin kurz aber detailliert zu beschreiben. Es gilt anhand einer Risikoanalyse abzuschätzen und zu beurteilen, wie der Störfall auf das Produkt Einfluss genommen hat. Sind weitere Maßnahmen zu treffen? Betrifft der Störfall das herzustellende Arzneimittel direkt, so sind diese Beurteilungen oft zusammen mit Kollegen der Produktion, der Qualitätskontrolle und der Qualitätssicherung durchzuführen. An unserem Standort wird der Abweichungsbericht von meinen Technikkollegen der Gruppe Compliance erstellt. Als Hauptverantwortlicher unterzeichnet jedoch immer der Abteilungsleiter Technik und ich muss diesen Bericht wiederum in Behörden- oder Kundenaudits vertreten. Da gilt es grundsätzlich genau zu verstehen und alles zu hinterfragen. Gerade im Team zusammen mit den anderen Kollegen der beteiligten Abteilungen ist eine Entscheidungsfindung, welche man voll und ganz vertreten kann, aber immer möglich.

Eine Vielzahl an Besprechungen dreht sich in der Regel um geplante Investitionen wie Neuanschaffungen von Anlagen, Umbauten von Anlagen oder Veränderungen an Gebäuden oder die Infrastruktur. Als Technikleiter gilt es hier interne Ressourcen und externe Verstärkungen zielbringend zusammenzuführen. Zunächst aber einmal gilt es genau zu verstehen, was gefordert wird. Oft ist hierbei die Produktionsabteilung unser eigentlicher Kunde. Diese Abteilung kommt mit neuen Anforderungen wie der Möglichkeit für die Herstellung eines neuen Produktes, mit neuen geänderten, oft größeren Kapazitäten oder auch mit neuen oft strengeren Qualitätsanforderungen. Die recht einfach gestellte anfängliche Aussage wie „ich möchte dies im kommenden Jahr herstellen“ muss dann von der Technikabteilung beantwortet werden. ▶

Was wird hierzu benötigt? Was wird es kosten? Wie kann es umgesetzt werden? Welcher Zeitplan steckt dahinter? Wie sind die Auswirkungen auf andere Bereiche oder Produkte? Um nur einige der typischen Fragen zu nennen. Diese Antworten werden dann in einer Benutzeranforderung oder URS zusammengetragen, sodass anhand eines Dokumentes das Projekt umfassend zusammengestellt und beschrieben wird.

Bereits in dieser Phase werden die Aufgaben umfassend mit den Kollegen anderer Abteilungen durchgesprochen. Es ist dann in der Regel so, dass an einem Tisch der zukünftige Benutzer der Anlage sitzt, der aus Produktion, Labor oder auch der Logistik kommen kann. Zeitgleich kann es aber auch vorkommen, dass wir bereits in dieser frühen Phase mit externer Verstärkung zusammen wichtige Punkte besprechen. Externe Verstärkung kann ein Architekt, ein Fachplaner für Lüftung oder Kälteversorgung sein, aber generell auch einfach ein Ingenieurbüro, welches uns unterstützt. Geht ein Plan in die nächste Phase und steht die Realisierung an, so startet das Ganze nur dann, wenn wir ausreichend finanzielle Mittel dafür gestellt bekommen. Die Stellung des Budgetantrages ist oft Sache des Technikleiters. Jetzt heißt es die Motivation des Kunden / Auftragsgebers voll auf sich selbst zu übertragen und sich für die Genehmigung der Mittel einzusetzen. Kennzahlen der Anträge, wie Rückzahlungszeiten (Payback) oder Ähnliches lasse ich dabei in der Regel von den Finanzfachabteilungen berechnen. Hierzu werden enge Kontakte mit dem Einkauf, dem Controlling und der Buchhaltung gepflegt. Planungsphasen für Investitionen können sich da schon einmal über mehrere Monate, teilweise sogar Jahre hinziehen. Eine gewisse Hartnäckigkeit kann da auch nur von Vorteil sein. Sehr oft verändern sich innerhalb dieser Zeit auch gewisse Voraussetzungen. Eine Investitionsberechnung muss daher öfters angepasst werden. Schätzungen zukünftiger Verkaufszahlen können sich ändern, Lieferanten bieten andere Preise an, aber auch der zukünftige zu erzielende Verkaufspreis am Markt wird angepasst und ändert damit die Grundlage der Investition.

Sehr regelmäßig wird der Alltag von Inspektionen, Audits, beziehungsweise deren Vorbereitung unterbrochen. Als reiner Lohnhersteller, der die Produkte für andere namhafte Pharmaunternehmen produziert, sind wir es gewohnt in regelmäßigen Abständen von unseren Kunden auditiert zu werden. Ein großer Teil der Inspektionen dreht sich dabei um die Qualifizierung von Anlagen oder Infrastrukturgewerken wie Medien, Lüftungen oder dem Gebäude selbst. Einfach betrachtet ist eine Qualifizierung ein dokumentierter Nachweis dafür, dass eine Anlage so ausgelegt ist wie angedacht und dass sie so funktioniert wie sie soll.

Die Technikabteilung ist mit der Gruppe Compliance für den Qualifizierungsstatus des gesamten Standortes mit Ausnahme von Laboranlagen verantwortlich. Diese werden aufgrund ihrer besonderen technischen Auslegung oft von den Spezialisten im Laborbereich selbst betreut. Für uns in der Technik bedeutet dies also, dass wir zum einen alle ▶

Anlagen einer Anfangsqualifizierung unterziehen müssen, zum anderen aber auch darauf achten, dass dieser Status erhalten bleibt. Eine Qualifizierung einer Anlage wird in mehreren aufeinanderfolgenden Schritten durchgeführt. Zunächst überprüft man die Planung einer neuen Anlage: Ist das Angebot eines Lieferanten geeignet, meine Anforderungen zu erfüllen? Hier wird dann oft von einer Design Qualifizierung gesprochen. Sie findet formal vor der Bestellung oder zumindest vor der vollendeten finalen Auslegung einer Neuanlage statt und wird oft in Verbindung mit dem Lieferanten durchgeführt.

Ist die Anlage geliefert oder eine Infrastrukturanlage wie eine Lüftung vollständig eingebaut, beginnt als nächster Schritt eine Überprüfung auf fachgerechte und vollständige Installation. Hierbei werden technische Zeichnungen, Rohrleitungsschemen oder Installationszeichnungen mit dem realen Einbau verglichen. Es gilt Bauteillisten abzugleichen oder sensible Gerätekomponenten wie Messsensoren auch mal im Detail genau auf Art, Typ oder deren richtigen Einbauort zu verifizieren. An die Installationqualifizierung schließt sich die Funktionsqualifizierung an. Hierbei werden Funktionen, Alarme, Sicherheitseinrichtungen oder auch andere Abläufe der neuen Anlage überprüft. Oft wird in diesem Zusammenhang eine neuen Anlage auch zum ersten Mal gestartet und „gefahren". Letztendlich schließt sich an die Funktionsqualifizierung auch Operational Qualification genannt, dann noch eine Prozess- oder Produktqualifizierung an. Das heißt, nun muss die Anlage zeigen, dass auch das Endprodukt genau den Anforderungen entspricht. Das Qualifizieren ist dabei eine Arbeitsweise, welche die gesamte Bandbreite der technischen Abteilung herausfordert. Die Überprüfung selbst wird von den Kollegen der Compliancegruppe fachgerecht dokumentiert, technische Detailüberprüfungen werden von den ausgebildeten Technikern der Werkstatt übernommen und übergreifende Beurteilungen oft vom Fachingenieur der Produktionstechnikgruppe kommentiert. Letztendlich obliegt es aber dem Abteilungsleiter der Technik die Qualifizierungsdokumentation zu prüfen und zu genehmigen. Übergeordnet gibt es dann nur noch die Freigabe der Qualitätsabteilung.

Alles zusammen genommen ist es definitiv so, dass es keinen typischen Arbeitsalltag eines technischen Leiters gibt, aber gerade dies ist ja sicher eine der spannendsten Herausforderungen und auch definitiv die Eigenschaft der Arbeit, die mir am meisten Spaß bereitet. Sicher dreht sich irgendwie jedes Thema um eine technische Anlage oder deren Anwendung. Im Detail geht es aber um die Menschen, die die Anlagen betreuen, verwenden, warten, beschaffen, qualifizieren oder umbauen. ■

Jochen Niethammer
Head of Technical Affairs

Mathematiker als Software-Entwickler - Von Datenstrukturen zur graphischen Darstellung - Erfahrungsbericht

Meine akademische Laufbahn habe ich mit einem Physik- und Mathematikstudium begonnen. Nachdem ich in beiden Fächern mein Vordiplom gemacht habe, habe ich mich danach auf Mathematik konzentriert. In der Mathematik ging es dann mit dem Diplom und einer anschließenden Promotion im Bereich Analysis und partielle Differenzialgleichungen weiter. Meine erste Anstellung nach der Uni war beim Landesamt für Datenverarbeitung und Statistik, bei dem ich für zwei Jahre im Management tätig war und ein Dezernat des Rechenzentrums mitgeleitet habe. Seit zehn Jahren arbeite ich nun als Software-Entwickler bei einer Firma, die geologische Software für die Ölindustrie entwickelt. Bei uns am Standort sind zwei größere Gruppen tätig, die Entwickler und die Geologen. Unter den Entwicklern sind vorwiegend Physiker, Mathematiker und Informatiker, auch schon mal ein Geophysiker oder ein Ingenieur aus dem Bereich Maschinenbau. Die Geologen haben meist Geowissenschaften, Geologie oder Geophysik studiert. Sie stehen im Kundenkontakt und erklären und verkaufen die Software oder führen mit unserer Software Projekte für Kunden aus.

Anforderungen

Aus dem Mathematik-Studium haben mir weniger fachliche Qualifikationen geholfen, als vor allem die Fähigkeit Probleme analysieren und strukturieren zu können. Software-Entwickler sollten keine Angst haben, wenn ▶

sich ein Problem mal nicht innerhalb eines Tages lösen lässt. Daneben glaube ich, dass ein gewisses Gefühl für Ästhetik im weiteren Sinne wichtig ist. Das Schöne in Strukturen wie etwa einem Code zu erkennen und wertschätzen zu können, macht einen großen Teil der Freude aus, wenn man Neues im Rechner erschafft. Dieser Sinn für Ästhetik ist in meinem Fall aber noch in anderer Hinsicht wichtig. Die Software, die ich programmiere, hat einen hohen graphischen Anteil und es macht Spaß die geologischen Modelle durch Raum und Zeit zu beobachten. Hilfreich für die Realisierung ist dabei nicht nur ein entsprechendes Vorstellungsvermögen, sondern auch ein Gefühl dafür, was aus einem graphisch-ästhetischen Blickwinkel „richtig" ist.

EIN TYPISCHER ARBEITSTAG

Einen typischen Arbeitstag verbringe ich natürlich, von Besprechungen mal abgesehen, in der Regel vor dem Computer. Eine Software wird aber nicht unbedingt von Anfang an am Rechner entwickelt, häufig werden erste Konzepte zunächst einmal auf einem Blatt Papier erstellt. Diese kreativen Konzeptphasen finde ich immer besonders spannend.

In dieser Phase wird grob besprochen, wie das Ergebnis zum Schluss aussehen soll. Es werden Vorschläge gesammelt und gesichtet, was bereits vorhanden ist. Als Team sitzt man zusammen und stimmt ab, wer welche Teile entwickelt. Neben diesen Besprechungs- und Projektierungsphasen sitzt ein Software-Entwickler dann natürlich 80-90 % vor dem Rechner.

ENTWICKLUNGSMÖGLICHKEITEN

Prinzipiell gibt es die Möglichkeit, als Software-Entwickler ins Management zu wechseln. Im technischen Bereich ist es möglich, Software-Architekt zu werden, wobei die Anzahl an Posten in diesem Bereich natürlich begrenzt ist. Daneben ermöglicht unser Unternehmen es Software-Entwicklern eine Fachkarriere anzustreben. Im Gegensatz zu einer Managementkarriere ist eine solche fachliche/wissenschaftliche Karriere nicht unmittelbar mit Personalverantwortung verbunden. Innerhalb von diversen Stufen (Senior, Principal, Advisor) übernimmt man dabei Abteilungs-, Projekt- und Center-übergreifend fachlich beratende Aufgaben.

Als ich vor zehn Jahren angefangen habe, bestand mein Aufgabenfeld aus der reinen Software-Entwicklung. Im Laufe der Zeit habe ich immer mehr Aufgaben zentraler Art übernommen, also eher die Rolle eines Software-Architekten eingenommen. Für eine Phase von zwei bis drei Jahren habe ich ein Team geleitet und war mehr im Management tätig. Mittlerweile bin ich größtenteils wieder zur fachlichen Arbeit zurückgekehrt. Was ich also sagen möchte, ein Karriereweg ist vielfältig.

ERFOLGE, DIE MOTIVIEREN

Hin und wieder besteht die Chance etwas richtig Algorithmisches zu entwickeln, das finde ich dann immer ganz besonders reizvoll. Beispielsweise gab es für unsere geologische Software einmal die Aufgabe, Löcher in Karten zu ergänzen. Da steckt eine Art von Problemstellung hinter, die prinzipiell beliebig viele Lösungen hat, aber es müssen eben ▶

Heuristiken gefunden werden, um „natürliche" Lösungen zu erzielen.

Es ist ein schönes Gefühl, wenn am Ende nicht nur in einer Karte die Löcher gefüllt sind, sondern man etwas ausliefern kann, was anderen ermöglicht, dies zu tun. In dieser Weise finde ich für mich selbst die Bestätigung darin, wenn ich nach einem Entwicklungszyklus auch wirklich etwas vor mir habe, das gut funktioniert und auch dem Kunden gefällt.

Ich kann mich gleichermaßen für einen schönen, eleganten Code begeistern. Oft kann das, was in komplizierten hunderten von Zeilen gemacht ist, in wenigen Zeilen geschrieben werden oder man kann gut angelegte Teile in Duzenden von Zusammenhängen wiederbenutzen. In diesem Zusammenhang sind die anderen Entwickler die Kunden und deren positive Resonanz motivierend.

KARRIERETIPPS

Mein Rat an jeden, der sich für die Software-Entwicklung interessiert, ihr müsst die Bereitschaft haben, euch die notwendigen Informationen und das Wissen selber zu beschaffen und anzueignen. Es wird letzten Endes eben sehr weit vorne gearbeitet, wo niemand erwarten kann, dass irgendjemand anderes sagt, wie es geht. Die fachliche Qualifikation ist längst nicht alles. Also: „Studieren Sie das, was Ihnen am besten gefällt!" - Soll heißen, das wofür Sie sich begeistern und gerne Ihre Zeit investieren.

Es kam bei meiner Einstellung nicht darauf an, was ich im Mathematikstudium für einen Schwerpunkt hatte, oder ob ich überhaupt Mathematik studiert habe. Eher wichtig war, dass ich mich in technische Probleme gut hineinarbeiten kann und Spaß an solchen Problemen habe. Daneben gab es einen Aspekt fern ab von den üblichen Hard-Skills, die wichtig für meine Einstellung waren. Eine Leidenschaft von mir ist das Malen und Zeichnen. So konnte ich bei der Bewerbung zeigen, dass ich einen gewissen Draht zu graphischen Aspekten habe. Das hat mehr gewogen, als dass ich auf der Programmierseite damals nicht besonders viel Erfahrung hatte. ■

ERFOLGSFAKTOREN FÜR SOFTWARE-ENTWICKLER

- Ein Studium der Informatik, Physik, Mathematik oder in einer Ingenieurwissenschaft
- Strukturierte und analytische Arbeitsweise
- Selbständiges Aneignen von Knowhow
- Innovationsfreude und die Lust Neues zu Lernen
- Teamfähigkeit

Mediziner in der Pharmaindustrie

Schnittstelle zwischen Medikamentenentwicklung und Patienten

Die meisten Mediziner werden in der Patientenversorgung, in Arztpraxen oder Krankenhäusern, wie auch in Forschungseinrichtungen tätig. Die Industrie bietet jedoch auch hervorragende alternative Berufsperspektiven neben dem typischen Werdegang eines praktizierenden Arztes.

Dabei sind Mediziner besonders in der Pharmaindustrie gefragt. Dort bilden sie die Schnittstelle zwischen Medikamentenentwicklung und Patienten. Ihr vielfältiges Wissen über diverse Krankheitsbilder trägt entscheidend zur Medikamentenentwicklung bei. Mediziner werden im gesamten Lebenszyklus Management eines Produktes gebraucht und eingesetzt.

Die ersten Grundsteine in Richtung Forschung

Während des Medizinstudiums bieten sich nicht viele Möglichkeiten in einem Labor zu arbeiten. Erst mit der Dissertation sammeln Medizinstudenten erste Erfahrung im Bereich der Forschung. Je nach Promotionsthema liegen die Schwerpunkte mehr oder weniger bei der Laborarbeit. Entweder führen sie eine klinische Studie durch oder legen ihre ersten Weichen im Labor. Für die spätere Karriere sind Forschungserfahrungen, die man im Ausland gewonnen hat, besonders wertvoll. Dafür bietet sich gerade die Zeit nach dem Praktischen Jahr an. Verschiedene Stipendien, wie das DFG-Forschungsstipendium können Sie unterstützen Ihren Weg in die Forschung, ▶

ob im Ausland oder im Inland, zu finden. Natürlich können Sie auch parallel zur Facharztzeit an Studien teilnehmen oder ein eigenes Projekt in der Forschung übernehmen. Dieser Weg ist sehr zeitintensiv.

FORSCHUNG UND ENTWICKLUNG

Viele Mediziner, die ihre akademische Laufbahn vorantreiben möchten, um möglicherweise zu habilitieren, sehen die Forschung als gutes Sprungbrett, um ihren Lebenslauf entsprechend zu entwicklen und Erfahrungen zu sammeln. Schließlich müssen Sie z.B. als Professor nicht nur die jeweiligen Krankheitsbilder und Diagnosen kennen, sondern auch den komplexen molekularen Zusammenhang, um mögliche neue Fragestellungen, die noch nicht gelöst wurden, zu bearbeiten. Gleichzeitig ist es essentiell Ihr Wissen, wie eine Studie aufgebaut und durchgeführt wird, einzubringen. Das alles können Sie sich in Ihrer Forschungszeit aneignen.

MEDIZINER IN DIE PHARMAINDUSTRIE

Wer nicht ausschließlich als praktizierender Arzt tätig sein möchte und sich für den molekularen Hintergrund verschiedener Krankheitsbilder interessiert, ist als Mediziner in der Forschung sehr gut aufgehoben. In der Forschung und Entwicklung haben Sie als Mediziner einen großen Vorteil, Sie können Probenmaterial von Patienten selber für mögliche Studien entnehmen. Ihr Wissen können Sie anschließend auch in die Analyse und Auswertung der Studienergebnisse einbringen. Sie können so Stück für Stück die Puzzleteile zu einem besseren Verständnis eines Krankheitsbildes zusammenfügen.

Vor allem ist aber die Reichweite ein entscheidender Faktor, weshalb Mediziner erwägen in die Industrie bzw. in die Forschung zu gehen. Denn im Gegensatz zu einem behandelnden Arzt können Mediziner in der Forschung oder Industrie mit der Beteiligung an der Entwicklung eines Medikaments nicht nur zehn oder zwanzig Patienten erreichen, sondern hunderten, bis tausenden Patienten helfen. In der Pharmaindustrie gibt es vielfältige Berufsbilder für Mediziner z.B. in der Zulassung, der Arzneimittelsicherheit, der Studienkoordination, im Marketing oder der Forschung und Entwicklung. Im folgenden wird ein Berufsbild beispielhaft vorgestellt.

EIN TYPISCHER ARBEITSTAG EINES THERAPEUTIC AREA HEAD

Ein Therapeutic Area Head (TA-Head) ist meist für mehrerer Produkte verantwortlich. Er kann zum Beispiel Produkte im Bereich primary care und critical care betreuen. Darunter fallen z.B. Medikamente zur Behandlung von Diabetes, Nierengruppenbehandlungen, Herzineffizienz und Asthma.

Wer sich für eine Position als TA-Head entscheidet, hat einen sehr abwechslungsreichen und spannenden Beruf gewählt. Er bildet die Schnittstelle zu den internen Abteilungen, wie die Zulassungsabteilung, die Arzneimittelsicherheit, die Abteilung der operativen Studiendurchführung, der medizinischen Information, dem Produktmarketing und der Rechtsabteilung. Gleichzeitig steht der TA-Head im regen Kontakt mit den extern behandelnden Ärzten und Händlern. Sie arbeiten bei dieser Tätigkeit mit vielen unterschiedlichen ▶

Abteilungen zusammen. Gute Kommunikationsfähigkeiten sollten eine grundlegende Eigenschaft sein, die Sie mitbringen.

Ein TA-Head ist mit seiner Abteilung oftmals in klinische und globale Studien involviert und beantwortet Fragen zu den Produkten von Kunden, die meist Ärzte sind. Meetings mit unterschiedlichen Abteilungen gehören mit zum Alltag. Dabei werden in Zusammenarbeit mit der Marketingabteilung und dem Produktmarketing oft Themen zur strategischen Weiterentwicklung eines Produktes thematisiert. Da die Patientensicherheit die höchste Priorität hat, ist die Überprüfung der Produktinhalte einer der wichtigsten Aufgaben.

Häufige Interaktionen ergeben sich mit Ärzten auf Kongressen. Dort können wichtige Teilnehmer für aktuelle Studien gewonnen werden. Die Kongresse zeigen zugleich, wie viel Informationsbedarf für die Kunden über das jeweilige Produkt noch besteht. Nach der Auswertung werden in diesem Kontext neue Informationsveranstaltungen festgelegt, aber auch Einzeltermine mit Ärzten vereinbart. Diese Termine werden meist zusammen mit einem Außendienstmitarbeiter wahrgenommen. Somit ist ein TA-Head viel unterwegs. Eine gute Planung ermöglicht dabei ein gezieltes Vorgehen. Dabei ist Organisationstalent und Zeitmanagement gefragt.

Der Einstieg in die Pharmaindustrie

Der Direkteinstieg in die Pharmaindustrie nach dem Medizinstudium ist zwar möglich, aber nicht der Regelfall. Problematisch ist dabei die geringfügige Erfahrung in der Klinik, die oftmals vorausgesetzt wird. Um als Mediziner seinen Berufsweg in die Industrie zu beschreiten, müssen Sie nicht zwingend einen Facharzt absolvieren, jedoch würde es den Einstieg erleichtern. Als Facharzt können Sie mit Ihrer klinischen Erfahrung und dem regen Patientenkontakt punkten.

Welche Karrieremöglichkeiten eröffnen sich einem Mediziner in der Pharmaindustrie? Wer seinen Kittel gerne nach dem Medizinstudium ablegen würde, für den eröffnen sich viele neue Tätigkeitsfelder in der Pharmaindustrie. Die Karrieremöglichkeiten für Mediziner in der Industrie sind sehr vielfältig. Sie werden im gesamten Lebenszyklus eines Pharmaproduktes benötigt.

Eine Einstiegspositionen ist oftmals der „Medical Advisor", der als wissenschaftlicher Experte für ein Medikament oder Therapiegebiet eingesetzt wird. In dieser Position gilt es fachspezifische Fragen von Ärzten und Apothekern zu Medikamenten und ihrer Verträglichkeit in Kombination mit anderen Substanzen zu beantworten. Vom Medical Advisor können Sie mit genug Berufserfahrung in eine leitende Position im Marketing oder in eine ▶

medizinisch-wissenschaftliche Abteilung aufsteigen.

Als Medical Manager unterstützen Sie zum Beispiel ein Pharmaunternehmen bei der Vermarktung seiner Produkte oder bringen diese erfolgreich auf den Markt. Der Medical Manager bildet die Schnittstelle zwischen den Abteilungen Entwicklung, Zulassung, Marketing und Vertrieb und ist die zentrale Stelle für medizinische Fragen im Bereich der Vermarktung pharmazeutischer Produkte. Wenn Sie sich lieber mit Zahlen beschäftigen möchten, können Sie auch im operativen Kostenmanagement arbeiten.

Neben der Tätigkeit als „TA-Head" kann man in der präklinischen und Grundlagenforschung mit Pharmakologen, Chemikern und Biologen zusammenarbeiten. Zudem sind Mediziner und Naturwissenschaftler während der klinischen Entwicklung für die Planung und Durchführung der klinischen Studien zuständig.

Im Bereich Arzneimittelsicherheit sind Sie als Mediziner besonders gefragt. Zum Bereich Arzneimittelsicherheit gehört die Überwachung von Medikamenten nach ihrer Zulassung auf Qualität, Wirksamkeit und Unbedenklichkeit. Es gibt noch viele weitere Möglichkeiten, wobei Sie nicht nur hierarchisch nach oben aufsteigen, sondern auch horizontal in andere Abteilungen wechseln können. Gerade Wechsel in verschiedene Abteilungen können Karrierebooster bei späteren Karriereschritten sein, da Sie Einblicke gewinnen, welche Sie in eine leitende Position einbringen können.

Industrie eine Einbahnstrasse für Mediziner?

Erfahrene Mediziner in der Industrie dementieren eine Einbahnstraße. Besonders Medizinern mit einem Facharzt stehen viele Türen in jeder Richtung offen. Doch Erfahrungen zeigen, dass Ärzte die einmal den Weg in die Industrie eingeschlagen haben, meist nicht mehr in die Klinik zurück möchten. Wenn Sie es einmal geschafft haben ein Medikament erfolgreich auf den Markt zu bringen, das tausenden von Menschen eine bessere Lebensqualität ermöglicht, dann ist meist ein Weg zurück in die Klinik undenkbar. ■

Erfolgsfaktoren für Mediziner in der Industrie

- Klinische Erfahrung
- Eine experimentelle Dissertation
- Auslands- bzw. Forschungserfahrung
- Kommunikationstalent
- Gutes Zeitmanagement
- Ausgeprägtes Fachwissen

Passende Stellen für Mediziner in der Industrie finden Sie auf jobvector.de

Mediziner in der Forschung

Rosige Aussichten in Universitätskliniken und der Industrie

Der Arbeitsmarkt für Mediziner in Deutschland bietet momentan sehr gute Perspektiven. Mediziner sind auf dem Arbeitsmarkt gefragt - in Arztpraxen, in Kliniken, in Forschungsinstitutionen aber auch in der Industrie.

Wer nach seinem Medizinstudium seinen Arbeitsalltag nicht nur zwischen Operationssaal und Station oder in einer Arztpraxis stattfinden lassen möchte, für den ist das Berufsbild des Mediziners in der Forschung eine interessante Alternative. Hier haben Sie vielfältige Möglichkeiten Ihrem Forscherdrang nachzugehen. Zum einen können Sie als Vollzeitforscher im universitären oder industriellen Bereich arbeiten. Zum anderen haben Sie die Möglichkeit in Universitätskliniken einen Teil Ihrer Arbeitszeit zu forschen und weiterhin Ihren Aufgaben als Arzt nachzugehen. Somit muss der Einstieg in die Forschung nicht den Ausstieg aus dem Patientenkontakt bedeuten.

Grundlagenforschung

Gerade in der medizinischen Grundlagenforschung arbeiten viele Naturwissenschaftler und Ingenieure. Als Bindeglied zwischen Patient und Forschung werden mehr und mehr Mediziner auch für die Grundlagenforschung gesucht. Daher werden derzeit Mediziner händeringend für die Forschung gesucht, ▶

um Entwicklungen aus Sicht des Mediziners voranzutreiben und sein medizinisches Wissen in die Grundlagenforschung einzubringen.

Brücke zwischen Forschung und Anwendung

Als Mediziner in der Forschung können Sie den Vorteil nutzen Ihre Erfahrungen mit Patienten und Krankheitsbildern in Ihre klinischen Forschungen einzubringen. In diesem Fall kann Ihr Klinikalltag Ihre Forschung unterstützen und bereichern. In der klinischen Forschung werden medizinische Studien geplant, durchgeführt und ausgewertet.

Ziel solcher Studien kann die Einführung neuer Medikamente, Therapieformen oder neuer Abläufe im Klinikalltag sein. Neben den medizinischen Aufgaben wie Untersuchungen am Patienten oder den Aufgaben im Labor gehören auch Verwaltungs- und Organisationsaufgaben zu den Pflichten eines Mediziners in der Forschung. Dazu gehören z.B. das Schreiben von Krankenberichten und Versuchsprotokollen.

Einstieg in die Forschung

Oft kann eine experimentelle Doktorarbeit der Einstieg in die Forschung sein. Diese nimmt mehr Zeit in Anspruch als klassische Doktorarbeiten. Es ermöglicht Ihnen aber experimentelle Methodenkenntnisse zu gewinnen und sich in ein Themenfeld intensiv einzuarbeiten. Es gibt spezielle Programme, die zudem ein interdisziplinäres Arbeiten unterstützen. So stehen Sie z.B. in bestimmten Graduiertenkollegs im engen Austausch mit Naturwissenschaftlern. Quereinsteiger sind auch willkommen. Jedoch öffnen sich die Türen zur wissenschaftlichen Forschung nicht von selber und Sie sollten Eigeninitiative zeigen. Grundvoraussetzungen für einen Mediziner in der Forschung sind neben der Zielstrebigkeit, Flexibilität, und eigenverantwortlichem Arbeiten auch eine hohe Frustrationstoleranz, um lange Durststrecken zwischen missglückten und erfolgreichen Versuchen überwinden zu können.

Nachdem Sie Ihre Leidenschaft für ein bestimmtes Forschungsfeld erkannt haben, ist es ratsam sich einer Klinik bzw. einem Forschungsinstitut anzuschließen, das auf dem Gebiet führend ist. Zudem ist ein Aufenthalt im Ausland karrierefördernd. Flexibilität ist nicht nur für den organisatorischen Teil des Arbeitsalltags wichtig, sondern auch für den Zeitfaktor. Denn oft dauern Versuche nicht nur länger als erwartet, sondern müssen reproduzierbare Ergebnisse liefern.

Das Ende eines Arbeitsalltags kann selten vorhergesehen werden. Überstunden sind meist die Regel in diesem Bereich und nicht die Ausnahme. Etwaige Verdiensteinbußen forschender Mediziner im Vergleich zu den praktizierenden Kollegen wird derzeit von verschiedenen Universitäten stark diskutiert und eine Änderung wird in Aussicht gestellt.

Publizieren und Präsentieren

Wichtig als Mediziner in der Forschung ist es immer, up to date zu bleiben und aktuelle Fachzeitschriften und wissenschaftliche Publikationen zu lesen, um so sein Wissen zu erweitern. Zudem ist es essentiell seine ▶

eigenen Ergebnisse zu publizieren, denn in der Forschung gilt „publish or perish" - publizieren oder untergehen. Für die Karriere ist es sehr förderlich diese Ergebnisse auf nationalen und internationalen Fachkongressen und Symposien vorzustellen. Nutzen Sie die Fachkongresse auch, um Ihr wissenschaftliches Netzwerk aufzubauen. Oft werden Studien national oder auch international geplant.

Einwerben von Drittmitteln

Ein weiterer Faktor in der Forschung in Kliniken, Universitätskliniken oder öffentlichen Forschungseinrichtungen sind Drittmittel. Als Mediziner in der Forschung sollten Sie für Ihre Forschung immer wieder Drittmittel einwerben. Es gibt keine Disziplin die stärker gefördert wird als die Medizin. Derzeit kommt das meiste Fördergeld von der Deutschen Forschungsgemeinschaft (DFG). Gleich gefolgt von der Wirtschaft insbesondere der Pharmaindustrie und der Medizintechnik.

Drittmittel sind neben den Publikationen ein wichtiger Performanceindex Ihrer Forschungsleistung. Wer als Mediziner in die Forschung möchte, kann auch auf Förderprogramme der DFG zurückgreifen. Beispielhaft erwähnt seien hier die sogenannten „Gerok-Stellen". Mit diesem Programm können Ärzte für bis zu drei Jahren für die Forschung freigestellt werden und in Vollzeit an Ihrem Forschungsprojekt arbeiten.

Alternative - Industrie

Ihnen stehen zum Eintritt in die Industrie gleich mehrere Türen offen. Die Karrieremöglichkeiten für Mediziner in der Industrie sind vielfältig. Sie können bei Pharmaunternehmen, in der Medizintechnik, im Klinikmanagement, im Arbeitsschutz, als Betriebsarzt, im Marketing oder Vertrieb, aber auch in der Versicherungsbranche, bei Interessenvertretungen oder Consultingfirmen arbeiten. Für eine Karriere in der Pharma- oder Medizintechnikindustrie ist ein Gespür für betriebswirtschaftliche Zusammenhänge förderlich.

Mediziner arbeiten hier interdisziplinär und sind oft Vermittler zwischen Naturwissenschaftlern und Ingenieuren aus der Grundlagenforschung und den Anwendern in der Medizin. Ein guter Einstiegszeitpunkt in die Industrie ist nach dem Facharztabschluss. Aber auch Mediziner mit ausgeprägter Berufserfahrung in einer medizinischen Disziplin sind auf dem Arbeitsmarkt heiß begehrt. Mediziner können sich z.B. in die Planung klinischer Studien einbringen oder begleiten Entwicklungen von Medizintechnikprodukten.

Um einen Einblick oder auch Einstieg in die gewünschte Branche zu erhalten, bieten einige Unternehmen Traineeprogramme an, bei denen Sie im Rotationsprinzip verschiedene Abteilungen kennenlernen und dabei gleichzeitig ein Netzwerk aufbauen können. Diese Traineestellen öffnen Ihnen oft die Tür zu einer festen, oftmals unbefristeten Übernahme im Anschluss an Ihr Programm.

Die Aufgaben für Mediziner in der naheliegenden Alternative zur Arztpraxis oder Klinik, also der Pharmabranche, sind weit gefächert. Mediziner sind bei der Entwicklung von Substanzen im Labor für die Planung, ▶

Vorbereitung, Durchführung und Auswertung klinischer Studien tätig. Hinzu kommen Beratungstätigkeiten der Kollegen aus anderen Unternehmensbereichen, wie dem Vertrieb und Marketing.

Perspektiven

Die Zukunft des Mediziners in der Forschung sieht sehr positiv aus. Laut der DFG sollen die Ausbildungs- und Fördermöglichkeiten für junge Mediziner, die in die Forschung möchten, in den nächsten Jahren immer mehr ausgebaut und neu strukturiert werden. Zudem soll eine Rückkehr aus dem Ausland weiter erleichtert werden, da besonders für Mediziner in der Forschung Auslandsaufenthalte wichtig und karrierefördernd sind. Jedoch gilt für jeden Forscher: Wer erfolgreich sein möchte, muss promovieren und publizieren. ■

Erfolgsfaktoren für Mediziner in der Forschung

- Leidenschaft für die Forschung
- Kenntnisse in der Grundlagenforschung
- Vertiefte Fach- und Methodenkenntnisse im entsprechenden Spezialgebiet
- Fähigkeit zur Selbstkritik
- Flexibilität in den Arbeitszeiten
- Eigenverantwortliches Arbeiten
- Hohe Frustrationstoleranz

Naturwissenschaftler, Mediziner & Ingenieure im Vertrieb - Fachwissen trifft Verkaufstalent

Das Know-How von Naturwissenschaftlern, Medizinern und Ingenieuren ist in vielen Bereichen der Wirtschaft gefragt. Nicht nur in der Forschung oder in der Entwicklung von neuen Produkten können sie ihr Fachwissen erfolgreich einsetzen, sondern zum Beispiel auch im Vertrieb. Gerade im Vertrieb von erklärungsbedürftigen Produkten wie medizinischen Großgeräten, Saatgut, Rohstoffen, Arzneimitteln, Anlagen oder Chemikalien wird ein großes Maß an Fachwissen benötigt.

Der Verkäufer soll in der Lage sein, kompetent auf die Fragen der Kunden - meist selbst Naturwissenschaftler, Mediziner oder Ingenieure - eingehen zu können. Aus diesem Grund sind Fachleute aus Naturwissenschaft, Medizin und Technik im Vertrieb der Science- und High-Tech-Branche sehr begehrt.

Fachwissen erforderlich

In der High-Tech-Industrie ist das Fachwissen von Ingenieuren unerlässlich. So sind im Vertrieb von Großanlagen, im Automotive oder der Energietechnik immer Ingenieure beteiligt. Ein Spezialfall ist der Vertrieb von Medikamenten. Hier ist die Sachkenntnis des Vertriebsmitarbeiters sogar gesetzlich vorgeschrieben. Nach §75 des Arzneimittelgesetzes (AMG) muss jeder Pharmaberater Sachkenntnis nachweisen. Diese Sachkenntnis wird unter anderem Absolventen der Pharmazie, der Chemie, der Biologie, der Human- oder der Veterinärmedizin mit dem Studienabschluss ▶

zuerkannt. Dieser kann aber auch durch Fortbildungen nach einer Berufsausbildung im naturwissenschaftlichen oder medizinischen Bereich, wie PTA, PKA und MTA erlangt werden. Insbesondere im Business to Business (B2B) sind die Fachkenntnisse von Vertrieblern essentiell.

Die Voraussetzung, um die Aufgaben eines Pharmareferenten im Sinne des Arzneimittelgesetzes (AMG §75) wahrzunehmen, also als geprüfter Pharmareferent tätig zu sein, ist in der Verordnung - PharmRefPrV geregelt.
http://www.gesetze-im-internet.de/pharmrefprv/

Auch im Vertrieb von Medizintechnikprodukten sind Kenntnisse des Medizinproduktrechts bzw. der Medizinproduktverordnung wichtig. Entsprechende Schulungen werden meist vom Arbeitgeber während der Einarbeitungszeit implementiert.

Berufseinstieg

Neueinsteiger beginnen oft im Vertriebsaußendienst: Sie besuchen potentielle Kunden vor Ort, um sie dort von den Vorteilen ihrer Produkte zu überzeugen. Mobilität und Reisefreudigkeit sind daher für Außendienstmitarbeiter unabdingbar. Ein Sales-Mitarbeiter versteht sich nicht als reiner Verkäufer, sondern als Berater und Ansprechpartner der Kunden: Er hilft ihnen, das für ihre Zwecke am besten geeignete Produkt zu finden. Darüber hinaus ist er häufig auch dafür verantwortlich, die Kunden in die Handhabung und den Umgang der Produkte einzuweisen. Der Vertriebsmitarbeiter hat gegenüber seinen Kunden also eine große Verantwortung. Die Kunden erwarten natürlich, dass die erworbene Technik ihre Arbeit leichter und effizienter macht.

Im Vertriebsinnendienst bearbeiten Mitarbeiter die eingehenden Kundenaufträge, erstellen Angebote und setzen Verträge auf. Darüber hinaus verwalten sie die Kundendatenbank und steuern bzw. überwachen die Lieferprozesse. Der Innendienstmitarbeiter hält Kontakt zur Produktion und hat einen Überblick über die aktuellen Lieferzeiten. Auch die Beobachtung der neuesten Tendenzen auf dem Markt und der Entwicklung von Wettbewerber kann zu den Aufgaben im Innendienst gehören.

Betreuung nach dem Kauf

In vielen Unternehmen zählt auch der Kundenservice – auch After Sales genannt – zum Bereich Vertrieb. Dort werden die Kunden nach dem Kauf betreut und beraten, zum Beispiel zur Handhabung der Geräte. Die Kundenservice-Mitarbeiter befassen sich auch mit den Beschwerden und Wünschen der Kunden, organisieren Ersatzteile oder wickeln Reklamationen ab. Ziel ist es, die Zufriedenheit des Kunden zu gewährleisten, um auch zukünftige Aufträge zu erhalten oder vom Kunden empfohlen zu werden.

Eine wichtige Funktion in der Pflege der Kundenkontakte kommt auch den sogenannten Key Account Managern zu. Diese Großkundenbetreuer kümmern sich speziell um die Wünsche und Bedürfnisse eines oder mehrerer wichtiger, meist großer Kunden. Mit diesen Kunden handeln sie spezielle Konditionen aus, die sie an das Unternehmen binden sollen. Im Großkundenbereich können Verhandlungen lang und anspruchsvoll sein. Ziel ist es, wichtige Kunden für die Produkte zu begeistern, somit zu gewinnen und langfristig zu binden. ▶

Enge Zusammenarbeit mit anderen Abteilungen

Oft arbeiten Vertriebler eng mit der Produktion und der Marketingabteilung zusammen. Die Informationen, die sie bei Kunden sammeln, können in der Planung und Konzeption von zukünftigen Produkten oder Marketing-Maßnahmen berücksichtigt werden. Somit hat der Vertriebler immer im Blick was am Markt passiert und wie Kundenwünsche sich weiterentwickeln.

Zu weiteren Aufgabengebieten eines Vertriebsmitarbeiters gehört die Vertretung der Firma auf Messen oder fachspezifischen Kongressen. Dort präsentieren sie die Produktpalette des Unternehmens, beraten Neu- und Bestandskunden und führen Verkaufsgespräche. Hier gilt es sich von Wettbewerbern positiv abzuheben und Kunden zu gewinnen.

Voraussetzungen

Geeignet ist der Vertrieb für kommunikationsstarke Menschen, die offen auf ihr Gegenüber zugehen können, sympathisch wirken und eine große Überzeugungskraft haben. Grundlegend ist, dass der Vertriebler sowohl fachliches Wissen als auch kaufmännisches Verständnis besitzt und kontaktfreudig ist. Außerdem ist es sehr wichtig, eigenes Wissen gezielt einzusetzen und strukturiert wiedergeben zu können. Die Vorteile des Produkts werden dem Gegenüber angemessen vermittelt. Dazu sollte der Vertriebsmitarbeiter in der Lage sein, seinen Gesprächspartner einzuschätzen und in der Kommunikation entsprechend auf ihn eingehen zu können. Neben Überzeugungskraft und Verhandlungsstärke braucht ein Vertriebler auch Geduld, Flexibilität und Ausdauer, um auf den Kunden reagieren zu können und auch langwierige Verhandlungen erfolgreich zum Abschluss zu führen.

Gehalt

Das Gehalt setzt sich im Vertrieb in der Regel aus einem Festgehalt und einer Provision für abgeschlossene Geschäfte zusammen. Aus diesem Grund ist das Festgehalt in den Bereichen, für die explizit Naturwissenschaftler, Mediziner oder Ingenieure gesucht werden, in der Regel höher als anderswo. Die Provision kann bei erfolgreichen Vertrieblern einen enormen Anteil ausmachen, sodass eine Vertriebsposition sehr attraktive Gehaltsperspektiven liefert.

Perspektiven

Im Vertrieb hat man die Chance, durch persönlichen Einsatz unmittelbar am Erfolg seines Unternehmens beteiligt zu sein. Durch die Beschäftigung mit unterschiedlichen Kunden und deren speziellen fachlichen Anforderungen knüpft man nicht nur vielfältige Kontakte, sondern erweitert auch ständig sein Fachwissen. Schnelle Entwicklung eigener Karriere- und Verdienstmöglichkeiten sind charakteristisch für den Bereich Vertrieb. Nach einem Start im Außendienst eröffnen sich rasch neue Karrierechancen, zum Beispiel als Verantwortlicher für eine bestimmte Region, als Key Account Manager oder Leiter einer Vertriebsabteilung. Leitende Vertriebsmitarbeiter sind unter anderem für die Ausarbeitung der Verkaufsstrategie, die Organisation und Steuerung von Vertriebsaktivitäten zuständig und überwachen die Erfüllung der Umsatzziele ihrer Abteilung. ▶

Auch ein Wechsel in die angrenzenden Bereiche, zum Beispiel ins Marketing oder Produktmanagement, steht vielen Vertriebsmitarbeitern offen. Die Karrieren verlaufen in kleinen Unternehmen meist geradlinig, man übernimmt schon nach kurzer Zeit mehr Verantwortung. In großen Unternehmen gibt es die Möglichkeit, sich zu spezialisieren oder verschiedene Abteilungen zu durchlaufen. Der Einstieg ins Berufsleben über eine Vertriebsposition eröffnet vielseitige Entwicklungsmöglichkeiten. Letztlich lebt jedes Unternehmen von dem erwirtschafteten Umsatz, weswegen Vertriebserfahrung für jede zukünftige Position von Vorteil ist.

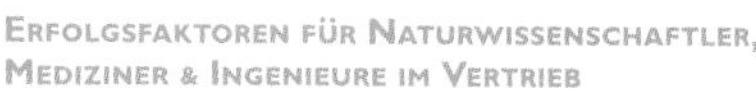
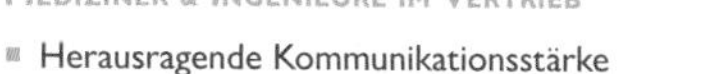

Erfolgsfaktoren für Naturwissenschaftler, Mediziner & Ingenieure im Vertrieb

- Herausragende Kommunikationsstärke
- Freude am Umgang mit Menschen
- Verkaufs- und Verhandlungsgeschick
- Reisebereitschaft
- Kompetenz im jeweiligen Fachgebiet
- Pharmaberater/ Pharmareferenten
- Sachkenntnis nach §75 AMG
- Kundenorientierung
- Soziale Kompetenz
- Flexibilität
- Zielorientierte Arbeitsweise
- Führerschein
- Ökonomisches Verständnis

Passende Stellen für den Vertrieb finden Sie auf jobvector.de

Mein Tag als Pharmareferent

Erfahrungsbericht

Es ist morgens 8:00 Uhr, Hauptbahnhof Bochum. Ein leicht untersetzter Mann im dunklen Anzug mit einer roten Krawatte und einer Aktentasche läuft auf mich zu.

„Sie müssen Herr Baumann sein!"
„Ja, wieso?"
„Nur Pharmareferenten treiben sich in diesem Aufzug um diese Uhrzeit vor dem Hauptbahnhof in Bochum rum."
Wie recht er haben sollte, habe ich in der dann folgenden Zeit gelernt.

Zwei Wochen zuvor hatte ich mein letztes Bewerbungsgespräch mit dem Geschäftsführer des pharmazeutischen Unternehmens geführt. Ich hatte mich für den Fachaußendienst in einer Firma mit neurologischem Schwerpunkt beworben. Das passte zu meinem Studium, wo ich mich während meiner Promotion mit dem molekularbiologischen Mechanismus von neurodegenerativen Erkrankungen befasste. Außerdem ging es in der Stellenbeschreibung um die Betreuung der Region Düsseldorf und Ruhrgebiet, was mir aufgrund meines Studiums in Düsseldorf auch sehr gut passte. Ein ehemaliger Studienkollege, der schon im Vertrieb arbeitete, sagte damals zu mir: „Deine Chancen, nach dem Außendienst mal weiter zu kommen, sind nicht nur besser, wenn Du eine gute und zum Unternehmen passende Ausbildung hast, sondern auch, wenn Du in einem Gebiet mit viel Umsatzpotential arbeitest wie Rheinland, Berlin oder rund um ▶

München, da kann man sich leichter auszeichnen." Na dann war ja alles klar! Wie allen anderen Einsteigern wurde auch mir ein Grundgehalt von 36.000 Euro pro Jahr angeboten, dazu ein erfolgsabhängiger Bonus, Dienstwagen, Computer für die Arbeit zu Hause und ein Diensthandy. Je nach Erfolg landet man im ersten Jahr also irgendwo zwischen 40.000 und 50.000 Euro, was für mich sehr gut klang.

Da die vierwöchige wissenschaftliche Schulung auf die Produkte erst am Monatsdritten beginnen sollte, empfahl mir der Geschäftsführer am Ende des Gesprächs, mal zwei Tage mit meinem Vorgänger in meiner neuen Region auf Tour zu gehen, damit ich schon mal ein wenig „Außendienstluft" schnuppern konnte. „Aber bitte im Anzug, schließlich geht es darum, dem Arzt als respektabler Partner gegenüber zu treten." So stand ich also pünktlich um 8:00 Uhr am 01.07. ganz ungewohnt für mich mit Anzug und Krawatte am Hauptbahnhof in Bochum und wartete auf meinen Vorgänger.

„Am besten machen wir uns direkt auf den Weg, der frühe Vogel fängt den Wurm", sagte er zu mir. Am frühen Morgen erreicht man die Ärzte, die regulär ihre Praxis um 9:00 Uhr öffnen, ganz gut. Oft sind die Praxishelferinnen bereits da und bereiten die Praxis für die Patienten vor, der Arzt kümmert sich um ein wenig Administratives und nimmt sich Zeit für Pharmareferenten.

Hier lernte ich, dass etwa die Hälfte der Ärzte Pharmareferenten nur mit festem Termin empfängt, die andere Hälfte kann man zu ihren Lieblingszeiten spontan besuchen. Diese findet man entweder über den Arzt oder die Praxisassistenzen heraus, also lernte ich Lektion 1: Kommunikation hilft!

Ich beobachtete dann, wie mein Kollege die Vorzüge eines Präparats vorstellte, das zur Behandlung von Morbus Parkinson eingesetzt wird. Der Arzt schien zufrieden, mir war aber beim besten Willen nicht klar, ob er das Präparat überhaupt schon mal eingesetzt hatte oder nicht. Hier ist einer der großen Vorteile des Berufs versteckt: Man entwickelt seine Menschenkenntnis und Kommunikationstalente enorm, da man innerhalb kürzester Zeit ca. 200 Ärzte kennen lernt, die alle individuell unterschiedlich denken und somit unterschiedliche Bedürfnisse haben. Der eine ist hoffnungsloser Idealist, der andere ein Arzt, der großes kaufmännisches Talent hat.

Ein sehr beeindruckender Fall war für mich eine Praxis, in welcher der Arzt im zweiten Stock Patienten empfing, diesen Medikamente für Ihre Erkrankung verschrieb und sie sich das Rezept dann unten im Erdgeschoss abholen sollten. In der Zeit, die die Patienten benötigten, um nach unten zu laufen, schrieb er den Arztbrief samt Befund und sendete ihn auf den Drucker am Empfang, so dass die Patienten diesen gleich mit dem Rezept mitnehmen konnten. Dieser Arzt zeigte mir dann auch gleich auf seinem Computer, wie vielen Patienten er welches Medikament von uns verschreibt, da waren alle Nachfragen unnötig. Er wusste aber auch genau, was er wollte: Ich möge bitte Kontakt zum Innendienst herstellen, er hätte nun so viel Erfahrung mit ▶

unseren Medikamenten, dass er gerne auf Kongressen darüber berichten möchte.

Hier wurde der zweite große Vorteil des Berufs sichtbar: Als Pharmareferent betreut man die zugewiesene Region zwar meist allein, hat aber viele Kontakte mit den Kollegen im Innendienst, die einen bei Anfragen dieser oder anderer Art unterstützen. Ich stellte in diesem Fall also Kontakt zu unserer medizinischen Abteilung her und der Arzt wurde tatsächlich als Referent zu einer unserer nächsten Veranstaltungen eingeladen. Vorteil für mich: Er berichtete anderen Ärzten, bei welchen Patienten man unsere Medikamente besonders gut einsetzen kann und logischerweise bei welchen man es lassen sollte. Seriösität ist in diesem Beruf lebensnotwendig. Da er im Kontakt mit unserer medizinischen Abteilung auch selbst noch mehr über die Einsatzmöglichkeiten des Medikamentes lernte, setzten es nun nicht nur die Zuhörer seines Vortrages, sondern auch er selbst gezielter und in Summe häufiger ein.

Wenn man sich also für seine Ärzte auch über das normale Maß einsetzt, profitiert man am Ende auch selbst beim Jahresbonus. So zogen wir an dem Tag noch durch vier weitere Praxen und zwei Kliniken, wo wir uns mit unterschiedlichsten Ärzten unterhielten. Am Abend begleitete ich meinen Vorgänger in sein „home office", wo er die Tagesberichte verfasste, Anfragen der Ärzte, die er selbst nicht beantworten konnte, an die zuständige Abteilung im Innendienst weiterleitete, etc.

Am Ende schrieb er noch einen Plan, wen er am nächsten Tag besuchen möchte und was er dort besprechen wollte. „Es geht nichts über eine gute Vorbereitung. Wir haben sechs Medikamente zu besprechen und ich kann am besten über das sprechen, was den Arzt besonders interessiert. Da profitieren am Ende seine Patienten, wegen derer er sich schließlich interessiert und außerdem ich, weil es sich am Jahresende positiv auf meinen Bonus auswirkt".

Und was macht mein Vorgänger jetzt? Da er auch Naturwissenschaftler war und sich neben der Außendiensttätigkeit schon bei internen Veranstaltungen hervorgetan hat, indem er wissenschaftliche Trainings unterstützt hat, ▶

ist er gefragt worden, ob er nicht in der medizinischen Abteilung im Innendienst anfangen möchte. Ein anderer Kollege wurde gerade zum Regionalleiter befördert. Das sind die Vorgesetzten der Außendienstler; sie betreuen im Schnitt je zehn Außendienstkollegen und somit eine größere „Region" wie etwa ganz Nordrhein-Westfalen.

Der Kollege hatte besonderes Talent im Vertrieb bewiesen und wurde auch von den Außendienstlern der Region als Führungskraft akzeptiert. Ein Weiterer ging kurze Zeit später als Produktmanager ins Marketing, so dass mir schnell klar wurde, dass der Beruf des Pharmareferenten tatsächlich viele Möglichkeiten für die berufliche Zukunft eröffnet. „Am besten sind die Chancen, wenn Du in einem Fach- oder Spezialaußendienst arbeitest", gab mir mein Vorgänger noch mit. Warum? „Weil hier besonders innovative Medikamente vertrieben werden, für die man spezialisierte Kollegen auch im Innendienst in allen Bereichen benötigt. Und wenn du die Kunden und deren Wünsche durch den Außendienst schon kennst, dann sind die Voraussetzungen sehr gut!"

So wechselte ich 14 Monate später tatsächlich in den Innendienst und wurde Medical Manager bei einem anderen Unternehmen, das sich im Bereich Neurologie neu etablieren wollte. Heute, sechs Jahre nach meinem ersten Tag in Bochum, leite ich den medizinischen Bereich der Immunologie in diesem neuen Unternehmen, zu dem ich wechselte, also auch ein Wechsel der Indikation ist möglich. Ich bin sehr froh, als Pharmareferent begonnen zu haben, denn neben dem Verständnis der Kunden ist auch die Akzeptanz unseres Außendienstes bei Trainings und strategischen Besprechungen höher, weil ich ja mal „einer von ihnen" war und so verstehen kann, was sie in ihrer täglichen Arbeit bewegt. ■

Wenn Sie in einer Stellenanzeige lesen Sachkenntnisse nach §75 des Arzneimittelgesetzes (AMG) vorausgesetzt, dann können Sie diese entweder mit einem Studienabschluss im naturwissenschaftlichen oder medizinischen Bereich nachweisen. Eine Alternative nach einer Ausbildung kann die Fortbildung zum Pharmareferent sein.

Produktmanager

Wo die Fäden zusammenlaufen

Die wesentliche Aufgabe eines Produktmanagers ist es, den Erfolg des Produkts in seinem Verantwortungsbereich voranzutreiben. Naturwissenschaftler, Mediziner und Ingenieure sind meist für innovative Produkte, die aus der Forschung und Entwicklung hervorgehen, verantwortlich. Der Produktmanager begleitet das Produkt über den gesamten Lebenszyklus, also den gesamten Prozess von der Markteinführung bis zum Marktaustritt. Zum Teil beginnt dieser Prozess sogar schon in der Ideenfindung.

Er ist im Unternehmen der erste Ansprechpartner bei allen Fragen zu seinem Produkt. Er arbeitet eng mit allen Abteilungen zusammen, die in irgendeiner Weise mit dem Produkt zu tun haben und stimmt sie aufeinander ab. Insbesondere den Abteilungen Vertrieb, Entwicklung, Produktion und Marketing kommt dabei eine besondere Bedeutung zu. Die Pflege des Dialogs mit den verschiedenen Abteilungen ist sehr wichtig, denn man stimmt Zeitpläne ab, stellt den Beteiligten alle für sie wichtigen Informationen zur Verfügung, vermittelt bei Konflikten, motiviert die Mitarbeiter und koordiniert die gemeinsamen Ziele.

Schnittstellenmanagement

Sie arbeiten somit an der Schnittstelle zwischen Vertrieb, Marketing, Produktion und Entwicklung. Hat die Entwicklung begonnen und ist die Idee geschützt, präsentieren Sie „ihre“ Fortschritte auch auf Fachtagungen ▶

oder Messen. Außerdem schulen sie das Vertriebs- und Serviceteam, damit alle das Produkt verstehen und Kundennachfragen beantworten können. Der Produktmanager ist im Unternehmen entsprechend der Fachmann für alle Fragen rund um „sein" Produkt.

VIELSEITIGES AUFGABENFELD

Eine Kernaufgabe des Produktmanagers ist in den meisten Unternehmen das Launchmanagement, also die Vorbereitung der Markteinführung des Produkts. Hierzu gehört auch die Erarbeitung einer Vermarktungsstrategie und des Reviews von Dokumenten wie Bedienungsanleitungen oder Handbüchern. Der Produktmanager kann dabei auch für Teile der Marketingaktivitäten zuständig sein oder arbeitet sehr eng mit dem Marketing oder Marketingagenturen zusammen. Um seine Aufgaben optimal wahrnehmen zu können, ist es wichtig, dass er mit dem Markt, in dem das Unternehmen bzw. das Produkt angesiedelt ist, eng vertraut ist und aktuelle Entwicklungen erkennt.

Insbesondere in Branchen, in denen der Erwerb von detailliertem Produktwissen sehr aufwändig oder vertieftes Fachwissen erforderlich ist, ist technisches, medizinisches und naturwissenschaftliches Fachwissen gefragt. Produktmanager analysieren Märkte und führen mit Vertretern der Zielgruppe Tests durch, um darauf zu schließen, wie ein bestimmtes Produkt ankommt.

Weiterhin ist ein Produktmanager für das Portfoliomanagement eines Unternehmens zuständig. Das Produktmanagement plant die Produktpalette des Unternehmens in der Breite (welche Produkte werden angeboten?) und in der Tiefe (in welchen Versionen kommt das Produkt auf den Markt?). Aus diesem Grund koordiniert er in bestimmten Branchen wie z.B. Chemie oder Pharma auch die Marktforschung und die klinischen Entwicklungsarbeiten.

Er analysiert Marktstudien und entwickelt in Rücksprache mit dem Vertrieb und den Kunden Ideen für Produktspezifikationen, die an die Marktbedürfnisse angepasst sind oder entdeckt Marktlücken, die mit Innovationen ausgefüllt werden können. Bei der Fertigung oder Forschung und Entwicklung gibt er Prototypen oder Forschungsvorhaben in Auftrag.

In Zusammenarbeit mit dem Qualitätsmanagement werden Verbesserungen bestehender Produkte koordiniert. Auch die sogenannte Lifecycle-Planung liegt in der Hand des Produktmanagers: Er entscheidet, wann ein Produkt auf den Markt kommt und wann es durch eine neue oder modifizierte Version ersetzt wird. Dabei ist es enorm wichtig auf die Bedürfnisse der Zielgruppe einzugehen. Bei technischen Entwicklungen hängt der Erfolg nicht immer von der Anzahl der Features ab, sondern dem Nutzen den die Zielgruppe darin sieht.

Auch Aufgaben der Öffentlichkeitsarbeit fallen teilweise in den Verantwortungsbereich des Produktmanagements. So verfassen die Produktmanager auch Fachartikel für verschiedene (Fach-) Medien, insbesondere bei spezialisierten und für Laien schwer ▶

verständlichen Produkten. Dies gilt auch für das Verfassen von Produktbeschreibungen.

All diese Aufgaben können je nach Unternehmen auch anderen Abteilungen zukommen. Die Grenze zu anderen Berufsbildern ist fließend, zumal nicht alle Unternehmen ein eigenes Produktmanagement besitzen.

Gerade als Naturwissenschaftler, Mediziner oder Ingenieur hat man gute Chancen, als Produktmanager in innovativen Branchen zu arbeiten. In vielen Bereichen besteht Erklärungsbedarf, dementsprechend muss der Produktmanager viel Produkt- und Fachwissen mitbringen. Dieses kann er entsprechend nur mit dem Hintergrund seines Fachstudiums oder seiner Fachausbildung einbringen.

VORAUSSETZUNG

Wer sich für eine Zukunft im Produktmanagement entscheidet, hat viele Möglichkeiten, sich die dazu nötigen Fähigkeiten anzueignen. Produktmanager gibt es in sehr vielen Firmen, dennoch kann man diesen Beruf weder als Ausbildungsberuf erlernen, noch an Hochschulen studieren. Der Einstieg kann nach dem Fachstudium oder einer Fachausbildung z.B. über eine Position im Vertrieb, als Produktspezialist oder aus der Forschung und Entwicklung erfolgen. Wer bereits einschlägiges Wissen über spezialisierte Produkte oder Techniken besitzt, kann sich mit Fachlektüre oder Weiterbildungs-Seminaren das nötige Marketingwissen aneignen. Wer noch studiert oder sich in seiner Ausbildung befindet, sollte die Möglichkeit nutzen, fachübergreifende Veranstaltungen zu besuchen. Das praktische Know-How lernt man am besten durch die Anwendung. Ideal ist auch ein einschlägiges Praktikum. Viele Unternehmen setzen bei Stellenausschreibungen für Produktmanager auf Erfahrung mit dem entsprechenden Produkt. Es werden daher oft Fachexperten gesucht.

PERSPEKTIVEN

Das Produktmanagement ist eine gute Einstiegsmöglichkeit für alle, die langfristig im Management tätig sein möchten. Im Dialog mit Mitarbeitern aus verschiedenen Abteilungen des Unternehmens lernt man Unternehmensabläufe sehr gut kennen, kann seine Management-Fähigkeiten beweisen und seine Führungsqualitäten stärken. ■

ERFOLGSFAKTOREN FÜR PRODUKTMANAGER

- Einschlägige Erfahrung im entsprechenden Produktbereich
- Fachstudium oder Fachausbildung in einem naturwissenschaftlichen, medizinischen oder technischen Bereich
- Kreativität, Innovationslust
- Fähigkeit, sich schnell Wissen über Produkte und Techniken anzueignen
- Marketingkenntnisse (z.B. über Werbung, Vertrieb)
- Managementfähigkeiten, Organisationstalent
- Kontaktfreudigkeit

Passende Stellen aus dem Produktmanagement finden Sie auf jobvector.de

Regulatory Affairs Manager

Das wandelnde Zulassungs-Lexikon

Regulatory Affairs Manager kümmern sich innerhalb eines Unternehmens um die Zulassung neuer Produkte. Dazu organisieren sie alle Maßnahmen, die nötig sind, um von nationalen und internationalen Behörden die Genehmigung für Entwicklung, Herstellung, Vermarktung und Vertrieb der Produkte zu erhalten. Regulatory Affairs Manager arbeiten überall dort, wo komplizierte Zulassungsverfahren nötig sind, da der Bereich staatlich streng kontrolliert wird. Beispiele sind hier Kosmetikhersteller oder die Chemieindustrie.

Insbesondere sind Regulatory Affairs Manager in der Pharmabranche tätig, also im Bereich der Arzneimittelzulassung. Dort sind sie dafür zuständig die Sicherheit, Qualität und Wirksamkeit von Medikamenten gegenüber verschiedenen internationalen Zulassungsbehörden nachzuweisen. Zusätzlich müssen Sie zeigen, dass die nationalen und internationalen Vorschriften, Verfahrensrichtlinien und Grundsätze berücksichtigt werden.

Der Regulatory Affairs Manager betreut ein Medikament über seine gesamte „Lebenszeit“ hinweg: Von der Entwicklung über die verschiedenen Stufen der klinischen Studien, den Zulassungsantrag bis hin zur Betreuung nach der Zulassung. Er koordiniert dabei die Arbeit der einzelnen Abteilungen, die mit dem Produkt zu tun haben, fügt ihre Ergebnisse zusammen und arbeitet auf den erfolgreichen Zulassungsantrag hin. Somit sitzt er an einer ▶

zentralen Schnittstelle in einem pharmazeutischen Unternehmen. Aus diesem Grund ist der Arbeitsalltag auch häufig von Besprechungen mit Kollegen und Teams anderer Abteilungen geprägt, zum Beispiel der Produktion, der Qualitätskontrolle oder dem Marketing.

Bevor der Zulassungsantrag fertiggestellt werden kann, werden erst einmal verschiedene klinische Studien (Stufe I-III) durchgeführt, in denen das Medikament getestet wird. Es muss nachgewiesen werden, dass es wirkt und keine gefährlichen Nebenwirkungen hat. Der Regulatory Affairs Manager evaluiert, welche Studien für die Zulassung des Medikaments notwendig sind. Die Genehmigung dieser Studien zu beantragen und zu erwirken, ist ebenfalls Aufgabe des Regulatory Affairs Managers.

Eine seiner wichtigsten Aufgaben ist das Verfassen des Dossiers. Dieser wird vom Regulatory Affairs Managers zusammen mit dem Zulassungsantrag bei der Zulassungsbehörde eingereicht. In diesem Dossier, das tausende Seiten umfassen kann, sind Informationen zum Medikament, Studienergebnisse und Expertenmeinungen zu dem Arzneimittel oder Medizinprodukt zusammengefasst. Außerdem liegt ein Entwurf für die Packungsbeilage bei, Hinweise zur Dosierung, Therapievorschläge, Hinweise zum Umgang mit Nebenwirkungen und viele weitere Informationen. Der Regulatory Affairs Manager sorgt dafür, dass das Dossier vollständig ist, also alle von den Behörden geforderten Informationen enthält und die Informationen gut aufbereitet sind. Wenn die Behörde Mängel an dem Zulassungsantrag feststellt, sollte der Regulatory Affairs Manager schnell darauf reagieren.

Oft ist er innerhalb des Unternehmens einem engen Zeitplan unterworfen, denn jede Verzögerung der Zulassung kostet das Unternehmen viel Geld. Von der Entwicklung des Wirkstoffs bis zum tatsächlichen Verkauf in einer Apotheke kann bis zu einer Dekade Zeit vergehen. Deshalb sind Geduld und Hartnäckigkeit wichtige Eigenschaften eines Regulatory Affairs Managers.

Interesse an rechtlichen Fragestellungen ist für diesen Beruf ungemein wichtig, denn die Arzneimittelzulassung ist streng geregelt, um die Verbraucher zu schützen. Man muss sich mit den Anforderungen der einzelnen Länder und der EU auskennen und darf auch vor Detailfragen nicht zurückschrecken. Behörden, mit denen man häufig in Kontakt steht, sind zum Beispiel das Bundesgesundheitsamt (BGA) oder die europäische Zulassungsbehörde European Mediciner Agency (EMA), bei international vertriebenen Produkten auch die amerikanische Food and Drug Administration (FDA). Für die Überwachungs- und Zulassungsbehörden ist der zuständige Regulatory Affairs Manager wegen seiner Schnittstellenfunktion der zentrale Ansprechpartner für ein Medikament. ▶

Nachdem das Medikament auf dem Markt ist, geht die Arbeit weiter. Der Regulatory Affairs Manager begutachtet und genehmigt alle Texte, die das Unternehmen zu dem Medikament herausgibt. Dazu gehören zum Beispiel Werbe- und Marketingtexte sowie Informationsbroschüren für Patienten, Fachinformationen für Ärzte und Apotheker oder Texte auf der Verpackung des Medikaments. Die Zulassung muss stets verlängert werden. Dazu werden bei der Zulassungsbehörde regelmäßig Berichte vorgelegt. Außerdem wird das Anwendungsgebiet der Medikamente aufgrund neuer Erkenntnisse häufig noch nach der Zulassung erweitert, so dass die Zulassung für weitere Einsatzfelder erwirkt werden kann.

Der Regulatory Affairs Manager hält seine Vorgesetzten und das Unternehmen über den aktuellen Stand des Zulassungsverfahrens, über auftretende Probleme und Änderungen in rechtlichen Bestimmungen auf dem Laufenden. Wenn schwerwiegende Nebenwirkungen bekannt werden, informiert der Regulatory Affairs Manager außerdem die Zulassungsbehörde.

Perspektiven

Bei der Arbeit eines Regulatory Affairs Managers handelt es sich um eine anspruchsvolle und vielseitige Tätigkeit, bei der die verschiedensten Kompetenzen gefragt sind. Geeignet ist der Beruf des Regulatory Affairs Managers für Pharmazeuten, Mediziner und Naturwissenschaftler aus benachbarten Disziplinen wie Biologie und Chemie. Wer sich für diesen Beruf interessiert, sollte vorher schon Erfahrungen in einem pharmazeutischen Unternehmen sammeln und vor allen Dingen genau und gewissenhaft arbeiten. Da viele Zulassungen international erwirkt werden sollen, ist verhandlungssicheres Englisch meist Einstellungsvoraussetzung. Weitere Fremdsprachenkenntnisse sind hilfreich. Vor komplizierten Gesetzestexten, Normen und Regularien darf man nicht zurückschrecken, sondern sollte den Ehrgeiz haben, sich „durchzubeißen", um sie anwenden zu können. Da diese regulatorischen Anforderungen sich immer ändern können, ist es wichtig, sich laufend weiterzubilden. Oft wünschen Unternehmen sich eine Promotion, sie ist aber nicht immer Bedingung. Regulatorisches Fachwissen lässt sich zum Beispiel auch im Rahmen einer strukturierten Fortbildung lernen. ■

Erfolgsfaktoren für Regulatory Affairs Manager

- Genaues und verantwortungsbewusstes Arbeiten
- Hohes Maß an Sorgfalt und Zuverlässigkeit
- Selbstorganisation
- Kommunikationsfähigkeit
- Kenntnis der Zulassungsvoraussetzungen
- Sehr gute Englisch-Kenntnisse
- Strukturiertes und zielgerichtetes Arbeiten
- Studium der Pharmazie, Medizin oder naturwissenschaftliches Studium
- Teamfähigkeit
- Freude am Umgang mit rechtlichen Fragestellungen und arzneimittelrechtlichen Texten
- Verhandlungsgeschick
- Übersicht behalten

Trainee - Projektleiter Klinische Forschung

Bereits als Jugendlicher hat mich die klinische Forschung fasziniert. Daher entschied ich mich für ein Studium, welches mir erlaubte einen Einblick in die komplexen Strukturen von Lebewesen zu erhalten. Mein Entschluss fiel zugunsten eines Studiums mit Schwerpunkt Immunologie und molekularer Toxikologie in Konstanz und in den Vereinigten Staaten.

Nicht nur erforschen und verstehen

Relativ schnell wurde mir jedoch klar, dass ich die Pathomechanismen nicht nur erforschen und verstehen, sondern auch beeinflussen wollte. Daher entschied ich mich für eine klinisch ausgerichtete Doktorarbeit an der Charité in Berlin. Diese erlaubte mir erste Einblicke in die komplexen Strukturen der klinischen Entwicklung und begeisterte mich.

Ich wollte fortan nicht nur potentielle Zielstrukturen identifizieren, sondern auch helfen diese zur Marktreife zu bringen. Daher bewarb ich mich nach meiner Promotion in der pharmazeutischen Industrie. Im Rahmen eines Trainee-Programms Medizin lernte ich die vielfältigen Abteilungen in sehr kurzer Zeit kennen und konnte mir einen sehr guten Überblick über die einzelnen Positionen verschaffen. Zum Ende meines achtzehnmonatigen Trainee-Programms wurde ich als Projektleiter Klinische Forschung im Bereich Infektiologie übernommen. ▶

Vielfältige Aufgaben

In den Verantwortungsbereich eines Projektleiters fällt die klinische Studiendurchführung einer bzw. mehrerer Indikationen. Außerdem ist man für das Studienbudget verantwortlich, koordiniert die Erstellung der Publikationen und die Präsentation auf Kongressen. Man steht tagtäglich vor der Herausforderung komplexe Zusammenhänge einer großen Bandbreite von Personen vorzustellen. Dies können Kollegen, aber auch Professoren oder gar Patientenorganisationen sein.

Andere begeistern

Als Projektleiter ist man außerdem Ansprechpartner für eine Vielzahl von internen Abteilungen, aber auch von externen Organisationen, wie Ethikkommissionen oder Gesundheitsbehörden. Für den Job eines Projektleiters Klinische Forschung ist es essentiell sich auf neue Aufgaben und Fragestellungen einzulassen, interaktiv mit unterschiedlichsten Menschen zusammenarbeiten und insbesondere sich und andere begeistern zu können. Jeder Tag ist auf's Neue spannend und die Vielzahl der Tätigkeiten lässt keine Langeweile aufkommen. ■

Dr. Michael Mertens
Projektleiter Klinische Forschung
Novartis Pharma GmbH

Chancen Trainee-Programm

- Einblicke in verschiedene Abteilungen und Aufgabenfelder im Unternehmen
- Einstiegsmöglichkeiten ins Management
- Interdisziplinäre und persönliche Entwicklungsmöglichkeiten
- Basis für gute Aufstiegsmöglichkeiten

Kriterien für gute Trainee-Programme

- Klare Perspektiven für die Zeit nach dem Trainee-Programm
- Persönliche Betreuung und regelmäßige Feedbackgespräche
- Geplanter und strukturierter Aufbau mit kurz- und langfristigen Projektzielen

Qualitätsmanager

Schnittstelle zwischen Produkt und Unternehmensabläufen

Ein Qualitätsmanager ist verantwortlich für die Qualitätsstandards im Unternehmen. Der Qualitätsmanager ist der erste Ansprechpartner bei Qualitätsfragen. Er entwickelt Qualitätsrichtlinien und überwacht deren qualitative und zeitliche Einhaltung, beobachtet die Qualitätsentwicklung und sorgt für stetige Verbesserungen. Dabei befasst er sich in erster Linie mit den Produkten des Unternehmens, aber auch mit der Beobachtung und Optimierung von Dienstleistungen und internen Prozessen.

Effizient und Effektiv

Ziel des Qualitätsmanagers ist es, die Produkte zu verbessern und die Unternehmensabläufe effizienter und effektiver zu gestalten. Dabei muss er die Kosten im Blick behalten und die Kundenzufriedenheit garantieren. Zusätzlich obliegt es ihm zu gewährleisten, dass die Produkte und Prozesse neben den eigenen Unternehmensstandards auch gesetzliche und behördliche Vorgaben erfüllen. Zu den zu analysierenden Unternehmensabläufen zählen zum Beispiel Kommunikationsabläufe zwischen verschiedenen Abteilungen oder Hierarchieebenen.

In der Schnittstellenposition ist der Qualitätsmanager weniger von festgefahrenen Prozessen beeinflusst und erkennt wie Arbeitsabläufe effizienter gestaltet werden können. ▶

WAS IST EIN AUDIT?

Ein Audit ist eine systematische, unabhängige Untersuchung, mit deren Hilfe herausgefunden werden soll, ob Qualitätsanforderungen erfüllt werden. Audits überprüfen aber auch, ob die durchgeführten Tätigkeiten und Produktionsweisen geeignet sind, diese Qualitätsanforderungen zu erfüllen. Die Ergebnisse der Audits werden dokumentiert und anschließend ausgewertet. Die Auswertung bildet die Basis für weitere Qualitätsverbesserungspotentiale. Der Qualitätsmanager leitet daraus ab, wo Qualitätsmängel oder Verbesserungsmöglichkeiten zu erkennen sind und wo eventuelle Ursachen für Mängel oder Verbesserungspotentiale liegen.

Auf dieser Grundlage entwickelt er einen Maßnahmenkatalog, der zur Optimierung der Produkte oder Prozesse dient. In Zusammenarbeit mit den Mitarbeitern der jeweiligen Abteilungen führt der Qualitätsmanager die Maßnahmen ein und kontrolliert deren Umsetzung und Erfolge. Audits können sich z.B. auf System-, Produkt- und Lieferantenaudits beziehen.

SYSTEMAUDITS

Systemaudits untersuchen alle Bereiche des Unternehmens. Sie prüfen die Wirksamkeit und Effizienz eines Managementsystems, zum Beispiel eines Umweltmanagementsystems, das die Umweltfreundlichkeit des Unternehmens maximieren soll.

PRODUKTAUDITS

Ein Produktaudit geht über die eigentliche Beurteilung der Qualität eines Produkts hinaus: Die tatsächlichen Produkteigenschaften werden auch mit den Kundenwünschen abgeglichen. Die Kundenwünsche können aus regelmäßigen Kundenbefragungen, aus dem Kundenservice oder der engen Zusammenarbeit mit einem Großkunden bekannt sein. In erster Linie soll die Produktqualität erhöht werden und damit natürlich auch die Kundenzufriedenheit. Außerdem können so Fehler in ganzen Produktionsreihen vermieden werden.

LIEFERANTENAUDITS

Darüber hinaus führen Qualitätsmanager auch Lieferantenaudits durch, die im Prinzip eine Mischung aus Produkt- und Systemaudits sind. Lieferantenaudits werden durchgeführt, um verschiedene Lieferanten zu vergleichen und die Qualität und Organisation des Lieferanten beurteilen zu können. Wichtig sind Lieferantenaudits vor allem, wenn neue Lieferanten ausgewählt werden sollen, die zum Beispiel Ausgangsstoffe herstellen, die für die Fertigung der Produkte des eigenen Unternehmens benötigt werden.

Beurteilt wird der Zulieferer nach folgenden Punkten:

- Qualität der Produkte
- Produktionsbedingungen (Welche Sicherheitsmaßnahmen werden getroffen? Werden alle relevanten Hygienestandards erfüllt?)
- Qualitätsmanagement und Zuverlässigkeit des Zulieferers

Aber auch Themen wie Umweltfreundlichkeit, Nachhaltigkeit und die Rückverfolgbarkeit der gelieferten Produkte spielen eine wichtige Rolle. Lieferantenaudits finden häufig in Form von Gesprächen und Werksbegehungen vor ▶

Ort statt. Qualitätsmanager sollten deshalb auch bereit sein, für ihren Job zu reisen.

Qualitätskontrollen

Eine andere Möglichkeit um Daten zu erheben und somit bestehende Prozesse zu optimieren ist, die Ergebnisse der regel- und routinemäßigen Qualitätskontrollen von Produkten, deren Lagerung und Dienstleistungen kontinuierlich zu evaluieren. Die Überwachung und Verbesserung des Qualitätssicherungssystems eines Unternehmens ist Aufgabe des Qualitätsmanagers. Außerdem gehört es zu seinen Aufgaben, die Auswertungen der Qualitätsdaten an die Unternehmensführung zu kommunizieren.

Sollte noch kein Qualitätssicherungssystem bestehen, ist es die Aufgabe des Qualitätsmanagers, dieses zu entwickeln, einzuführen und gegebenenfalls auch bis zur Zertifizierung nach DIN ISO auszubauen. Wenn neue Qualitätssicherungsmaßnahmen eingeführt werden sollen, bereitet der Qualitätsmanager Mitarbeiter-Schulungen vor. Die Mitarbeiter werden entsprechend in den neuen Verfahren und Richtlinien geschult.

Produktentwicklung

Wenn ein Unternehmen ein neues Produkt entwickelt, legt der Qualitätsmanager die Standards fest, die es zu erfüllen gilt. So lernt er die gesamte Prozesskette kennen und ist mit jedem einzeln Schritt vertraut.

Je später im Entwicklungsprozess eines Produkts ein Fehler erkannt wird, desto teurer wird es, ihn zu beheben. Um mögliche Schwächen eines Produkts deshalb schon zu erkennen, bevor

größere Mengen produziert werden, führen Qualitätsmanager in der Design- und Entwicklungsphase sogenannte Fehlermöglichkeits- und Einflussanalysen (FMEA) durch. Dazu sind oft spezielle technische und ingenieurwissenschaftliche Kenntnisse notwendig. Stellt der Qualitätsmanager dabei fest, dass der Prototyp die Anforderungen noch nicht erfüllt, analysiert er die Schwachstellen und initiiert und koordiniert die Nachbesserungsarbeiten.

Insbesondere in der Pharmazie, Medizin und Chemie gibt es umfassende Richtlinien, GxP abgekürzt, welche die Standards für die Arbeitspraxis festlegen. Das G steht für good, das P für Praxis und das x für den entsprechenden Bereich wie Produktion (engl. manufacturing = M), Labor (engl. laboratory = L), oder Ingenieurwesen (engl. engineering = E). Der Qualitätsmanager ist im Unternehmen dafür verantwortlich diese Standards auf die Forschung, Entwicklung sowie Produktion zu übertragen und deren Einhaltung zu überwachen.

Branchen

Arbeiten können Qualitätsmanager in fast allen Branchen, da Qualitätskontrollen in ▶

GAP: Good Agricultural Practice
GMP: Good Manufacturing Practice
GCP: Good Clinical Practice
GLP: Good Laborator y Practice
GEP: Good Engineering Practice
GVP: Good Pharmacovigilance Practice

vielen Unternehmen eine wichtige Rolle spielen, um die Wettbewerbsfähigkeit zu gewährleisten. In einigen Branchen ist der Einsatz von Qualitätsmanagern sogar gesetzlich vorgeschrieben. Dazu zählen zum Beispiel die Pharmaindustrie, die Medizintechnik, die Gesundheitsvorsorge, die Luft- und Raumfahrt, die Umwelttechnik oder die Lebensmittelherstellung – also Bereiche, in denen die Produktqualität eng mit der Sicherheit bzw. Gesundheit des Verbrauchers zusammenhängt. Qualitätsmanager spielen aber auch im Bereich des Anlagenbaus, der Elektro- und Automatisierungstechnik und der Automobilindustrie eine wichtige Rolle.

Um die Qualität solcher Produkte zu beurteilen, ist in vielen Bereichen ein fachspezifisches Studium hilfreich oder sogar vorausgesetzt, wie z.B. im Bereich Ernährungswissenschaften oder in der Lebensmitteltechnologie zur Überprüfung der Lebensmittelqualität. Ein Quereinstieg ist aber auch möglich, besonders wenn man in anderen Bereichen des Unternehmens schon Erfahrungen gesammelt hat und Ideen mitbringt, wie Arbeitsabläufe oder Produkte optimiert werden könnten.

In vielen Stellenanzeigen wird ein technisches, medizinisches oder naturwissenschaftliches Studium oder eine entsprechende Ausbildung gefordert, da für viele Bereiche des Qualitätsmanagements Kenntnisse in Produktions-, Prüf- oder Messtechnik sowie Kenntnisse zu komplexen Abläufen oder Produkten nötig sind. Ebenso sind betriebswirtschaftliche Grundkenntnisse von Vorteil. Da Qualitätsmanager in Schnittstellenpostionen zwischen mehreren Abteilungen oder Dienstleistern arbeiten, sollten sie auch Kommunikations- und Moderationsgeschick mitbringen.

PERSPEKTIVEN

Nobody is perfect – auch kein Unternehmen. Deshalb ist die Arbeit eines Qualitätsmanagers eigentlich nie abgeschlossen. Irgendwo finden sich immer noch Optimierungsmöglichkeiten. Außerdem bringen der technische Fortschritt und spezielle Kundenwünsche es mit sich, dass Produkte und Qualitätsstandards ständig weiterentwickelt werden. Besonders in den Bereichen, in denen Qualitätsstandards gesetzlich vorgeschrieben sind, ergeben sich gute Karriereperspektiven, auch für Berufseinsteiger. Als Karriereperspektive ist nach einigen Jahren Erfahrung ein Aufstieg zur Leitung des Qualitätsmanagements möglich. ■

ERFOLGSFAKTOREN FÜR QUALITÄTSMANAGER

- Analytisch-konzeptionelle Fähigkeiten
- Durchsetzungsvermögen
- Führungsfähigkeiten, Organisationstalent
- Blick für technische Details
- Kenntnisse in Produktions-, Prüf- oder Messtechnik und Qualitätsstandards
- Kenntnisse der gesetzlichen Anforderungen (GxP, DIN, ISO...)

Passende Stellen aus dem Qualitätsmanagement finden Sie auf jobvector.de

Projektmanager

Organisationstalent mit dem Blick für das Wesentliche

Projektmanager können in allen Unternehmensbereichen arbeiten. Ihre Aufgabe ist die Organisation und verantwortliche Betreuung von Projekten, das heißt: Einmalige Vorhaben mit definiertem Anfangs- und Endtermin sowie einem definierten Ziel. In der Praxis werden Projektmanager für komplexe Projekte eingesetzt, für die zunächst ein Lösungsweg gefunden werden muss oder die Zusammenarbeit mit anderen Bereichen oder externen Partnern nötig ist.

Naturwissenschaftler & Mediziner

Im wissenschaftlichen Umfeld bedeutet Projektmanagement z.B. die Betreuung eines bestimmten Forschungsvorhabens, wie die Entwicklung von neuen Produkten, z.B. neuer Kunststoffe oder auch Arzneimittel. Auch die Koordination klinischer Studien wird von Projektmanagern betreut. Dabei steht nicht die praktische Arbeit im Labor im Vordergrund, sondern die Koordination und die Auswahl der Studienteilnehmer.

Häufig wird auch für die Gesamtbetreuung eines neuen Produkts ein Projektmanager eingesetzt, der über die reine Entwicklung hinaus auch für die Produktion und Markteinführung oder längerfristige Vermarktung der zentrale Ansprechpartner ist.

Ingenieure

Ingenieure können beispielsweise für die individuelle Anpassung und Inbetriebnahme ▶

einer Maschine für einen Großkunden verantwortlich sein. Die Installation und der Bau von technischen Anlagen oder Produktionsstraßen werden im Projektmanagement abgebildet. Dies sind nur einige Beispiele von Projekten in denen Naturwissenschaftler, Mediziner oder Ingenieure tätig sind.

PLANUNG, STEUERUNG UND KONTROLLE

Die Arbeit des Projektmanagers besteht aus Planung, Steuerung und Kontrolle des Projekts. Dazu gehören vor allem die Budgetplanung und -kontrolle sowie die Kommunikation mit firmeninternen und externen Partnern. Wichtig ist, dass der Projektmanager Faktoren wie Zeit, Kosten und Ressourcen realistisch einschätzen und sinnvoll einteilen kann.

Nachdem der Projektmanager den Projektauftrag erhalten hat, strukturiert er das Projekt. Dazu teilt er es in verschiedene Phasen ein und setzt Termine, an denen bestimmte Teilziele (sogenannte Meilensteine / Milestones) erreicht sein sollen. Seine Erfahrung und sein Fachwissen helfen ihm dabei, die Zeit für Arbeitsabläufe, die Risiken und Einflussfaktoren realistisch einschätzen zu können. Gleichzeitig kalkuliert der Projektmanager die voraussichtlichen Kosten und erwägt die Kooperation mit externen Dienstleistern. Oft ist der Kostenrahmen, den der Projektmanager bei der Planung berücksichtigen muss, vom Auftraggeber vorgegeben. Der Projektmanager geht mit dem zur Verfügung stehenden Budget verantwortungsvoll um und überwacht die anfallenden Kosten.

Nach der Strukturierung des Projekts stellt der Projektmanager sein Team zusammen und verteilt die Aufgaben. Der Projektleiter ist in der Regel die disziplinarische und fachliche Führung für die Mitarbeiter. Eine wichtige Aufgabe eines Projektmanagers ist es, sein Team zu motivieren und die Zeitlinie im Auge zu behalten.

Da der Projektleiter, der in allen Belangen des Projekts zentraler Ansprechpartner für sein Team, Kunden, externe Dienstleister, Vorgesetzte und andere Abteilungen des Unternehmens ist, besteht eine wichtige Aufgabe in der Kommunikation. Damit das Projekt effizient umgesetzt werden kann, ist es wichtig, dass er sich über den Fortschritt informiert und die Informationen an alle Beteiligten weitergibt, die davon betroffen sind.

ZEITMANAGEMENT

Während des Projekts achtet der Projektleiter darauf, dass Termine eingehalten werden und die Kosten im Rahmen bleiben. Risiken und Probleme z.B. technischer oder betriebswirtschaftlicher Art muss er schnell erkennen und Lösungen finden. Ebenso sollte er die möglichen Risiken für die „Zielgruppe" des Projekts (z.B. Verbraucher oder Bediener der Maschine) stets gering halten. Bei Projekten für Kunden hat der Projektleiter engen Kontakt zum Kunden und orientiert sich an seinen Wünschen. Auch für die Qualitätssicherung ist der Projektleiter verantwortlich.

Ist das Projekt beendet, dokumentiert er die Ergebnisse und präsentiert sie seinen Auftraggebern. Projektleiter sollten in der Lage ▶

sein, auch unter zeitlichem Druck zuverlässig zu arbeiten und den Zeitaufwand für bestimmte Arbeitsschritte einzuschätzen, denn jedes Projekt hat einen definierten Anfang und ein definiertes Ende. Der Projektmanager sollte immer den Überblick über alle Aufgaben behalten und delegieren können. Eine gewisse ökonomische Veranlagung ist ebenfalls hilfreich, um die Budgetplanung treffsicher gestalten zu können.

Eine wichtige Fähigkeit des Projektmanagers ist es, Wichtiges von Unwichtigem unterscheiden zu können. Der Projektleiter vermittelt seinem Team, wo die Prioritäten liegen. Bei internationalen Projekten sind entsprechende Sprachkenntnisse sowie interkulturelle Kompetenz gefragt. Einige Unternehmen setzen im naturwissenschaftlichen und medizinischen Bereich eine Promotion voraus.

Perspektiven

Projektmanagement ist abwechslungsreich, spannend und herausfordernd. In diesem Beruf kann man in einer verantwortungsvollen Position die Forschung, Entwicklung oder auch Produkteinführung vorantreiben und bleibt immer auf dem neuesten Stand. Da man die Projekte von der Planung bis zur Umsetzung und Erfolgskontrolle begleitet, sieht man den Ertrag seiner Arbeit. Man kann sich fachlich weiterentwickeln und Projekt- und Personalverantwortung übernehmen. Internationale oder interdisziplinäre Projekte sind keine Seltenheit. So lernen Projektmanager viele interessante Menschen kennen und können ihren persönlichen Horizont permanent erweitern.

Es gibt die Möglichkeit an Hochschulen, im öffentlichen Dienst oder in der Industrie zu arbeiten. Die Aufgabenbereiche reichen vom Management klinischer Studien über die Entwicklung von neuen Produkten bis hin zum Qualitätsmanagement. Auch der Wechsel in fachfremde Bereiche ist für gute Projektmanager möglich: Die Steuerungsfunktion eines Projekts ist in einigen Fällen unabhängig von dem fachlichen Wissen des Projektmanagers. In diesen Fällen übernimmt ein Mitarbeiter die Lösung von fachlichen Fragestellungen. ■

Erfolgsfaktoren für Projektmanager

- Organisationstalent
- Fundierte Fachkenntnisse bei Forschungsprojekten
- Teamfähigkeit und Führungsstärke
- Strukturierte, lösungsorientierte Arbeitsweise
- Ausgezeichnete Kommunikationsfähigkeit
- Sprachkenntnisse
- Entscheidungsstärke
- Belastbarkeit, auch unter zeitlichem Druck
- Gutes Zeitmanagement

Passende Stellen
aus dem Projektmanagement
finden Sie auf jobvector.de

Von der industriellen Promotion ins Management - Erfahrungsbericht

Für diejenigen, die gerade erst an eine Promotion denken oder momentan eine absolvieren, stellt sich oft die Frage: Universität oder industrienahes Forschungsinstitut? Wie immer gibt es viele Vor- und Nachteile. Eins jedoch sollte klar sein: Wenn man seine zukünftige Karriere in der Industrie sieht aber dennoch promovieren will, dann ist die industrienahe Promotion der Weg schlechthin! Ich hatte diesen vor drei Jahren angestrebt und profitiere bis heute von dieser Entscheidung.

Meine Promotion habe ich mit einem Industrieforschungsprojekt in einem internationalen IT-Beratungsunternehmen in München absolviert. Die Aufgabe bestand darin, innerhalb von drei Jahren eine Methodik für das Testen von komplexen Softwaresystemen für Großprojekte zu entwickeln und etablieren. Das Projekt umfasste viele unterschiedliche Aspekte, wie eine deutschlandweite Bestandsaufnahme, Markt- sowie Literaturanalyse, Entwicklung und Rollout der Methodik, Schulung von (Test-)Managern, Beratung von Großprojekten sowie Akquise neuer Projekte. Parallel fanden mehrere Publikationen sowie Vorträge auf nationalen und internationalen Konferenzen statt.

Das Ergebnis der Promotion war ein innovativer Ansatz für sogenanntes modellbasiertes Testen (kurz: Automatische Generierung von Tests). Neben der wissenschaftlichen Ausarbeitung entstand ein Werkzeug, welches ▶

direkt in den Projekten des Industriepartners eingesetzt wurde. Somit „leben" die Ergebnisse weiter und werden nicht nur in den Räumlichkeiten einer Uni-Bibliothek verstaut.

Wissenschaftliches Arbeiten = Produkt- und Projektmanagement

Das wissenschaftliche Arbeiten an Universitäten oder Forschungsinstituten wird oft als Gegensatz zu Tätigkeiten wie Produkt- oder Projektmanagement angesehen. Aus meiner Erfahrung heraus kann ich nur das Gegenteil behaupten. Ein Forscher an einem industrienahen Forschungsinstitut ist nur dann gut, wenn er das Projektmanagement (und oft sind es nicht wenige Projekte, die gleichzeitig verlaufen) bestens beherrscht! Neben oder eben gerade mit den Industrieprojekten entsteht sein wichtigstes Produkt – die Dissertation. Dieses Produkt wird nur so gut sein, wie es der Forscher durchdenkt und „vermarktet". Regelmäßige Publikationen, Vorträge und Diskussionen mit anderen Experten helfen dabei enorm.

Vorträge auf Industriekonferenzen lohnen sich

Besonders Vorträge spielen eine sehr wichtige Rolle in der industrienahen Promotion. Zum einen sind natürlich die strikt wissenschaftlichen Konferenzen wichtig, da dort die anvisierte Gruppe von Experten anwesend ist. Ebenso wichtig - besonders für die zukünftige Laufbahn - sind Industriekonferenzen. Im Bereich Softwaretesten und Qualitätsmanagement sind Veranstaltungen wie iqnite, EuroSTAR, CONQUEST, QS-Tag und GI TAV zu nennen. Dort erhält man hilfreiches Feedback zu seiner Arbeit und baut sich in kürzester Zeit ein breites Netzwerk auf. Dieses Netzwerk kann zum einen für die Akquise von neuen Projekten, aber auch bei der Suche nach dem passenden Job helfen.

Unternehmen suchen dringend nach Informatikern!

Aktuell gibt es für viele Ingenieure in Deutschland die komfortable Situation, dass Unternehmen regelrecht um Bewerber kämpfen. Dieses Bild kann ich für das Gebiet der Informatik nur bestätigen. Aber ein Informatiker ist nicht gleich Informatiker. Abhängig von der angestrebten Richtung (IT-Beratung, Software Engineering, Projekt- oder Testmanagement, etc.) sind besondere Kenntnisse und Erfahrungen erforderlich. Gerade für Stellen, die Management-Aspekte beinhalten, wie Projektleiter oder Teamleiter, zahlt sich die Erfahrung aus der industrienahen Promotion aus. Zum einen kann die Zeit, die im Industrieforschungsprojekt beim Kunden geleistet wurde, als Berufserfahrung mitgezählt werden. Bei mir war neben der inhaltlichen Arbeit beim Kunden auch ein großer Anteil an Projektmanagement dabei. Zum anderen wird anerkannte Expertise auf einem Gebiet der Informatik sehr geschätzt. Diese kann durch Vorträge und Publikationen bei bekannten (Industrie-) Konferenzen belegt werden. Diese Mischung zahlte sich für mich sehr gut aus.

Direkter Einstieg im mittleren Management

Nach meiner Tätigkeit beim industrienahen Forschungsinstitut und einem mehrjährigen Projekt bei einem großen IT-Beratungshaus, ▶

hat es mich in ein eher kleineres Unternehmen gezogen (ca. 300 Mitarbeiter in Deutschland, USA und Norwegen). Dank meiner Erfahrung der letzten Jahre und Expertise auf dem Gebiet des Softwaretestens konnte ich die spannende Aufgabe als Teamleiter annehmen.

Als Teamleiter bin ich für die standortübergreifende Geschäftsentwicklung des Themas „Softwaretesten" verantwortlich. Das bedeutet, dass ich zum einen ein bestehendes Team von vier Mitarbeitern in kürzester Zeit ausbauen muss. Die Suche nach qualifizierten Mitarbeitern im stark umkämpften Markt der Testexperten ist allerdings alles andere als einfach. Zum anderen wird das Geschäft bei bestehenden Kunden ausgebaut und neue Geschäfte durch Ausschreibungen und Direktakquisen aufgebaut. Um das letztere durchzuführen muss ein klares Leistungsportfolio (inkl. Vertriebsfolien, Marketing-Material, Referenzen, etc.) aufgebaut sowie eine Geschäftsstrategie für die nächsten ein bis zwei Jahre ausgearbeitet werden. Alles in allem bin ich damit ein Unternehmer in einem Unternehmen.

Die neue Tätigkeit erfordert mehrere Eigenschaften. Zum einen ist ein fachliches Know-How und Expertise auf dem Gebiet des Softwaretestens ein Muss. Zum anderen sind Kenntnisse aus den Bereichen Projektmanagement (mehrere interne Projekte und Kundenprojekte) und Produktmanagement (Portfolio der Consulting-Dienstleistungen) wichtig. Dazu kommt eine hohe Reisebereitschaft. Während der Woche bin ich immer zwischen den drei deutschen Standorten unterwegs. Hinzu kommt ein diplomatisches Geschick, welches in Gesprächen mit Bewerbern und Kunden sehr wichtig ist.

Ich bin mir sicher, dass besonders die Erfahrung der letzten drei Jahre meiner industrienahen Promotion mich um einiges voran gebracht hat. Wer sich also in einem Gebiet tief auskennen, den Kontakt mit der Industrie nicht verlieren und Karriere in der Industrie machen möchte, dem kann ich herzlich den Weg der industrienahen Promotion empfehlen!

Dr. rer. nat. Michael Mlynarski

Ingenieur in der Werkstoffentwicklung

Mission: Haltbarer, günstiger, praktischer

„Höher, schneller, weiter!“ ist das Motivationsziel in der Leichtathletik. Ingenieure in der Werkstoffentwicklung handeln nach dem Motto: Haltbarer, günstiger, praktischer!

Innovationsmanagement

Viele Innovationen gehen mit neuen Werkstoffen einher, die speziell für diesen neuen Zweck entwickelt wurden oder bereits bekannten Werkstoffen, die hinsichtlich bestimmter Eigenschaften verbessert wurden. Produktionsverfahren werden so umweltschonender, Laptops leichter, Windräder haltbarer und Hauswände verschmutzungsresistenter.

Ingenieure in der Werkstoffentwicklung forschen an neuen Werkstoffen, erproben ihre Einsatzmöglichkeiten und verbessern bereits verwendete Werkstoffe hinsichtlich der spezifischen Eigenschaften, die dem fertigen Produkt einen Wettbewerbsvorteil verschaffen. Ziele sind Qualitätsverbesserung und Kostenreduzierung. Die Wettbewerbsvorteile können etwa Kostensenkung, bessere Haltbarkeit, Kratzfestigkeit, antibakterielle Eigenschaften, Hitzebeständigkeit, Verschmutzungsresistenz, weniger Gewicht, Ressourcenschonung, Schutz vor Oxidation oder neue, erweiterte Einsatzmöglichkeiten sein.

Mit Hilfe ihrer Fachkenntnisse testen Ingenieure in der Werkstoffentwicklung neue Werkstoffzusammensetzungen und analysieren ihre Eigenschaften, um sie in einzelnen Punkten ▶

weiter zu verbessern. Bei der Entwicklung werden die verschiedensten Einflussfaktoren auf die Produkteigenschaften getestet.

Vielseitige Techniken und Geräte

Abhängig von Branche und Werkstoff kommen unterschiedliche Prüfverfahren in Frage. Der Ingenieur setzt vielseitige Techniken und Geräte für diese Prüfverfahren ein. Je mehr diese Techniken im Studium erlernt wurden, das heißt umso besser die Spezialisierung zu den entwickelnden Werkstoffen passt, desto besser sind die Einstiegschancen. Idealerweise waren diese Techniken oder Werkstoffe Teil der praktischen Abschlussarbeit, oder in Praktika während des Studiums.

Hier können Sie mit Weitsicht punkten. Wenn Sie schon früh im Studium wissen in welcher Branche Sie später tätig sein, oder mit welchen Materialien bzw. Verfahren/ Methoden Sie arbeiten möchten, dann richten Sie Ihre Studienschwerpunkte bzw. das Thema Ihrer Abschlussarbeit darauf aus. In der Oberflächentechnik kann beispielsweise der Umgang mit spektroskopischen Verfahren, elektrochemischen Prüfmethoden oder der Umgang mit Rasterelektronenmikroskopen wichtig sein.

Produkt- und Prozessoptimierung

Neben der Produktoptimierung ist auch die Prozessoptimierung ein möglicher Arbeitsbereich. Hier werden Möglichkeiten erforscht, Werkstoffe oder Produkte materialeffizienter zu machen und mit weniger Aufwand herzustellen. Die Forschungsergebnisse und Fortschritte werden dokumentiert und so aufbereitet, dass sie an Vorgesetzte, z.B. den Leiter der Forschung und Entwicklungsabteilung oder die Geschäftsleitung, berichtet werden können. Wer also Ergebnisse gut zusammenfassen und transparent präsentieren kann, hat hier Vorteile, da die Teams meist interdisziplinär agieren.

Werkstoffentwicklung- und technik

In der Werkstoffentwicklung und -technik bildet man die die Schnittstelle zwischen den Unternehmensbereichen Forschung & Entwicklung und Produktion. Wenn der maßgeschneiderte Werkstoff zunächst im Labormaßstab entwickelt worden ist, ist es am Ingenieur eng mit der Produktion zusammenzuarbeiten, um eine Serienfertigung zu ermöglichen. Er gibt unter anderem Daten wie die Fertigungsparameter an die Produktion weiter.

Wenn Werkstoffe als Auftragsarbeiten für auswärtige Betriebe gefertigt werden, kann auch die Kundenbetreuung oder -beratung in das Aufgabengebiet des Ingenieurs fallen. Zukünftige Arbeitgeber können Forschungsinstitute, Universitäten oder die Industrie sein. Freude an Teamarbeit und die Fähigkeit präzise zu arbeiten sollten selbstverständlich sein. Aktuell sind etwa die Nanotechnologie oder sogenannte Smart Materials große Forschungsthemen in der Werkstoffentwicklung.

Studiengänge wie Werkstofftechnik oder Materialwissenschaft sind der direkte Einstieg in dieses Berufsfeld. Mit entsprechender Spezialisierung können auch Studiengänge der Chemie, Nanotechnologie oder Verfahrenstechnik gute Grundlagen für den Einstieg in der Werkstoffentwicklung sein. ▶

PERSPEKTIVEN

Die Perspektiven in der Werkstoffentwicklung sind vielfältig. Innovative Werkstoffe können helfen, die Umweltbelastung zu verringern, sowie Produkte haltbarer und stabiler zu machen. Werkstoffentwicklungen sind wichtig für die Konkurrenzfähigkeit der Unternehmen auf dem internationalen Markt. Je nachdem, auf welche Materialien man sich spezialisiert, kann man an Zukunftstechnologien mitarbeiten oder im Automotivebereich zur Sicherheit im Rennsport und im Straßenverkehr beitragen. Werden die Werkstoffe in der Medizintechnik eingesetzt, kann man den medizinischen Fortschritt vorantreiben. ■

ERFOLGSFAKTOREN FÜR INGENIEURE IN DER WERKSTOFFENTWICKLUNG

- Studium der Materialwissenschaft, Werkstofftechnik, Ingenieurwissenschaften, Chemie, Nanotechnologie, Verfahrenstechnik, o.ä.
- Freude an der Arbeit in interdisziplinären Teams
- Experimentierfreudigkeit und Forschergeist
- Projektmanagementkenntnisse
- Kreativität und Innovationsmotivation

ABTEILUNGSLEITER IN DER WERKSTOFFENTWICKLUNG - ERFAHRUNGSBERICHT

Dass ich mich für die Werkstoffwissenschaft entscheide, war keineswegs von Anfang an klar. Die sehr gute Betreuungssituation sowie der Hauch des Besonderen bei den Hüttenleuten gaben schließlich den Ausschlag für ein Studium der Metallurgie und Werkstofftechnik an der RWTH Aachen. Die Vielfalt der Welt der Werkstoffe hat mich beeindruckt. Nach meiner Promotion 2006 am Max-Planck-Institut für Eisenforschung in Düsseldorf auf dem Gebiet der intermetallischen Eisen-Aluminide, wurde ich Mitarbeiter der Salzgitter Mannesmann Forschung in Duisburg. Seit 2009 bin ich als Abteilungsleiter verantwortlich für die Werkstoffentwicklung Rohr, Profil und Grobblech. Mein Team arbeitet ständig an einer Vielzahl von Entwicklungs- und Optimierungsprojekten sowie an der Analyse von Schadensfällen. Nach wie vor fasziniert mich, dass die Metallkunde in allen Bereichen unserer sehr anwendungsnahen Arbeit von entscheidender Bedeutung ist. Direkter Kundenkontakt, eine spannende Führungsaufgabe, der Einsatz moderner Methoden der Charakterisierung und der Werkstoffmodellierung prägen heute meinen Arbeitsalltag und machen ihn jeden Tag spannend und abwechslungsreich. ■

Dr.-Ing. Joachim Konrad

Passende Stellen
aus der Werkstoffentwicklung
finden Sie auf jobvector.de

Bioinformatiker

Unverzichtbares Mitglied vieler Forschungsteams

Das Spezialgebiet von Bioinformatikern liegt da, wo Biologen und Informatiker allein nicht weiterkommen. In vielen Forschungsbereichen, in denen enorme Datenmengen anfallen, etwa in der Genetik, sind effektives Forschen und Ergebnisauswertungen ohne die Lösungen der Bioinformatiker nicht mehr möglich. Wenn sich Wissenschaftler in der Forschung auf Neuland begeben, existieren häufig keine passenden Hilfsmittel in Form von speziellen Programmen oder Datenbanken, die helfen könnten, Antworten auf die speziellen Fragen der Forscher zu liefern. Hier kommt der Bioinformatiker ins Spiel. Bioinformatiker verbinden Wissen über biologische Zusammenhänge (z.B. Grundlagen der Genetik, Zusammensetzung von Molekülen, Proteinen und Zellen) mit den Kenntnissen und Fähigkeiten eines Informatikers. Sie entwickeln Datenbanken oder Programme zur Datenauswertung, simulieren biologische Abläufe, prüfen Daten auf Signifikanzen und vieles mehr. Sie arbeiten dabei eng mit den Forschern zusammen.

Genau zugeschnitten

Bioinformatiker schreiben Programme, die genau auf die Erfordernisse des aktuellen Forschungsvorhabens und dessen wissenschaftliche Fragestellung zugeschnitten sind. Sie bereiten außerdem verschiedenste Daten auf und speichern sie in geeigneten Bioinformatik-Datenbanken, in denen beispielsweise Daten über den Aufbau verschiedener ▶

Proteine gesammelt werden. So dokumentieren sie Forschungsergebnisse und machen sie anderen Forscher-Teams zugänglich. Die enormen Datenmengen, die verarbeitet und gespeichert werden müssen, können zum Beispiel aus DNA-Sequenzierungen stammen. Die Entschlüsselung des menschlichen Genoms in den 90er Jahren bis in das Jahr 2003 wäre ohne Bioinformatiker nicht möglich gewesen.

Wichtige Bereiche der Bioinformatik sind unter anderem die Sequenzanalyse, die Strukturbioinformatik, die Analyse von Daten aus Hochdurchsatzmethoden und die Verwaltung und Auswertung der Daten aus naturwissenschaftlichen und medizinischen Forschungsgebieten. Außerdem ist die Bioinformatik ein wichtiger Pfeiler der Systembiologie. Die Systembiologie hat zum Ziel, biologische Prozesse und Organismen in der Gesamtheit zu verstehen. Bioinformatiker tragen dazu bei, auf Grundlage der gesammelten Daten biologische Abläufe zu simulieren und zu visualisieren. Bioinformatiker erstellen Modelle, die mit den Forschungsergebnissen in Einklang stehen. Dazu ist einiges an Abstraktionsvermögen erforderlich.

DURCH ZUNEHMENDE DATENMENGEN UNENTBEHRLICH

Woran liegt es, dass die Forschung früher ohne Bioinformatiker ausgekommen ist und sie nun unentbehrlich sind? Die Datenmengen, die zur Verfügung stehen, sind z.B. durch Automatisierungen der Forschungsabläufe sowie durch Geräteentwicklungen schlicht und ergreifend gewachsen. Einige Beispiele

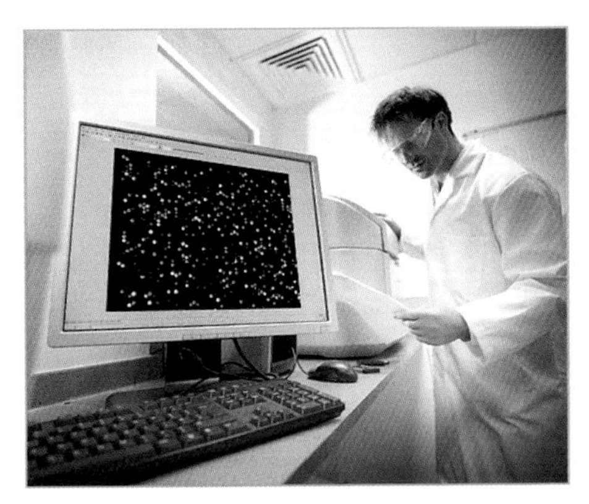

hierzu sind die DNA-Sequenzierung, hochauflösende bildgebende Verfahren sowie das High-Throughput-Screening. Die zur Verfügung stehenden Daten sind wertvoll, können aber nur genutzt werden, wenn sie in sinnvolle Zusammenhänge gebracht werden. Einige dieser Methoden haben bereits Einzug in die medizinische Anwendung gehalten. Genomanalysen werden z.B. für Diagnosen von erblich bedingten Krankheitsbildern genutzt. Zur Auswertung der Sequenzierungsdaten und Abstimmung möglicher Behandlungsmethoden entwickeln Bioinformatiker Computerprogramme.

Die Zugangsmöglichkeiten zu diesem Arbeitsgebiet sind vielfältig. Derzeit arbeiten noch viele Quereinsteiger aus der Informatik oder einer Naturwissenschaft im Bereich Bioinformatik, aber es gibt auch spezialisierte Bioinformatik-Studiengänge. Zu den Studieninhalten zählen unter anderem Biochemie, Molekularbiologie, Genetik und Mathematik, aber auch Programmierung, Algorithmentheorie, Datenstrukturen und Modelle der Bioinformatik. Darüber hinaus wird Bioinformatik auch als ▶

Schwerpunkt- oder Vertiefungsfach innerhalb verschiedener Informatik- oder Biotechnologiestudiengänge angeboten. Gute Englischkenntnisse sind enorm wichtig – in internationalen Teams ist die Arbeitssprache Englisch, auch die meiste Fachliteratur ist in englischer Sprache verfasst.

Bioinformatiker bringen Ihre Fähigkeiten in Unternehmen aus verschiedensten Bereichen wie Pharma, Chemie, Pflanzenschutz oder Biotechnologie ein - auch in Hochschulen und Forschungseinrichtungen bieten sich vielfältige Fragestellungen für Bioinformatiker. Besonders im Bereich Forschung und Entwicklung im Genom- und Arzneimittelbereich, Zell- und Molekularbiologie und der klinischen Forschung finden sich Tätigkeiten für Bioinformatiker. Software- und Datenbankanbieter für naturwissenschaftliche Anwendungen sind ebenso gute Arbeitgeberadressen für Bioinformatiker. Spezialisten für statistische Auswertungen sind besonders in der klinischen Forschung gefragt.

Perspektiven

Es ist bei weitem noch nicht die Bedeutung aller Gene bekannt, die der Mensch in sich trägt, geschweige denn der Gene aller Organismen. Hier ist noch ein großer Forschungsbedarf vorhanden. Bioinformatiker können so zum Beispiel zur Erkennung und Heilung von genetisch bedingten Erbkrankheiten beitragen. Ein Langzeitziel ist es, alle biologischen Strukturen eines Organismus zu erfassen und sichtbar zu machen und das Zusammenspiel und die Funktionsweise biologischer Prozesse zu imitieren und zu verstehen. Die klinische Forschung bietet viele Einstiegsmöglichkeiten für Naturwissenschaftler mit guten Programmier- oder Statistikkenntnissen. ■

Erfolgsfaktoren für Bioinformatiker

- Doppelqualifikation in Naturwissenschaft und Informatik
- Kenntnisse einschlägiger Datenbanken, Meta-Suchmaschinen (z.B. Bioinformatik-Harvester, Entrez, EBI SRS) oder Statistikverfahren
- Logisches Denken, Abstraktionsvermögen
- Gute Englischkenntnisse
- Fragestellungen aus Biologie und Medizin verstehen
- Kommunikationsfähigkeit mit anderen Fachbereichen
- Fokussierte und effiziente Arbeitsweise

Laborleiter

Multitasker mit Führungsverantwortung

Laborleiter sind im Regelfall für die fachliche und organisatorische Führung eines Labors verantwortlich. Sie schaffen Bedingungen, unter denen die Arbeiten im Labor reibungslos verlaufen und das Labor seine Aufträge erfüllen kann.

Gute Laborleiter sind deshalb Multitalente: Sie sind Experten für das Forschungsgebiet in dem sie arbeiten, haben betriebswirtschaftliche Kenntnisse, können gut organisieren und nehmen Führungsaufgaben wahr. Sie sind verantwortlich für die Arbeit ihrer Mitarbeiter und sorgen dafür, dass diese fachlich korrekt arbeiten und Deadlines einhalten.

Vielfältige Möglichkeiten

Laborleiter können sowohl in der Grundlagenforschung, als auch in der angewandten Forschung oder der Entwicklung arbeiten. Das konkrete Aufgabengebiet hängt vom Arbeitgeber, vom Fachgebiet und vielen weiteren Faktoren ab. Aufträge des Labors können zum Beispiel die Untersuchung von Proben, die Entwicklung von neuen Produkten oder die Weiterentwicklung bestimmter Verfahren sein. In unabhängigen Laboren übernimmt der Laborleiter sehr viel mehr Managementaufgaben als in Laboren, die beispielsweise einer Universität oder einem großen Unternehmen angehören. ▶

Die Arbeit eines Laborleiters ähnelt oft der Arbeit eines Projektmanagers: Der Laborleiter nimmt Aufträge an (zum Beispiel von anderen Abteilungen, von Vorgesetzten oder von Kunden), bespricht sie mit dem Auftraggeber, strukturiert sie für seine Mitarbeiter und teilt Aufgaben zu. Außerdem achtet er darauf, dass seine Mitarbeiter das für die Projekte zugewiesene Budget einhalten. Der Laborleiter steuert also den Einsatz von Finanzen und Mitarbeitern.

Im Rahmen der Unternehmensplanung ist der Laborleiter daran beteiligt, Ziele für das Labor festzulegen, die im Planungszeitraum erreicht werden sollen. So ein Ziel kann zum Beispiel der Abschluss eines langfristigen Forschungsprojekts sein, oder eine Steigerung der Produktivität des Labors. Im Arbeitsalltag muss der Laborleiter dann Sorge dafür tragen, dass diese Ziele in der vorgegebenen Zeit erreicht werden. Auch wenn viele kleine Aufgaben anfallen, behält der Laborleiter immer die Hauptziele im Auge.

Mitarbeiter führen und motivieren

Als Laborleiter betreut man eine Arbeitsgruppe, die man koordiniert und fachlich anleitet. Bei der Arbeit mit Mitarbeitern ist es wichtig, dass der Laborleiter Einfühlungsvermögen besitzt. Er ist dafür zuständig, den Mitarbeitern Aufgaben zuzuweisen. Dabei muss er darauf achten, sie weder zu überfordern, noch zu unterfordern. Sonst kann es passieren, dass die Mitarbeiter frustriert oder unmotiviert werden. Für kompliziertere, aber immer wiederkehrende Abläufe verfasst er sogenannte SOPs („Standard Operating Procedures“), schriftlich festgelegte Standardvorgehensweisen, an denen die Mitarbeiter sich orientieren können (und müssen).

Außerdem schult er seine Mitarbeiter im Umgang mit den Laborgeräten oder in verschiedenen Arbeitstechniken um sie für eine erfolgreiche Arbeit im Labor zu qualifizieren. An der eigentlichen Laborarbeit ist der Laborleiter nur noch am Rande beteiligt, etwa bei besonders schwierigen oder verantwortungsvollen Aufgaben oder wenn es besonders viel zu tun gibt. Dann muss er auch Experimente vorbereiten, durchführen und auswerten. Außerdem achtet der Laborleiter auf die Einhaltung der Qualitätsstandards in seinem Labor und überwacht das Qualitätsmanagement. Unternehmen aus dem Pharmabereich wünschen sich zum Beispiel oft theoretische und praktische Kenntnisse in der Guten Laborpraxis (GLP) bzw. Good Clinical Practice (GCP). Auch für die Sicherheit im Labor ist der Leiter verantwortlich.

Organisation

Zur Laban organisation gehört, dass der Laborleiter dafür sorgt, dass alle benötigten Rohstoffe, Materialien und Geräte verfügbar sind. Bei der Neuanschaffung von Laborgeräten wägt der Laborleiter zwischen Kosten und Nutzen der Geräte ab. Die meisten Laborgeräte sind sehr teuer und oft ist die Arbeit auch mit einer alternativen Technologie durchführbar, allerdings erleichtern die Geräte im Regelfall den Arbeitsalltag massiv. Neben neuen Arbeitsgeräten führt der Laborleiter unter Umständen auch innovative Arbeitsmethoden ein. Dazu muss er immer auf ▶

dem neuesten Stand der Forschung bleiben und sich über neue Techniken und Verfahren informieren, indem er sich regelmäßig mit aktueller relevanter Forschungsliteratur beschäftigt.

Von Buchhaltung bis Kundenakquise

Weitere Aufgaben kommen hinzu, darunter auch „Papierkram" wie das Schreiben von Berichten und Beurteilungen sowie Buchhaltung. Auch um Personalangelegenheiten kümmert der Laborleiter sich in Zusammenarbeit mit der Personalabteilung. So ist er auch für Personalfragen und Vertretungspläne zuständig. Leiter eines unabhängigen Labors müssen sich zudem darum kümmern, Kunden anzuwerben, ein Produktportfolio zu entwerfen und die Preise festzulegen, die das Labor für seine Leistungen nimmt. Dazu sind häufig betriebswirtschaftliche Kenntnisse wichtig, die helfen, den optimalen Preis zu finden, der das Labor finanziell absichert aber dennoch konkurrenzfähig ist.

Wer schon während des Studiums in einer Arbeitsgruppe im Labor arbeitet, lernt im Alltag wichtige Qualifikationen für eine spätere Stelle als Laborleiter. Viele Unternehmen bevorzugen promovierte Bewerber, weil zumindest im naturwissenschaftlichen Bereich eine Promotion beweist, dass man die Arbeitsweisen in einem Labor kennt, selbstständig forschen und ein Projekt zielstrebig beenden kann. Außerdem lernt man in einer Forschungsgruppe Teamfähigkeit und erfährt aus erster Hand, was den Mitarbeitern eines Labors bei einem Laborleiter wichtig ist. Man sollte mit Laborgeräten umgehen können, Mess- und Prüfverfahren sowie die gängigen Qualitätsstandards kennen. Zwar braucht ein Laborleiter Organisationstalent, aber mit zunehmender Erfahrung fallen Organisation und Projektmanagement immer leichter. Meistens wächst man langsam in seine Aufgabe hinein und bekommt mit zunehmender Erfahrung mehr Verantwortung. ■

Erfolgsfaktoren für Laborleiter

- Multitasking-Fähigkeit
- Projektmanagement-Kenntnisse
- Führungsqualitäten / Teamfähigkeit
- Kenntnisse im Qualitätsmanagement
- Laborerfahrung
- Laborspezifische Fachkenntnisse
- Belastbarkeit
- Organisationsgeschick
- Eigenverantwortliche und ergebnisorientierte Arbeitsweise

Laborleiter im Konzern

Erfahrungsbericht

Eines der schönsten Dinge an meinem Job ist die Freiheit, meinen Arbeitstag selbst zu gestalten. Wenn ich komme, arbeiten meine Mitarbeiter meistens schon fleißig im Labor. Ich arbeite nur noch vor dem Rechner. Wer bin ich? Ich bin promovierter Wissenschaftler und leite ein molekularbiologisches Labor in einem führenden deutschen High-Tech-Konzern. Ich betreue vier technische Mitarbeiter eines molekularbiologischen Labors und zu meinen alltäglichen Aufgaben gehört es, den Arbeitstag für sie zu gestalten.

Zeitmanagement fürs Team

Mit unserer Arbeit leisten wir Dienste für andere Abteilungen unserer Firma. Das bedeutet: Bei mir laufen die Anforderungen und Wünsche meiner Kollegen ein, wie zum Beispiel: "Ich brauche ein Konstrukt X, mit dem Tag Y für eine optimale Expression in Organismus Z". Dieses Konstrukt entwerfe ich in der Theorie, schreibe ein Erstellungsprotokoll und gebe dieses an meine Mitarbeiter weiter. Gleichzeitig informiere ich meinen Kollegen - den Auftraggeber - über den Abgabetermin. Dabei muss ich natürlich nicht nur meine Leistung, sondern vor allem die Leistung meiner Mitarbeiter richtig einschätzen können. Und die freut es, wenn ich - selbst nach fünf Jahren ohne Laborpraxis - noch realistische Abgabetermine versprechen kann. ▶

Ergebnisse zum vorgesehenen Zeitpunkt

Diese Terminierung – auch wenn es nur vage Prognosen sind wie „wenn alles gut geht, dann" - ist in der Industrie enorm wichtig, da jedes Projekt unter einem großen Zeitdruck steht. Wir arbeiten in der Abteilung Forschung & Entwicklung und oftmals sind unsere Projekte nicht einmal Kandidaten für eine finale Produktion. Da die Herstellung eines pharmazeutischen Produktes so viele Jahre dauert, werden alle Entwicklungsschritte auf ihre Effizienz überprüft und diese gilt es permanent zu erhöhen.

Während man also in seiner Doktorarbeit einzig und allein seinem Vertrag und einer möglichen baldigen Publikation zeitlich verpflichtet ist, arbeitet man in diesem Beruf permanent mit Zeitvorgaben. Eins erinnert aber stark an die Promotionszeiten: Wie man das Ziel erreicht und wann man sich um welchen Auftrag mit welcher Hingabe kümmert, ist dem Leiter und damit auch den Mitarbeitern frei überlassen. Hauptsache, die Ergebnisse kommen zum vorhergesehenen Zeitpunkt.

Recht ähnlich zur Promotionszeit verhält sich die Literaturrecherche. Damit die angewendeten Methoden immer auf dem neusten Stand sind, informiert man sich als Laborleiter über die neusten Trends. Ziel ist es hierbei abzuschätzen, ob sich der Einsatz lohnt, um schnellere oder bessere Ergebnisse liefern zu können. Ein Unterschied ist vielleicht, dass man neben den einschlägigen Publikationen auch Patentschriften screent.

Nicht alle Klonierungen sind intellektuelle Herausforderungen und viele meiner Tage vergehen, ohne dass ich ein einziges Protokoll geschrieben oder auch nur einen einzigen Primer bestellt habe. Also, wie sieht ein Tag eines Laborleiters dann aus?

Das Labor muss laufen

Wenn gerade keine Konstrukte zu entwerfen sind, muss meistens wieder ein Gerät repariert oder gewartet werden. In der Großindustrie hat man einen eigens für die Abteilung arbeitenden Betriebsingenieur. Dem teilt man sein Problem mit, er wendet sich an den Einkauf, da nur dieser Aufträge an außenstehende Firmen vergeben kann. Dann bekommt man irgendwann die Genehmigung, den Service des defekten Gerätes zu kontaktieren und einen Termin zu vereinbaren.

Budgetverantwortung

Ein anderes Mal ärgert man sich darüber, dass man immer noch den gleichen Preis pro Sequenzierung zahlt, wie zu dem Zeitpunkt, als der Durchsatz an Proben noch halb so groß war. Dann kontaktiert man die ▶

entsprechende Firma, um ein möglichst aktuelles Angebot zu bekommen.

Als Wissenschaftler hat man nicht unbedingt ein eigenes Budget. Oftmals verbraucht eine ganze Abteilung gemeinsam das ihr zugeteilte Budget. Jedoch ist natürlich jeder angehalten, möglichst gut zu wirtschaften. Dies kann bei Wissenschaftlern sogar in Ihren Zielen verankert sein.

Als Laborleiter ist man auch in Audits eingebunden und hat dafür Sorge zu tragen, dass z.B. bei einer Begehung alle Sicherheitsmaßnahmen umgesetzt sind und alle Dokumentationen vorliegen und einsehbar sind. Dabei sind die Kenntnisse von rechtlichen Rahmenbedingungen wie z.B. Gentechnikverordnungen oder Arbeitssicherheitsbestimmungen essentiell.

Alternative: Management und Fachkarriere

Auch wenn man als Wissenschaftler angestellt ist, kommen im Laufe der Karriere immer mehr Managementfunktionen zu den Aufgabenfeldern hinzu. Personalführung gehört von Anfang an zur Arbeit und ist auch nicht wirklich wählbar. Ein Wechsel von der Akademia zur Industrie bedeutet aber nicht immer ein Aus für die Forschung. Ein Wissenschaftler kann, muss aber nicht automatisch mit dem nächsten Karriereschritt zum Abteilungsleiter mit vielen Manageraufgaben wechseln. Die Großindustrie erlaubt es Wissenschaftlern oft, Karriere in der Forschung zu machen: Sie publizieren, entwickeln sich zu Spezialisten auf ihrem Gebiet und leiten dabei ihre Mitarbeiter. Oft gehören sie Gremien an, die über Projektideen urteilen und neue Projektideen und Technologieentwicklungen in das Unternehmen tragen. ■

Management versus Fachkarriere

Als Wissenschaftler in der Industrie können Sie in vielen forschungsstarken Unternehmen neben der Managementkarriere eine Fachkarriere einschlagen. Bei der klassischen Managementkarriere übernehmen Sie Führungsverantwortung und entfernen sich schrittweise vom Labor und der eigentlichen Forschungsarbeit. Einige Unternehmen bieten für Wissenschaftler die forschungsstark und innovationsbegeistert sind, alternative Fachkarrieren an. In einer Fachkarriere sind Sie weiterhin eng in die Forschung und Laborarbeit eingebunden und entwickeln sich so zum Experten in Ihrem Forschungsfeld.

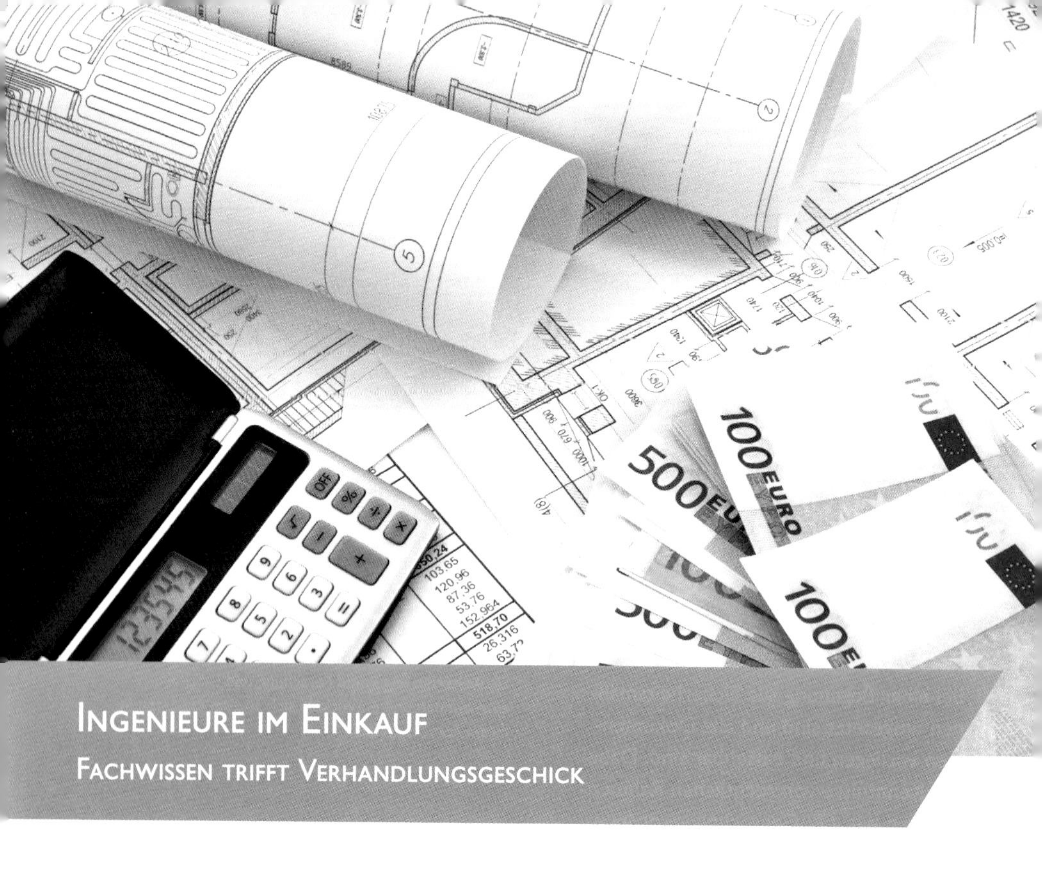

Ingenieure im Einkauf

Fachwissen trifft Verhandlungsgeschick

Dass der Unternehmenserfolg vom Umsatz also Verkauf abhängt, ist jedem klar. Jedoch wird oft vergessen, dass auch der Einkauf einen wichtigen Beitrag leistet. Denn umso geringer die Einkaufs- und Produktionskosten sind, desto höher ist unterm Strich der Gewinn. Aus diesem Grund sind gerade in High-Tech-Unternehmen Ingenieure im Einkauf ein wichtiger Bestandteil des Unternehmenserfolgs.

Welchen Tätigkeitsbereich hat ein Ingenieur im Einkauf?

Als Ingenieur im Einkauf erwartet Sie ein sehr abwechslungsreicher Beruf. Ihr Aufgabengebiet bezieht sich nicht nur auf das Einkaufen von Materialien für die Produktion. Bei dem Beschaffungsprozess spielen noch eine Menge anderer Faktoren eine große Rolle. Sie sind als Ingenieur im Einkauf ein Teil der Schnittstelle zwischen verschiedenen Fachbereichen, wie z.B. der Entwicklung, Finanzierung, After Sales, sowie Produktmanagement und Qualitätssicherung.

Zunächst ist es Ihre Aufgabe, die Materialien zum richtigen Zeitpunkt in der passenden Menge und am benötigten Ort zur Verfügung zu stellen. Diese Beschaffung sollte effizient, kostengünstig und nach den Qualitätsstandards des Unternehmens erfolgen. Daher ist es von Vorteil, wenn Sie das Erlernte aus Ihrem Ingenieurstudium anwenden oder die bisher erlangte Erfahrung einbringen ▶

können. Sie müssen für jedes Produkt, wie z.B. für die Türgriffe von Autos, die passende Beschaffungsart wählen. Fehlt ein Element, steht die gesamte Produktionskette still und der Kunde muss auf seinen neu gekauften Wagen länger warten. Deshalb ist es Ihre Aufgabe dafür zu sorgen, dass die Produkte immer pünktlich am Produktionsort zur Verfügung stehen, es auf der anderen Seite aber im Unternehmen auch nicht zu viel Lagerware gibt.

Neben den alltäglich anfallenden Aufgaben können Sie Ihre Flexibilität unter Beweis stellen, indem Sie bei aufkommenden Herausforderungen die passenden Lösungswege entwickeln oder kurzfristige Planänderungen meistern.

Marktforschung

Die Beschaffungsmarktforschung ist ein wichtiges Aufgabengebiet des Einkäufers. Hierzu recherchieren Sie zunächst mögliche Anbieter, die in der Lage sind die Produkte mit den entsprechenden Spezifikationen zu liefern. Gerade hierbei ist Ihr Fachwissen als Ingenieur gefragt. Anschließend lassen Sie sich von den entsprechenden Lieferanten, oft Certified Supplier genannt, Angebote zukommen und beurteilen diese nach Kosten, Spezifikationen und Qualität der Produkte. Dies beinhaltet unter anderem, dass Sie als Ingenieur im Einkauf das Preis – Leistungs – Verhältnis der unterschiedlichen Produkte im Bezug auf Spezifikationen, Qualitätsanforderungen und Produkteigenschaften vergleichen und das für Ihr Unternehmen passende auswählen. Hier ist insbesondere Ihr technisches Know-How gefragt, denn Sie müssen entscheiden, ob die Qualität des Produktes den Standards des Unternehmens entspricht und die Produkteigenschaften den Anforderungen für die spätere Nutzung erfüllen. So können Materialeigenschaften, Funktionalitäten, Lieferbedingungen und Verarbeitbarkeit von entscheidender Bedeutung sein.

Daneben betreiben Einkäufer auch Marktforschung. Das bedeutet, dass Sie den Markt und das Unternehmensumfeld genauer analysieren und mit Hilfe Ihrer Kenntnisse und Erfahrungen die beste Entscheidung für den Kauf treffen.

Verhandlungsgeschick

Eine weitere Aufgabe für Sie als Ingenieur im Einkauf besteht in der Verhandlung der Preise und Konditionen für das benötigte Produkt. Hier hilft Ihnen wieder Ihr Fachwissen, um mit dem Lieferanten gekonnt verhandeln und argumentieren zu können. Ziel ist es, den Lieferanten durch Supplier-Relationship-Management dauerhaft und mit möglichst guten Konditionen an das Unternehmen zu binden. Das ist von Vorteil für beide Parteien, da der Zulieferer ein sicheres Auftragsvolumen und das Unternehmen einen Lieferanten mit guter Qualität und günstigen Konditionen hat. Das bedeutet für Sie, dass nicht bei jeder neuen Bestellung erneute Vergleiche zwischen den Lieferanten gemacht werden müssen.

Budget

Auch wenn Materialien häufig sehr schnell benötigt werden, dürfen Sie das Einkaufsbudget nicht vergessen. Die Einkaufspreise sollen das Beschaffungsbudget nicht übersteigen. ▶

Daher sind besonders die Ingenieure im Einkauf erfolgreich, die gekonnt mit Lieferanten verhandeln können, dabei aber die Qualität nicht aus dem Auge verlieren.

Sie haben neben dem Einkauf bzw. der Beschaffung auch mit Lager- und Materialwirtschaft, sowie Versand, Management und Unternehmensführung zu tun. Das ermöglicht es Ihnen, einen Einblick in viele Unternehmensbereiche zu erlangen.

Um die bestmöglichen Produkte für die Bedürfnisse des Unternehmens einkaufen zu können, werden Sie schon in der Konzeptionsphase in den Planungsprozess mit einbezogen. Dadurch ist die Abstimmung mit anderen Komponenten einfacher.

Kommunikation und interdisziplinäres Arbeiten

Mit Kommunikationsfähigkeit und Interesse am internationalen Arbeiten sind Sie in diesem Berufsfeld genau richtig. Sie haben die Möglichkeit, mit vielen verschiedenen Menschen im In- und Ausland zusammen zu arbeiten. Um die Qualität und die Produktionsstätten vor Ort zu sehen und zu vergleichen, reisen

Sie zu den verschiedensten Lieferanten vor Ort und machen sich ein eigenes Bild von den Produkten. Ebenfalls gehört der Besuch von Fachmessen mit zu Ihren Aufgaben, um dort neue Lieferanten zu treffen.

Um als Ingenieur im Einkauf Erfolg zu haben, sollten Sie vor allem in Verhandlungen die Oberhand behalten können und Durchhalte- bzw. Durchsetzungsvermögen zeigen. Sie sollten gute Menschenkenntnis mitbringen, damit Sie Ihren Gegenüber einschätzen können und wissen, wie weit Sie in der Verhandlung noch gehen können.

Perspektiven

Wenn Sie Interesse an Innovationen oder Möglichkeiten zur Problemlösung haben, sind Sie im Einkauf an der richtigen Stelle. Hier spezialisieren Sie sich nicht nur auf einem Gebiet, sondern bauen ein Grundverständnis für die umliegenden Abteilungen auf. Auf Grund Ihres breit gefächerten Aufgabengebiets ist es sehr leicht, sich im Unternehmen weiter zu entwickeln und aufzusteigen. Da Sie die Zusammenhänge verstehen und ein Grundverständnis von der Arbeitsweise haben, ist der Einkauf eine gute Basis um auch in eine andere Fachabteilung wechseln zu können.

„Man muss nicht immer sofort wissen, was man will."

Falls Sie am Anfang Ihrer Karriere noch nicht genau wissen, ob Sie im Einkauf tätig sein möchten, so können Sie auch über Randbereiche des Einkaufs einsteigen. Über eine Tätigkeit in der Logistik, Qualitätssicherung ▶

oder Prozessentwicklung haben Sie eine sehr gute Möglichkeit auch später noch in den Einkauf zu wechseln. Stellen Sie sich möglichst breit auf, so stehen Ihnen für Ihre weitere Laufbahn mehr Möglichkeiten zur Verfügung. Versuchen Sie so viel Erfahrung wie möglich zu sammeln, dadurch erhöht sich Ihre Chance auf einen guten Job.

Jedoch ist es von Vorteil, wenn Sie von Anfang an wissen, in welcher Branche oder in welchem Unternehmen Sie tätig sein möchten. So kann man Erfahrungen im Automotivebereich natürlich für zukünftige Karriereschritte auch besser im Automotivebereich nutzten. Setzen Sie sich Ziele, auf die Sie hinarbeiten können und geben Sie sich am Anfang auch mit Randbereichen Ihrer Wunschtätigkeit zufrieden.

Sehr wichtig bei der Wahl des Berufes ist, dass Sie von dem Bereich und dem Produkt begeistert sind. So wird es Ihnen leichter fallen sich mit dem Unternehmen sowie Ihrer Arbeit zu identifizieren und berufliche Erfolge zu feiern. ■

ERFOLGSFAKTOREN FÜR INGENIEURE IM EINKAUF IN DER AUTOMOBILBRANCHE

- Verhandlungsgeschick
- Fachwissen im Produktbereich und der Fahrzeugtechnik
- Durchsetzungsvermögen
- Begeisterung für Produkte und Prozesse
- Interdisziplinäres Verständnis
- Sehr gute rhetorische Fähigkeiten
- Gute Menschenkenntnis

Universitätsprofessur

Karriere im akademischen Umfeld

Wer Kontakt zu Studierenden schätzt und wissenschaftlichen Ehrgeiz hat, kann über eine Karriere im akademischen Umfeld nachdenken, die auf eine Professur zusteuert. Der Arbeitsbereich besteht im Wesentlichen aus Forschung und Lehre. Dazu gehört natürlich auch das Institut zu managen. In den Bereich der Lehre fallen zum Beispiel das Vorbereiten und Halten von Vorlesungen und Seminaren, die Durchführung von Prüfungen, das Anbieten von Sprechstunden für Studierende und die Betreuung von Promovierenden.

Vielfältiges Aufgabenspektrum:

Während man in der Lehre Studierenden die wissenschaftlichen Grundlagen und das Spezialwissen des entsprechenden Fachgebiets vermittelt, weist man die Promovierenden in das eigenständige Bearbeiten einer wissenschaftlichen Fragestellung ein. Nur selten führt man diese Arbeit im Bereich der Forschung noch aktiv selber aus. Der Schwerpunkt liegt hier in der Suche nach neuen Erkenntnissen, Fragestellungen, der Deutung von Ergebnissen und der Einordnung der Ergebnisse in den aktuellen Wissensstand des Forschungsgebietes. Die Veröffentlichung der Forschungsergebnisse durch Publikationen, Vorträge oder Patente ist ein wichtiger Bestandteil des Aufgabengebietes eines Professors. Auch die Akquise von Drittmitteln, die Forschungsprojekte des Instituts finanzieren, gehört zu den Kernaufgaben eines Professors. ▶

WISSENSCHAFT

Um die akademische Karriere voranzutreiben, ist es wichtig, sich eine wissenschaftliche Reputation aufzubauen. Neben Forschung und Lehre gehören Präsentationen von Forschungsergebnissen auf Tagungen oder Kongressen und die Kontaktpflege zu anderen Forschern aus dem eigenen Fachbereich zu den wichtigen Tätigkeiten. Der Forscher wird aber nicht nur an seinen wissenschaftlichen Publikationen gemessen, sondern auch an seinen Erfahrungen und an seinen Erfolgen im Einwerben von Forschungsgeldern durch Anträge. Zu Beginn der wissenschaftlichen oder medizinischen Karriere kann ein Forschungsaufenthalt im Ausland, an einem renommierten Institut, die Karriereaussichten verbessern.

Am Anfang einer akademischen Karriere steht die Promotion. Nach dem Abschluss des Studiums kann man sich bei wissenschaftlichen Instituten um einen Promotionsplatz bewerben. Als Angestellter der Universität oder des Forschungsinstituts hat man dann die Möglichkeit eine wissenschaftliche Fragestellung selbstständig zu er- und bearbeiten und darüber zu promovieren. Die Arbeit am Institut beinhaltet neben der Forschung auch oft die Betreuung von Seminaren. Eine Promotion muss nicht unbedingt an der Uni erfolgen. Sie kann auch an verschiedenen Forschungseinrichtungen oder in einem Industrieunternehmen, das mit einer Universität kooperiert, durchgeführt werden.

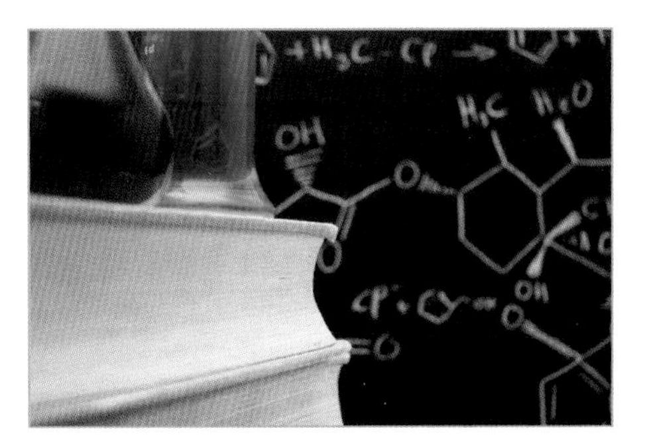

HABILITATION

Die meisten Universitätsprofessoren haben nach der Promotion habilitiert und damit eine weitere große Prüfung abgelegt. Voraussetzungen für eine Habilitation sind in der Regel eine Habilitationsschrift, weitere Veröffentlichungen und Erfahrung in der wissenschaftlichen Lehre. Für eine Habilitation muss man je nach Fachbereich mit circa drei bis fünf Jahren rechnen.

Die Habilitation führt zur Ernennung zum Privatdozenten (Priv.-Doz. / PD). Privatdozenten dürfen eigenständig lehren und sind berechtigt, Promotionen zu betreuen, allerdings halten sie keine reguläre Professorenstelle inne. Zu einer Professur wird man berufen. Dieser eher passiv klingende Prozess ist durchaus aktiv. Man bewirbt sich auf Professorenstellen. Auch das wissenschaftliche Netzwerk, welches man parallel zur Promotion und Habilitation oder Juniorprofessur aufgebaut hat, kann hierbei sehr wichtig sein.

JUNIORPROFESSUR

Eine Alternative zu diesem klassischen Weg ist die Juniorprofessur. Die Juniorprofessur gibt Nachwuchswissenschaftlern die ▶

Möglichkeit, ohne Habilitation die Aufgaben eines Professors in Forschung und Lehre wahrzunehmen und sich für eine Professur zu qualifizieren. Der entscheidende Unterschied zur klassischen Laufbahn ist: Man arbeitet bereits früh selbstständig und eigenverantwortlich und darf Promotionsprüfungen abnehmen. Auch auf eine Juniorprofessur bewirbt man sich aktiv. Zum Teil geht eine Juniorprofessur mit dem erfolgreichen Einwerben einer Nachwuchsgruppe einher. Hierzu gibt es regelmäßig Ausschreibungen von verschiedenen Forschungsorganisationen, wie z.B. der Deutschen Forschungsgemeinschaft (DFG) oder der Europäischen Union. Beide Wege haben in der akademischen Laufbahn das Ziel, einen Ruf zum Universitätsprofessor zu erhalten.

PERSPEKTIVEN

Als Angestellter der Universität hat man die Möglichkeit, Grundlagenforschung zu betreiben, sich einen wissenschaftlichen Ruf aufzubauen und Studierenden Wissen zu vermitteln. Man hat die Möglichkeit, Neues zu entdecken. Die Reisen zu Kongressen und Tagungen, sowie der Austausch mit Naturwissenschaftlern, Medizinern und Studierenden garantieren ein abwechslungsreiches Arbeitsumfeld, das die Chance zum lebenslangen Lernen bietet. Allerdings ist der Weg zur Professur unsicher, nicht jeder Naturwissenschaftler oder Mediziner erreicht einen Ruf zu einer Professorenstelle. Viele wissenschaftliche Angestellte im akademischen Umfeld arbeiten auf befristeten Stellen im akademischen Mittelbau. ■

ERFOLGSFAKTOREN FÜR UNIVERSITÄTSPROFESSOREN

- Sehr gute Studienleistungen
- Forscherdrang
- Didaktische Fähigkeiten
- Führungs- und Überzeugungskraft
- Ausdauer, mit Rückschlägen umgehen zu können
- Management-Talent
- Sehr gute Englischkenntnisse
- Spezialist auf dem Forschungsfeld
- Sehr gute Publikationsleistungen

Einstieg in die akademische Laufbahn als Juniorprofessor - Erfahrungsbericht

Nach meiner Berufung auf eine Juniorprofessur für Biochemie war mit meinem Umzug nun die neue Situation verbunden, dass ich völlig selbstständig ein Labor aufbauen musste, neue Projekte beginnen konnte bzw. musste und plötzlich Personalverantwortung hatte. Nach dem Hochgefühl, nun selbstständig arbeiten zu können, kam die Ernüchterung.

Theorie und Praxis

Mein Plan war es, anfangs etwa 50 % meiner Zeit am Schreibtisch und die verbliebenden 50 % im Labor zu arbeiten. Das wäre theoretisch auch möglich gewesen, praktisch hat sich aber schnell herausgestellt, dass es sehr schwierig ist. In der Molekularbiologie/Biochemie braucht man immer mal ein paar Tage am Stück Zeit für ein Experiment und genau das war das Problem. Also habe ich mich sehr schnell aus dem Labor zurückgezogen und die Arbeiten „nur noch" in einem intensiven Dialog mit meinen Mitarbeitern begleitet.

Drittmittel und Publikationen

Ich hatte schnell einen Forschungsantrag an die DFG gestellt, der glücklicherweise positiv beschieden wurde und mir erlaubte, zusätzliche Mitarbeiter einzustellen. Nach etwa zwei Jahren konnten wir das erste Manuskript aus der neuen, selbstständigen Zeit veröffentlichen. Es war ein gutes Gefühl, erstmals ▶

einen Artikel in den Händen zu halten, in dem man selbst als federführender Autor erfasst ist.

Als Juniorprofessor hat man häufig die einzigartige Möglichkeit, durch speziell für Nachwuchswissenschaftler bereitgestellte Fördertöpfe an zusätzliche Forschungsgelder zu kommen. In meinem Fall war die Landesstiftung des Bundeslandes, in dem ich meine Juniorprofessur ausübte, sehr hilfsbereit und hat meine Arbeiten großzügig unterstützt. Hierdurch und durch weitere Anträge konnte ich in den Jahren zusätzliche Mitarbeiter einstellen, so dass parallel an mehreren Projekten gearbeitet werden konnte.

Gruppenleitung

Hier habe ich einen großartigen Vorteil eines Arbeitsgruppenleiterlebens kennengelernt: Am Ende eines Tages hat immer irgendjemand aus der Gruppe ein schönes Ergebnis, so dass man als Gruppenleiter abends immer mit einem guten Gefühl nach Hause gehen kann. Wenn man hingegen selbst an seinen Projekten im Labor arbeitet, dann glücken viele Experimente nicht auf Anhieb und die Erfolge stellen sich meist nur langsam ein.

Befristung und Tenure-Track

Die Frage, was nach der befristeten Juniorprofessur kommt, hing immer über mir, wie ein Damoklesschwert. Ich habe damals nicht zu viel darüber nachgedacht. Für mich stand der Spaß immer im Vordergrund. Der Spaß an der frei gestalteten Forschung. Der Spaß daran, mit anderen zusammen an etwas zu arbeiten. Der Spaß an spannenden Gesprächen mit Kollegen. Und auch der Spaß, mit Studierenden zusammenzuarbeiten. Ich versuche in meinen Lehrveranstaltungen neben den Inhalten auch immer wieder klar zu machen, warum etwas wichtig ist und warum ein Thema besonders spannend und aufregend ist. Als (Junior-) Professor kann und sollte man seine Arbeit lieben und bereit sein, viel Engagement und Zeit in die Arbeit zu investieren. Man sollte gerne lehren und auch bereit und offen sein, an Verwaltungsaufgaben in der Universität mitzuarbeiten.

Als Juniorprofessor war ich nur sehr wenig in die universitäre Selbstverwaltung, die Gremien- und Gutachterarbeit eingebunden. Wie viel Zeit diese Arbeiten kosten, habe ich erst später, nach meiner Berufung auf eine Lebenszeitprofessur, gemerkt.

Würde ich es wieder so machen und eine zeitlich befristete Juniorprofessur (ohne Tenure-Track) anfangen? Wenn die Rahmenbedingungen ähnlich sind wie damals, dann kann ich diese Frage mit einem klaren „Ja" beantworten.

Erfolg als Juniorprofessor

Was kann ich jemandem raten, der sich fragt, ob eine Juniorprofessur das Richtige ist? Was braucht man, um als Juniorprofessor erfolgreich zu sein? Hier kann ich sagen, dass man fasziniert sein sollte von seinem Fach und dass man die offenen Fragen so spannend findet, dass man ständig darüber nachdenken möchte. Man muss in der Lage sein, selbstständig zu arbeiten und hier bereit sein, nicht nur die Rechte sondern auch die Verantwortung und Pflichten auf sich zu nehmen. ▶

Die Möglichkeiten, die einem Juniorprofessor eingeräumt werden, sind aus meiner Sicht ein entscheidendes Kriterium für seinen Erfolg. Dies schließt räumliche Möglichkeiten (=genügend Platz) und besonders auch finanzielle Möglichkeiten ein.

Ein weiterer wichtiger Gesichtspunkt ist die Zeit. Obwohl ich natürlich von Anfang an in die Lehre eingebunden war, blieb immer genügend Zeit, mich um eine Arbeitsgruppe und um die Forschung zu kümmern. Letztendlich ist der Erfolg eines Forschungsprojektes auch davon abhängig, wie häufig und intensiv man mit den Mitarbeitern über ihre Ergebnisse und Projekte reden und diskutieren kann.

Man sollte also auf das Umfeld achten und sehen, wie die Juniorprofessur ausgestattet ist, wie sie an den Standort passt, wie die Perspektiven sind und wie die Unterstützung vor Ort ist. Ich hatte glücklicherweise immer Mentoren, die mir helfend zur Seite standen, wenn es von mir gewünscht war. Ich hatte viele Professoren, die mich als selbstständigen Gruppenleiter ernst genommen und mit mir zusammengearbeitet haben.

Klar muss einem aber auch sein: Der Erfolg und die Karriere sind nicht zu 100 % planbar! ■

JUNIORPROFESSUR

- Selbstständige Forschungsprojekte
- Gruppenleitung mit Personalverantwortung
- Wenig Zeit für die eigene Laborarbeit
- Einwerben von Drittmitteln wichtig
- Publikationen als Letztautor
- Eigenständige Lehre

Naturwissenschaftler in der Grossindustrie

Erfahrungsbericht

Bis zum Abitur habe ich zwischen der Entscheidung für Naturwissenschaften und Ingenieurwesen geschwankt und mich schließlich erstmal für Letzteres entschieden. Vor Studienbeginn habe ich ein Praktikum in einer Eisengießerei absolviert, das einen entscheidenden Einfluss auf meinen weiteren Werdegang hatte: Ich bemerkte dabei, dass mich die physikalischen und chemischen Hintergründe der Eisengießerei noch mehr fasziniert haben, als die rein technischen. Danach begann ich ein Physikstudium. Anschließend promovierte ich im Bereich der physikalischen Chemie und begann danach direkt bei meinem jetzigen Arbeitgeber in der physikalisch-chemischen Forschung eines Großkonzerns zu arbeiten. In diesem bin ich heute als Teamleiter von 10 – 15 Personen tätig. Das eigentliche Kerngebiet meiner Tätigkeit liegt im Bereich Research & Development also „Neues zu finden" für bestehende oder künftige Produkte. Ich achte stets durch das Studium aktueller Fachliteratur sowie durch Gespräche mit externen Partnern darauf, diesen Aspekt nicht zu vernachlässigen. Es verleiht mir große Befriedigung, wenn ich Marktprodukte sehe und sagen kann, da habe ich etwas zur Entwicklung beigesteuert. Darüber hinaus möchte ich Mechanismen verstehen, Wirkprinzipien durchschauen und neue naturwissenschaftliche Erkenntnisse erzielen. Dies ist alles in meinem Beruf möglich. ▶

MEIN ALLTAG – EIN NETZWERK IN ALLE RICHTUNGEN

Zusammengefasst geht es in meinem Berufsalltag um die Leitung eines Forschungsteams, um Projektleitung und um verschiedene Netzwerkfunktionen. Alltägliche Aufgaben beinhalten für mich in erster Linie viel Email-Kommunikation und die Team-Organisation in Meetings unterschiedlicher Zusammensetzung. Die Netzwerktätigkeit, sei es innerhalb des Teams, der Firma im Rahmen von Projektmeetings oder nach außen durch die Kommunikation mit Partnern aus dem akademischen Bereich und Zulieferern, stellt einen zentralen Aspekt meines Arbeitstages dar. Mit externen Partnern stehe ich vor allem im Rahmen von Research & Development-Projekten in Kontakt und bin in diesem Zusammenhang als Projektleiter und Organisator tätig. Personen mit denen ich alltäglich zu tun habe, sind an erster Stelle natürlich die Mitglieder meines Teams. Dieses setzt sich zusammen aus Chemikern, Ingenieuren, Laboranten, sowie Praktikanten, Masterstudenten und Doktoranden aus den Naturwissenschaften. Abgesehen davon gibt es natürlich auch andere Kollegen aus der Forschung & Entwicklung, sowie meinen denen ich im Arbeitsalltag begegne. Häufig treffe ich mich mit Kollegen aus anderen technischen Organisationseinheiten wie Produktentwicklung oder Verfahrenstechnik. Mit nicht technischen Organisationseinheiten habe ich eher weniger zu tun. So habe ich z.B. relativ wenig Kontakt mit Kollegen aus dem Marketing, weil die Produktentwicklung noch organisatorisch dazwischen geschaltet ist. Direkter Kontakt besteht in diesem Fall beispielsweise, wenn Forschungsinhalte mit den Notwendigkeiten des Marketings abgestimmt werden müssen. Auch hier ist Kommunikationstalent gefragt. Schließlich habe ich in Form von Gremien, welche ein paar mal jährlich stattfinden, auch noch regelmäßigen Kontakt zum Top-Management.

SOFT SKILLS MACHEN DEN UNTERSCHIED

Was wir tagtäglich machen stellt ein Crossover aus Forschung und Produktentwicklung im Bereich physikalische Chemie dar. Als fachliche Qualifikation stellt dabei die Promotion eher die „Pflicht" dar, die Kür sind die persönlichen Eigenschaften, wie Kommunikationsfähigkeit, Teamfähigkeit, Flexibilität und Lernbereitschaft. Diese soft skills hören sich zunächst einmal an wie Allgemeinplätze aus Stellenanzeigen, aber sie sind tatsächlich äußerst wichtig. Ein analytischer Verstand, gutes Urteilsvermögen und Entschlossenheit sind weiterhin wertvolle Werkzeuge im Berufsleben. Das Wissen um die Wichtigkeit von soft skills, so wie es heute allgemein bekannt ist, hätte ich mir am Anfang meiner Karriere gewünscht.

ENTWICKLUNGSPOTENTIAL

Mein Team hat u.A. auch die Funktion eines „Trainingscamps", in dem sich viele Mitarbeiter auf Ihrem Posten zu anderen Stellen in der Organisation weiterentwickeln. Typischerweise sind das nach wie vor promovierte Naturwissenschaftler. Die fachlichen Qualifikationen, die an Kollegen aus der Produktentwicklung gestellt werden, sind häufig nicht so spezifisch, da sind auch manche ohne Promotion und auch Chemie-Ingenieure dabei. Im Bereich der horizontalen Entwicklung ist die Mobilität in meiner Firma relativ groß, ▶

wobei ich als fachlicher Experte eine gewollte Sonderrolle einnehme und meine derzeitige Position schon längere Zeit innehabe. Es gibt dabei die Möglichkeit als Naturwissenschaftler auch in nicht-technische Positionen wie z.B. ins Marketing oder auch ins Controlling einzusteigen.

Neu ist manchmal doch besser

Besondere Momente entstehen, wenn es einem gelungen ist etwas völlig Neues zu erschließen, eine Innovation ins Visier zu nehmen, oder gar ein komplett neues Forschungsfeld zu eröffnen. Auch neue Partner zu gewinnen oder große Projekte mit vielen Partnern zu organisieren fällt in diese Kategorie. Davon abgesehen ist natürlich auch die eigene Positionierung nach einer betrieblichen Umorganisation eine Herausforderung. Das Tolle an meiner Arbeit ist, dass ich aus fachlicher Sicht meinen Traumjob gefunden habe. Ich habe einerseits noch die Möglichkeit, mich fachlich auszutoben und kann meine wissenschaftlichen Kenntnisse und mein Denken in meine Arbeit einbringen. Auf der anderen Seite habe ich aber auch ein starkes Team hinter mir, befinde mich also zwischen fachlicher Tätigkeit und R&D-Management.

Naturwissenschaften – die beste Basis

Ein Studium der Naturwissenschaften eröffnet einem alle Möglichkeiten! Alle Optionen sind offen.

Für eine Tätigkeit mit überwiegend naturwissenschaftlichem Aufgabenfeld ist das Studium der „reinen" Naturwissenschaften eine ausgezeichnete Basis. Ich würde nie jemandem davon abraten. Man findet Naturwissenschaftler auch immer in wissenschaftsfernen Bereichen, daher sind Wirtschaftskenntnisse sehr nützlich, die man sich aber aus meiner Sicht auch neben dem Naturwissenschaftsstudium oder danach aneignen kann. Ich habe mir früher Vorlesungen zum Thema Wirtschaft und Marketing angehört. Später habe ich auch Fortbildungen im betriebswirtschaftlichen Bereich gemacht, vor allem um die Prinzipien auch in den wissenschaftlichen Bereich einfließen zu lassen. Verschiedene Auslandsaufenthalte zu absolvieren und in verschiedenen Unternehmensbereichen gearbeitet zu haben ist ebenfalls eine sehr wichtige Voraussetzungen für einen erfolgreichen Karriereweg. ■

Erfolgsfaktoren in der Grossindustrie

- Kommunikationstalent
- Lernbereitschaft
- Flexibilität
- Teamfähigkeit

Patentanwalt

Zukunftsweisende Rechtsexperten

Patentanwälte melden Patente für neue Produkte bei den Behörden an, um sie vor Nachahmungen zu schützen. Obwohl die Berufsbeschreibung zunächst juristisch klingt, steht der Weg zum Patentanwalt nur Naturwissenschaftlern und Ingenieuren offen, denn man muss ein entsprechendes Fachstudium nachweisen, um für die Zusatzausbildung zum Patentanwalt zugelassen zu werden. Im Rahmen der Ausbildung zum Patentanwalt erwirbt man das rechtliche Fachwissen, nicht umgekehrt.

Fachwissen und Patent

Ein Patent ist der rechtliche Schutz, den ein Erfinder nach der Anmeldung seiner Erfindung beim Patentamt für ihre wirtschaftliche Verwertung erhält. Patentiert werden z.B. technische, computerimplementierte, pharmazeutische oder bio- bzw. chemietechnologische Erfindungen.

Der Patentschutz ist räumlich und zeitlich begrenzt: Nach der maximalen Schutzdauer von 20 Jahren ist das gewerbliche Schutzrecht ausgelaufen. Die Erfindung darf dann auch von Dritten genutzt werden. Ein Patentanwalt kann seinen Mandanten von einer allgemeinen Vorabberatung über die Schaffung, Aufrechterhaltung, und Durchsetzung eines Patents bis hin zur Verteidigung gegenüber Mitbewerbern und schließlich bis zum Ablauf des Schutzrechtes begleiten. Speziell für High-Tech-Unternehmen ist der Patentanwalt wichtig, um ▶

Innovationen zu schützen. Die Patentanwälte übernehmen die Korrespondenz mit den Patentämtern und behalten die Antragsfristen im Auge. Eine zentrale Aufgabe des Patentanwalts liegt in der Ausarbeitung von Patentanmeldungen. Er führt für seine Mandanten Recherchen über bestehende Patente im Vorfeld einer Anmeldung durch, arbeitet die Anmeldungsunterlagen aus und begleitet das Anmelde- und Prüfungsverfahren vor dem Deutschen Patent- und Markenamt, dem Bundespatentgericht und anderen relevanten Stellen.

Beratung

Der Patentanwalt beurteilt was rechtlich schützbar ist. Er weiß genau, wie man den Patentantrag formulieren kann, um keine Lücken im Patentschutz zu lassen, die später von der Konkurrenz genutzt werden könnten. Die juristische Patent-Sprache ist eine Wissenschaft für sich und für Laien nur schwer verständlich. Der Patentanwalt berät seinen Mandanten kompetent, um das passende Patent anzumelden. Inwiefern sind z.B. neu gezüchtete Pflanzensorten schützbar. Manchmal wird auch eine bestimmte Molekülstruktur patentiert, wodurch z.B. im Pharma-Bereich ganze Marktsegmente gesichert werden können. Wenn sich ein anderes Unternehmen das Patent sichert, kann das Milliardenverluste bedeuten. Deshalb versucht man, alle möglichen Varianten des Produkts mitzusichern, manchmal geht es dabei um Detailfragen wie eine einzige Formulierung.

Marktrecherche

Auch die Wettbewerbsbeobachtung gehört zu den Aufgaben des Patentanwalts. Aus den Informationen, welche Patente die Mitbewerber anmelden, können sich wichtige Hinweise ergeben, woran die Mitbewerber arbeiten. Patente können angefochten werden, wenn nachweisbar ist, dass sie dem „Stand der Technik" entsprechen, also bereits veröffentlicht wurden. Möglicherweise finden sich auch Lücken in der Patentanmeldung, die durch ein eigenes Patent geschlossen werden können. Bei einer Patentverletzung durch einen Mitbewerber prüft der Patentanwalt, ob tatsächlich ein gesetzeswidriges Verhalten vorliegt und vertritt die Ansprüche seines Mandanten vor Gericht. Oft arbeiten Patentanwälte international, wenn ein landesweiter Patentschutz im High-Tech-Bereich nicht ausreicht. Neben hervorragenden Englischkenntnissen benötigt der Patentanwalt natürlich auch eine gute Kenntnis des Patentwesens in dem jeweiligen Land.

Wo arbeiten Patentanwälte?

Patentanwälte können freiberuflich Mandanten beraten und vor dem Patentgericht vertreten. Andere Patentanwälte sind in einem Unternehmen oder bei einer Kanzlei fest angestellt. Eine dritte Möglichkeit ist es, sich mit anderen Anwälten zu einer Kanzlei zusammenzuschließen. Wichtige Branchen, in denen Patentanwälte gebraucht werden, sind u.a. die Pharmaindustrie, die Biotechbranche, die Automobilindustrie und die Elektroindustrie sowie alle weiteren High-Tech-Branchen. ▶

DER WEG ZUM PATENTANWALT

Wer sich für eine Berufstätigkeit als Patentanwalt entscheidet, kann mit sehr guten Verdienstmöglichkeiten rechnen. Der Weg dahin ist allerdings lang. Neben einem abgeschlossenen Hochschulstudium in einem naturwissenschaftlichen oder technischen Fach wird mindestens ein Jahr Berufserfahrung vorausgesetzt, um für die Ausbildung zum Deutschen Patentanwalt zugelassen zu werden. Diese kann man neben der industriellen Berufserfahrung auch über Praktika oder eine Promotion nachweisen. Hat man diese Hürde genommen, folgen 34 Monate als „Kandidat", in denen man das juristische Know-How eines Patentanwalts erwirbt. Zunächst lernt man 26 Monate bei einem Patentanwalt oder einem in der Industrie tätigen Patentassessor. Parallel dazu muss man ein zweijähriges Fernstudium an der Fernuni Hagen absolvieren („Recht für Patentanwältinnen und Patentanwälte") oder an einer rechtswissenschaftlichen Fakultät das 1. juristische Staatsexamen ablegen, so dass Theorie und Praxis parallel erlernt werden.

Zu guter Letzt absolviert man ein „Amtsjahr", welches allerdings, anders als der Name vermuten lässt, nur acht Monate dauert. Dabei erhält man vor Ort Einblick in verschiedene Tätigkeiten am Deutschen Patent- und Markenamt, wo man zwei Monate bleibt, und am Bundespatentgericht, an dem man sechs Monate lernt, Schriften zu verfassen, welche die Urteile vorbereiten.

Am Ende der Ausbildung steht die Patentanwaltsprüfung, deren erfolgreiches Bestehen es ermöglicht, eine Zulassung als Patentanwalt zu beantragen. Dieses Staatsexamen setzt sich aus zwei schriftlichen und einer mündlichen Prüfung zusammen. Für eine Zulassung als Vertreter vor dem europäischen Patentamt - Patent Attorney, muss man neben seinem Studium drei Jahre relevante Berufserfahrung nachweisen und eine weitere Prüfung bestehen.

PERSPEKTIVEN

Die Tätigkeit eines Patentanwalts ist anspruchsvoll, die Ausbildung ist langwierig und man arbeitet in der Regel sehr viel, aber es lohnt sich: Als Patentanwalt hat man ein vielfältiges Aufgabengebiet und erhält bei sehr guter Bezahlung Einblick in viele Forschungsfelder. Ein geübtes Auge kann anhand der Patentanmeldungen vieler Firmen erahnen, welche Produkte in den nächsten Jahren auf den Markt kommen werden. Man ist also immer ganz nah am Puls der Zeit. ■

ERFOLGSFAKTOREN FÜR PATENTANWÄLTE

- Hartnäckigkeit und Durchhaltevermögen
- Sehr gutes Sprachgefühl und Sprachverständnis, insbesondere für juristisch-technische Fachtexte
- Akribische Arbeitsweise
- Naturwissenschaftliches oder technisches Hochschulstudium
- Betriebswirtschaftliches Verständnis
- Exzellente Englischkenntnisse
- Weitsicht und gutes Vorstellungsvermögen
- Gutes Zeitmanagement

Patentanwalt

Innovationen schützen - Erfahrungsbericht

Patentanwälte sind, wie die wenigsten wissen, grundsätzlich studierte Naturwissenschaftler oder Ingenieure, die eine juristische Zusatzausbildung absolviert haben. Es handelt sich also um einen Beruf, der naturwissenschaftliches und technisches Know-How mit juristischen Fachkenntnissen verbindet. Wer Kommunikationsstärke besitzt sowie Interesse an Innovationen und Erfindungen hat, könnte hier richtig aufgehoben sein!

Ich selber habe Biologie mit Schwerpunkt Mikrobiologie und Genetik studiert und anschließend eine Ausbildung zum Patentanwalt absolviert. Neben einer Leidenschaft für Naturwissenschaften im Allgemeinen und Biotechnologie insbesondere, erschien mir die Tätigkeit als Anwalt schon immer sehr interessant. Wer sich für ein Studium in den Natur- oder Ingenieurwissenschaften entschieden hat und sich gleichzeitig für juristisches Arbeiten begeistern kann, für den könnte der Beruf des Patentanwalts interessant sein.

Wie wird man Patentanwalt?

Nach einem ingenieur- oder naturwissenschaftlichen Studium müssen Sie erste Berufserfahrungen sammeln und in einem technischen Bereich berufstätig sein. Da eine Promotion als Berufserfahrung angerechnet wird, promovieren viele Naturwissenschaftler und die meisten Ingenieure, die eine Ausbildung zum Patentanwalt anstreben. Anschließend folgt eine etwa zweijährige Ausbildung ▶

bei einem Patentanwalt. Dort ist man als Patentanwaltskandidat tätig und wird primär von einem Patentanwalt an verschiedenen Fällen ausgebildet.

Gleichzeitig bietet die Patentanwaltskammer einmal pro Monat theoretische Kurse in Form von Arbeitsgemeinschaften an. Weitere rechtliche Grundlagen werden durch den Studiengang „Recht für Patentanwältinnen und Patentanwälte" erworben, der von der Fernuniversität in Hagen angeboten wird. Nach Abschluss der etwa zweijährigen Ausbildung bei einem Patentanwalt muss man für zehn Monate an das Bundespatentamt und Bundespatentgericht in München gehen. Nach bestandenen Prüfungen kann man sich dann Patentanwalt nennen.

Wie Sie aus dieser Zusammenfassung erkennen können, ist der Weg zum Patentanwalt langwierig und erst nach dem Studium, einer mehrjährigen Promotion und einer fast dreijährigen Ausbildung beendet. Nur wer ein wirkliches Interesse an dem Beruf und ein gutes Durchhaltevermögen besitzt, wird diese Ausbildung abschließen.
Sie sollten sich daher im Vorfeld gut überlegen, ob Sie die Ausbildung zum Patentanwalt anfangen möchten. Andererseits bietet die Tätigkeit als Patentanwalt einen abwechslungsreichen Arbeitstag und gute Verdienstmöglichkeiten.

Aufgaben eines Patentanwalts - ein typischer Arbeitstag

Als Patentanwalt beraten Sie meist Firmen bei der Anmeldung, Durchsetzung, Verteidigung eines Patents oder aber beim Angriff auf ein Patent. Ein beispielhafter Ablauf bei einer Patentierung sieht wie folgt aus: Eine Firma möchte eine Erfindung z.B. im Bereich Biotechnologie, Life Science oder Pharma durch ein Patent schützen und nimmt aus diesem Grund mit uns Kontakt auf. Aufgrund meines Studiums, bin ich speziell für diese technischen Bereiche in unserer Kanzlei tätig. In einem ersten Schritt überprüfen wir, ob die Erfindung überhaupt schutzfähig ist. Wenn dass der Fall ist, verfassen wir eine Patentanmeldung und reichen diese beim Patentamt ein. Das Patentamt recherchiert nach Veröffentlichungen, die der Patentierung der Erfindung entgegen stehen könnten. Das Ergebnis der Recherche wird dem Anmelder mitgeteilt und anschließend prüft das Patentamt, ob die beanspruchte Erfindung schutzfähig ist. Bei einer positiv abgeschlossenen Prüfung wird ein Patent erteilt.

Wettbewerber oder Mitstreiter, welche ein Produkt oder Verfahren anbieten wollen, welches von dem Patent geschützt wird, können das Patent nach der Erteilung angreifen, was recht häufig vorkommt.

Diese Tätigkeiten bilden beispielsweise einen Schwerpunkt meiner Arbeit. Firmen bzw. Mandanten wenden sich an mich, wenn Sie ihr Patent verteidigen oder ein anderes angreifen möchten. Diese Verfahren starten zunächst mit einer schriftlichen Auseinandersetzung der beiden Parteien vor dem Patentamt und enden meist mit einer mündlichen Verhandlung. In der mündlichen Verhandlung wird geklärt, ob das erteilte Patent vollständig ▶

oder in geändertem Umfang aufrechterhalten oder widerrufen wird.

Den typischen Arbeitstag im Beruf des Patentanwalts gibt es eigentlich nicht. Ein großer Anteil der Arbeit besteht aus dem Verfassen von Schriftsätzen und dem Studium von Unterlagen. In unserer Kanzlei werden viele Schriftsätze in englischer Sprache verfasst, da die Mandanten Produkte und Entwicklungen häufig global patentieren möchten. Daneben verbringe ich viel Zeit mit Telefonkonferenzen, Besprechungen mit Mandanten und Verhandlungen vor Gerichten und Patentämtern.

Welche Karrieremöglichkeiten bieten sich Patentanwälten?

Als Patentanwalt können Sie in erster Linie über die Größe der Mandate oder Fälle Kariere machen. Üblicherweise werden Sie zunächst Erfahrungen mit kleineren Fällen sammeln, bevor Sie größere Fälle vertreten dürfen. Zur Verteidigung eines Patents für ein Medikament, mit dem weltweit über eine Milliarde Euro Umsatz gemacht wird, also ein sogenanntes Blockbuster-Medikament, wird ein Mandant erheblich viel mehr Aufwand betreiben als für ein Patent, das ein neues Diagnoseverfahren für eine kleine Zielgruppe schützt. Ohne Erfahrung ist es unwahrscheinlich, dass Ihnen große Fälle anvertraut werden.

Fähigkeiten, die zukünftige Patentanwälte mitbringen sollten

Das wichtigste für diesen Beruf ist der Spaß an Wissenschaft und Technik. Ein gutes technisches Verständnis hilft dem Patentanwalt, die Erfindungen zu verstehen, die in den Patenten

beschrieben werden. Nur was man wirklich verstanden hat, kann man auch anderen erklären. Eine Voraussetzung für die Ausbildung zum Patentanwalt in Deutschland ist daher auch ein ingenieur- oder naturwissenschaftliches Studium. Ein Rechtsanwalt darf sich auch dann nicht als Patentanwalt bezeichnen, wenn er Fachanwalt für Gewerblichen Rechtsschutz ist.

Durch die Notwendigkeit komplexe Zusammenhänge in Schriftsätzen und Gesprächen darzustellen, sollten Sie zusätzlich über sehr gute Kommunikationsfähigkeiten in deutscher und englischer Sprache verfügen. Als Patentanwalt sollten Sie ferner entscheidungsfreudig sein, da Sie ihren Mandanten nur dann wirklich beraten, wenn Sie Entscheidungen treffen können. Diese Entscheidungen sind natürlich mit einer erheblichen Verantwortung verbunden. Bei einer Fehlberatung müssen Sie sich eventuell rechtlich verantworten, weshalb alle Patentanwälte relativ hohe Haftpflichtversicherungen haben. Eine 40 Stunden Arbeitswoche haben die wenigsten Patentanwälte. Sie sollten für diesen Beruf daher belastbar sein und Stresssituationen aushalten können. ▶

ERFOLGSFAKTOREN FÜR PATENTANWÄLTE

- Ingenieur- oder naturwissenschaftliches Studium
- Sehr gutes technisches und wissenschaftliches Verständnis
- Frühzeitiger Kontakt zu erfahrenen Patentanwälten
- Gute Kommunikationsfähigkeiten in deutscher und englischer Sprache
- Entscheidungsfreudigkeit
- Belastbarkeit
- Durchsetzungsvermögen

TIPPS FÜR ZUKÜNFTIGE PATENTANWÄLTE

Wenn Sie sich für den Beruf als Patentanwalt entscheiden, sollten Sie ein gutes Durchhaltevermögen für den langen Ausbildungsweg mitbringen. Von Vorteil ist der frühe Kontakt zu erfahrenen Patentanwälten, um einen Ausbildungsplatz zu finden. Für mich und unsere Kanzlei stehen das technische Wissen und gute sprachliche Fähigkeiten bei den Bewerbern im Vordergrund.

WARUM DEN LANGEN WEG ZUM PATENTANWALT AUF SICH NEHMEN?

Der Beruf des Patentanwaltes ist durch die unterschiedlichen Projekte sehr abwechslungsreich. Die Projekte decken verschiedene technische und rechtliche Aspekte ab und unterscheiden sich erheblich in ihrem Umfang. Man hat die Chance sich als einer der Ersten mit neuen Medikamenten oder anderen Produkten zu befassen, die auf den Markt kommen. Viele neue Produkte könnten eine Revolution darstellen. Zusätzlich kann man als Freiberufler bei einem sehr guten Gehalt selbstständig arbeiten. ■

Dr. Albrecht von Menges
UEXKÜLL & STOLBERG

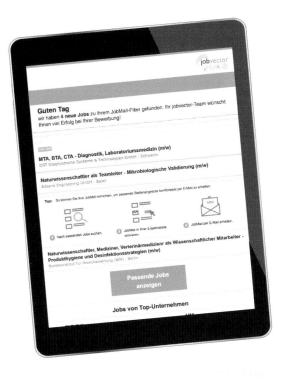

Medizinischer Dokumentar

Verantwortungsbewusster Datenjongleur

Ursprünglich als Ausbildungsberuf konzipiert, existieren mittlerweile auch Studiengänge, die medizinische Dokumentare ausbilden. Doch auch für Absolventen anderer Fachrichtungen lohnt es sich, über einen Quereinstieg in die medizinische Dokumentation nachzudenken.

Ein medizinischer Dokumentar beschafft, dokumentiert und verarbeitet Informationen, die im Rahmen medizinischer Tätigkeiten anfallen. Dabei kann die konkrete Arbeit eines medizinischen Dokumentars von Fall zu Fall ganz unterschiedlich sein, da sie in den verschiedensten Bereichen tätig sein können. Außer in Arztpraxen, Kliniken und Krankenhäusern arbeiten medizinische Dokumentare auch in der pharmazeutischen und chemischen Industrie, in Forschungsinstituten oder in Gesundheitsämtern.

Dokumentieren, Verschlüsseln und Auswerten

Im Krankenhaus werden Informationen über Diagnosen und Therapien nach gesetzlichen Vorgaben dokumentiert. Der Zusammenhang von Erkrankung und Behandlung muss in der Dokumentation ersichtlich werden. Diese Maßnahmen sind unter anderem für die Abrechnung mit den Krankenkassen notwendig. Die Dokumentation, Verschlüsselung und Auswertung der Daten übernehmen medizinische Dokumentare. Zur Arbeit eines medizinischen Dokumentars in einer Klinik ▶

kann außerdem die Erstellung von elektronischen Patientenakten zählen, in denen alle den Krankheits- und Behandlungsverlauf eines Patienten betreffende Daten gesammelt werden. So wird ein interdisziplinärer Überblick über die Situation des Patienten möglich. Eine solche Patientenakte enthält zum Beispiel die Befunde und Diagnosen aller medizinischen Bereiche, die dazugehörige Korrespondenz, eine Darstellung des Behandlungsverlaufs und das Behandlungsergebnis. Die Daten werden mit geeigneten Mitteln wie Texten, Grafiken und Filmen veranschaulicht.

Ein weiterer Arbeitsbereich für den medizinischen Dokumentar ist die Mitwirkung an medizinischen Studien oder Forschungsarbeiten. Die Arbeit an solchen Studien fällt zum Beispiel im Rahmen der Arzneimittelprüfung und -zulassung an, bei der Wirksamkeit und Verträglichkeit eines neuen Medikaments nachgewiesen werden müssen. Teilweise sind medizinische Dokumentare für die komplette Organisation, Überwachung und statistische Auswertung einer Studie verantwortlich. Dafür entwickeln sie in Zusammenarbeit mit Ärzten und Wissenschaftlern Fragebögen und Formulare und programmieren Datenbanken, in denen die erhobenen Daten erfasst werden. Hier braucht der medizinische Dokumentar Kenntnisse über Datenschutzbestimmungen und andere gesetzliche Vorgaben, da diese eingehalten werden müssen.

Randomisierung

Oft führen medizinische Dokumentare auch die sogenannte Randomisierung durch. Bei diesem Prozess werden die Patienten nach dem Zufallsprinzip verschiedenen Behandlungsarten zugeteilt. Dies gewährleistet eine gleichmäßige Verteilung der personenabhängigen Störfaktoren auf die Experimental- und Kontrollgruppen. Wird der medizinische Dokumentar als Data Manager eingesetzt, ist er für die Qualität und Validität der Daten verantwortlich und führt die eingehenden Daten nach Prüfung zusammen. Sorgfältige Arbeit ist hier enorm wichtig, um beispielsweise die Sicherheit eines Medikaments gewährleisten zu können. Schließlich erarbeitet der medizinische Dokumentar eine korrekte Auswertedatei und bereitet die Präsentation der statistischen Ergebnisse vor. Dazu gehört die Erstellung von Schaubildern, Präsentationen und Abschlussberichten.

Epidemiologische Studien

Außer an klinischen können die medizinischen Dokumentare auch an epidemiologischen Studien arbeiten. Die Epidemiologie untersucht die äußeren Umstände, die sich auf die Gesundheit einer Person oder einer ▶

Arzneimittelprüfung Prüfung von Arzneimitteln vor der Zulassung auf Wirksamkeit und Verträglichkeit

Epidemiologie Wissenschaft, die sich mit Ursachen und Folgen sowie der Verbreitung von Krankheiten in Bevölkerungsgruppen beschäftigt

Klinische Studie Studie an Patienten und gesunden Probanden, die in fünf Phasen abläuft, in denen schrittweise mehr Probanden hinzugezogen werden

Randomisierung Zuteilung von Probanden auf Experimental- und Kontrollgruppen nach dem Zufallsprinzip, die personenabhängige Störgrößen gleichmäßig auf die Gruppen verteilt

Gruppe auswirken können. Das Hauptziel solcher Untersuchungen ist es, Maßnahmen zur Beeinflussung und Kontrolle von Gesundheitsproblemen in der Bevölkerung zu ergreifen. Dazu gilt es, den Zusammenhang von beispielsweise bestimmten Lebensumständen mit einem Krankheitsbild zunächst einmal zu erkennen. Um solche Schlüsse ziehen zu können, ist eine große Menge an Daten notwendig, die verarbeitet und ausgewertet wird. Diese zieht der medizinische Dokumentar aus Studien, die er unter Umständen selbst plant, durchführt und koordiniert.

Im Gegensatz zu klinischen Studien, die experimentell und unter möglichst gleichen

Rahmenbedingungen durchgeführt werden, basieren die epidemiologischen Studien meist auf Beobachtung. In der Praxis bedeutet das eine Erfassung der Lebenssituation der Studienteilnehmer durch den Einsatz von Fragebögen, die der medizinische Dokumentar selbst erstellt und auswertet. Aus den erhobenen Daten werden im nächsten Schritt Übersichten erstellt.

Um die Vergleichbarkeit von Statistiken sicherzustellen, berücksichtigen medizinische Dokumentare die nationalen und internationalen Regelungen. Dazu planen und programmieren sie die Datenbanken nach diesen Regeln und schulen deren Benutzer entsprechend. In regelmäßigen Abständen analysieren sie die erfassten Daten, bereiten die Ergebnisse auf und diskutieren mit Ärzten die Auswertung und Interpretation der Studien.

Literaturdokumentation

Ein weiteres Aufgabenfeld ist die Literaturdokumentation. Der medizinische Dokumentar recherchiert für seinen Auftraggeber interessante Literatur aus allen Bereichen der Medizin, beschafft sie, erfasst sie formal und prüft sie auf inhaltliche Relevanz. Zu den Auftraggebern gehören wissenschaftliche Forschungseinrichtungen, Krankenkassen, Universitätskliniken, Behörden oder Unternehmen aus der chemisch-pharmazeutischen Industrie. Der medizinische Dokumentar recherchiert in fachspezifischen Datenbanken, im Internet, in Nachschlagewerken und Literaturdatenbanken. Häufig muss er sich in komplexe Fragestellungen einarbeiten und die gefundenen Informationen anschließend in geeigneter Form für ▶

den Auftraggeber aufbereiten und präsentieren. Medizinische Dokumentare sind auch oft in der Arzneimittelsicherheit tätig. Hier betreuen sie die Datenbanken, in denen Nebenwirkungen von zugelassenen Medikamenten dokumentiert werden. Durch regelmäßige Analyse der Daten können medizinische Dokumentare frühzeitig erkennen, wenn gehäuft Nebenwirkungen auftreten und Gegenmaßnahmen einleiten.

Medizinische Dokumentare zeichnet fundiertes Wissen sowohl im medizinischen Bereich, als auch in der Statistik und Informatik aus. Sie beherrschen die gängigen Statistikprogramme, haben logische und mathematische Fähigkeiten, sind kommunikationsstark und gut organisiert.

Perspektiven

Steht zu Beginn die Einhaltung der dokumentarischen Formalia im Vordergrund, führt der Weg für erfahrene Dokumentare oft zu einer Tätigkeit als Clinical Data Manager. In dieser zentralen Position erhält man einen Überblick über die Daten aller Prüfzentren. Außerdem trägt der Clinical Data Manager die Verantwortung für die Qualität der Daten, die für die Studie ausgewertet werden, sowie für die Korrektheit der Auswertung. Diese Tätigkeit beinhaltet neben Führungsverantwortung auch den Kontakt mit dem Sponsor der Studie, klinischen Monitoren, Prüfärzten und Ethikkommissionen. Zu anderen möglichen Tätigkeiten gehören Anwenderschulungen für Datenbanken oder Projektmanagement klinischer bzw. epidemiologischer Studien. ■

Erfolgsfaktoren für medizinische Dokumentare

- Kenntnisse über medizinische Klassifikationen und Nomenklaturen
- Wissenschaftliche Literaturrecherche und Literaturdokumentation
- Analyse und Darstellung von wissenschaftlichen Daten
- Datenmanagement
- Grundlagen klinischer und epidemiologischer Studien
- Analytische Statistik/Mathematik und Wahrscheinlichkeitsrechnung
- Statistiksoftware
- Informatik- und Programmierkenntnisse und Datenbanktechnik
- Kommunikationsfähigkeit
- Präsentationsstärke

Entwicklungsingenieur in der Photovoltaik

Erfinderjob mit sonnigen Aussichten

Die Photovoltaiktechnik zählt zu den beliebtesten Nutzungsarten regenerativer Energien in Deutschland. Die Anzahl von deutschen Haushalten mit einer eigenen Photovoltaikanlage steigt stetig. Hauseigentümer produzieren dadurch nicht nur Strom für ihren eigenen Haushalt, sondern speisen den entstehenden Überschuss an Strom in das deutsche Netz ein. Mit Hilfe von Solarzellen wird in diesen Photovoltaikanlagen Sonnenenergie in Strom umgewandelt. Aber wo kommt diese Technologie eigentlich her? Die Entwicklung von moderner, marktreifer Technik ist häufig die Aufgabe von Entwicklungsingenieuren. Allerdings ist das nur der erste Schritt - auch die Weiterentwicklung und Verbesserung eines Produkts gehören zur Arbeit eines Entwicklungsingenieurs. Dieses Berufsfeld ist für Unternehmen von enormer Bedeutung, da die dort entwickelten Innovationen der Produkte den Erfolg auf dem Markt bestimmen.

Einsatzgebiet von Entwicklungsingenieuren

Entwicklungsingenieure sind in Unternehmen verschiedener Branchen im Bereich Forschung und Entwicklung beschäftigt. In der Solarindustrie verbessern sie zum Beispiel Solarmodule hinsichtlich Effizienz und Kosten. Ebenso versuchen sie die Degradation der Solarzellen zu verringern, um eine längere Lebenszeit zu ermöglichen. Sie entwickeln nach Kundenwünschen neue Produkte, die genau an die Bedürfnisse angepasst sind. Dabei setzen sie die ▶

Ergebnisse der Grundlagenforschung in angewandte Forschung um. Ein Entwicklungsingenieur muss bei seiner Arbeit nicht nur im Blick haben, was technisch möglich, sondern immer auch, was rentabel und bezahlbar ist.

Von den Entwicklungsingenieuren hängt es ab, wie innovationsstark ein Unternehmen ist. Die Branche der erneuerbaren Energien entwickelt sich schnell und die Konkurrenz ist groß. Firmen, die mit ihrer Technik am Markt bestehen wollen, die vielleicht sogar die Technologieführerschaft in ihrem Bereich anstreben und selbst Maßstäbe setzen möchten, sind auf gute Entwicklungsingenieure angewiesen. Nur dadurch können sich Unternehmen von der Konkurrenz abheben und sich in der Branche als Marktführer durchsetzen.

Kreative Lösungen

Ein Entwicklungsingenieur versucht durch kreative Ideen Probleme zu lösen, entwirft Produkt-Prototypen und testet sie in selbst entworfenen Versuchsprogrammen. Diese Tests führt er zum Beispiel mit Hilfe von Sonnensimulatoren durch. Die Nutzung dieser Geräte hat den Vorteil, dass die Leistungsfähigkeit eines Prototyps zunächst unter Laborbedingungen getestet wird. Dadurch ist das Ergebnis nicht von den Witterungsbedingungen abhängig. Im Anschluss daran kann man dann in den Freilandversuch gehen, wofür ein Entwicklungsingenieur häufig auch Reisen in Kauf nimmt.

Teamarbeit ist eine wichtige Komponente des Berufsalltags eines Entwicklungsingenieurs. Messergebnisse werden im Team besprochen

und analysiert und bei der Produktentwicklung oder der Vorbereitung der Markteinführung arbeitet man mit anderen Funktionsbereichen des Unternehmens zusammen, zum Beispiel mit dem Produkt- oder Qualitätsmanagement. Manchmal stehen Entwicklungsingenieure auch in direktem Kundenkontakt, um mit ihren Entwicklungen den Kundenbedürfnissen optimal entgegenkommen zu können. Gelegentlich begleitet der Entwicklungsingenieur das gesamte Zertifizierungsverfahren des von ihm entwickelten Produkts.

„Dauerbrenner" in der Forschung und Entwicklung der Solarbranche sind die Steigerung der Effizienz der Anlagen und die Senkung der Kosten pro Kilowattstunde, die mit der Senkung der Produktionskosten einhergehen. Der Wirkungsgrad gibt an, welchen Anteil der Sonnenenergie das Solarmodul in Strom umwandelt. Aktuell liegt der durchschnittliche Wirkungsgrad noch weit vom theoretischen Maximum entfernt. Da ist noch Steigerungspotenzial! ▶

Intelligente Stromnetze

Eine Neuerung, die aktuell in der Solarbranche entwickelt wird, ist die Integration von Solarmodulen in so genannte Smart Grids: „Intelligente" Stromnetze. Smart Grids können Informationen über alle Netzelemente (zum Beispiel Stromerzeuger, stromverbrauchende Geräte, Stromspeicher usw.) abrufen und verarbeiten. Da die Wetterverhältnisse nicht immer gleich sind, ist es schwierig vorherzusagen, wann ein Solarmodul wie viel Strom produzieren wird.

Ein intelligentes Stromnetz könnte zum Beispiel erfassen, wann viel Energie erzeugt wird und die Produktion in einem nahegelegenen Kohlekraftwerk automatisch reduzieren, bis wieder Energie benötigt wird oder ein Pumpspeicherwerk in Betrieb setzen. So kann das Klima geschont und die Probleme bei den Spannungsschwankungen gesenkt werden, indem Stromüberschüsse aus regenerativen Energiequellen für Zeiten gespeichert werden, in denen weniger Strom produziert wird. Bei einer konsequenten Umsetzung des Smart Grid Konzeptes könnten dann alle „Akteure" auf dem Strommarkt (inklusive der einzelnen stromverbrauchenden Geräte) miteinander vernetzt sein und nur so viel Strom produzieren, wie verbraucht wird.

Fachwissen zählt

Um diesen Beruf ausüben zu können, muss man sein Fachwissen immer auf dem neuesten Stand halten und ein Auge dafür haben, was im Labor und unter realen Bedingungen umsetzbar ist.

Die meisten Firmen suchen Absolventen der Elektrotechnik oder der Physik. Jedoch ist es auch aus fast allen anderen ingenieurstechnischen Studiengängen möglich den Einstieg in die Karriere als Entwicklungsingenieur zu starten. Es werden aber beispielsweise auch Chemiker, Verfahrenstechniker, Messtechniker, Mechatroniker, Materialwissenschaftler oder Wirtschaftsingenieure als Entwicklungsingenieure gesucht.

Wichtige Eigenschaften als Entwicklungsingenieur sind Kreativität, um neue Lösungswege zu finden und der Wille, etwas zu verändern. Um als Entwicklungsingenieur erfolgreich zu sein, braucht man vor allem Eigeninitiative und -verantwortung, nur so kann man effizient arbeiten und zu einem guten Ergebnis kommen. Ein Entwicklungsingenieur braucht meistens gute Fremdsprachenkenntnisse, um mit ausländischen Kollegen, Kunden und auf internationalen Fachmessen kommunizieren zu können und einen starken Schuss Motivation, um sich auch von Rückschlägen nicht abschrecken zu lassen.

Entwicklungsingenieure sollten in der Lage sein, mit mathematischem und technischem Verständnis Probleme oder neue Ideen anzugehen und diese mit einem gewissen Maß an Kostenbewusstsein umzusetzen.

Wer nachweisen kann, dass er sich in seinem Studium oder in einem Praktikum mit Photovoltaiktechnik auseinander gesetzt hat, vielleicht sogar Spezialwissen für den konkreten Einsatzbereich besitzt, ist klar im Vorteil. Umso mehr Kenntnisse man in einem ▶

Bereich hat, desto höher ist die Chance, eine Innovation in diesem Feld zu schaffen. Einige Firmen sehen auch eine Promotion gerne. Bei der Analyse von Stellenanzeigen fällt auf, dass Firmen neben der fachlichen Qualifikation besonderen Wert auf das individuelle Engagement, die Motivation und Begeisterungsfähigkeit legen – hier sind Überzeugungstäter gefragt!

RESSOURCEN UND NACHHALTIGKEIT

Viele Menschen in der Solarbranche treibt das Bewusstsein an, einen verantwortungsvollen Umgang mit den Ressourcen der Erde voranzutreiben und eine Technik zu schaffen, die den Klimawandel begrenzen könnte. Solarenergie ist ein wichtiger Baustein im Rahmen einer nachhaltigen, dezentralen Energieversorgung. Die Branche ist hoch dynamisch, dass heißt sie bringt viele Innovationen hervor und ändert sich ständig. Dieser Job ist etwas für Menschen, die Veränderung mögen, etwas bewegen wollen und dabei gut verdienen möchten. Spätere Karriereschritte können zum Beispiel über die Projektleitung ins Management führen. ■

ERFOLGSFAKTOREN FÜR ENTWICKLUNGSINGENIEURE IN DER PHOTOVOLTAIK

- Studium der Elektrotechnik oder Physik, aber auch andere technisch-naturwissenschaftliche Studiengänge
- Praktische Erfahrungen
- Solide Englischkenntnisse, andere Fremdsprachenkenntnisse erwünscht
- Engagement, Motivation und Begeisterungsfähigkeit für die Branche
- Teamfähigkeit und kommunikative Fähigkeiten (auch interdisziplinär und international)
- Analytisch-strukturierte Arbeits- und Denkweise
- Projektmanagement-Kenntnisse
- Eigeninitiative/Selbstständigkeit/Eigenverantwortlichkeit
- Kreativität
- Reisebereitschaft
- Ziel- und lösungsorientiertes Arbeiten
- Durchsetzungsvermögen
- Technische Sachverhalte schriftlich und grafisch aufbereiten können

Apotheker

Kontaktfreudige Pharmazeuten

„Fragen Sie Ihren Arzt oder Apotheker". Dieser oft geäußerte Hinweis zeigt, worin heute die wichtigste Aufgabe des Apothekers besteht: In der Anwendung seines Fachwissens als Arzneimittelspezialist bei der individuellen Beratung des Kunden. Während bei der Arbeit in der Apotheke also der soziale Kontakt zum Kunden im Fokus steht, rückt die Arbeit im Labor eher in den Hintergrund.

Lebenswichtige Beratung

80 % aller Apotheker nehmen eine Tätigkeit in einer öffentlichen Apotheke auf. Eine zentrale Aufgabe in einer öffentlichen Apotheke ist die Verteilung und der Verkauf von verschreibungspflichtigen Medikamenten an Kunden, die ein Arztrezept vorweisen können. Der Apotheker berät seine Patienten zu Wechselwirkungen und Verträglichkeit der Medikamente, zur sachgerechten Anwendung und Lagerung sowie zur gesunden Lebensführung. Zusätzlich werden in einer Apotheke viele weitere Produkte verkauft, die im weitesten Sinne mit dem Thema Gesundheit in Verbindung stehen. Dazu gehören freiverkäufliche Arzneimittel wie Hustensaft oder Kopfschmerztabletten, aber auch Hilfsmittel wie Inhalationsgeräte oder Fieberthermometer, Kosmetika, Pflegeprodukte, Wellness-Produkte und Diätmittel. Auch zu diesen Produkten berät und informiert der Apotheker die Kunden. ▶

SERVICE AM PATIENTEN

Außerdem bieten viele Apotheken Serviceleistungen wie Blutdruckmessung, Fernreise-Impfberatung, Ernährungsberatung oder Hilfe bei der Suche nach einem Arzt oder einer Selbsthilfegruppe an. Ursprünglich hat ein Apotheker in erster Linie Arzneimittel selbst hergestellt und verkauft. Dies geschieht heute in öffentlichen Apotheken nur noch selten. Gelegentlich werden Salben oder Cremes hergestellt oder individuelle Medikamente, beispielsweise für Patienten mit Unverträglichkeiten bestimmter Inhaltsstoffe der industriell gefertigten Medikamente.

HERSTELLEN VON MEDIKAMENTEN

In jedem Fall werden nur in kleinen Mengen Arzneimittel selbst hergestellt. Alle Stoffe, die dafür verwendet werden, müssen vorher auf ihre Zusammensetzung geprüft werden. Dazu dienen zum Beispiel mikroskopische Untersuchungen, chemische Analysen oder Chromatographie. Auch fertige Arzneimittel werden untersucht. Werden Fehler oder Unreinheiten bemerkt, wird dies an den Hersteller weitergeleitet, um eine Überprüfung einzuleiten. Apotheker leisten somit einen wichtigen Beitrag zur Arzneimittelsicherheit.

ARBEITSZEITEN

In regelmäßigen Abständen müssen Nacht- und Wochenenddienste abgeleistet werden, damit in Notfällen immer eine Apotheke erreichbar ist. Für die Notdienste wechseln sich die Apotheken der Umgebung ab, was dazu führt, dass Apotheker in ländlichen Umgebungen häufiger eine Nacht „durchmachen" müssen als die Kollegen in Städten mit vielen Apotheken. Für diesen Bereitschaftsdienst ist entweder täglich oder wöchentlich eine andere Apotheke zuständig.

KRANKENHAUSAPOTHEKE

Neben der öffentlichen Apotheke gibt es auch die Möglichkeit, in einer Krankenhausapotheke zu arbeiten. Die Tätigkeit dort unterscheidet sich in einigen Punkten von der Arbeit in einer öffentlichen Apotheke. Die Aufgabe des Apothekers ist hier die Sicherstellung der Versorgung der Patienten mit Medikamenten. Dazu gehören Einkauf, Prüfung, Lagerung und Herausgabe der Medikamente. Der Apotheker muss im Blick haben, wie viel verbraucht wird, um dafür zu sorgen, dass im Krankenhaus immer genügend Medikamente vorrätig sind.

„Kunden" sind hier vor allem Ärzte und Pflegepersonal des Krankenhauses, die der Apotheker zur Anwendung, Wirkweise und Risiken der Medikamente berät. Das Herstellen von Medikamenten hat in der Krankenhausapotheke einen größeren Stellenwert als in einer öffentlichen Apotheke. Das liegt zum einen daran, dass hier größere Mengen benötigt werden, die eine Eigenherstellung lohnend machen und zum anderen daran, dass hier mehr individuelle Rezepturen verschrieben werden.

Immer mehr Krankenhäuser gehen dazu über, Apotheker auch direkt „am Bett des Patienten" in die Therapie einzubinden, um durch optimale Abstimmung der Medikamente Kosten zu sparen und dem Wohl der Patienten zu dienen. Als Mitglied der Arzneimittelkommission des Krankenhauses ist der ▶

Apotheker außerdem an der Entscheidung beteiligt, welche Arzneimittel im Krankenhaus verwendet werden.

Im Gegensatz zu öffentlichen Apotheken, in denen sich die Arbeitszeit in der Regel an den Ladenöffnungszeiten orientiert, wird in der Krankenhausapotheke häufig im Schichtdienst gearbeitet.

Weg zum Apotheker

Um sich Apotheker nennen zu dürfen, muss man eine Reihe von Kriterien erfüllen, die in der Approbationsordnung festgelegt sind. Zunächst wird ein vierjähriges Pharmaziestudium absolviert, das durch praktische Phasen ergänzt wird: Eine achtwöchige Famulatur, die mit einem Betriebspraktikum vergleichbar ist und ein Jahr praktische Ausbildung im Anschluss an das eigentliche Studium. Von der Famulatur werden mindestens vier Wochen in einer öffentlichen Apotheke abgeleistet. Um die Approbation, also die Berufsberechtigung, beantragen zu können, muss außerdem die Pharmazeutische Prüfung bestanden werden, die in drei Abschnitten im Anschluss an Grundstudium, Hauptstudium und das praktische Jahr abgelegt wird.

Verantwortung für den Patienten

Der Sinn dieser strengen Regelung ist klar: Apotheker haben eine große Verantwortung gegenüber ihren Kunden. Zum Beispiel können nicht erkannte Wechselwirkungen mit anderen Medikamenten gefährliche Auswirkungen haben. Der Apotheker ist die letzte Person, die zwischen dem Patienten und dem Medikament steht. Nicht immer wissen z.B. Fachärzte, welche weiteren Medikamente der Patient von anderen Ärzten verschrieben bekommen hat oder welche freiverkäuflichen Arzneimittel der Patient einnimmt.

Es gehört daher zur Aufgabe des Apothekers, abzuklären, ob Risikofaktoren vorliegen, die gegen die Einnahme des verschriebenen Medikaments sprechen. In diesem Fall setzt sich der Apotheker mit dem betreuenden Arzt in Verbindung. Die mehrjährige Ausbildung zum Apotheker wird durch eine Tätigkeit belohnt, die hohes Ansehen genießt.

Vertrauensperson Apotheker

Der Beruf des Apothekers gehört zu den Berufen, denen die Deutschen am meisten vertrauen: In einer repräsentativen Umfrage des Magazins Reader's Digest aus dem Jahr 2010 landeten sie auf Platz vier hinter Feuerwehrleuten, Piloten und Krankenschwestern. 87 % der befragten Deutschen sprachen Apothekern „sehr hohes" bzw. „ziemlich hohes" Vertrauen aus.

Die Aussichten auf eine feste Anstellung in einer öffentlichen Apotheke sind gut. Außerdem eignet sich der Apothekerberuf gut zur Vereinbarung von Beruf und Familie. In fast ▶

jedem Ort gibt es mindestens eine Apotheke. Dies ermöglicht, seinen Wohnort relativ frei zu wählen, ohne Rücksicht darauf, wo passende Unternehmen angesiedelt sind oder weite Anfahrtswege in Kauf genommen werden. Zudem gestatten geregelte Arbeitszeiten eine gute Planung des Alltags. In größeren Apotheken ist es außerdem oft möglich, in Teilzeit zu arbeiten.

Als approbierter Apotheker kann man sich mit einer eigenen Apotheke selbstständig machen, wenn das nötige Kapital vorhanden ist. Dabei müssen zahlreiche Bestimmungen beachtet werden, zum Beispiel zu Betriebsräumen und Arbeitsrecht. Auch die sich ständig ändernden Gesetze und Verordnungen muss der Apotheker kennen und im Auge behalten, um sie umsetzen zu können. Buchhalterische Aufgaben werden in der Regel nach Ladenschluss erledigt.

Wichtige Fähigkeiten sind neben Fachkenntnissen eine sehr gute Kommunikationsfähigkeit und Empathie gegenüber den Kunden. Selbstständige Apotheker benötigen außerdem kaufmännische Kenntnisse, um die Apotheke wirtschaftlich zu führen sowie die Fähigkeit zur Personalführung und evtl. Schulung oder Ausbildung von Mitarbeitern.

Apotheker, die in einer Krankenhausapotheke arbeiten möchten, sollten mit Schichtdienst zurechtkommen. Eine Promotion ist für eine Tätigkeit in einer öffentlichen Apotheke nicht nötig, kann aber in anderen Bereichen sinnvoll sein. Möglichkeiten zur beruflichen Veränderung sind zum Beispiel ein Einstieg als Sanitätsoffizier bei der Bundeswehr, ein Wechsel in die pharmazeutische Industrie oder an eine Hochschule. ■

Erfolgsfaktoren für Apotheker

- Erfolgreich abgeschlossenes Pharmaziestudium, Approbation
- Kommunikationsfähigkeit, Empathie, Beratungsgespräche führen können
- Serviceorientierung
- Kaufmännische Kenntnisse (insbes. bei Selbstständigkeit)
- Bereitschaft zu Notdienst (öff. Apotheke) bzw. Schichtdienst (Krankenhausapotheke)
- Führungsqualitäten
- Kenntnis einschlägiger gesetzlicher Bestimmungen

Apotheker in einer öffentlichen Apotheke

Langeweile ist da Mangelware - Erfahrungsbericht

Mein Studium der Pharmazie war sehr naturwissenschaftlich orientiert und für mich von besonderem Interesse, weil die Themengebiete vielseitig waren. Chemie, Biologie und Pharmakologie sind naheliegende naturwissenschaftliche Schwerpunkte, aber Technologie und die darin behandelten Themen der Herstellung, Stabilität und Lagerung von Arzneimitteln mit komplexen Freisetzungscharakteristiken des Wirkstoff erweitert diese um praktische Aspekte. Ich bin während des praktischen Jahres ins Ausland gegangen und konnte meine sprachlichen Interessen bestens mit meinem Studium verbinden. Ein weiteres Themengebiet, dem ich im Studium viel Aufmerksamkeit widmete, war die klinische Pharmazie. Hier bekommt man einen Eindruck von der praktischen Umsetzung vieler in der Pharmakologie gelernter Tatsachen rund um den Krankheitsverlauf und den richtigen Einsatz der Medikamente, aber auch der richtigen Vermittlung von Wissen an den Patienten oder betreuendes Personal bzw. den Arzt. Die verschiedenen Arbeitsfelder in der öffentlichen Apotheke, Industrie oder in Behörden greifen in unterschiedlichem Maß auf diese Grundlagen zurück. In der öffentlichen Apotheke ist besonders die Vermittlung von Informationen an Patienten oder deren Angehörige wichtig.

Persönlicher Kontakt zum Patienten

Ca. 80 % der Apotheker in Deutschland wählen den Beruf in der öffentlichen Apotheke. Die öffentlichen Apotheken sind hierzulande ▶

im Besitz jeweils eines Apothekers. Das Gesetz schreibt vor, dass die Geschäfte nicht in der Hand von Konzernen oder als Kette arbeiten dürfen, um die Patienten zu schützen. Dahinter steht der Wunsch des Aufbaus einer persönlichen Beziehung zwischen Apotheker und Patient: Solange ein Apotheker seine Kunden/Patienten kennt, kann er sie optimal versorgen. Daher darf jeder Apotheker maximal vier Apotheken besitzen.

Fort- und Weiterbildung

Der Apotheker sollte kontinuierlich Fort- und Weiterbildungen besuchen, um zusätzliche Qualifikationen zu erlangen. So gibt es Apotheker, die sich besonders mit den Problemen des Alters und der entsprechenden Medikation auskennen. Es gibt Fachapotheker für Homöopathie oder Onkologie. Diese Angebote werden von der Apothekerkammer organisiert und stehen jedem offen, der sich und seine Apotheke in eine entsprechende Richtung spezialisieren möchte. Neben aller Individualität in der Gestaltung der Apotheke und des Angebots gibt es natürlich einen festgelegten Kern von Dienstleistungen und Produkten.

Tagesgeschäft eines Apothekers

Die tägliche Routine in einer Apotheke umfasst für den Apotheker die Beratung von Patienten, die Ausbildung von Apothekern im praktischen Jahr oder pharmazeutisch-technischen Assistenten. Zusammen mit den Apotheken im Umkreis wird der Notdienst organisiert und gesichert – in meinem Fall bedeutet das alle 19 Tage eine Nacht in der Apotheke für Notfälle.

Die Verantwortung für alle Vorgänge in der Apotheke trägt der diensthabende Apotheker. Informationen zu Arzneimitteln, die Kontrolle der Betäubungsmittel und Warenwirtschaft, Rezeptur, Mitarbeitergespräche und Teambesprechungen sind Schlagwörter, die den Alltag eines Apothekers beleuchten. Viele Ärzte, vor allem Hautärzte, verschreiben auch Arzneimittel, die hergestellt werden müssen. Die Herstellung in der sogenannten Rezeptur erfordert einiges Geschick und Sachkenntnis. In besonderen Fällen kann es sehr kompliziert werden. Viele onkologische Rezepturen und Ernährungsbeutel erfordern besondere Maßnahmen zur Arbeitsumgebung.

Öffentlichkeitsarbeit

Als Apotheker kann man zusätzlich viele Aufgaben außerhalb der Apothekenroutine wahrnehmen. Große Apotheken, die Pflege- oder Altersheime versorgen und auch stark dienstleistungsorientierte Apotheken, bieten Vorträge zu Gesundheitsthemen oder Therapien bestimmter Krankheiten an. Beispielsweise war während der EHEC-oder H5N1-Krise die Unsicherheit in der Bevölkerung groß und der Bedarf nach Aufklärung enorm. In Pflegeheimen berät man sich mit dem Pflegepersonal, überwacht die Arzneimittelvorräte und unterstützt deren sinnvolle Anwendung bei den Patienten.

Karrierewege

In der öffentlichen Apotheke verläuft die Karriere mit dem Grad der Erfahrung. Von den maximal vier Apotheken im Besitz des gleichen Apothekers müssen drei Filialen von Apothekern in Vertretung des Inhabers ▶

geleitet werden, die vierte vom Inhaber selbst. Der Inhaber trägt natürlich auch die betriebswirtschaftliche Verantwortung, im Gegensatz zu dem angestellten Apotheker. Der Reiz der Apotheke liegt darin, dass man im Vergleich zu großen Unternehmen eine relativ flache Hierarchie hat und Ideen schnell in Projekte umsetzen kann – vom Marketing über die Patientenkommunikation bis hin zur praktischen Arbeit an der Rezeptur.

Wie bereits erwähnt, gibt es mehrere Richtungen, in die man seine Arbeit kommuniziert. Das Gespräch mit den Patienten überwiegt natürlich, aber wenn die behandelnden Ärzte Vertrauen zu einem gefasst haben, kommt es zu interessanten Gesprächen über komplexe Patientenfälle und es ist mir immer eine besondere Freude, wenn man dabei ein schwieriges medikamentöses Problem zum Wohle des Patienten lösen kann.

Blick über den Tellerrand

Aus solchen Gesprächen heraus ergab sich auch ein Projekt, bei dem ein Kollege und ich die pharmazeutische Betreuung von Patienten in der Arbeitsumgebung der öffentlichen Apotheken weiterentwickelten. Dabei haben wir uns an australischen und US-amerikanischen Modellen orientiert und inzwischen schon mehrere Innovationspreise gewonnen. Dieser besondere Ansporn und die positiven Reaktionen von vielen Kollegen machen die Aufgabe für mich besonders spannend.

Mein persönlicher Traum wäre es, die pharmazeutische Betreuung in Deutschland stärker im Gesundheitssystem zu etablieren. Bislang wird hauptsächlich die Beratung bei der Abgabe von Arzneimitteln gefördert und vom Gesundheitssystem finanziell kompensiert. Dabei ist der Einsatz des Apothekers teilweise ausbildungsfremd und von geringem Mehrwert für das Gesundheitssystem. Der sinnvolle Einsatz des pharmazeutischen Wissens ist erwiesenermaßen von Nutzen für alle Beteiligten im System, besonders für den Patienten. Voraussetzung dafür ist die Etablierung systematischer Kenntnisse über den Betreuungsprozess, die im Studium bislang zu kurz kommen. Resultat ist oft ein "Praxisschock", nämlich das erste Gespräch mit einem realen Patienten in der Apotheke, meist im Rahmen des praktischen Jahres. Für eine Besserung und Weiterentwicklung des Systems lohnt sich eine Mitarbeit in Kammern und Verbänden.

Gerade jetzt ist eine spannende Zeit in der Pharmazie angebrochen. In der Industrie muss ändernden Märkten Rechnung getragen werden. In den Behörden und Instituten muss man sich den Herausforderungen digitaler Informationsverarbeitung und der Angleichung internationaler Regelungen stellen und in der öffentlichen Apotheke findet auf solider Grundlage eine Evolution der Aufgaben eines ganzen Berufstandes statt. Langeweile ist da Mangelware. ■

Wissenschaftsredakteur

Kreative Vielseitigkeit

Großes Breitenwissen interessiert Sie mehr als die aktive Forschung? Sie möchten möglichst viele Menschen an wissenschaftlichen Erkenntnissen teilhaben lassen? Sie können anschaulich erklären und sich gut ausdrücken?

Vermittler zwischen Wissenschaft und Öffentlichkeit

Vielleicht sind Sie der ideale Wissenschaftsredakteur! Wissenschaftsredakteure verstehen sich als Vermittler zwischen den Wissenschaften und der Öffentlichkeit. Sie arbeiten in den Redaktionen verschiedenster Medien: Sie schreiben für Fachmagazine, Tageszeitungen, Websites, Wissensmagazine oder Illustrierte oder arbeiten fürs Fernsehen oder Radio. Auch für Presseagenturen oder in Lehrbuchredaktionen können sie tätig sein – also eigentlich überall, wo es eine „Wissen"-Rubrik gibt oder wo wissenschaftliche Themen eine Rolle spielen.

Ihre Aufgabe ist es, wissenschaftliche Erkenntnisse so aufzubereiten, dass sie für den Leser oder Zuschauer attraktiv und verständlich sind und sie in einem Artikel oder einem Fernseh- oder Radiobeitrag zu präsentieren. Redakteure korrigieren außerdem auch Texte anderer Autoren, arbeiten an der Themenauswahl für die nächste Ausgabe mit oder geben Texte bei freien Autoren in Auftrag.

Trends und Zeitgeist erkennen

Wichtig ist, dass der Wissenschaftsjourna- ▶

list mit seinen Beiträgen immer einen Bezug zu den Lesern oder Zuschauern herstellt, damit sie die Informationen auf ihr Leben beziehen können und diese nicht abstrakt bleiben. Der Leser soll wissen, warum ihn das Thema „betrifft". Dazu identifizieren Wissenschaftsredakteure Trends und wichtige Themen, die den Zeitgeist bewegen. Die Beiträge sollen von möglichst vielen Menschen verstanden werden, deshalb versuchen Wissenschaftsjournalisten in ihren Beiträgen - anders als in wissenschaftlichen Arbeiten - Fremdwörter zu vermeiden und erklären notwendige Fachbegriffe.

Neben der Vermittlung von wissenschaftlichen Erkenntnissen und Zusammenhängen ist oft auch eine kritische Begleitung und Hinterfragung der Wissenschaft die Aufgabe eines Wissenschaftsredakteurs. Er schreibt zum Beispiel auch Kommentare zu aktuellen wissenschaftlichen Themen oder stellt in einem Artikel positive und negative Gesichtspunkte eines neuen Verfahrens dar. So leisten sie wichtige Beiträge zur öffentlichen Diskussion über Themen, zu denen sich die Öffentlichkeit eine Meinung bilden muss. Beispiele sind hier etwa die Debatten über Präimplantationsdiagnostik (PID), Gentechnik oder den Atomausstieg. Wissenschaftsredakteure geben der breiten Bevölkerung so die Möglichkeit, an der wissenschaftlichen und politischen Diskussion teilzuhaben.

Recherche als Kernkompetenz

Sorgfältige Recherche ist enorm wichtig und nimmt einen großen Teil der Arbeitszeit in Anspruch. Zwar braucht der Journalist in der Regel nicht alle Einzelheiten für einen Artikel, aber er muss die wissenschaftlichen Zusammenhänge kennen und verstehen, bevor er sie zu einem eigenen Beitrag verarbeiten kann. Um beim Leser Neugier zu wecken und Spannung zu erzeugen, machen Wissenschaftsautoren aus den Fakten dann häufig eine „Geschichte" mit einer Handlung und Dialogen. Außerdem helfen sie Lesern und Zuschauern, neue Erkenntnisse in einen Kontext einzuordnen und Wichtiges von Unwichtigem zu unterscheiden, indem sie den Berg wissenschaftlicher Forschungsergebnisse ordnen und verdeutlichen, worauf es ankommt.

Als Wissenschaftsredakteur muss man sich ein Stück weit vom Anspruch der wissenschaftlichen Vollständigkeit freimachen, um die Leser zu erreichen. Man muss zum Beispiel selektieren, welche Informationen für den Leser notwendig sind, um den Zusammenhang zu verstehen, welche zu weit vom Thema des Beitrags wegführen oder den Leser verwirren könnten. Auch wissenschaftlich exakte Fachausdrücke können nicht immer verwendet werden. Viele dieser Begriffe sind für Laien unverständlich, manche bedeuten in der Alltagssprache sogar etwas ganz anderes als in der Wissenschaftssprache. Das heißt nicht, dass der Leser unterfordert werden oder dass der Redakteur die Verfälschung der wissenschaftlichen Aussagen in Kauf nehmen soll. Die Artikel dürfen gerne in die Tiefe gehen, solange sie für die Zielgruppe verständlich bleiben.

Redaktion

Die Themen einer Ausgabe werden von der Redaktion zusammengestellt. Dabei kann ▶

zum Beispiel eine Zusammenstellung in Form eines Themenhefts herauskommen oder eine ausgewogene Mischung von Themen aus verschiedenen Wissenschaftsdisziplinen. Andere Wissenschaftsressorts lassen sich bei der Themenauswahl von aktuellen Ereignissen leiten: Sie kommentieren neue Produkte, Erfindungen und Entdeckungen. Oft vermitteln sie auch Grundlagen- und Hintergrundwissen zu aktuellen Naturschauspielen oder -katastrophen, zum Beispiel zu der Entstehung von Erdbeben oder einer Mondfinsternis.

Kommunikationsfähigkeit, Kreativität, ein Gespür für Themen, die die Zielgruppe interessieren und die Fähigkeit, komplizierte Dinge unkompliziert auszudrücken sind das A und O in diesem Beruf. Man muss vielseitig interessiert sein und sich in verschiedenste wissenschaftliche Zusammenhänge schnell einarbeiten können, denn meistens betreut ein Wissenschaftsredakteur kein eng eingegrenztes Spezialgebiet, sondern berichtet über ganz unterschiedliche Themen aus verschiedenen Wissenschaftsdisziplinen.

Wissenschaftliche Ausbildung

Auch bei der Zusammenarbeit mit externen, freiberuflichen Autoren verbleibt die Plausibilitätsprüfung und damit die Verantwortung für die Qualität der Publikation beim Redakteur. Eine gute wissenschaftliche Ausbildung ist daher wichtig, um zum Beispiel aus Forschungsergebnissen die richtigen Schlüsse zu ziehen, sie in den richtigen Kontext einordnen zu können und um wissenschaftliche Arbeitsabläufe verstehen zu können. Je nachdem für welches Medium man arbeitet, sind natürlich

verschiedene zusätzliche Fähigkeiten gefordert. Wer für Zeitungen oder Magazine arbeiten möchte, braucht eine gute „Schreibe", Online-Redakteure sollten zusätzlich internetaffin sein und keine Scheu vor Technik haben; Fernsehredakteure brauchen ein Händchen für die visuelle Aufbereitung komplexer Themen.

Volontariat oder Direkteinstieg

Der Einstieg erfolgt meistens über ein Volontariat oder über freie Mitarbeit. Um diese Chance aber überhaupt zu bekommen, sollte man möglichst früh Kontakte knüpfen und Praxiserfahrung sammeln indem man zum Beispiel eigene Artikel veröffentlicht. Ein Praktikum bei einer örtlichen Zeitung oder einem Lokalsender ist ein guter erster Schritt. Auch wissenschaftliche Fachmagazine bieten oft Praktikumsstellen an. Im Praktikum lernt man journalistische Grundregeln und Fertigkeiten hautnah und darf eigene kleine Artikel schreiben. Erfahrung und Arbeitsproben können dann bei der Bewerbung um ein Volontariat helfen, bei dem man das Handwerk von der Pike auf lernt.

Auch ein Quereinstieg in eine freie Mitarbeit ist möglich, die zu einer „festen" freien ▶

Mitarbeit oder zu einer Festanstellung führen kann. Freiberufler können auch für verschiedene Medien gleichzeitig schreiben. Einsteiger sollten allerdings nicht wahllos Artikel an Redaktionen schicken, sondern vorher mit der Redaktion absprechen, ob Interesse an einem Probeartikel besteht. Dazu sollte man sich ein Thema überlegen, über das man schreiben könnte und das in das Programm der Zeitschrift passt. Wichtig: Hartnäckigkeit ist gefragt. Von Absagen darf man sich nicht sofort entmutigen lassen!

Perspektiven

Immer mehr Menschen interessieren sich für wissenschaftliche Themen. Deshalb greifen immer mehr Medien diese Themen auf: Man denke an die vielen Wissensmagazine im Zeitschriftenladen („Zeit Wissen", „SZ Wissen", „GEO", „PM", etc.), im Fernsehen („Quarks & Co", „Galileo"), an die Wissenssparten in Tages- und Wochenzeitungen und natürlich an die vielen wissenschaftlichen Fachzeitschriften. Auch für Kinder gibt es zahlreiche Medienangebote, die ihnen die Grundlagen der Wissenschaft vermitteln („Was ist was", „Wissen macht Ah!", „GEOlino", etc.). Überall hier werden Redakteure gesucht, die etwas von Wissenschaft verstehen und sie anschaulich und spannend vermitteln können. Das Schöne an dem Beruf, das ihn von anderen unterscheidet, ist: Man sieht jeden Tag, was man geschafft hat, wenn der Fernsehbeitrag fertig ist, der Artikel abgedruckt wird oder der Radiobeitrag ausgestrahlt wird. Oft bekommt man durch Zuschriften von Lesern und Zuschauern oder Online-Kommentare direktes Feedback. Ob Lob oder Kritik – in jedem Fall sieht man, dass seine Arbeit etwas bewirkt hat. Wissenschaftsredakteure können sich mit vielfältigen interessanten Sachverhalten aus verschiedenen Wissenschaftsbereichen beschäftigen und Grundlagen für wissenschaftliche Debatten in der Öffentlichkeit schaffen. So können dringende Probleme kommuniziert werden, die alle angehen. Einige wissenschaftliche Themen, die in den letzten Jahren in der Öffentlichkeit starkes Interesse hervorgerufen haben, waren z.B. PID, Energiewende, Klimawandel und die nachhaltige Entwicklung. Dadurch leisten Wissenschaftsredakteure einen wichtigen Beitrag für die Gesellschaft.

Durch den Vormarsch der Online-Medien ist es für Wissenschaftsredakteure zunehmend wichtiger geworden sich mit den geänderten Anforderungen auseinanderzusetzen. Das Leseverhalten im Netz ist ein ganz anderes im Vergleich zu Print. Wer in andere berufliche Bereiche wechseln möchte, kann zum Beispiel in die Wissenschafts-PR einsteigen oder zu einem anderen Medium wechseln (etwa von Rundfunk zu Print). ■

Erfolgsfaktoren für Wissenschaftsredakteure

- Doppelqualifikation in Wissenschaft und Journalismus
- Recherche betreiben
- Attraktiv und präzise formulieren können
- Kompliziertes einfach und spannend darstellen
- Kritisch sein
- Genau hinschauen
- Kontaktfreude

Marketing-Manager

Kommunikationstalent mit dem Gespür für das Produkt

Wenn Sie sich als Naturwissenschaftler, Mediziner oder Ingenieur für Marketing interessieren und sich in einem facettenreichen Beruf sehen, dann ist der Beruf des Marketing-Managers eine große Chance für Sie. Mit der Kombination aus naturwissenschaftlichem, medizinischem oder technischem Fachwissen und Ihrem Kommunikationstalent können Sie Erfolge feiern. In der Pharmabranche kümmert sich der Marketing-Manager u.a. um Produkteinführungen von Arzneimitteln, erstellt Schulungs- sowie Verkaufsunterlagen und präsentiert die Produkte bei Fachkreisen und Meinungsbildenden. In anderen High-Tech-Branchen ist das Aufgabenfeld vergleichbar und variiert je nach Produkt, Dienstleistung, Firmengröße und Ausrichtung.

Die Zielgruppe ansprechen

Der Posten des Marketing-Managers hat entscheidenden Einfluss auf den Erfolg und die Entwicklung eines Unternehmens, denn er stellt die Schnittstelle zwischen Produkt-, Preis-, Kommunikations- und Verkaufsmanagement dar. Die Herausforderung dabei lautet marktgerichtete Steuerung und Koordination der Ressourcen durch Planung und Kontrolle der effizientesten Lösungen. Ein Marketing-Manager hat die Chance, mit einer zukunftsorientierten Zielsetzung das Erscheinungsbild des Unternehmens nachhaltig zu prägen. Dabei ist es wichtig, ein Gespür dafür zu haben, was der Kunde besonders schätzt und so zu kommunizieren, dass genau dies bei der Zielgruppe angesprochen wird. Dabei ▶

sind Kaufentscheider in der Branche oft Naturwissenschaftler, Mediziner und Ingenieure und wer könnte diese Zielgruppe besser ansprechen als Sie als Naturwissenschaftler, Mediziner oder Ingenieur?

Die Tools des Marketing-Managers

Als Marketing-Manager nutzen Sie u.a. folgende Instrumente: Produkt-, Preis-, Kommunikations- und Distributionspolitik. Die Produktpolitik spielt eine entscheidende Rolle, denn die Gesamtheit der Produkte und Dienstleistungen eines Unternehmens bildet die Basis des Unternehmenserfolgs. Dabei ist zu entscheiden, welche Produkte jetzt und in Zukunft den Markt bestimmen. Welche Produkte sollen entwickelt oder verbessert werden? Welche Produkte sind erfolgreich? Die Tätigkeiten des Marketing-Managements in Bezug auf Produktpolitik umfassen im Wesentlichen die Entscheidung über Produktinnovationen, -differenzierung, sowie -elimination und haben die Innovation und damit die Steigerung des Unternehmenswachstums zum Ziel.

Durch die Kombination und Variation der Eigenschaften eines Produkts oder einer Dienstleistung kann eine stärkere Differenzierung gegenüber der Konkurrenz erreicht werden. Darüber hinaus gehört auch das Markenmanagement und somit der Aufbau und die Wahrung des guten Markennamens auf nationalen und internationalen Märkten zum Aufgabengebiet des Marketing-Managements.

Der Preis ist heiss

Die Preispolitik beschreibt die Anpassung des Preises an die Nachfrage durch die Zielgruppe. Darauf basierend wird der Preis für das Produkt festgelegt, um wettbewerbsfähig zu sein. Unter Preispolitik fallen aber auch alle vertraglichen Konditionen, die in Zusammenhang mit einem Produkt stehen, wie Kredite, Lieferungs- und Zahlungsbedingungen sowie Rabatte. Besonders Fachwissen ist hier z.B. bei rezeptpflichtigen Arzneimittel gefragt, die einer Preisbindung unterliegen.

Marke und Vertriebsunterstützung

Unter Kommunikationspolitik versteht man Ziele und Maßnahmen zur einheitlichen Gestaltung aller das Unternehmen bzw. das Produkt betreffenden Informationen wie klassische Werbung, Verkaufsförderung und Pressearbeit. Dabei gehört es zu den Aufgaben der Marketingabteilung, intern wie auch extern Informationen zu sammeln, zu bearbeiten sowie zu verbreiten. Das Hauptziel hierbei ist, die Marketingmaßnahmen so aufeinander abzustimmen, dass eine bestmögliche Verkaufsunterstützung aufgebaut wird und die Produkte bekannt gemacht werden. Auch die Media-Planung, Zusammenarbeit mit Werbeagenturen sowie die Evaluierung der Wirkung der Marketingaktionen gehören zu dem Aufgabenfeld des Marketings.

Mit dem Einsatz von Distributions- oder Vertriebspolitik trifft das Management alle Entscheidungen bezüglich der Verbreitungskanäle eines Produkts. Sie klärt alle Fragen in Bezug auf die Verkaufswege. Dies schließt die Entscheidungen über die Auswahl der Vertriebspartner, Vertriebswege und Gestaltung der Kundenbeziehungen mit ein. ▶

Ist Marketing das Richtige für Sie?

Da Sie in Ihrem naturwissenschaftlichen, medizinischen oder ingenieurwissenschaftlichen Studium wahrscheinlich wenig mit diesen Begriffen in Berührung gekommen sind, ist es nun schwierig zu sagen, ob Marketing das Richtige für Sie ist. Beantworten Sie sich folgende Fragen: Konnten Sie bei Vorträgen oder Präsentationen Ihre Kommilitonen für die Ergebnisse oder Themen begeistern? Hat es Ihnen Spaß gemacht Präsentationen zu erstellen, ganz unabhängig von den jeweiligen Inhalten? Konnten Sie auch komplexe Themen anschaulich darstellen und erklären? Konnten Sie bei Fachdiskussionen überzeugen? Sind Sie kreativ? Wenn Sie diese Fragen bejahen, dann könnte Marketing genau das Richtige für Sie sein.

Perspektiven

Naturwissenschaftler, Mediziner und Ingenieure sind essentiell wichtig für das Marketing eines Unternehmens der Branche. Ihre fachspezifische Ausbildung bzw. Ihr fachspezifisches Studium ermöglicht es, in den Bereichen Markt- und Produktforschung sowie in der Produktentwicklung Daten zielgruppenspezifisch auszuwerten und die geeigneten Kommunikations- und Vertriebsformen zu wählen. Mittelständische und große Unternehmen haben eine fest integrierte Marketingabteilung, unabhängig davon, ob es sich um ein Unternehmen mit einer naturwissenschaftlichen Ausrichtung, wie Pharma, Chemie, Biotech/ Life Sciences, Physik usw. handelt oder ein Unternehmen mit einer technischen Ausrichtung im Hightech-Bereich. In Unternehmen, die Produkte oder Dienstleistungen für die Branche herstellen und verkaufen, sind Naturwissenschaftler, Mediziner und Ingenieure als Marketingexperten fester Bestandteil des Marketingteams. Detaillierte Produktkenntnisse eines Marketing-Managers sind elementar, da durch immer kürzere Produktlebenszyklen, Innovationen im Hightech-Bereich und wandelnde Kundenbedürfnisse eine kundenorientierte Produktentwicklung unumgänglich ist.

Dabei steht nicht die praktische Forschungsarbeit im Vordergrund, sondern die Kommunikation der Ergebnisse, die Planung und Delegation der Aufgaben, Budgetplanung, Kontrolle und die Kommunikation in den Vertrieb. Durch die Globalisierung ist ein internationaler Auftritt für viele Unternehmen unverzichtbar geworden. Ein Marketing-Manager sollte in der Lage sein, das Unternehmen und sein Image auch international zu positionieren. Hierfür werden Fremdsprachenkenntnisse, interkulturelle Kompetenzen und Kreativität vorausgesetzt. ■

Erfolgsfaktoren für Marketing-Manager

- Fundierte Fachkenntnisse
- Analytisches Denken und strukturiertes Handeln
- Kommunikative und teamorientierte Arbeitsweise
- Überdurchschnittliche Dynamik und Innovationswillen
- Zielorientierte Arbeitsweise und Entscheidungsstärke
- Kundenorientiertes Denken
- Selbstbewusstes und souveränes Auftreten
- Hohes Maß an Kreativität
- Sprachkenntnisse

Passende Stellen aus dem Marketing finden Sie auf jobvector.de

Betriebsarzt

Medizinische Unternehmensberatung

Der Betriebsarzt oder auch Arbeitsmediziner hat die zentrale Aufgabe, Unternehmen, Arbeitgeber, Sicherheitsbeauftragte und Belegschaftsorgane zu beraten. Die Beratung bezieht sich hierbei auf die Arbeitssicherheit und die ergonomische Arbeitsplatzgestaltung. Der Betriebsarzt unterstützt dabei die Unternehmen bei der Erfüllung ihrer Pflichten. Hierbei arbeitet der Arzt präventiv, berät die Menschen bei wichtigen beruflichen Entscheidungen und nimmt dabei Einfluss auf die gesundheitsgerechte Gestaltung der Arbeitsplätze.

Der Betriebsarzt untersucht die Auswirkungen der Arbeit auf die Gesundheit und ist auch in Grenzgebieten wie bei der psychosozialen Belastungen beratend tätig. Der Betriebsarzt arbeitet in großen Konzernen und mittelständischen Betrieben der unterschiedlichsten Branchen und kann auch in Verwaltungen oder öffentlichen Institutionen beschäftigt sein.
Er ist entweder angestellt, freiberuflich oder verbeamtet tätig.

Das Aufgabenfeld

Die Kernaufgabe des Betriebsarztes liegt darin, sowohl die Gesundheit als auch die Arbeits- und Beschäftigungsfähigkeit zu fördern und zu erhalten. Teilbereich ist auch die Mitwirkung bei der Wiederherstellung der Gesundheit, wobei er sich auf die ganzheitliche Betrachtung des arbeitenden Menschen stützt. ▶

Auch eine Beratung in Angelegenheiten des Gesundheitsschutzes gehört zu den Tätigkeiten eines Betriebsarztes oder Arbeitsmediziners. Sie besichtigen Arbeitsstätten, Baustellen und nehmen durch das Arbeitsinspektorat eine wichtige Position im Arbeitsschutzausschuss ein. Der Betriebsarzt setzt sich mit Fragen auseinander wie: Welchen Gesundheitsgefahren sind die Mitarbeiter ausgesetzt und wie kam es zu arbeitsbedingten Erkrankungen? Die Ermittlung und Untersuchung dieser Ursachen und Gefahrenquellen ist eine der wichtigsten Aufgaben des Betriebsarztes. Auch eine Anpassung nach den gesetzlichen Vorschriften wird durch ihn vorgenommen – dies gilt auch für die Sicherheits- und Gesundheitsschutzdokumente. Er dokumentiert seine Ergebnisse und Tätigkeiten und koordiniert dabei z.T. mehrere Arbeitsmediziner, Assistenten, ggf. Psychologen etc.

Zu dem Berufsbild des Betriebsarztes zählt auch die Beratung in anderen Fachbereichen, die zum Beispiel zur inneren Medizin bzw. Allgemeinmedizin, Dermatologie oder auch der Orthopädie gehören. Ein Ziel ist es, Menschen, die unter einer chronischen Krankheit leiden oder mit anderen Belastungen zu kämpfen haben, ihre Arbeitsfähigkeit zu erhalten und Ressourcen zu schützen. Die Gesundheitsaufklärung und Gesundheitsführung gehören ebenfalls zu den Aufgaben eines Betriebsarztes.

Die Zusammenarbeit

Der Unternehmer bestellt den Betriebsarzt schriftlich und dieser besetzt häufig eine Stabsstelle im Unternehmen. Er tauscht sich zusammen mit Fachkräften für Arbeitssicherheit, dem Arbeitgeber, Teilen des Betriebsrates und weiteren Sicherheitsbeauftragten im Arbeitsschutzausschuss aus. Der Betriebsarzt und die Fachkraft für Arbeitssicherheit arbeiten bei der Erfüllung ihrer Aufgaben mit Personen zusammen, die für die technische Sicherheit und den Gesundheits- und Umweltschutz verantwortlich sind.

Beim Betriebsarzt stehen die Beratung und die präventive Arbeit im Fokus. Beratend kann der Betriebsarzt beispielsweise durch seine Tätigkeit im Arbeitsschutzausschuss aktiv sein. Für den Arbeitsmediziner ist auf der einen Seite die Organisation entscheidend, auf der anderen Seite aber auch das Individuum zu beraten, um so den gesamten Arbeitsprozess aus gesundheitlicher Sicht zu verbessern.

Bei der präventiven Arbeit ist es dem Betriebsarzt möglich, durch seine fachliche Expertise zusammen mit der Unternehmensleitung und der Fachkraft für Arbeitssicherheit den Gesundheitsschutz zu entwickeln. Ein richtiges Gespür für Verbesserungspotentiale und Gefährdungen, aber auch eine offene Kommunikation, sind für seinen Erfolg entscheidend.

Unterschiede zwischen Gross- und Kleinbetrieben

Wie in vielen Bereichen gibt es auch für den Betriebsarzt einen Unterschied zwischen kleinen, mittelständischen und großen Unternehmen. Der Werksarzt hat den Vorteil, dass er nur einen Arbeitgeber hat, weswegen er eher stationär arbeitet. Er arbeitet zum Teil auch fach- und unternehmensspezifischer. ▶

Der überbetriebliche Arbeitsmediziner betreut zeitgleich mehrere Unternehmen. Der Vorteil ist, dass er die Möglichkeit hat mehrere Unternehmen miteinander zu vergleichen und so einen großen Querschnitt erfährt. Er hat auch die Möglichkeit, Schwerpunkte zu entwickeln und sie in verschiedene Unternehmen oder Branchen einzubringen.

Ihr Profil – mit diesen Eigenschaften sind Sie als Betriebsarzt erfolgreich

Zu den Eigenschaften, die ein Betriebsarzt mitbringen sollte, gehören in jedem Fall sowohl die Neugier, als auch die Offenheit für Organisationen. Das Interesse für Organisationen ist deswegen so wichtig, weil man nicht nur das Individuum sehen darf, sondern das ganze Unternehmen im Blick haben muss – mit seinen eigenen Organisationsstrukturen. Die Gestaltung der Arbeitsorganisation ist grundlegend, um die eben genannten Aufgaben erfüllen zu können. Da der Betriebsarzt dem Unternehmen beratend zur Seite steht, kann es von Vorteil sein, bereits Erfahrung im Bereich Management zu haben.

Wichtige Anforderungen sind für den Betriebsarzt die angemessene Kommunikation mit Probanden und Unternehmen. Deswegen ist es auch wichtig über Einfühlungsvermögen zu verfügen, um sich in die Kunden und Mitarbeiter hineinversetzen zu können.

Abschluss und Qualifikationen

Der Betriebsarzt muss zur Ausübung des ärztlichen Berufs grundsätzlich berechtigt sein und die besonderen arbeitsmedizinischen Kompetenzen besitzen. In der medizinischen Weiterbildung ist es möglich, sich gleich als Facharzt im Gebiet Arbeitsmedizin weiterzubilden. Hierbei erfolgt die Weiterbildung zu Teilen im Bereich Allgemeinmedizin oder Innere Medizin, die restliche Zeit direkt in der Arbeitsmedizin. Insgesamt dauert dieser Weg zum Facharzt für Arbeitsmedizin 5 Jahre. Ein Betriebsarzt sollte zudem über die notwendige Einrichtung und Ausstattung für die Untersuchungen verfügen.

Eine Zusatzqualifikation kann auch der Master of Business Administration mit der Fachrichtung Health Care Management sein. Mediziner können aber auch den Master im betrieblichen Gesundheitsmanagement machen, wenn Sie sich berufsbegleitend auf hohem Niveau fortbilden möchten.Generell sind grundlegende Kenntnisse im Bereich der Betriebswirtschaftslehre hilfreich für die Kommunikation und für das Verständnis der Organisationen.

Die Branchen eines Betriebsarztes

Der Betriebsarzt ist nicht unbedingt an ein Unternehmen gebunden. Es ist gut möglich, dass er für mehrere Unternehmen zur Verfügung steht und damit einen großen Querschnitt an Arbeitnehmern kennenlernt. Dieser Querschnitt gilt aber nicht nur für die Arbeitnehmer, sondern auch für die Branchen, in denen Betriebsärzte tätig sind.

Beispiele sind die Hightechbranche oder aber der öffentliche Dienst in denen Betriebsärzte beschäftigt sein können.

Gerade beim Berufseinstieg ist es wichtig, dass Sie es umso leichter im Beruf haben ▶

werden, desto mehr Kenntnisse über die entsprechende Branche Sie mitbringen. In der Chemiebranche sollte der Betriebsarzt also beispielsweise mit der Gefahrenstoffverordnung vertraut sein. Während in diesem Fall die Stoffe, mit denen gearbeitet wird, relevant sind, geht es in der Industriebranche mehr um die Anpassung von Maschinen und Geräten. In der Verwaltung und im öffentlichen Dienst wiederum kommt es auf ganz andere Dinge an. Insgesamt sind Themen wie Ergonomie, psychische und physische Belastung und Arbeitsorganisation wichtig.

Einstiegsmöglichkeiten

Wer als Betriebsarzt einsteigen möchte, hat in jeder Branche und heutzutage auch in jedem Unternehmen eine Chance. Es gibt faktisch kein Unternehmen, das keinen Betriebsarzt benötigt, da die Unternehmen gesetzlich verpflichtet sind, einen Betriebsarzt einzustellen oder zumindest, bei kleinen Unternehmen, eine anlassbezogene Versorgung zu ermöglichen.

Es gibt auch Betriebsärzte, die eine Doppel-Qualifikation besitzen und so auch Managementfunktionen übernehmen können, entweder in Unternehmen oder aber innerhalb der Ärzteschaft. Für auslandsfreudige Betriebsärzte gibt es auch vielfältige Optionen: Gut ausgebildete Betriebsärzte werden international für Aufbauten von Arbeitsschutzsystemen, für die Betreuung von internationalen Unternehmen oder in der Entwicklung oder sogar Ausbildung eingesetzt. ■

Weiterbildung zum Betriebsarzt

- 60 Monate, davon 24 Monate Innere bzw. Allgemeinmedizin, 36 Monate Arbeitsmedizin
- 12 der 36 Monate sind in anderen Gebieten anrechenbar
- 360 Stunden Kurs-Weiterbildung innerhalb der 60-monatigen Weiterbildung
- Facharzt für Arbeitsmedizin deutschlandweit möglich, Zusatz-Weiterbildung Betriebsmedizin nicht in Berlin, Brandenburg, Hamburg oder Hessen
- Inhalte u.a.: Prävention, Beratung, Arbeitssicherheit, Gesundheitsbeurteilung

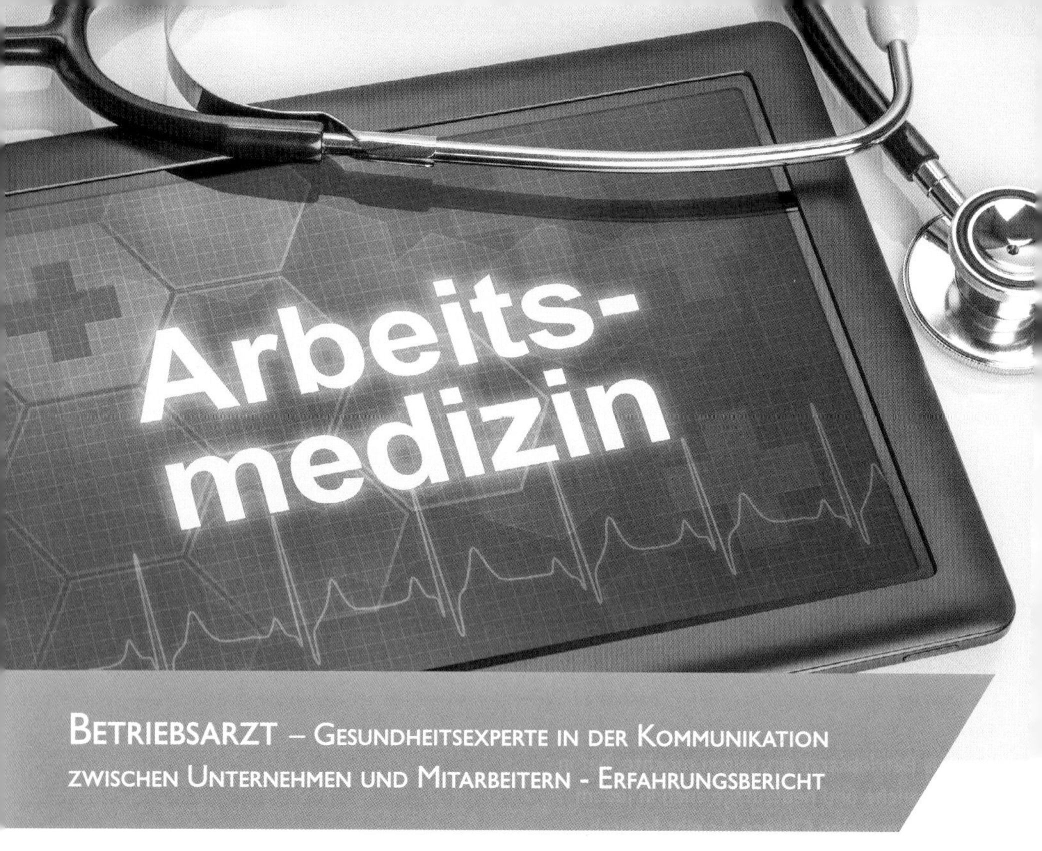

Betriebsarzt – Gesundheitsexperte in der Kommunikation zwischen Unternehmen und Mitarbeitern - Erfahrungsbericht

Mein Werdegang wirkt für viele vielleicht unorthodox, da ich erst nach einem abgeschlossenen BWL-Studium begonnen habe, Medizin zu studieren. Auf diese Weise war für mich bereits bei Studienbeginn ein Quereinstieg gegeben, der mich von der Organisations- und Personalentwicklung, in die Medizin führte. Was meine spätere Arbeit als Mediziner angeht war für mich klar, dass ich einen Schwerpunkt legen möchte. Ich wollte das klassische Feld der Arzt-Patienten-Beziehung um die Personal- und Arbeitsorganisation erweitern, um so als Betriebsarzt mehr in den Unternehmen und damit der Gesellschaft bewirken zu können.

In Bezug auf die Weiterbildung zum Facharzt für Arbeitsmedizin empfand ich es als besonders wichtig, eine breite klinische Weiterbildung zu haben. und das würde ich so auch jedem empfehlen. Man erlernt mit Notfällen umzugehen, vertieft die Arzt-Patienten-Kommunikation und erweitert sein medizinisches Fachwissen. Die Jahre in einer Klinik sind also eine wertvolle Grundlage für die Arbeitsmedizin. Denn erst die Erfahrung in klassischen Bereichen, wie der Inneren Medizin, Chirurgie oder der Allgemeinmedizin, ermöglicht es, verschiedene Ausprägungen von Gesundheit und Krankheit zu erkennen und deuten zu lernen. Deshalb bin ich auch weiterhin in der Notfallmedizin tätig. ▶

Eine wichtige Eigenschaft des Betriebsarztes ist die Neugierde. Für mich war schon durch meinen Werdegang klar, dass mich die Unternehmen in ihrer Struktur interessieren. Das ist auch wichtig, denn ohne ein gewisses Interesse zu entwickeln, wird der Betriebsarzt der Organisation nicht bestmöglich beratend zur Seite stehen können. Das besondere an meinem Beruf: Man kann über die ärztliche Rolle hinaus wachsen und bis in das Management vorstoßen. Somit kann der Betriebsarzt nicht nur durch seine medizinische Fachkenntnis die Gesundheit fördern, sondern auch den Aspekt Prävention stärker beeinflussen. Deshalb würde ich jedem empfehlen, sich auch auf akademischen Weg mit der Ökonomie auseinanderzusetzen, sei es mit einem MBA oder einem anderen postgraduierten Studiengang, auch begleitend zur Weiterbildungszeit.

Der Arbeitsalltag eines Betriebsarztes kann sich sehr unterschiedlich gestalten. Es ist davon abhängig, ob der Betriebsarzt als Werkarzt oder im überbetrieblichen Dienst angestellt ist.

In meinem Fall arbeite ich als Letzterer, wodurch meine Arbeitstage durch viel Abwechslung bestimmt sind. Zum einen gibt es Zentrumstage, an denen beispielsweise Eignungsuntersuchungen durchgeführt werden. Der Ablauf ist der selbe wie in einer normalen Praxis, nur dass nach arbeitsmedizinischen Kriterien untersucht werden.

Zum anderen gibt es Tage an denen direkt im Unternehmen vor Ort gearbeitet wird. Die Ergonomie, die Arbeitsplatzsicherheit, aber auch das betriebliche Gesundheitsmanagement werden überprüft. Zudem kommen die Sitzungen im jeweiligen Arbeitsschutzausschuss dazu. Dort wird mit der Fachkraft für Arbeitssicherheit, dem Personalvertreter und dem Unternehmensvertreter zusammen gearbeitet, um die Gesundheitsquote im Unternehmen zu erhöhen. Dieser Ausschuss findet vier Mal jährlich statt. Das spannende an der Arbeit als Arbeitsmediziner im überbetrieblichen Dienst ist der Einblick in verschiedene Unternehmen und Branchen. Genau das ist es, was die Arbeit so abwechslungsreich macht.

Der Werksarzt hingegen ist stationär im Unternehmen angestellt, somit fallen Reisen zwischen den Unternehmen weg. Dafür entwickeln Werksärzte in der jeweiligen Branche des Unternehmens Fachkenntnisse und können sich mit ihren Aufgaben auf ein Unternehmen konzentrieren.

Herausforderungen bietet der Beruf als Arbeitsmediziner reichlich. Mit den Unternehmen plant und entwickelt der Arbeitsmediziner Gesundheitsaktionen und setzt diese um. Er ermöglicht es chronisch erkrankten Mitarbeitern durch Gestaltung der Arbeitsplätze arbeitsfähig und produktiv im Arbeitsleben zu bleiben. Dieses Wirken geht über den Arbeitsplatz hinaus und kann das Leben des Mitarbeiters auch im Privaten positiv beeinflussen.

Auch die Kommunikation ist eine besondere Herausforderung. Die Strukturen der Unternehmen sind häufig anders als die von Kliniken. Es herrscht eine andere Dynamik, ▶

eine andere Art des Umgangs. Die Herausforderung liegt darin, in seiner eigenen Sprache fachfremden Menschen Inhalte vermitteln und sich auf Augenhöhe verständigen zu können. Denn letztendlich entscheidet der Umgang mit den Mitarbeitern über den eigenen Erfolg. Gleiches gilt auch für die Ausbildung. Wenn ich selber in Bereichen wie Ökonomie, Chemie oder Fahrzeugtechnik gearbeitet habe, fällt mir die Kommunikation in entsprechenden Betrieben deutlich leichter.

Im Vergleich zu Kliniken hat die Arbeitsmedizin auch den Vorteil, dass die Arbeit geplanter gestaltet werden kann. Teilzeittätigkeiten sind möglich, wodurch der Beruf familienfreundlicher ist.

Andererseits sind auch internationale Einsätze möglich. Ich selber habe in China studiert und später dort ein Jahr in einer gesundheitsberatenden Tätigkeit für ein deutsches Unternehmen gearbeitet. Auf solche Weise können eben Arbeitsmediziner eine Wirkung erreichen, die Haus- und Klinikärzte oft in dieser Form nicht haben können. ■

Erfolgsfaktoren für den Betriebsarzt

- Offene und kommunikative Arbeitsweise
- Einfühlungsvermögen
- Neugierde
- Offenheit und Interesse für Organisationsstrukturen
- Erfahrungen im Management
- Kenntnisse über die Branche des Unternehmens

Passende Stellen
für Betriebsärzte
finden Sie auf jobvector.de

Karrierewege für Technische Assistenten & Laboranten

Der Karriereweg eines technischen Assistenten oder Laboranten der verschiedenen naturwissenschaftlichen Spezialisierungsrichtungen beginnt mit einer Ausbildung, die entweder in einem Betrieb (Laborant) oder schulisch (Technischer Assistent) absolviert werden kann. Darin erlernt man die grundlegenden Techniken, die in einem Labor des entsprechenden Fachbereichs angewendet werden. Gerade für diejenigen, die eine schulische Ausbildung wählen, stellt sich spätestens gegen Ende der Ausbildung die Frage, wie es weitergeht. Wo soll man sich bewerben? In welcher Art von Labor? Welchen Einfluss hat der Berufseinstieg auf den weiteren Karriereweg?

Grossindustrie oder Mittelstand? Universität oder Grossforschungseinrichtung?

Das Aufgabenfeld kann ganz unterschiedlich ausfallen je nachdem, ob man in einem kleinen oder einem mittelständischen Unternehmen arbeitet oder in einem Konzern. In großen Unternehmen sind die Verdienst- und Aufstiegsmöglichkeiten meist vielfältiger, insbesondere wenn gut dotierte Tarifverträge existieren, wie es zum Beispiel in der Chemiebranche der Fall ist. In den meisten Großunternehmen gibt es Strukturen, die ermöglichen, dass man mit zunehmender Erfahrung mehr Verantwortung übernehmen kann und die Arbeit dementsprechend höher vergütet wird. In kleinen, eigenständigen Labors ▶

oder Unternehmen ist das Arbeitsfeld dahingegen meist abwechslungsreicher und der Verantwortungsbereich umfassender.

In universitären Labors ist das Gehalt von Laboranten und Technischen Assistenten im Tarifvertrag der Länder geregelt (siehe Artikel „Vergütung im öffentlichen Dienst - Durchblick im Tarifdschungel"). Je nach Interesse ist es möglich, für die unterschiedlichsten Arbeitgeber in ganz verschiedenen Branchen zu arbeiten. Zum Beispiel können Laboranten und Technische Assistenten verschiedener Fachrichtungen außer in Universitäten und Forschungseinrichtungen auch in Labors der Industrie, z.B. bei Pharmakonzernen, Lebensmittelherstellern, Apotheken, in der Kosmetikbranche, in kriminalistischen Labors oder für Biotech-Unternehmen tätig sein. Für Physiklaboranten bieten sich Beschäftigungsmöglichkeiten zum Beispiel bei Unternehmen aus dem Maschinenbau, der Elektroindustrie, aber auch in der Luft- und Raumfahrt.

Die verschiedenen Aufgaben von Labors

In großen Konzernen und Universitäten gibt es ganz unterschiedliche Arten von Labors. In der F&E-Abteilung (Forschung und Entwicklung) werden neue Produkte oder Verfahren entwickelt und getestet. Hier sind Forschergeist und Neugier gefragt! Man kann an der Erfindung von neuen Produkten beteiligt sein. Die Qualitätssicherung sorgt dafür, dass Produkte, die das Unternehmen verlassen, sicher sind und den Qualitätsansprüchen des Kunden und damit auch des Unternehmens genügen. Hier werden zum Beispiel Proben auf Schadstoffe, technische Geräte auf mögliche Defekte oder Produkte auf Abnutzungserscheinungen hin untersucht. Auch in der Produktion können Laboranten und Technische Assistenten mitwirken, etwa in Unternehmen, die chemische Grundstoffe herstellen.

Ein weiterer wichtiger Bereich ist die Diagnostik, die teilweise in speziellen Abteilungen größerer Unternehmen oder von eigenständigen Labors angeboten wird. Hier werden zum Beispiel Proben untersucht, die Ärzte bei Untersuchungen von ihren Patienten nehmen, um eventuelle Krankheiten feststellen zu können. Für Firmen, die Ausgangsstoffe weiterverarbeiten, sind Wareneingangskontrollen und Rohstofffreigaben wichtige Aufgaben der unternehmenseigenen Labors.

Berufsfelder

Die Arbeitsweisen variieren je nach Aufgabenbereich. In Routinelabors gibt es Standardvorgehensweisen, an denen die Mitarbeiter sich orientieren, sodass sie anhand der Vorgaben selbstständig Aufgaben in Angriff nehmen. Diese Standardvorgehensweisen heißen im Fachjargon „Standard Operating Procedures" (SOPs) und sind in vielen Labors – besonders in der pharmazeutischen Industrie – ▶

schriftlich festgelegt und für die Mitarbeiter verbindlich. Damit soll gewährleistet werden, dass die Abläufe vergleichbar sind und sorgfältig auf die gleiche Weise dokumentiert werden, damit zum Beispiel bei Versuchsreihen die Reproduktion der Ergebnisse und Nachprüfbarkeit möglich ist.

Im Gegensatz dazu ist das Arbeiten z.B. in universitären Arbeitsgruppen von der jeweiligen Fragestellung abhängig und wird regelmäßig mit dem Gruppenleiter abgesprochen. Hier arbeitet man in kleinen Teams zusammen, die oft aus Postdocs und Doktoranden bestehen. Da man als Laborant oder Technischer Assistent oft die konstante Größe in der Arbeitsgruppe darstellt, ist man nach einigen Jahren beliebter Ansprechpartner für Methoden und Erfahrungswerte zu bestimmten Versuchsansätzen.

Welche Berufsfelder einem liegen, hängt von den persönlichen Interessen und Lebenssituationen ab. Auf dem Arbeitsmarkt gerade in den Wachstums- und Innovationsbranchen werden motivierte Laboranten und Technische Assistenten immer gesucht.

Weiterbildungsmöglichkeiten

Für Laboranten und Technische Assistenten gibt es vielfältige Weiterbildungsangebote in Form von Fortbildungen, Schulungen und Kursen, die eine Variation des Tätigkeitsbereichs und ein höheres Gehalt möglich machen. Chemielaboranten können sich zum Beispiel zum Industriemeister Chemie oder zum Chemietechniker fortbilden, Biologisch-Technische Assistenten entsprechend zum Biotechniker.

Heutzutage gibt es unter bestimmten Voraussetzungen auch ohne Abitur die Möglichkeit zu studieren, wenn man zum Beispiel mehrjährige Berufserfahrung in dem Bereich nachweisen kann. Die genauen Regelungen dazu sind von Bundesland zu Bundesland unterschiedlich. Unter Umständen kann man dabei sogar von einem sogenannten „Aufstiegsstipendium“ der Bundesregierung profitieren. Informationen gibt es unter: www.wege-ins-studium.de. ■

Erfolgsfaktoren für Technische Assistenten & Laboranten

- Gute Kenntnis und Beherrschung der Labortechniken, -geräte und -arbeiten
- Fähigkeit, mit Forschern zusammenzuarbeiten und sich in ihre Problemstellungen hinzudenken
- Gute Abschlussnote
- Forscherdrang
- Sorgfältige und gewissenhafte Arbeitsweise
- Neugier auf neue Arbeitsbereiche und die Fähigkeit, sich schnell einzuarbeiten
- Strikte Berücksichtigung der SOPs

2. Unternehmen & Jobs

Sie sind auf der Suche nach einer neuen beruflichen Perspektive und möchten sich orientieren, welches Unternehmen zu Ihnen passt? Im zweiten Kapitel präsentieren sich Unternehmen, welche Karriereperspektiven für Naturwissenschaftler und Mediziner bieten. Im Jobfinder erhalten Sie einen schnellen Überblick, welche Unternehmen in welchen Tätigkeitsfeldern, Fachbereichen und Karrierestufen Jobs vergeben. In den darauf folgenden Seiten stellen sich diese wachstumsstarken Unternehmen im Profil vor und geben einen Einblick in ihre Branche und gesuchten Qualifikationsprofilen. Haben Sie ein Unternehmen gefunden das Ihnen zusagt? Dann scannen Sie einfach den QR-Code ab und Sie landen direkt online bei den aktuellen Stellenausschreibungen Ihres Wunscharbeitgebers.

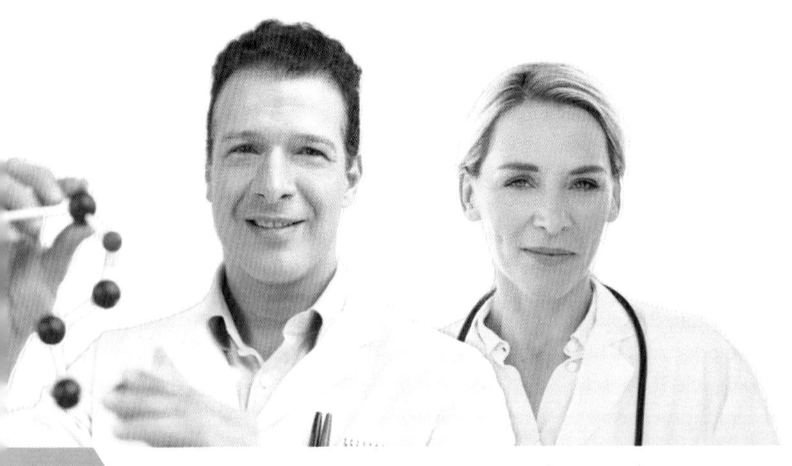

2. Unternehmen & Jobs

Jobfinder

Übersicht gesuchter Qualifikationen

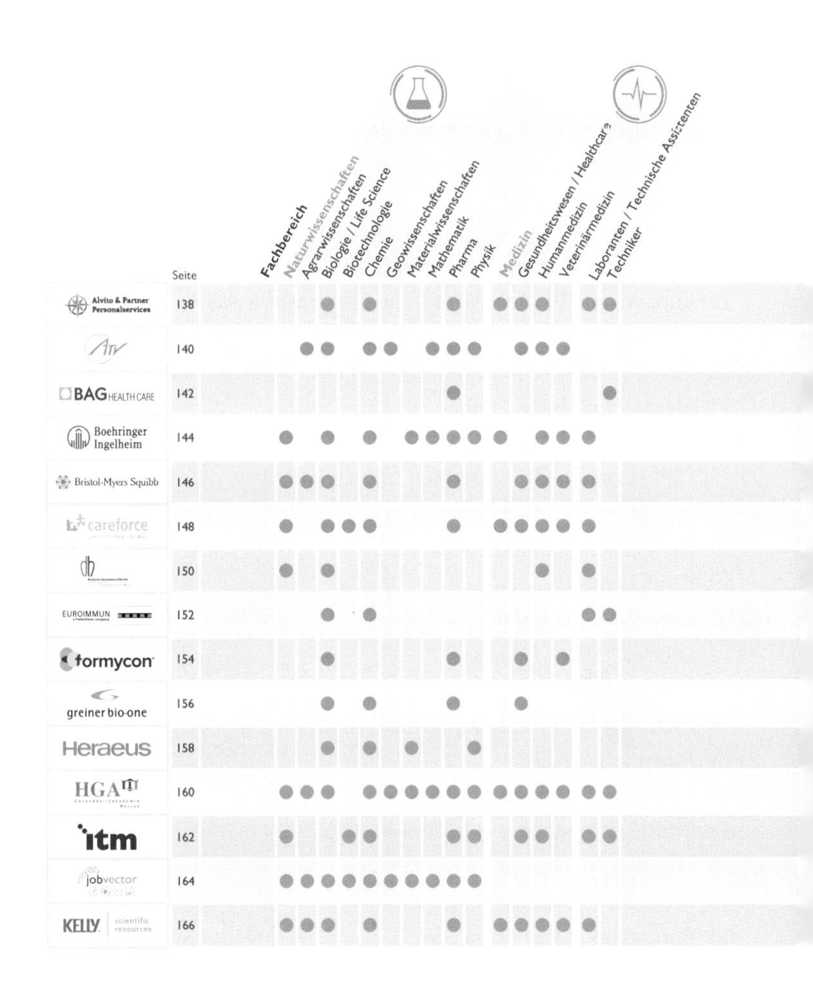

	Seite	Fachbereich	Naturwissenschaften	Agrarwissenschaften	Biologie / Life Science	Biotechnologie	Chemie	Geowissenschaften	Materialwissenschaften	Mathematik	Pharma	Physik	Medizin	Gesundheitswesen / Healthcare	Humanmedizin	Veterinärmedizin	Laboranten / Technische Assistenten	Techniker
Alvito & Partner Personalservices	138				●		●				●		●	●	●		●	●
ATV	140			●	●		●	●		●	●	●		●	●	●		
BAG Health Care	142										●							●
Boehringer Ingelheim	144		●		●		●		●	●	●	●	●		●	●	●	
Bristol-Myers Squibb	146		●	●	●		●				●			●	●	●	●	
careforce	148		●		●	●	●				●		●	●	●	●	●	
db	150		●		●										●		●	
EUROIMMUN	152				●		●										●	●
formycon	154				●						●			●		●		
greiner bio-one	156				●		●				●			●				
Heraeus	158				●		●		●			●						
HGA Gesundheitsakademie	160		●	●	●		●	●	●	●	●	●	●	●	●	●	●	●
itm	162		●			●	●				●	●		●	●		●	●
jobvector	164		●	●	●	●	●	●	●	●	●	●						
KELLY scientific resources	166		●	●	●		●				●		●	●	●	●	●	

Jobfinder

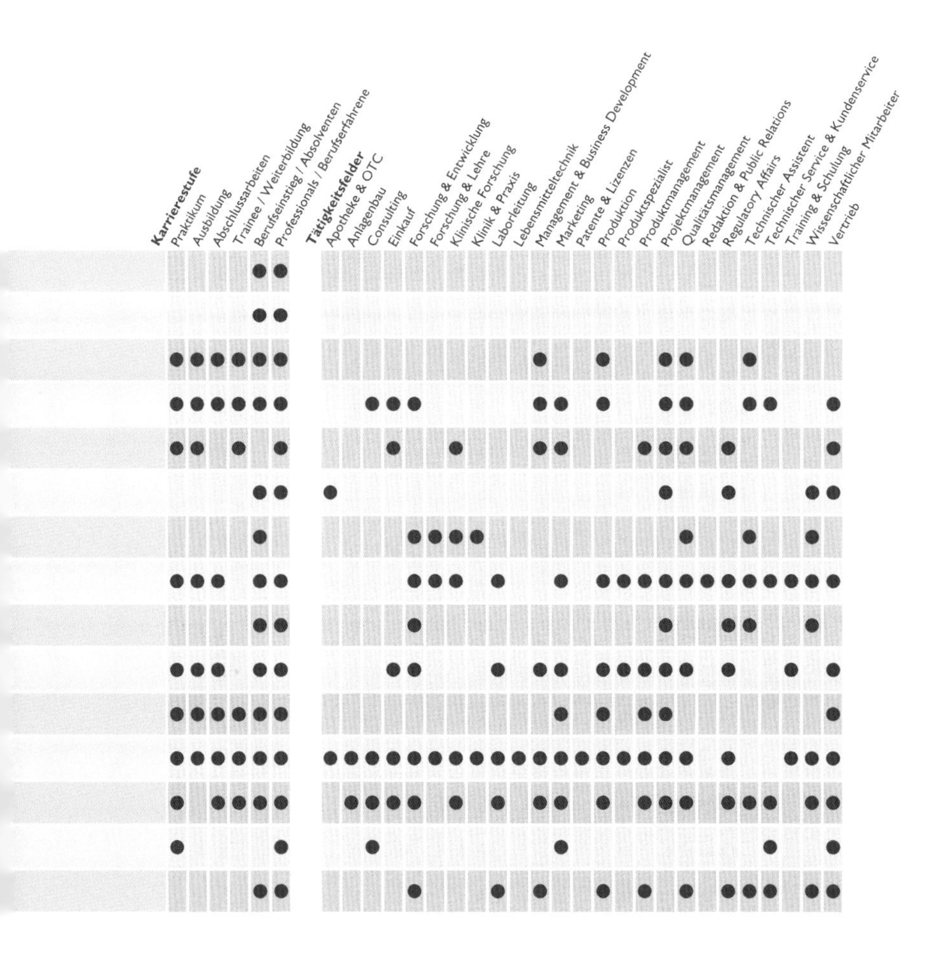

Karrierestufe						Tätigkeitsfelder																								
Praktikum	Ausbildung	Abschlussarbeiten	Trainee / Weiterbildung	Berufseinstieg / Absolventen	Professionals / Berufserfahrene	Apotheke & OTC	Anlagenbau	Consulting	Einkauf	Forschung & Entwicklung	Forschung & Lehre	Klinische Forschung	Klinik & Praxis	Laborleitung	Lebensmitteltechnik	Management & Business Development	Marketing	Patente & Lizenzen	Produktion	Produktspezialist	Produktmanagement	Projektmanagement	Qualitätsmanagement	Redaktion & Public Relations	Regulatory Affairs	Technischer Assistent	Technischer Service & Kundenservice	Training & Schulung	Wissenschaftlicher Mitarbeiter	Vertrieb
				●	●																									
				●	●																									
●	●	●	●	●	●											●			●			●	●			●				
●	●	●	●	●	●			●	●	●						●	●		●			●	●			●	●			●
●	●		●		●				●			●				●	●				●	●	●		●					●
				●	●	●																●			●				●	●
				●						●	●	●	●										●			●			●	
●	●	●		●	●					●	●	●		●			●		●	●	●	●	●	●	●	●	●	●	●	●
				●	●					●												●			●	●			●	
●	●	●		●	●				●	●				●		●	●		●	●	●	●	●		●			●		●
●	●	●	●	●	●												●		●		●	●								●
●	●	●	●	●	●	●	●	●	●	●	●	●	●	●	●	●	●	●	●	●	●	●	●		●			●	●	●
●		●	●	●	●		●	●	●	●		●		●		●	●		●		●	●	●		●	●	●		●	●
●					●			●									●										●			●
				●	●					●				●		●			●		●		●		●	●	●		●	●

Jobfinder

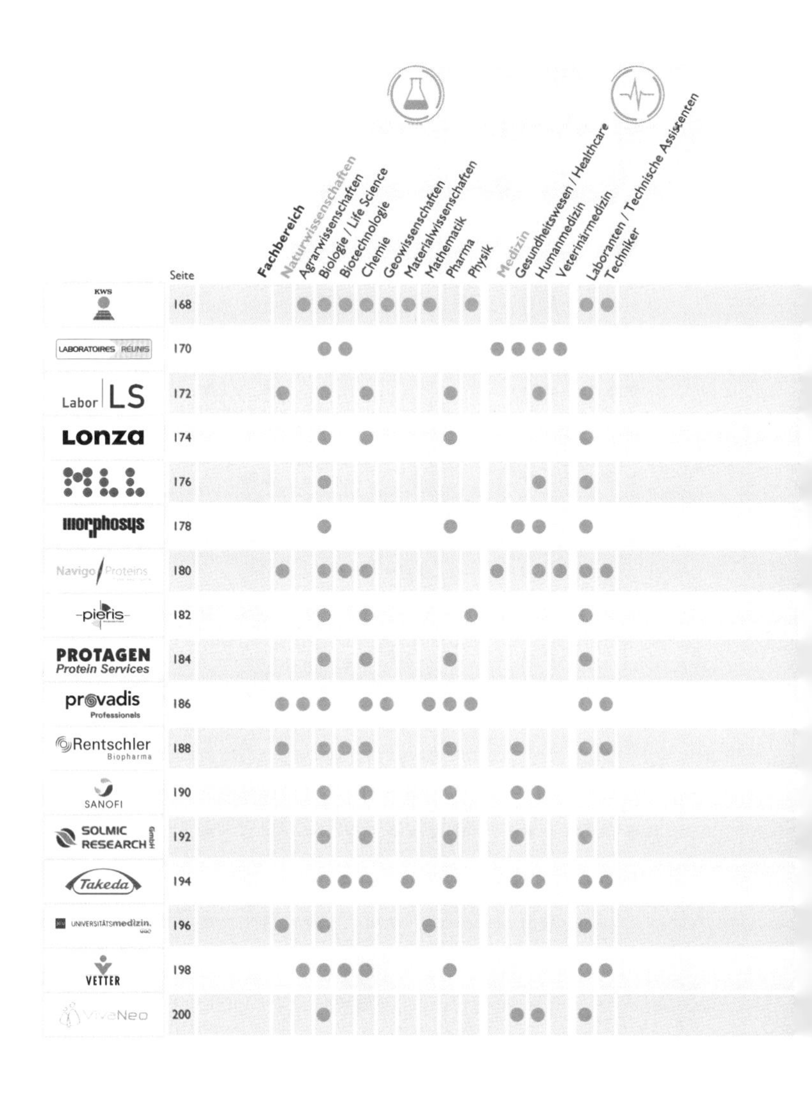

Fachbereich	Seite	Naturwissenschaften	Agrarwissenschaften	Biologie / Life Science	Biotechnologie	Chemie	Geowissenschaften	Materialwissenschaften	Mathematik	Pharma	Physik	Medizin	Gesundheitswesen / Healthcare	Humanmedizin	Veterinärmedizin	Laboranten / Technische Assistenten	Techniker
KWS	168		●	●	●	●	●	●	●		●					●	●
Laboratoires Réunis	170			●	●							●	●	●	●		
Labor LS	172	●		●		●				●				●		●	
Lonza	174			●		●				●						●	
MLL	176			●										●		●	
morphosys	178			●						●			●	●		●	
Navigo Proteins	180	●		●	●	●						●		●	●	●	●
pieris	182			●		●					●					●	
PROTAGEN Protein Services	184			●		●				●						●	
provadis Professionals	186	●	●	●		●	●		●	●	●					●	●
Rentschler Biopharma	188	●		●	●	●				●			●			●	●
SANOFI	190			●		●				●			●	●			
SOLMIC RESEARCH GmbH	192			●		●				●			●			●	
Takeda	194			●	●	●		●		●			●	●		●	●
Universitätsmedizin	196	●		●					●							●	
VETTER	198		●	●	●	●				●						●	●
VivaNeo	200			●									●	●		●	

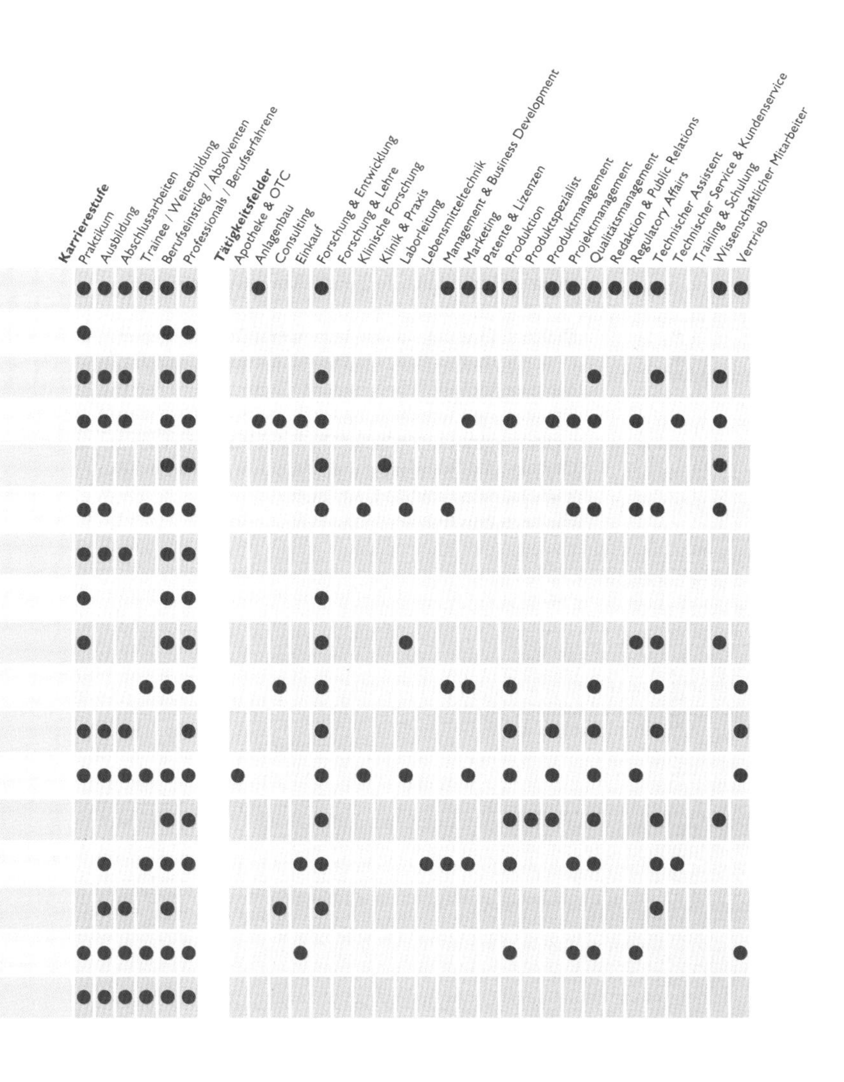

Karrierestufe						Tätigkeitsfelder																								
Praktikum	Ausbildung	Abschlussarbeiten	Trainee / Weiterbildung	Berufseinstieg / Absolventen	Professionals / Berufserfahrene	Apotheke & OTC	Anlagenbau	Consulting	Einkauf	Forschung & Entwicklung	Forschung & Lehre	Klinische Forschung	Klinik & Praxis	Laborleitung	Lebensmitteltechnik	Management & Business Development	Marketing	Patente & Lizenzen	Produktion	Produktspezialist	Produktmanagement	Projektmanagement	Qualitätsmanagement	Redaktion & Public Relations	Regulatory Affairs	Technischer Assistent	Technischer Service & Kundenservice	Training & Schulung	Wissenschaftlicher Mitarbeiter	Vertrieb
●	●	●	●	●	●		●			●						●	●	●	●		●	●	●	●	●	●			●	●
●				●	●																									
●	●	●		●	●					●													●			●			●	
●	●	●		●	●		●	●	●	●							●		●		●	●	●		●		●		●	
				●	●					●			●																●	
●	●		●	●	●					●		●		●		●						●	●		●	●			●	
●	●	●		●	●																									
●				●	●					●																				
●				●	●					●				●											●	●			●	
			●	●	●			●		●						●	●		●				●			●				●
●	●	●			●					●									●		●		●			●				●
●	●	●	●	●	●	●				●		●		●			●		●		●		●		●					●
				●	●					●									●	●	●		●			●			●	
	●		●	●	●				●	●					●	●	●		●			●	●			●	●			
	●	●		●				●		●																●				
●	●	●	●	●	●				●										●			●	●		●					●
●	●	●	●	●	●																									

Alvito & Partner Personalservices

Kontakt HR
Carla Marques-Alvito
contact@
alvitopersonalservices.com

Firmenadresse
Alvito & Partner Personalservices

Düsseldorf
Deutschland

Hauptsitz
Düsseldorf

Web
www.alvitopersonalservices.com

Einstiegsmöglichkeiten
Direkteinstieg

Bewerbungsverfahren
E-Mail-Bewerbung
Initiativbewerbung

Auswahlverfahren
Recruiting Events
Sonstiges
Telefoninterview

Firmenprofil

Alvito & Partner Personalservices ist ein Personaldienstleister, der sich auf die Vermittlung von Fach- und Führungskräften und das Recruiting von Absolventen sog. "Young Talents" für Positionen in verschiedensten Branchen spezialisiert hat. Ob direkte Festanstellung, Freelancing oder Interim Management - wir finden die richtige Personallösung - für alle! Wir können in folgenden Sprachen fließend kommunizieren: Deutsch, Englisch, Französisch und Portugiesisch. Auch das Thema "Coaching" findet sich in unserem Leistungsportfolio.

Wen suchen wir ?

Interessieren Dich folgende Kompetenzfelder?

Pharmareferenten, Chemielaboranten, Chemieingenieure, MTA / BTA / PTA, Klinikreferenten, Apotheker, Lebensmitteltechnologie, Abwassertechnik, Oberarzt- und Chefarztpositionen in Festanstellung, Klinikleitung, Honorarärzte, Praxisnachfolge, Kinder- und Jugendpsychiater, Klinischer Direktor, Chefarztassistenz u.a. aus der Chemie- und Pharmabranche sowie dem Healthcaresektor.
Falls ja, dann melde Dich unter contact@alvitopersonalservices.com

ATV GmbH

KONTAKT
Clemens Weiß
Fon 089/5470340
clemens.weiss@atv-seminare.de

www.atv-seminare.de

FIRMENADRESSE
ATV GmbH
Machtlfinger Straße 13
81379 München
Deutschland

ANZAHL MITARBEITER
15

STANDORTE
München, Köln, Würzburg, Leipzig

JOBS

Wir, die ATV, sind ein privates Weiterbildungsunternehmen, das sich auf die Durchführung von Seminaren der beruflichen Weiterbildung auf Hochschulniveau spezialisiert hat. An den Standorten München, Köln, Würzburg und Leipzig bieten wir, zusammen mit unseren praxiserfahrenen Trainern, modern konzipierte Seminare mit individuellen Schwerpunkten an. Es ist unsere Überzeugung, dass erfolgreiche Weiterbildung ein Produkt guter Inhalte, kompetenter Trainer, sowie motivierter Mitarbeiter und Teilnehmer ist. Vor allem aber ist es ein Produkt gegenseitiger Wertschätzung. Die Voraussetzung dafür ist eine Begegnung auf Augenhöhe. Unsere Seminare sind zu 100% über die Agentur für Arbeit förderungsfähig.

Der Berufseinstieg im Life Science Bereich gestaltet sich erfahrungsgemäß ohne industrielle Berufserfahrung nicht immer leicht. Neben einem konkreten Branchenüberblick sind Kenntnisse zu klinischen Studien, Arzneimittelzulassung, sowie Qualitätsmanagement/ Qualitätssicherung (GMP) bei vielen potentiellen Arbeitgebern gefragt. In unserem Fachseminar Life Science Management vermitteln wir Ihnen diese und weitere Kenntnisse für einen erfolgreichen Karrierestart in der pharmazeutischen & biotechnologischen Industrie.

Das General Management Program wiederum bietet Seminare, die Sie an die wichtigen und essentiellen Tools der heutigen Unternehmenswelt heranführen. Sowohl diese als auch bereits vorhandene Kenntnisse werden im Rahmen praktischer Fallstudien vertieft und gefestigt und können durch ein Zertifikat nachgewiesen werden. Unsere Seminare vermitteln Ihnen fundierte Kenntnisse im Bereich Projekt- und Prozessmanagement, sowie Betriebswirtschaft, Marketing, Vertrieb und Unternehmensmanagement.

Ob unsere Seminare tatsächlich für Sie geeignet sind, klären wir gerne individuell in einem persönlichen Gespräch. Dies gibt Ihnen darüber hinaus die Gelegenheit, uns sowie unsere Umgebung kennen zu lernen. Sie haben Fragen oder möchten einen Gesprächstermin vereinbaren? Rufen Sie uns an, oder schreiben Sie uns, wir sind gerne für Sie da!

BAG Health Care

Kontakt

Sigrid Semmelroth
bewerbung@bag-healthcare.com

www.bag-healthcare.com

Firmenadresse

BAG Health Care
Amtsgerichtsstraße 1-5
35423 Lich
Deutschland

Anzahl Mitarbeiter

200

Einstiegsmöglichkeiten

Direkteinstieg
Trainee
Praktikum

Bewerbungsverfahren

Bewerbungsmappe
E-Mail-Bewerbung
Initiativbewerbung

Auswahlverfahren

Bewerbungsgespräch

Die BAG Health Care GmbH ist ein unabhängiges und mittelständisches Familienunternehmen mit Sitz im hessischen Lich. Seit über 70 Jahren stehen wir mit innovativen Produkten und Dienstleistungen im Dienst der Gesundheit des Menschen. Mit unseren 200 Mitarbeitern entwickeln wir im engen Dialog mit unseren Kunden anwendungsorientierte und praxisnahe Lösungen und Dienstleistungen mit dem Ziel der sichereren und besseren Behandlung von Patienten.
Gegenseitiger Respekt und Vertrauen sind unsere Basis für ein Arbeitsklima, das durch Eigenverantwortlichkeit, Mitsprache und Teamarbeit geprägt ist. Breite Aufgabengebiete, fachbereichsübergreifende Projekte und kurze Kommunikationswege bieten Raum für Ihre persönliche Weiterentwicklung.
Rücksichtnahme auf persönliche private Verhältnisse ist uns wichtig. Wo immer möglich, versuchen wir individuelle Lösungen für Arbeitszeit und Arbeitsorganisation zu realisieren.

Wen suchen wir?

Sie zeigen ein hohes Maß an Eigeninitiative und die Bereitschaft, sich beruflich weiterzuentwickeln. Sie sind in der Lage, über den Tellerrand hinauszublicken und sich flexibel in neue Themen und Aufgaben einzuarbeiten. Ihre Lern- und Leistungsbereitschaft sowie Mitsprache und Teamarbeit tragen maßgeblich zu unserer Innovationskraft bei. Wir freuen uns auf Ihre Ideen!
Insbesondere für unseren Geschäftsbereich pharmazeutische Auftragsfertigung suchen wir regelmäßig Absolventen oder berufserfahrene Mitarbeiter aus den Bereichen Biotechnologie und Pharmazie. Darüber hinaus bieten wir die Betreuung von Abschlussarbeiten an, insbesondere für Studenten der Fachrichtungen Pharmazie und Biotechnologie.

Wir bieten

Getränke

Alters-vorsorge

Fortbildung

Flexible Arbeitszeiten

Homeoffice

Firmen-Events

Parkplatz

Boehringer Ingelheim Pharma GmbH & Co. KG

Kontakt HR
Recruiting Services
Fon + 49 (0) 6132/77-93240

Firmenadresse
Boehringer Ingelheim
Binger Str. 173
55216 Ingelheim am Rhein
Deutschland

Hauptsitz
+ 49 (0) 6132/77-93240

Weitere Standorte
Biberach an der Riss, Dortmund, Hannover, weltweit in über 100 Ländern

Web
www.boehringer-ingelheim.de/karriere

Einstiegsmöglichkeiten
Direkteinstieg
Trainee
Promotion
Postdoc
Praktikum

Bewerbungsverfahren
Online-Bewerbung

Auswahlverfahren
Assessment Center
Einstellungsgespräch
Telefoninterview

Firmenprofil

Boehringer Ingelheim zählt weltweit zu den 20 führenden Pharmaunternehmen. Die Schwerpunkte unseres 1885 gegründeten Familienunternehmens mit Hauptsitz in Ingelheim, Deutschland, sind die Forschung, Entwicklung, Produktion sowie das Marketing neuer Medikamente mit hohem therapeutischem Nutzen für die Humanmedizin und die Tiergesundheit. Unsere innovative Produkt-Pipeline besteht aus verschreibungspflichtigen Medikamenten, Biopharmaka sowie Produkten rund um die Tiergesundheit.

- Mitarbeitende: rund 50.000 weltweit, davon 15.151 am Standort Deutschland
- Umsatz: 18,1 Milliarden Euro
- Forschung und Entwicklung weltweit an 5 Standorten in 5 Ländern
- 16 Produktionsstandorte für Humanpharma in 11 Ländern
- Investitionen für Forschung und Entwicklung: über 3,1 Milliarden Euro

Wir bieten unseren Mitarbeitenden anspruchsvolle, herausfordernde Aufgaben mit vielfältigen interessanten Perspektiven zur Weiterentwicklung auf nationaler und internationaler Ebene. Für Boehringer Ingelheim ist die Übernahme gesellschaftlicher Verantwortung ein wichtiger Bestandteil der Unternehmenskultur. Dazu zählt das Engagement in sozialen Projekten ebenso wie der sorgsame Umgang mit den eigenen Mitarbeitenden. Respekt, Chancengleichheit sowie die Vereinbarkeit von Beruf und Familie bilden dabei die Basis des Miteinanders. Bei allen Aktivitäten des Unternehmens stehen zudem der Schutz und Erhalt der Umwelt im Fokus.

Wen suchen wir ?

Bewerberinnen und Bewerber aus den Bereichen:

- Naturwissenschaften
- Ingenieurwissenschaften
- Wirtschaftswissenschaften
- Pharmazie
- Informatik
- Medizin
- Biotechnologie

Bristol-Myers Squibb GmbH & Co. KgaA

KONTAKT
Anastasia Riabchenko
Fon 089 / 121 42 0
anastasia.riabchenko@bms.com

www.bms.com/de

FIRMENADRESSE
Bristol-Myers Squibb GmbH & Co. KgaA
Arnulfstraße 29
80636 München
Deutschland

ANZAHL MITARBEITER
900

EINSTIEGSMÖGLICHKEITEN
Direkteinstieg
Trainee
Praktikum

BEWERBUNGSVERFAHREN
Online-Bewerbung

AUSWAHLVERFAHREN
Assessment Center
Bewerbungsgespräch
Telefoninterview

FIRMENPROFIL
Gemeinsam geben wir unser Bestes für das Leben von Patienten.

Wir bei Bristol-Myers Squibb erforschen und entwickeln Innovative Medikamente für bislang schwer behandelbare Krankheiten.

Als weltweit agierendes BioPharma-Unternehmen vereinen wir auch in Deutschland die Ressourcen, die Erfahrung und die globale Reichweite eines großen Unternehmens mit der Agilität, Innovationsfreunde und dem unternehmerischen Geist der Biotechnologie.

Unser Fokus liegt aktuell auf der Behandlung von Krebs-, Herz-Kreislauf- und rheumatischen Erkrankungen. Wir möchten mit unseren Arzneimitteln Patienten eine neue Perspektive für ihr Leben geben.

Dafür gibt jeder von uns sein Bestes. Jeden Tag.

Werden Sie Teil unseres Teams! Wir suchen stets Bewerber, die sich durch Eigeninitiative, Leidenschaft und Verantwortungsbewusstsein auszeichnen. Unseren Mitarbeitern bieten wir ein attraktives Vergütungssystem, weit überdurchschnittliche Zusatzleistungen sowie vielfältige Trainings- und Entwicklungsmöglichkeiten im In- und Ausland. Dabei steht für uns die Vereinbarkeit von Beruf und Familie für jeden einzelnen unserer Mitarbeiter im Mittelpunkt.

WEN SUCHEN WIR ?
Wir suchen AbsolventInnen und Studierende sowie BewerberInnen mit Berufserfahrung, die über ein hohes Maß an Eigeninitiative verfügen, gerne über den Tellerrand hinausblicken und sich flexibel in neue Aufgabenbereiche einarbeiten wollen. Erfahren Sie mehr über unsere aktuellen Positionen auf unserer Homepage: https://www.bms.com/de/job-seekers.html.

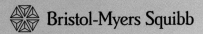

Careforce GmbH

Kontakt HR
Lena Fiedler
Fon 02234 / 2036-213
karriere@careforce.de

Firmenadresse
Careforce GmbH
Hortbeller Str. 11
50858 Köln
Deutschland

Hauptsitz
Köln

Weitere Standorte
Schweiz, Österreich

Web
www.careforce.de

Einstiegsmöglichkeiten
Direkteinstieg

Bewerbungsverfahren
Bewerbungsmappe
E-Mail-Bewerbung
Online-Bewerbung
Initiativbewerbung

Auswahlverfahren
Assessment Center
Einstellungsgespräch
Recruiting Events
Telefoninterview

Firmenprofil

Mit stets über 200 vakanten Positionen im Pharmabereich und einem Kunden-Pool bestehend aus den renommiertesten Healthcare-Unternehmen der Welt, zählt careforce seit vielen Jahren zu den führenden Unternehmen im deutschsprachigen Raum, wenn es darum geht Fach- und Führungspositionen via Direktvermittlung oder Arbeitnehmerüberlassung zu besetzen. careforce bietet allen Bewerbern und Mitarbeitern eine maßgeschneiderte, persönliche Betreuung, eine langfristige Karriere-Perspektive sowie spannende Weiterbildungsmöglichkeiten.

Wen suchen wir ?

- Pharma- und Fachreferenten (m/w)
- Klinikreferenten (m/w)
- Regionalleiter (m/w)
- Vertriebsleiter (m/w)
- Key Account Manager (m/w)
- Produktmanager (m/w)
- Clinical Research Analyst (m/w)

Bevorzugte Fachrichtungen:
- Biologen, Chemiker, Pharmazeuten
- Ökotrophologen
- Human- und Veterniärmediziner
- Medizin-Ökonomen
- Pharmazie- und Chemieingenieure
- Technische Assistenten der Chemie, der Biologie oder der Human- bzw. Veterinärmedizin
- Lehrer mit Staatsexamen in naturwissenschaftlichen Fächern

Darüber hinaus sollten Sie Interesse an der kompetenten Betreuung von Ärzten, Apothekern und medizinischem Fachpersonal haben, sowie die Leidenschaft für den Vertrieb von innovativen Arzneimitteln auf wissenschaftlich hohem Niveau mitbringen.

Deutsches Herzzentrum München des Freistaates Bayern - Klinik an der Technischen Universität München

KONTAKT

Thomas Schmid
Fon +49 89 1218 1734
schmid@dhm.mhn.de

www.dhm.mhn.de/karriere

FIRMENADRESSE

Deutsches Herzzentrum München
des Freistaates Bayern - Klinik an
der Technischen Universität
München
Lazarettstraße 36
80636 München
Deutschland

ANZAHL MITARBEITER

1200

STANDORTE

München

EINSTIEGSMÖGLICHKEITEN

Direkteinstieg
Postdoc

BEWERBUNGSVERFAHREN

Bewerbungsmappe
E-Mail-Bewerbung
Initiativbewerbung

AUSWAHLVERFAHREN

Bewerbungsgespräch
Recruiting Events

Das **Deutsche Herzzentrum München (DHM)**, eine international renommierte Klinik der Maximalversorgung, vereint Diagnose und Therapie der Herz- und Kreislauferkrankungen unter einem Dach. In der universitären Klinik wird klinisch behandelt, geforscht und Lehre betrieben. Diese Kombination bietet eine hervorragende Grundlage für die optimale Versorgung der Patienten, durchgehend, in allen Behandlungsstufen.

WEN SUCHEN WIR ?

Für die verschiedensten Bereiche in unserem Haus suchen wir Sie. Ob Berufserfahren, Absolvent oder mitten im Studium, wir haben ein passendes Jobangebot für Sie. Im persönlichen Gespräch geben wir Ihnen gerne Ihre persönlichen Fragen ein. **Unser Angebot für Sie** Personalunterkünfte * Personalrestaurant * betriebliche Altersvorsorge * zentrale Lage * MVV-Jobticket * Kindertagesstätte an der Klinik * regelmäßige Fortbildungen * Umfangreiches Sportangebot * Vergütung nach TV-L (Inkl. Jahressonderzahlung) **Wir suchen regelmäßig**

- Medizinischtechnische Mitarbeiter/innen (MTA)
- Study Nurses (m/w)
- Doctoranden, Postdocs
- Wiss. Mitarbeiter/innen (Bachelor und Master)
- Mitarbeiter/innen im Forschungsmanagement

Das **Deutsche Herzzentrum München** bietet Ihnen neben modernen Arbeitsplätzen und die Arbeit in international zusammengesetzten Teams aus Spezialisten auch eine Vielfalt an Einsatzmöglichkeiten in den verschiedenen Abteilungen des Hauses:

- Kliniken für Herz- und Gefäßchirurgie, Chirurgie angeborener Herzfehler und Kinderherzchirurgie, Herz- und Kreislauferkrankungen, Kinderkardiologie und angeborene Herzfehler
- Institute für Radiologie, Anästhesie und Laboratoriumsmedizin
- Pflegedienst

WIR BIETEN

Kantine, Mensa

Alters-vorsorge

Firmenticket

Fortbildung

Sport-Angebote

Flexible Arbeitszeiten

Gute Verkehrs-Anbindung

Welcome

Willkommen

Добро пожаловать

مرحبــا

Deutsches Herzzentrum München
des Freistaates Bayern
Klinik an der Technischen Universität München

EUROIMMUN
a PerkinElmer company

EUROIMMUN Medizinische Labordiagnostika AG

Kontakt
Katharina Iben
Fon 0451 5855-25555
bewerbung@euroimmun.de

www.euroimmun.de/karriere

Firmenadresse
EUROIMMUN Medizinische
Labordiagnostika AG
Seekamp 31
23560 Lübeck
Deutschland

Anzahl Mitarbeiter
2800

Standorte
Lübeck, Groß Grönau, Dassow, Selmsdorf, Herrnhut-Rennersdorf, Bernstadt, Pegnitz

Einstiegsmöglichkeiten
Direkteinstieg
Praktikum

Bewerbungsverfahren
Bewerbungsmappe
E-Mail-Bewerbung
Initiativbewerbung

Auswahlverfahren
Bewerbungsgespräch
Recruiting Events
Telefoninterview

Unsere Produkte dienen der Gesundheit des Menschen. Darauf ist das gesamte Tun und Handeln der EUROIMMUN AG ausgerichtet. Wir entwickeln und produzieren innovative Testsysteme, mit denen Autoimmun- und Infektionskrankheiten sowie Allergien diagnostiziert werden können. EUROIMMUN beherrscht ein vielseitiges Technologiespektrum, mit dem fundamentale Neuentwicklungen in der Labordiagnostik angestoßen und mitgetragen werden. Beispiele dafür sind die molekularbiologische Synthese von Designer-Antigenen, computerunterstützte Immunfluoreszenz-Mikroskopie sowie die Entwicklung spezieller Microarrays zur Identifikation von Tumoren oder Krankheitserregern.

Für Naturwissenschaftler ergibt sich dadurch ein breites Aufgabenspektrum im gesamten Produktlebenszyklus. In modern ausgestatteten Laboren erforschen und entwickeln sie innovative Nachweismethoden, wobei ihnen bei der Gewinnung neuer wissenschaftlicher Erkenntnisse große finanzielle Spielräume gewährt werden. Im Produktmanagement oder Vertrieb erstellen sie wissenschaftlich fundierte und kommerziell zurückhaltende Informationsmaterialien, sind auf Fachmessen vertreten oder informieren unsere Kunden über die exzellente Produktpalette. Darüber hinaus gibt es in der EUROIMMUN Academy die Möglichkeit, Kunden aus aller Welt im Umgang mit unseren Produkten zu schulen - eine Aufgabe, die didaktische Fähigkeiten, aber auch viel Einfühlungsvermögen und sehr gute Fremdsprachenkenntnisse erfordert.

Wen suchen wir ?

- Biochemiker
- Biologen
- Biotechnologen
- Chemiker
- Humanbiologen
- Molekularbiologen

Wir bieten

Unbefristete Verträge und flexible Arbeitszeiten sorgen bei EUROIMMUN für die Vereinbarkeit von Privat- und Berufsleben in den unterschiedlichsten Lebensphasen. Hinzu kommen über 50 Mitarbeiterextras, die zu einer positiven Arbeitsatmosphäre und glücklichen Mitarbeitern beitragen.

Getränke

Kantine, Mensa

Alters-vorsorge

Fortbildung

Sport-Angebote

Firmen-Events

Parkplatz

Formycon AG

Kontakt
Meike Heger
Fon +49 (0) 89-864667-100
info@formycon.com

www.formycon.com/

Firmenadresse
Formycon AG
Fraunhoferstraße 15
82152 Martinsried/Planegg
Deutschland

Anzahl Mitarbeiter
95

Standorte
Martinsried bei München

Einstiegsmöglichkeiten
Direkteinstieg

Bewerbungsverfahren
Online-Bewerbung
Initiativbewerbung

Auswahlverfahren
Bewerbungsgespräch
Telefoninterview

Die Formycon AG ist ein führender konzernunabhängiger und börsennotierter Entwickler von qualitativ hochwertigen Nachfolgeprodukten biopharmazeutischer Arzneimittel, sogenannten Biosimilars. In den kommenden Jahren laufen viele Patente auf Biopharmazeutika aus - bis 2020 verlieren Medikamente mit einem Umsatz von über 100 Milliarden Dollar ihren gesetzlichen Schutz. Formycon fokussiert sich dabei auf Therapien in der Ophthalmologie und Immunologie sowie auf weitere wichtige chronische Erkrankungen und deckt die gesamte Wertschöpfungskette von der technischen Entwicklung bis zur klinischen Phase III sowie der Erstellung der Zulassungsunterlagen ab.
Mit seinen Biosimilars leistet Formycon einen bedeutenden Beitrag, um möglichst vielen Patienten den Zugang zu wichtigen und bezahlbaren Arzneimitteln zu ermöglichen.

Wen suchen wir ?

Als wachstumsstarkes Unternehmen suchen wir verstärkt Naturwissenschaftler mit ausgeprägter Hands-on-Mentalität, die gemeinsam mit uns etwas in der medizinischen Forschung bewegen wollen. Sie möchten den unternehmerischen Fortschritt aktiv mitgestalten und haben Spaß daran an hochinnovativen Produkten zu arbeiten? Dann werden Sie Teil eines hochrangigen Expertenteams und bewegen Sie sich mit engagierten Wissenschaftlern am Cutting Edge der medizinischen Forschung.

Besuchen Sie uns auf unserer Webseite **http://www.formycon.de/karriere** und erfahren Sie mehr über die aktuellen Positionen in unserem Unternehmen.

Wir bieten

Das erwartet Sie bei Formycon:

- Ein internationales Umfeld mit flachen Hierarchien für intensiven Austausch und aktive Mitgestaltung
- Eine Firmenkultur geprägt von Kollegialität, Transparenz, Respekt und gegenseitiger Wertschätzung
- Leistungsorientierte Vergütung sowie betriebliche Altersvorsorge
- Ausgewogene Work-Life-Balance durch flexible Arbeitszeiten, Fitness- und Gesundheitsförderung, umfangreiche Weiterbildungsangebote und viele weitere Vorzüge

Greiner Bio-One GmbH

KONTAKT
Frau Angela Stark

www.gbo.com

FIRMENADRESSE
Greiner Bio-One GmbH
Maybachstraße 2
72636 Frickenhausen
Deutschland

ANZAHL MITARBEITER
2200

EINSTIEGSMÖGLICHKEITEN
Direkteinstieg
Praktikum

BEWERBUNGSVERFAHREN
Online-Bewerbung

AUSWAHLVERFAHREN
Bewerbungsgespräch

JOBS

Greiner Bio-One International GmbH
Greiner Bio-One ist auf die Entwicklung, die Produktion und den Vertrieb von Qualitätsprodukten aus Kunststoff für den Laborbedarf spezialisiert. Das Unternehmen ist Technologie-Partner für Krankenhäuser, Labore, Universitäten, Forschungseinrichtungen, die diagnostische und pharmazeutische Industrie sowie die Biotechnologie. Als Original Equipment Manufacturer (OEM) übernimmt Greiner Bio-One zudem individuelle, kundenspezifische Designentwicklungen und Fertigungsprozesse für die Bereiche Lifesciences und Medizin. 2017 erzielte die Greiner Bio-One International GmbH mit über 2.200 Mitarbeitern, 26 Niederlassungen und zahlreichen Vertriebspartnern in mehr als 100 Ländern einen Umsatz von 473 Millionen Euro. Greiner Bio-One ist Teil der Greiner Holding mit Sitz in Kremsmünster (Österreich).

Greiner Bio-One BioScience-Division
Die BioScience-Division von Greiner Bio-One zählt zu den führenden Anbietern von Spezialprodukten für die Kultivierung und Analyse von Zell- und Gewebekulturen. Basierend auf jahrzehntelanger Erfahrung mit Gefrierlagerung von Proben, bietet Greiner Bio-One auch Lösungen für automatisierte Lagersysteme in Biobanken an. Darüber hinaus entwickelt und produziert sie Microplatten für das Hochdurchsatz-Screening, die der Industrie und Forschung schnellste und effizienteste Wirkstoffprüfungen ermöglichen. Die deutsche Unternehmenszentrale der BioScience-Division mit Sitz in Frickenhausen steuert die gesamte Entwicklung und Herstellung sowie den Vertrieb.

WEN SUCHEN WIR ?

Greiner Bio-One ist ein Zuhause.
Für Visionäre, die sich mit Power und Ideen einbringen. Für Teamplayer, die Wissen teilen und Neues zulassen. Für Menschen, die über sich selbst lachen können, und stolz darauf sind, mit ihrer Arbeit etwas Sinnvolles zu bewegen. Greiner Bio-One hat offene Türen für Könner, Macher und verborgene Talente.

WIR BIETEN

Firmenwagen

Alters-vorsorge

Firmenhandy

Fortbildung

Flexible Arbeitszeiten

Gute Verkehrs-Anbindung

Parkplatz

Heraeus

Heraeus Holding GmbH

KONTAKT HR
Recruiting Service
recruiting@heraeus.com

FIRMENADRESSE
Heraeus Holding GmbH
Heraeusstraße 12-14
63450 Hanau
Deutschland

HAUPTSITZ
Hanau bei Frankfurt am Main

WEITERE STANDORTE
Alzenau, Bitterfeld, Kleinostheim, Leverkusen und Wehrheim und in 40 Ländern weltweit

WEB
www.heraeus.de/karriere

EINSTIEGSMÖGLICHKEITEN
Direkteinstieg
Trainee
Praktikum

BEWERBUNGSVERFAHREN
Online-Bewerbung

AUSWAHLVERFAHREN
Einstellungsgespräch
Telefoninterview

FIRMENPROFIL

Der Technologiekonzern Heraeus mit Sitz in Hanau ist ein weltweit führendes Portfoliounternehmen in Familienbesitz. Die Wurzeln des 1851 gegründeten Unternehmens reichen zurück auf eine seit 1660 von der Familie betriebene Apotheke. Heraeus bündelt heute eine Vielzahl von Geschäften in den Feldern Umwelt, Energie, Elektronik, Gesundheit, Mobilität und industrielle Anwendungen. Im Geschäftsjahr 2017 erzielte Heraeus einen Gesamtumsatz von 21,8 Mrd. €. Das im FORTUNE Global 500 gelistete Unternehmen beschäftigt rund 13.000 Mitarbeiter in 40 Ländern und hat eine führende Position auf seinen globalen Absatzmärkten. Heraeus gehört zu den Top 10 Familienunternehmen in Deutschland. Wir bieten unseren Mitarbeitern Freiräume, eigene Ideen zu entwickeln und voranzutreiben.

Produkte und Lösungen von Heraeus finden sich in Computern, Autos, Smartphones, im menschlichen Körper und sogar auf dem Mond. Sie sorgen für schnelleres Internet, reinigen Abgase, befreien Wasser von Keimen und lassen Herzen im richtigen Takt schlagen. So unterschiedlich die jeweiligen Komponenten auch sind, für die Fertigung ist immer der richtige Umgang mit komplexen Werkstoffen wie Edel- und Sondermetallen, Polymeren oder Quarzglas sowie extrem hohen Temperaturen entscheidend.

WEN SUCHEN WIR ?

Für seine Mitarbeiter sucht Heraeus Kollegen, die Eigeninitiative zeigen, unternehmerisch denken und den Mut haben, Verantwortung zu übernehmen. Menschen, die Ideen entwickeln, sich mit Leidenschaft für ihre Umsetzung engagieren und die gern im Team arbeiten. Dabei sind spezialisierte Fachkräfte bei Heraeus besonders gefragt. Aber auch qualifizierten Quereinsteigern und Querdenkern werden hervorragende Einstiegschancen geboten. Besonders gut passen Sie zu Heraeus, wenn Sie über einen Hintergrund als Ingenieur, Natur- oder Wirtschaftswissenschaftler verfügen. Und ebenso sehr freuen wir uns auf Ihre Bewerbung, wenn Sie eine kaufmännische Ausbildung absolviert haben oder als technische Fachkraft beispielsweise in der Chemie, Metall- oder Glastechnik schon Erfahrungen sammeln konnten. Gemeinsam wollen wir die Zukunft gestalten. Sind Sie dabei?

HGA - Gesundheitsakademie Hessen

KONTAKT
H.-C. Atas
Fon 06181 429 66 11
info@hga-hessen.de

www.hga-hessen.de

FIRMENADRESSE
HGA - Gesundheitsakademie Hessen
Güterbahnhofstraße 1C
63450 Hanau
Deutschland

EINSTIEGSMÖGLICHKEITEN
Direkteinstieg
Trainee
Promotion
Postdoc
Praktikum

BEWERBUNGSVERFAHREN
E-Mail-Bewerbung
Online-Bewerbung
Initiativbewerbung

AUSWAHLVERFAHREN
Bewerbungsgespräch
Recruiting Events
Sonstiges
Telefoninterview

Die **HGA - Gesundheitsakademie Hessen** ist seit 1999 einer der führenden Fortbildungs- und Ausbildungseinrichtungen in Hessen. Mit unseren Kernkompetenzen als Zentrum für klinische Studien, GMP/GCP Fortbildungen, Managementkurse, DAkkS akkreditierte Qualitätskurse, unabhängiges Fortbildungszentrum für approbierte Mediziner, staatliche Anerkennungen als Gesundheitsfachschule und als ermächtigte Stelle seitens der Berufsgenossenschaften für Erste Hilfe und Notfalltrainings bieten wir eine breite Palette an individuellen Ausbildungsgängen an.Unser Dienstleistungsspektrum beinhaltet von anspruchsvollen fachspezifischen Fortbildungen bis hin zur Grundausbildung ein sehr breites und tiefes Angebot. Spezialisiertem Fachpersonal ermöglichen wir eine Erweiterung Ihrer Kenntnisse und Erfahrungen durch individuelle Fortbildungsangebote.

Ihr verlässlicher Partner für Ausbildungen, Fortbildungen und Dienstleistungen.

Leistungsspektrum u.a.

- CME Fortbildungen
- Klinische Forschung
- Management und Scientific Sales
- GMP und Qualitätsmanagement

WEN SUCHEN WIR ?

Die aufgezählten Ausbildungen richten sich an Naturwissenschaftler, Mediziner und Pharmazeuten sowie an Personen mit einer entsprechenden Ausbildung und mehrjähriger Berufserfahrung.

Vor Aufnahme in den Kurs wird ein ausführliches persönliches und offenes Beratungsgespräch mit Potentialanalysen zur individuellen Feststellung von Karriereoptionen und der persönlichen Eignung geführt.

ITM Isotopen Technologien München AG

Kontakt
Andrea Schwarz
Fon 089/ 3298986-171
career@itm.ag

www.itm.ag

Firmenadresse
ITM Isotopen Technologien
München AG
Lichtenbergstr. 1
85748 Garching
Deutschland

Anzahl Mitarbeiter
150

Standorte
Verwaltungsstandort:
Garching-Hochbrück,
Produktionsstandort:
Garching-Forschungszentrum

Einstiegsmöglichkeiten
Direkteinstieg
Trainee
Praktikum

Bewerbungsverfahren
Online-Bewerbung
Initiativbewerbung

Auswahlverfahren
Bewerbungsgespräch
Sonstiges
Telefoninterview

Die Isotopen Technologien München AG (ITM) ist eine Unternehmensgruppe in Privatbesitz, die diagnostische und therapeutische Radionuklide und Radiopharmazeutika entwickelt, produziert und weltweit vertreibt. Seit der Gründung im Jahr 2004 beschäftigen sich die ITM und ihre Tochterfirmen mit dem Auf- und Ausbau einer Plattform innovativer und erstklassiger medizinischer Radionuklide und -generatoren für eine neue Generation der zielgerichteten Krebsdiagnose und -therapie. Die Produkte werden unter GMP-Bedingungen hergestellt und über ein starkes eigenes Netzwerk weltweit vertrieben.
Darüber hinaus entwickelt die ITM ein eigenes Portfolio mit wachsender Pipeline an Produktkandidaten zur zielgerichteten Behandlung von Krebserkrankungen wie neuroendokrine Tumore oder Knochenmetastasen.
Die Zielsetzung der ITM und ihrer wissenschaftlichen, medizinischen und industriellen Kooperationspartner besteht darin, den Behandlungserfolg sowie die Lebensqualität für Krebspatienten maßgeblich zu verbessern und Nebenwirkungen zu reduzieren.
Mit der Entwicklung von zielgerichteten Radionuklidtherapien im Bereich der Precision Oncology möchte die ITM einen Beitrag leisten, gesundheitsökonomische Verbesserungen zu erreichen und damit einen nachhaltigen gesellschaftlichen Nutzen zu erzielen.

Wen suchen wir ?

Ob Berufserfahrener oder Berufseinsteiger - nehmen Sie teil an unserer Erfolgsgeschichte!
Es erwartet Sie ein dynamisches Arbeitsumfeld in einem hochengagierten Team mit der Möglichkeit, die Zukunft unseres Unternehmens aktiv mitzugestalten. Wir suchen kontinuierlich verantwortungsbewusste und enthusiastische Bewerber. Fühlen Sie sich angesprochen? Dann freuen wir uns auf Ihre aussagekräftige Bewerbung!

Wir bieten

- Start-up-Feeling und flache Hierarchien
- Ein modernes Labor mit State-of-the-art Ausstattung
- Eine familiäre und offene Arbeitsatmosphäre in einer internationalen Firmenkultur
- Eine attraktive Vergütung mit zahlreichen Benefits

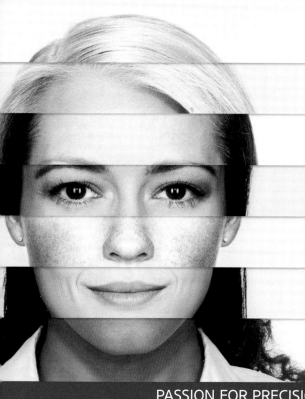

jobvector / Capsid GmbH

KONTAKT
Fon +49-(0)211-301384-20
career@jobvector.com

www.jobvector.de

FIRMENADRESSE
jobvector / Capsid GmbH
Kölner Landstraße 40
40591 Düsseldorf
Deutschland

STANDORTE
Düsseldorf

EINSTIEGSMÖGLICHKEITEN
Direkteinstieg
Trainee

BEWERBUNGSVERFAHREN
E-Mail-Bewerbung

AUSWAHLVERFAHREN
Bewerbungsgespräch
Recruiting Events

jobvector - Das fachspezifische Stellenportal
jobvector.de ist der spezialisierte Stellenmarkt fur Ingenieure, Informatiker, Mediziner & Naturwissenschaftler. Wir sind stolz darauf, von unseren Kunden zu Deutschlands bester Spezial-Jobbörse gewählt worden zu sein. Wir setzen auf Qualität, Service und Fachkompetenz.

jobvector career day - Die Karrieremesse
Unsere jobvector career days richten sich als fachspezifische Karrieremessen an Ingenieure, Informatiker, Mediziner & Naturwissenschaftler. Zu unseren Ausstellern zählen wachstumsstarke, innovative Unternehmen und Forschungseinrichtungen, die Karrierewege für Ingenieure, Informatiker, Mediziner & Naturwissenschaftler anbieten.

jobvector Karrieretrends - Der Karriereratgeber
Unser fachspezifischer Karriereratgeber bietet neben Berufsbildern, Erfahrungsberichten und Bewerbungstipps auch Einblicke in attraktive Karriereperspektiven.

WEN SUCHEN WIR ?

Wir suchen engagierte Naturwissenschaftler und Mediziner fur die Bereiche:

- Vertrieb
- Marketing
- Online-Redaktion

Neben dem Direkteinstieg bieten wir auch gerne Praktikumsplätze an.

WIR BIETEN

Ihre Karriere bei jobvector
Wir bieten

- ...ein vielfältiges Spektrum an kreativen Aufgaben
- ...ein tolles Team mit flachen Hierarchien
- ...die Möglichkeit, Ihre Ideen einzubringen
- ...eine berufliche Altersvorsorge für unsere langfristige Zusammenarbeit
- ...einen Sozialraum mit Kochstudio, freie Getränke und einen Garten an der Düssel
- ...ein Apple MacBook Pro für Ihre tägliche Arbeit
- ...Sport & Wellness in einem exklusiven Fitnessclub

Balkon, Garten | Getränke | Laptop | Gute Verkehrs-Anbindung | Firmen-Events | Parkplatz

Kelly Scientific Resources

KONTAKT
Recruitment
Fon 089 - 38 40 90 7
karriere.science.muenchen@
kellyservices.de

kellyservices.de

FIRMENADRESSE
Kelly Scientific Resources
Heimeranstraße 35
80339 München
Deutschland

EINSTIEGSMÖGLICHKEITEN
Direkteinstieg

BEWERBUNGSVERFAHREN
E-Mail-Bewerbung
Online-Bewerbung
Initiativbewerbung

AUSWAHLVERFAHREN
Bewerbungsgespräch
Telefoninterview

Unsere Berater und Manager im Fachbereich Kelly Scientific Resources - alle ausgebildete Naturwissenschaftler mit langjähriger Berufserfahrung - widmen sich mit Ihrer Fachkenntnis ausschließlich der Identifizierung, Beratung und Vermittlung von naturwissenschaftlichem und medizinischem Fach- und Führungspersonal in einem breiten Spektrum von Branchen und Berufsfeldern.
Wir erkennen Ihre Kompetenzen und wissen um die Anforderungen der suchenden Unternehmen. Wir beraten und unterstützen Sie bei Ihrem nächsten Karriereschritt und betreuen Sie bei der Vermittlung zu renommierten Unternehmen aus den Bereichen Pharma, Chemie, Biotechnologie, Klinische Forschung, Kosmetik, Nahrungs- und Genussmittel, Medizintechnik und verwandten Industriezweigen.
Als Marktführer rekrutieren wir qualifizierte Naturwissenschaftler aller akademischen Grade bis zum Doktorat über unser weltweites Filialnetz.

WEN SUCHEN WIR ?

Getreu unserem Motto "Scientists for Scientists" unterstützen wir Sie beim Berufseinstieg, dem nächsten Karriereschritt oder bei der Suche nach einer neuen spannenden Herausforderung. Sie sind ausgebildete/r oder studierte/r Naturwissenschaftler/in und möchten beruflich durchstarten? Dann sprechen Sie uns an - denn wir haben IHRE Karriere im Kopf!

KWS Gruppe

KONTAKT
Christin Günther
Fon +49 5561/311-1741
jobs@kws.com

www.kws.de

FIRMENADRESSE
KWS Gruppe
Grimsehlstr. 31
37555 Einbeck
Deutschland

ANZAHL MITARBEITER
5147

STANDORTE
Deutschland und in 70 weiteren Ländern

EINSTIEGSMÖGLICHKEITEN
Direkteinstieg
Trainee
Promotion
Postdoc
Praktikum

BEWERBUNGSVERFAHREN
E-Mail-Bewerbung

AUSWAHLVERFAHREN
Assessment Center
Bewerbungsgespräch
Telefoninterview

kartoffel-, Our global challenges. Your chance to take responsibilty.
KWS sät Zukunft
Seit mehr als 160 Jahren züchtet KWS landwirtschaftliche Nutzpflanzen. Veränderte Klimabedingungen, wachsender Nahrungs- und Energiebedarf sowie nachhaltiger Pflanzenschutz sind die Herausforderungen, derer wir uns mit modernen Züchtungsmethoden annehmen. Dabei konzentrieren wir uns auf Mais-, Zuckerrüben-, Getreide-, Raps- und Sonnenblumensaatgut. Unser Ziel sind nachhaltige Produkte für eine wettbewerbsfähige Landwirtschaft in einer gesunden Umwelt. Unsere Tradition heißt Fortschritt - nicht zuletzt deshalb investieren wir jährlich rund 18,5 Prozent unseres Umsatzes in Forschung und Entwicklung. Denn neue Herausforderungen brauchen neue Lösungen. Und Menschen, die mit Leidenschaft und Fachkenntnis an diesen Lösungen arbeiten.

WEN SUCHEN WIR ?

Ihre Zukunft bei KWS
In unserer wachsenden und innovativen Branche bieten wir Ihnen spannende Perspektiven: Ob als Berufseinsteiger oder Branchenprofi, ob mit Ausbildung, Diplom-, Bachelor-, Masterabschluss oder promoviert in unserem familiär geprägten Unternehmen finden Sie die Voraussetzungen für persönliche Entwicklung und beruflichen Erfolg. Wir suchen für die Bereiche Pflanzenzuchtung, Biologie bzw. Biotechnologie und Saatgutproduktion engagierte Mitarbeiter, die gemeinsam mit uns etwas bewegen wollen.
Bei KWS arbeiten Sie in einem internationalen Umfeld mit motivierten Mitarbeitern und erfahrenen Teams. Wir wollen, dass Sie Ihr Können und Wissen, Ihre Kreativität und unternehmerische Initiative einbringen. Dabei unterstützen wir Sie kontinuierlich, sich fachlich und persönlich weiterzuentwickeln.
So denken und handeln wir bei KWS. Wenn dies auch Ihr Blickwinkel ist und Sie gemeinsam mit uns Zukunft sähen möchten, besuchen Sie uns auf www.kws.de/karriere.

WIR BIETEN

Kantine, Mensa | Alters-vorsorge | Firmenhandy | Kinder-betreuung | Fortbildung | Flexible Arbeitszeiten | Homeoffice

LABORATOIRES RÉUNIS

Laboratoires Réunis SA

KONTAKT HR
Silke Breuer
hr@labo.lu

FIRMENADRESSE
Laboratoires Réunis SA
38, rue Hiehl
L-6131 Junglinster
Luxemburg

HAUPTSITZ
Junglinster/Luxembourg

WEITERE STANDORTE
Trier/Deutschland, Fléron/Belgien

WEB
www.labo.lu

EINSTIEGSMÖGLICHKEITEN
Direkteinstieg
Praktikum

BEWERBUNGSVERFAHREN
E-Mail-Bewerbung
Initiativbewerbung

AUSWAHLVERFAHREN
Einstellungsgespräch
Telefoninterview

JOBS

FIRMENPROFIL

Laboratoires Réunis kann auf eine langjährige Erfahrung in der Labormedizin zurückblicken, die bis in das Jahr 1959 zurückreicht. Als akkreditiertes Luxemburger Unternehmen decken wir nahezu den gesamten labordiagnostischen Bereich der klinischen Analytik ab und sind national und international ein anerkannter und hochgeschätzter Partner. Unsere Analyseschwerpunkte liegen z.B. in der Hämatologie, Gerinnung, Biochemie, Endokrinologie, Allergiediagnostik oder Mikrobiologie. Wir sind ein bevorzugter internationaler Partner für Spezialuntersuchungen in der Genetik, Genomik und molekularen Diagnostik von Infektionskrankheiten. Unser Analysenspektrum wird durch unsere eigene Forschungs-und Entwicklungsabteilung ständig erweitert.

Wir beschäftigen zurzeit ca. 200 Mitarbeiter an unseren Standorten in Luxemburg, Belgien und Deutschland und expandieren weiter in einem internationalen und dynamischen Umfeld. Unsere Kultur zeichnet sich durch unseren hohen Anspruch an Qualität, Schnelligkeit, Flexibilität und Innovation aus sowie durch ein aufrichtiges und respektvolles Miteinander. Ambitionierte Mitarbeiterinnen und Mitarbeiter sind unser Kapital, Qualitätsbewusstsein und Patienten- und Kundenorientierung sind für uns eine Selbstverständlichkeit.

WEN SUCHEN WIR ?

- Naturwissenschaftler insbesondere aus dem Bereich Life Science (Molekularbiologie, Genetik, Biochemie)
- Labormediziner, Humangenetiker
- Veterinärmediziner
- Laboranten
- Medizinisch-technische Assistenten
- Biologisch-technische Assistenten
- (Bio-) Informatiker, Softwareentwickler

Sie verfügen über eine ausgeprägte Team-und Kommunikationsfähigkeit und möchten gerne in einem internationalen und interdisziplinären Umfeld tätig sein? Sie möchten gerne in einem dynamischen Umfeld aktiv einen Beitrag an der Zukunft unseres Unternehmens leisten?

Dann freuen wir uns auf Ihre Bewerbung!

Aktuelle Stellennangebote finden Sie auf unserer Homepage www.labo.lu

Gerne können Sie uns auch Ihre Initiativbewerbung schicken.

Labor | LS

Labor LS SE & Co. KG

Kontakt HR
Marion Förg
bewerbung@labor-ls.de

Firmenadresse
Labor LS SE & Co. KG
Mangelsfeld 4, 5, 6
97708 Bad Bocklet
Deutschland

Hauptsitz
Bad Bocklet

Web
www.labor-ls.de

Einstiegsmöglichkeiten
Direkteinstieg
Praktikum

Bewerbungsverfahren
Bewerbungsmappe
E-Mail-Bewerbung
Initiativbewerbung

Auswahlverfahren
Einstellungsgespräch
Sonstiges

Firmenprofil

Das Labor LS ist eines der größten unabhängigen Auftragslabore für mikrobiologisch-/biologische Qualitätsprüfungen in Europa. Wir arbeiten für Firmen aus der Pharma-, Medizinprodukte- und Kosmetikindustrie und sind ein modernes und zukunftsorientiertes Unternehmen.

Unsere ca. 460 Mitarbeiterinnen und Mitarbeiter profitieren von einem starken Gemeinschaftsgefühl und leben eine ausgeprägte und kundenorientierte Dienstleistungsmentalität.

Unser Motto: Labor LS - Das Labor, das mitdenkt.

Wir bieten Ihnen ein angenehmes Arbeitsumfeld sowie interessante und abwechslungsreiche Aufgabengebiete. Zudem:

- Gerechtes Entlohnungssystem und Gestaltungselemente der Vergütung
- Betriebliche Altersvorsorge
- Flexible Arbeitszeitmodelle zur Vereinbarkeit von Familie und Beruf
- Arbeitsplatzkleidung
- Cafeteria und kostenfreie Getränke
- Vielfältige Weiterbildungsmöglichkeiten

Mit unseren Qualitätsprüfungen liefern Sie einen direkten Beitrag zum gesundheitlichen Verbraucherschutz.

Wen suchen wir ?

Als eines der wachstumsstärksten Unternehmen in der Region sind wir stets auf der Suche nach qualifizierten Mitarbeiterinnen und Mitarbeitern.

Wir suchen Naturwissenschaftler, Mediziner und Ingenieure (m/w) u. a. aus folgenden Fachrichtungen:

- Biologie / Biotechnologie
- Chemie
- Human- und Tiermedizin
- Lebensmittelchemie und -technologie
- Pharmazie

Wir freuen uns auf Ihre Bewerbung!

Besuchen Sie uns auf www.labor-ls.de

Lonza Lonza AG

Kontakt
Nico Truffer
Fon +41 27 948 6003
nico.truffer@lonza.com

www.lonza.com

Firmenadresse
Lonza AG
Rottenstrasse 6
3930 Visp
Schweiz

Anzahl Mitarbeiter
3000

Standorte
Basel (HQ), Visp, +50 weltweit

Einstiegsmöglichkeiten
Direkteinstieg
Promotion
Postdoc
Praktikum

Bewerbungsverfahren
Online-Bewerbung
Initiativbewerbung

Auswahlverfahren
Bewerbungsgespräch
Recruiting Events
Telefoninterview

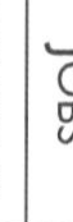

Lonza zählt zu den weltweit führenden und renommiertesten Zulieferern der Pharma-, Biotech- und Specialty-Ingredients-Märkte. Als Anbieter integrierter Lösungen verstärkt Lonza ihre Wertschöpfung im Healthcare Continuum und darüber hinaus. Dabei stehen vor allem die Gesundheitsversorgung der Patienten, die Gesundheitsvorsorge für Verbraucher und eine gesunde Umwelt für die Verbraucher im Mittelpunkt.

Das Unternehmen verbindet Wissenschaft und Technologie und entwickelt so Produkte, die unser Leben sicherer und gesünder machen und unsere Lebensqualität verbessern. Durch die jüngste Akquisition von Capsugel bietet Lonza nun Produkte und Dienstleistungen von der kundenspezifischen Entwicklung und Herstellung aktiver pharmazeutischer Wirkstoffe bis hin zu innovativen Darreichungsformen für die Pharma-, Consumer-Health- und Ernährungsbranche.

Lonza profitiert von ihrer Kompetenz in regulatorischen Fragen und kann so ihr Know-how aus dem Pharmabereich auch auf andere Bereiche übertragen: Von Hygiene und schnelldrehenden Konsumgütern über Beschichtungen und Verbundstoffe bis hin zu Konservierungsmitteln und Produkten zum Schutz von Agrarprodukten und anderen natürlichen Ressourcen.

Im Jahr 1897 in den Schweizer Alpen gegründet, ist Lonza heute ein renommiertes globales Unternehmen mit mehr als 100 Produktionsstandorten und Niederlassungen sowie rund 14 500 Vollzeitmitarbeitenden weltweit. 2017 erzielte Lonza einen Umsatz von CHF 5.1 Milliarden mit einem Kern-EBITDA von CHF 1.3 Milliarden. Weitere Informationen finden Sie auf unserer Webseite www.lonza.com.

Wen suchen wir ?

Am Lonza-Standort Visp bietet sich Ihnen eine Vielzahl von Möglichkeiten in den verschiedensten Arbeitsfeldern und Positionen:
- Forschung und Entwicklung
- Analytik
- Produktion
- Engineering
- Verfahrensentwicklung uvm.

Wir bieten

Zahlreiche Benefits wie Kostenbeteiligung an ÖV-Abonnementen, vergünstigte Mobiltelefonverträge, eigene Autowerkstatt uvm. warten auf Sie.

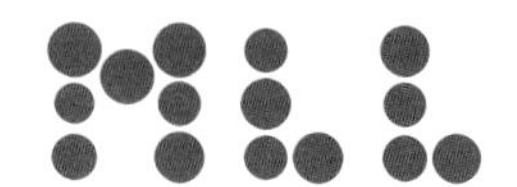

MLL Münchner Leukämielabor GmbH

Kontakt

Jonas Reiter
Fon 089-99017-543
jonas.reiter@mll.com

www.mll.com

Firmenadresse

MLL Münchner Leukämielabor GmbH
Max-Lebsche-Platz 31
81377 München
Deutschland

Einstiegsmöglichkeiten

Direkteinstieg

Bewerbungsverfahren

Bewerbungsmappe
E-Mail-Bewerbung
Online-Bewerbung
Initiativbewerbung

Auswahlverfahren

Bewerbungsgespräch
Sonstiges
Telefoninterview

Wir haben den inneren Antrieb, Verantwortung zu übernehmen.
Im Mittelpunkt unserer Arbeit steht die Verantwortung für Patienten mit einer Leukämie- oder Lymphomerkrankung: Wir wissen, dass hinter jeder Probe ein Mensch steht. Deswegen handeln wir mit größter Sorgfalt. Mithilfe unserer optimierten Diagnostik und einem umfassenden Methodenspektrum können wir zu einer Verlängerung der Lebenserwartung bei verbesserter Lebensqualität beitragen.
In einer Welt, die so viele neue Möglichkeiten bietet, ist es unser Ziel, die bestmögliche Leukämiediagnostik weltweit und für alle Patienten zugänglich zu machen.

Sechs Bereiche. Ein Labor.
Unsere interdisziplinäre Aufstellung unter einem Dach mit stetigem Austausch zwischen den Bereichen garantiert eine valide, umfassende und schnelle Befunderstellung.

Wir haben den Mut, Grenzen zu verschieben.
Wir sind Macher, sind wissbegierig, energisch und ehrgeizig. Etabliertes hinterfragen wir, bisherige Standards entwickeln wir weiter zu richtungsweisenden Methoden. Die neuesten Technologien nutzen wir, um die Diagnostik weiter zu optimieren.

Wen suchen wir ?

Neugierig, verantwortungsbewusst und mutig?

Sie sind begeistert dabei, wenn es um die Erforschung von Leukämie- und Lymphomerkrankungen und eine optimierte Patientenversorgung geht? Und wollen Verantwortung übernehmen sowie extrem sorgfältig arbeiten? Wenn Sie dann noch eine abgeschlossene Ausbildung als MFA, BTA oder MTLA haben oder einen Studienabschluss in Medizin, Naturwissenschaften, Informatik oder einer verwandten Fachrichtung, dann würden wir uns sehr freuen, Sie kennenzulernen.

Wir bieten

MorphoSys AG

Kontakt
Elisabeth von der Grün
Fon 089-89927 252
personnel@morphosys.com

www.morphosys.com

Firmenadresse
MorphoSys AG
Semmelweisstraße 7
82152 Planegg
Deutschland

Anzahl Mitarbeiter
350

Standorte
Planegg

Einstiegsmöglichkeiten
Direkteinstieg
Trainee
Praktikum

Bewerbungsverfahren
Online-Bewerbung
Initiativbewerbung

Auswahlverfahren
Bewerbungsgespräch
Telefoninterview

Die MorphoSys AG mit Hauptsitz in Planegg bei München ist ein börsennotiertes biopharmazeutisches Unternehmen. Wir haben uns der Erforschung, Entwicklung und Vermarktung innovativer Therapien für Patienten mit schweren Erkrankungen verschrieben. Unser Schwerpunkt liegt auf der Krebsmedizin.

Auf Basis unserer führenden Expertise bei therapeutischen Antikörpern haben wir zusammen mit Partnern eine Wirkstoffpipeline mit mehr als 100 Programmen in Forschung und Entwicklung aufgebaut. Mehr als 20 davon befinden sich in der klinischen Entwicklung, eines ist bereits auf dem Markt.

Wir sind heute eines der führenden Unternehmen unserer Branche. Fundament unseres Erfolges sind unsere Mitarbeiter, die die zentralen Werte des Unternehmens leben.

Möchten auch Sie zu einem erstklassigen Experten-Team gehören, das sich der Entwicklung neuartiger Medikamente verschrieben hat?

Wen suchen wir ?

MorphoSys bietet Einstiegsmöglichkeiten sowohl für Berufsanfänger, als auch für Mitarbeiter mit Berufserfahrung, insbesondere für:

- Technische Assistenten (Einstieg mit TA-Ausbildung oder Bachelor-/Masterabschluss möglich)
- Promovierte Biowissenschaftler, Mediziner und andere (Natur-)Wissenschaftler
- Experten aus Klinischer Forschung & Entwicklung, Qualitätsmanagement (GMP/GCP), Zulassung, Business Development und IT

Wir bieten

- Verantwortungsvolle Aufgaben mit interessanten Entwicklungsmöglichkeiten in einem modernen, dynamisch wachsenden Unternehmen
- Ein tolles Team in einer von Kollegialität und Teamgeist geprägten Atmosphäre
- Markt- und leistungsorientierte Vergütung mit Angeboten zur betrieblichen Altersversorgung
- Work-Life-Balance durch flexible Arbeitszeiten, Familienservice, firmeneigene Sportprogramme, Betriebsrestaurant und vieles mehr

Navigo Proteins GmbH

Kontakt HR
Klari Apel
Fon +49 345 27996 359
bewerbung@navigo-proteins.com

Firmenadresse
Navigo Proteins GmbH
Heinrich-Damerow-Str. 1
06120 Halle
Deutschland

Hauptsitz
Halle, Sachsen-Anhalt

Web
www.navigo-proteins.com

Einstiegsmöglichkeiten
Direkteinstieg
Promotion
Praktikum

Bewerbungsverfahren
E-Mail-Bewerbung

Auswahlverfahren
Einstellungsgespräch
Telefoninterview

JOBS

Firmenprofil

Die Navigo Proteins GmbH ist seit 1999 ein erfolgreiches und wachsendes Biotechnologie-Unternehmen mit Sitz im Technologiepark Weinberg Campus der Stadt Halle/Saale. Der Hauptschwerpunkt unserer Tätigkeit liegt in den Geschäftsfeldern Precision Capturing und Precision Targeting. Precision Capturing liefert hochspezifische Bindemoleküle für die Affinitätsreinigung komplexer biotherapeutischer Moleküle. Precision Targeting konstruiert biotherapeutisch aktive Bindeproteine, um z. B. Krebszellen im Körper aufzuspüren und abzutöten oder für bildgebende Verfahren oder diagnostische Anwendungen. Für die Entwicklung unserer proprietären Produkte in beiden Geschäftsfeldern nutzen wir unsere patentierte Affilin® Technologie, mit der wir innovative Proteine aus umfangreichen Bibliotheken selektionieren und auf die jeweilige Anwendung hin maßschneidern. Zu unseren Partnern zählen wir internationale Firmen aus der Life Science- und Pharmaindustrie. Zusammen mit ihnen entwickeln wir innovative Produkte um neue Werte zu generieren.

Wen suchen wir ?

Als wachsendes Biotechnologie-Unternehmen bieten wir vielfältige Einstiegsmöglichkeiten für berufserfahrene Fach- und Führungskräfte, Promovierte, Absolventen, Ausgebildete und Studenten.

Wir haben einen hohen Anspruch an die Qualität unserer Arbeit und an das spezifische Know-how unserer Mitarbeiter. Ihre Kompetenzen sind unser höchstes Gut, in das wir gerne investieren. Wir glauben grundsätzlich an eine offene und transparente Kommunikation – das gilt auch für die Entwicklung Ihrer Karriere in unserem Unternehmen im Einklang mit Ihrer persönlichen Lebensplanung. Unsere Führungsphilosophie basiert auf flachen Hierarchien, gegenseitigem Vertrauen und einer lösungsorientierten Zusammenarbeit.

Wir bieten eine zukunftssichere Perspektive in erfahrenen Teams und einem offenen Arbeitsumfeld, das herausfordert, von einem starken Miteinander geprägt ist und in dem Sie Ihr Potential entfalten können.

Sie haben einen naturwissenschaftlichen Abschluss, möchten sich beruflich entwickeln und zeigen ein hohes Maß an Eigeninitiative. Sie sind flexibel, fokussiert und stellen sich gerne neuen Themen und Herausforderungen. Erfahren Sie mehr über unsere aktuellen Positionen unter: www.navigo-proteins.com/career. Wir freuen uns auf Sie!

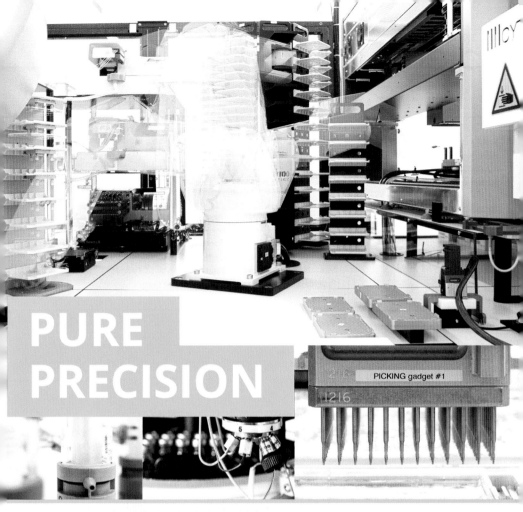

Pieris Pharmaceuticals GmbH

Kontakt
Ines Lehmann
Fon 08161-141-1400
recruiting@pieris.com

www.pieris.com

Firmenadresse
Pieris Pharmaceuticals GmbH
Lise-Meitner-Straße 30
85354 Freising
Deutschland

Anzahl Mitarbeiter
120

Standorte
Freising (Deutschland), Boston (USA)

Einstiegsmöglichkeiten
Direkteinstieg
Promotion
Postdoc
Praktikum

Bewerbungsverfahren
Online-Bewerbung
Initiativbewerbung

Auswahlverfahren
Bewerbungsgespräch
Telefoninterview

Pieris Pharmaceuticals ist ein börsennotiertes Biotechnologieunternehmen (Nasdaq: PIRS) mit Standorten in Deutschland und den USA, das sich auf die Erforschung und Entwicklung Anticalin-basierter Medikamente spezialisiert hat, um validierte Signalwege einer Erkrankung individuell und transformativ anzusprechen. Zusammen mit unseren Partnern leisten wir innovative Forschungsarbeit in den Bereichen Immun-Onkologie, Atemwegserkrankungen und Augenheilkunde. Bei den proprietären Anticalin - Proteinen von Pieris handelt es sich um eine neuartige Wirkstoffklasse, die durch klinische Studien und auch durch Partnerschaften mit führenden Pharmaunternehmen validiert ist.

Wen suchen wir ?

Wir suchen teamfähige und enthusiastische Mitarbeiter, die gerne in einem kreativen und dynamischen Arbeitsumfeld arbeiten. Gute Englischkenntnisse setzen wir voraus. Sollten Sie über fundierte wissenschaftliche Kenntnisse sowie erste Industrieerfahrung verfügen, freuen wir uns, wenn Sie sich bei uns bewerben und Teil unseres Teams werden.

Wir bieten

Pieris Pharmaceuticals ist ein stark wachsendes Biotechnologie Unternehmen mit ca. 120 Mitarbeitern an den Standorten Freising (Großraum München) und Boston (USA). Wir arbeiten in flachen Hierarchien mit kurzen Entscheidungswegen und bieten ein Arbeitsumfeld, welches sich durch Zusammenarbeit und Innovation auszeichnet.

Jeder unserer Mitarbeiter ist über ein Aktienoptionsprogramm sowie einen Aktiensparplan direkt am Erfolg des Unternehmens beteiligt. Des weiteren nimmt jeder Mitarbeiter an einem Bonusprogramm teil, das auf dem Erreichen von individuellen und unternehmensweiten Zielen basiert. Mehmals jährlich finden kreative Mitarbeiterveranstaltungen statt, da Zusammenhalt bei uns großgeschrieben werden. Die gemeinsame Gestaltung einer innovativen und partizipativen Unternehmenskultur ist uns ein wichtiges Anliegen.

Getränke | Fortbildung | Laptop | Flexible Arbeitszeiten | Firmen-Events | Parkplatz | Alters-vorsorge

PROTAGEN
Protein Services

Protagen Protein Services GmbH

KONTAKT
Dr. Petra Weingarten
Fon 0231/97426100
hr@protagenproteinservices.com

www.protagenproteinservices.com

FIRMENADRESSE
Protagen Protein Services GmbH
Inselwiesenstraße 10
74076 Heilbronn
Deutschland

ANZAHL MITARBEITER
100

STANDORTE
Heilbronn, Dortmund

EINSTIEGSMÖGLICHKEITEN
Direkteinstieg
Postdoc

BEWERBUNGSVERFAHREN
Bewerbungsmappe
E-Mail-Bewerbung
Initiativbewerbung

AUSWAHLVERFAHREN
Bewerbungsgespräch
Recruiting Events
Sonstiges
Telefoninterview

Die Protagen Protein Services GmbH (PPS) ist ein weltweit führender Dienstleister im Bereich der Proteinanalytik. Spezialisiert auf die Anwendung modernster proteinanalytischer Verfahren bei der Charakterisierung von Proteintherapeutika, hilft PPS internationalen Pharmaunternehmen bei der Entwicklung biopharmazeutischer Produkte von der frühen Entwicklung bis zur Zulassung. Von den beiden Firmenstandorten in Heilbronn und Dortmund aus unterstützen über 100 Spezialisten die Entwicklung von neuen biologischen Wirkstoffen und Biosimilars mit den neusten Analysetechnologien nach aktuellen regulatorischen Vorgaben.

WEN SUCHEN WIR ?

Als weltweit führendes und wachsendes Dienstleistungsunternehmen im Bereich der Proteinanalytik und der Charakterisierung von Proteintherapeutika ist die Protagen Protein Services GmbH kontinuierlich auf der Suche nach geeigneten Fachkräften, insbesondere

- Biologisch-technische Assistenten (BTA) (m/w/d)
- Biotechnologische Assistenten (BioTA) (m/w/d)
- Chemisch-technische Assistenten (CTA) (m/w/d)
- Biologie-Laboranten (m/w/d)
- Chemie-Laboranten (m/w/d)
- Naturwissenschaftler, Biotechnologen und Pharmazeuten mit proteinanalytischem Know-how (m/w/d)

WIR BIETEN

Unsere zukünftigen Mitarbeiter/innen erwartet ein verantwortungsvolles und abwechslungsreiches Aufgabengebiet in einem dynamisch wachsenden Life Science Unternehmen. Neben einer optimalen Einarbeitung und individuellen Weiterbildungsmöglichkeiten bieten wir ein motivierendes Arbeitsumfeld mit flexibler Arbeitszeitgestaltung. Bei uns wird Wertschätzung groß geschrieben und eine intensive Kommunikation auf allen Ebenen ist bei uns selbstverständlich.

Getränke

Fortbildung

Flexible Arbeitszeiten

Firmen-Events

Provadis Professionals GmbH

Kontakt HR
Bewerberhotline
Fon +49 (069) 305-7722
jobs@provadis-professionals.de

Firmenadresse
Provadis Professionals GmbH
Brüningstraße 50
65926 Frankfurt Höchst
Deutschland

Hauptsitz
Frankfurt am Main

Web
https://www.provadis-professionals.de/personalvermittlung/

Einstiegsmöglichkeiten
Direkteinstieg
Trainee

Bewerbungsverfahren
Online-Bewerbung
Initiativbewerbung

Auswahlverfahren
Assessment Center
Einstellungsgespräch
Telefoninterview

Jobs

Firmenprofil

Die Provadis Professionals GmbH ist der Fachkräfte-Vermittler der Industrie und unterstützt Unternehmen bei der Gewinnung von Fach- und Führungskräften aus der Chemie-, Pharma- und der verwandten Prozessindustrie. Sie ist ein Teil der Provadis-Gruppe, die sich als Fachkräfte-Entwickler der Industrie versteht und u.a. in den Bereichen der Ausbildung, Weiterbildung und Hochschule tätig ist.

Die Provadis Professionals ist das einzige Unternehmen im Arbeitgeberverband der chemischen Industrie Hessen, welches als Personaldienstleister agiert und Ihre Dienstleistungen im Rahmen der Arbeitnehmerüberlassung und Personalvermittlung Ihren Kundenunternehmen mit einer langjährigen Erfahrung anbietet.

In Zeiten des Fachkräftemangels und dem dadurch resultierenden Fachkräftebedarf bei Ihren Kundenunternehmen leistet die Provadis Professionals GmbH einen erheblichen Beitrag, um die Unternehmen kurzfristig sowie nachhaltig bei der anspruchsvollen Personalsuche zu beraten und zu unterstützen. Die Provadis Professionals GmbH greift bei Ihrer Vermittlungstätigkeit auf einen umfassenden Kandidatenpool von qualifizierten Fach- und Führungskräften, fundierte und ausgewählte Kooperationspartner sowie auf ein einzigartiges Netzwerk innerhalb der Chemie- und Pharmaindustrie zurück. Zur Deckung der Personalbedarfe Ihrer Kunden hat die Provadis Professionals GmbH exklusive Möglichkeiten, nicht nur in der Rekrutierung, Überlassung und Vermittlung von Fachkräften, sondern kann diese in Abstimmung mit Ihren Kunden entsprechend weiterqualifizieren bzw. Anpassungsqualifizierungen in Abstimmung mit der Provadis-Gruppe durchführen.

Wen suchen wir ?

Chemikanten, Pharmakanten, Chemielaboranten, Biologielaboranten

Mechatroniker, Elektroniker für Anlagen- und Automatisierungstechnik

Hochschulabsolventen aus den MINT Studiengängen

Ingenieure der Fachrichtungen Maschinenbau, Verfahrenstechnik, Elektrotechnik und Automatisierungstechnik

Rentschler Biopharma SE

Kontakt HR
Franziska Baur
Fon 07392-7010

Firmenadresse
Rentschler Biopharma SE
Erwin-Rentschler-Straße 21
88471 Laupheim
Deutschland

Hauptsitz
Laupheim

Web
www.rentschler-biopharma.com

Einstiegsmöglichkeiten
Direkteinstieg
Promotion
Praktikum

Bewerbungsverfahren
Online-Bewerbung

Auswahlverfahren
Einstellungsgespräch
Recruiting Events
Telefoninterview

JOBS

Firmenprofil

Rentschler Biopharma ist ein weltweit agierendes Dienstleistungsunternehmen für die Entwicklung und Produktion von Biopharmazeutika und beschäftigt rund 850 Mitarbeiter.

Wir bieten unseren Kunden ein Full-Service-Konzept von der Entwicklung der Zelllinie bis zur Bereitstellung des Biopharmazeutikums sowohl für klinische Studien wie auch für die Marktversorgung. Unsere Bioprozessentwicklung umfasst neben der Entwicklung der Zelllinie, die Prozessentwicklung für Zellkultur und Aufreinigung des Produktes sowie die Entwicklung analytischer Methoden und Formulierung. Der Wirkstoff wird in modernsten Bioreaktoren hergestellt, die den Anforderungen der biopharmazeutischen Industrie entsprechen. Die Qualität der Prozesse und der hergestellten Produkte wird durch ein umfassendes Qualitätsmanagement und präzise Qualitätskontrolle gesichert.

Als Familienunternehmen ist unsere Firmenkultur geprägt von gegenseitigem Vertrauen, Respekt und Offenheit. Was uns bei Rentschler Biopharma eint, ist die Leidenschaft für das, was wir tun. Als neuer Kollege werden Sie professionell von einem Mentor eingearbeitet und begleitet. Damit Sie einen möglichst umfassenden Einblick in unser Unternehmen bekommen, gibt es für Sie in Ihrer ersten Woche eine Welcome-Veranstaltung. Hier lernen Sie gemeinsam mit anderen neuen Kollegen unsere Werte, Visionen und unsere Philosophie kennen. Vertreter aus den unterschiedlichsten Fachabteilungen erklären Ihnen unsere Arbeitsprozesse. Bei Führungen in unseren Produktionsbereichen sehen Sie die Herzstücke unseres Unternehmens. Grundlegende Schulungen runden die Einführungswoche bei Rentschler Biopharma ab. Flache Hierarchien, kurze Entscheidungswege und ein kollegiales Miteinander sorgen dafür, dass Sie sich bei uns schnell zu Hause fühlen.

Wen suchen wir ?

Wir bieten kontinuierlich Einstiegsmöglichkeiten sowohl für Neueinsteiger als auch für qualifizierte Fachkräfte mit Berufserfahrung.

Auf Sie warten spannende und verantwortungsvolle Aufgaben, interessante Entwicklungsmöglichkeiten und ein attraktives Gesamtpaket an Benefits.

Wir freuen uns über Ihre Online-Bewerbung.

Sanofi-Aventis Deutschland GmbH

Kontakt
Recruitment Center
Fon 069-305-21288

www.sanofi.de/karriere

Firmenadresse
Sanofi-Aventis Deutschland GmbH
Industriepark Höchst, Gebäude K703
65926 Frankfurt am Main
Deutschland

Anzahl Mitarbeiter
10000

Standorte
Frankfurt am Main, Berlin, Köln und Neu-Isenburg

Einstiegsmöglichkeiten
Direkteinstieg
Trainee
Postdoc
Praktikum

Bewerbungsverfahren
Online-Bewerbung

Auswahlverfahren
Assessment Center
Bewerbungsgespräch

Mehr als 100.000 Mitarbeiter stehen in 100 Ländern im Dienst der Gesundheit. Sie erforschen, entwickeln und vertreiben therapeutische Lösungen, um das Leben der Menschen zu verbessern. Von den zehn größten Pharmaunternehmen weltweit ist Sanofi das einzige, das hierzulande die vollständige Wertschöpfungskette der Arzneimittelindustrie abdeckt.

Frankfurt-Höchst ist Sitz und größter Standort der Sanofi-Aventis Deutschland GmbH und zugleich ein im Unternehmenskontext einmaliger Verbund, in dem von ersten Forschungsansätzen bis zum Versand von Fertigarzneimitteln alle Voraussetzungen gegeben sind, um den deutschen Markt sowie zahlreiche weitere Länder weltweit mit Medikamenten zu versorgen.

Sanofi entwickelt, produziert und vertreibt neben verschreibungspflichtigen Arzneimitteln auch Impfstoffe, Generika sowie rezeptfreie Medikamente. Die Erforschung neuer medizinischer Lösungen ist unsere Mission, die Versorgung von Millionen von Menschen mit modernen und bewährten Arzneimitteln unsere Verpflichtung. Als ein führendes Gesundheitsunternehmen sind wir auf der Suche nach neuen Ideen für mehr Gesundheit und Lebensqualität für alle Menschen weltweit.

Wen suchen wir ?

- Fachrichtungen: Naturwissenschaften, Medizin, Ingenieurwissenschaften, BWL
- Einsatzbereiche: Forschung & Entwicklung, Medizinprodukte, Arzneimittelzulassung/ Medizinische Abteilung, Wirkstoffproduktion & Arzneimittelfertigung, Ingenieurtechnik/ Prozessentwicklung, Qualitätskontrolle/ -sicherung, Marketing & Vertrieb (Berlin)
- Qualifikationen: überdurchschnittlich erfolgreiches Studium, Praktika in Industrie/ Wirtschaft, Auslandserfahrung, sehr gutes Englisch, ausgeprägte kommunikative Fähigkeiten, soziale/ interkulturelle Kompetenz, Freude an Team-/ Projektarbeit

Wir bieten

- umfangreiche Karrieremöglichkeiten
- flexible Arbeitszeitgestaltung
- überdurchschnittliche Vergütung
- attraktive Zusatzleistungen
- Gesundheitsförderung
- Social Care

Kantine, Mensa

Alters-vorsorge

Kinder-betreuung

Fortbildung

Sport-Angebote

Flexible Arbeitszeiten

Gute Verkehrs-Anbindung

SolMic Research GmbH

Kontakt
Thomas Sowik
Fon +49 (0) 211 30201375
bewerbung@solmic-research.de

www.solmic-research.com/

Firmenadresse
SolMic Research GmbH
Merowingerplatz 1a
40225 Düsseldorf
Deutschland

Anzahl Mitarbeiter
15

Standorte
Düsseldorf

Einstiegsmöglichkeiten
Direkteinstieg
Promotion
Postdoc

Bewerbungsverfahren
Bewerbungsmappe
E-Mail-Bewerbung
Online-Bewerbung
Initiativbewerbung

Auswahlverfahren
Bewerbungsgespräch
Telefoninterview

Gestalten Sie Ihre Zukunft mit uns!

Die SolMic Research GmbH entwickelt und vermarktet Produkte mit einer patentierten Technologie in den Bereichen Nahrungsergänzung und Cosmeceuticals.

Wenn Sie mit einem erfahrenen Team neue, herausfordernde Projekte erarbeiten und sich in einem dynamischen Umfeld bewegen möchten, freuen wir uns auf Ihre Bewerbung.

Wen suchen wir ?

- Naturwissenschaftler (Biologie, Chemie, Pharmazie)
- Laborassistenz (Biologie, Chemie, Pharmazie)
- Mitarbeiter Qualitätsmanagement (Biotechnologie, Chemie, Biologie)
- IT-Manager

Sie passen am besten zu uns, wenn

- Sie über ein gut abgeschlossenes Studium/Ausbildung, vorzugsweise im Bereich Naturwissenschaften verfügen
- Sie bereits erste (internationale) Erfahrungen, z.B. durch Praktika, etc., vorweisen können
- Sie verhandlungssichere Deutsch- und Englischkenntnisse besitzen

Wir bieten

- Weltweite Gestaltungsmöglichkeiten in einem stark expandierenden Umfeld (Nordamerika, Europa, China)
- Ein kleines Team vor Ort in Düsseldorf mit Internationalem Netzwerk das Ihnen die Möglichkeit bietet sich vielseitig einzubringen und Projekte aktiv mitzugestalten
- Qualifikationsbezogene Vergütung und einen unbefristeten Arbeitsvertrag
- Start-Up Unternehmenskultur, sowie Marktteilnahme
- Familienfreundliche und Flexible Arbeitszeitmodelle

Getränke

Fortbildung

Flexible Arbeitszeiten

Gute Verkehrs-Anbindung

Homeoffice

Firmen-Events

Parkplatz

Takeda GmbH

KONTAKT

Selina Wrzeszcz
Fon 07531-84 2108
germany.jobs@takeda.com

www.takeda.de/jobs

FIRMENADRESSE

Takeda GmbH
Byk-Gulden-Str. 2
78467 Konstanz
Deutschland

EINSTIEGSMÖGLICHKEITEN

Direkteinstieg
Trainee

BEWERBUNGSVERFAHREN

Online-Bewerbung

AUSWAHLVERFAHREN

Bewerbungsgespräch

JOBS

Takeda ist ein forschungsgetriebenes, wertebasiertes und global führendes biopharmazeutisches Unternehmen mit Hauptsitz in Japan. Als größter japanischer Arzneimittelhersteller engagiert sich Takeda in 80 Ländern und Regionen weltweit dafür, Patienten mit wegweisenden medizinischen Innovationen eine bessere Gesundheit und eine schönere Zukunft zu ermöglichen. Takeda fokussiert seine Forschung auf die Therapiegebiete Onkologie, Gastroenterologie, Erkrankungen des zentralen Nervensystems und Seltene Erkrankungen. Außerdem investiert Takeda zielgerichtet in Forschungsaktivitäten in den Bereichen Plasmabasierte Therapien und Impfstoffe. Dabei steht der Patient jederzeit im Mittelpunkt: Unsere Mitarbeiter engagieren sich täglich dafür, die Lebensqualität von Patienten zu verbessern und die Zusammenarbeit mit Partnern im Gesundheitswesen voranzutreiben. In Deutschland steuert Takeda von Berlin aus die Aktivitäten für den deutschen Markt, ergänzt durch weitere administrative Funktionen in Konstanz. Als Teil eines globalen Produktionsnetzwerkes betreibt Takeda in Deutschland Produktionsstätten im brandenburgischen Oranienburg sowie in Singen. Insgesamt sind mehr als 2.300 Mitarbeiter für Takeda in Deutschland tätig.

WEN SUCHEN WIR ?

Takeda investiert seit Jahren kontinuierlich in den Standort Singen. Aktuell wird eine neue Produktionsstätte für die Herstellung eines Dengue-Impfstoffs errichtet. Damit entstehen am Standort über 200 attraktive Arbeitsplätze in den Bereichen Produktion, Qualitätssicherung, Organisation und Verwaltung. Ob Pharmazeuten, Informatiker, Natur-, Ingenieur- oder Wirtschafts- wissenschaftler: Wir sind immer auf der Suche nach jungen Talenten, die gemeinsam mit uns an Gesundheitslösungen von morgen arbeiten. Als einer der global führenden Arzneimittelhersteller bieten wir Berufseinsteigern, die ihren Bachelor- oder Masterabschluss erfolgreich absolviert haben, hervorragende Perspektiven und spannende Entwicklungsmöglichkeiten in einem dynamischen Umfeld. Während der intensiven Einarbeitungsphase werden Berufseinsteiger schnell zu vollwertigen Teammitgliedern, die anschließend eigenständig wichtige Aufgaben in ihren Einsatzbereichen übernehmen. Unsere erfahrenen Mitarbeiter helfen neuen Kollegen dabei, die ersten Schritte im Berufsalltag sicher zu meistern und sich erfolgreich neuen Herausforderungen zu stellen. Werden Sie ein Teil von Takeda und stellen Sie schon heute die Weichen für Ihre Zukunft. Wir freuen uns auf Ihre Bewerbung!

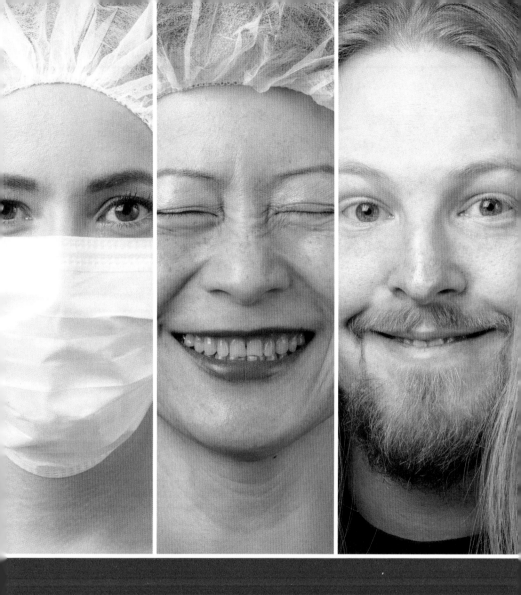

Universitätsmedizin der Johannes Gutenberg-Universität Mainz

Kontakt
Recruiting Büro
karriere@unimedizin-mainz.de

www.unimedizin-mainz.de/

Firmenadresse
Universitätsmedizin der Johannes
Gutenberg-Universität Mainz
Langenbeckstraße 1
55131 Mainz
Deutschland

Anzahl Mitarbeiter
7500

Standorte
Mainz

Einstiegsmöglichkeiten
Direkteinstieg
Promotion
Postdoc
Praktikum

Bewerbungsverfahren
E-Mail-Bewerbung
Online-Bewerbung

Auswahlverfahren
Bewerbungsgespräch
Telefoninterview

Das Motto Unser Wissen für Ihre Gesundheit spiegelt das Selbstverständnis der Universitätsmedizin wider: optimale Patientenversorgung mit modernsten Diagnose- und Therapieverfahren auf der Basis neuester Erkenntnisse der medizinischen Forschung.
Jährlich werden über 300.000 Patienten an mehr als 60 Fachkliniken und Instituten betreut.
Um den Erfolg ihrer Arbeit zu sichern, setzt die Universitätsmedizin auf gut ausgebildete Fachkräfte. An neun Lehranstalten und Schulen erlernen mehr als 600 Auszubildende verschiedenste Gesundheitsfachberufe. Daneben bildet die Universitätsmedizin auch in kaufmännischen und technischen Berufen aus.
Die Universitätsmedizin Mainz setzt Akzente in Wissenschaft und Forschung. Insbesondere positioniert sie sich in der Herz-Kreislauf-Forschung, der Immunologie und den Neurowissenschaften. Ein weiterer Schwerpunkt verbindet chirurgische und materialwissenschaftliche Kompetenzen. In Forschung und Lehre kooperiert die Universitätsmedizin Mainz mit verschiedenen Fachbereichen der Johannes Gutenberg-Universität Mainz. Darüber hinaus arbeitet sie mit zahlreichen Partnern in der gesamten Region sowie europa- und weltweit zusammen.

Wen suchen wir ?

Wir suchen regelmäßig Absolventen und Studierende (m/w/d) sowie berufserfahrene Mitarbeiter (m/w/d) für die medizinische und naturwissenschaftliche Forschung, Spezialisten aus dem Bereich klinische Forschung sowie Auszubildende für medizinisch-technische Fachberufe (MTA-Labor, MTRA). Aber auch viele andere Berufsprofile werden häufig gesucht! Erfahren Sie mehr über unsere aktuellen Positionen und Ausbildungsangebote auf unserer Homepage:
http://www.unimedizin-mainz.de/jobs

Wir bieten

Wir bieten Ihnen:

- Vielfältige Arbeitsplätze in unterschiedlichen Bereichen
- Eine attraktive Vergütung im Rahmen eines Haustarifvertrages sowie zusätzliche Alters- und Sozialleistungen
- Möglichkeiten der Kinderbetreuung
- Ein Job-Ticket sowie eine sehr gute Verkehrsanbindung

Kantine, Mensa | Firmenticket | Kinderbetreuung | Fortbildung | Flexible Arbeitszeiten | Gute Verkehrs-Anbindung | Parkplatz

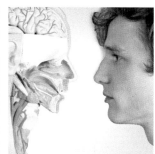

Vetter Pharma-Fertigung GmbH & Co. KG

KONTAKT
Human Resources
personal@vetter-pharma.com

www.vetter-pharma.com/karriere

FIRMENADRESSE
Vetter Pharma-Fertigung GmbH & Co. KG
Schützenstr. 87
88212 Ravensburg
Deutschland

ANZAHL MITARBEITER
4400

EINSTIEGSMÖGLICHKEITEN
Direkteinstieg
Trainee
Praktikum

BEWERBUNGSVERFAHREN
Online-Bewerbung
Initiativbewerbung

AUSWAHLVERFAHREN
Assessment Center
Bewerbungsgespräch
Sonstiges
Telefoninterview

Willkommen beim Qualitätspartner der internationalen Pharma- und Biotechindustrie
Vetter ist einer der weltweit führenden Pharmadienstleister für die keimfreie Abfüllung und Verpackung von Spritzen und anderen Injektionssystemen unter anderem zur Behandlung von Krankheiten wie Multiple Sklerose, schwere rheumatische Arthritis und Krebs. Das Unternehmen unterstützt Arzneimittelhersteller von der frühen Entwicklung neuer Präparate bis zur weltweiten Marktversorgung.

Wir behaupten uns seit Jahren erfolgreich auf dem internationalen Gesundheitsmarkt als Dienstleister für Top-Unternehmen der Pharma- und Biotechbranche. Trotzdem sind wir bodenständig geblieben und besonders stolz auf unsere oberschwäbischen Wurzeln.

Vetter versteht Qualität.
Sie ist das Ergebnis der intensiven Entwicklung höchster Fertigungsstandards sowie eines besonderen Bewusstseins für Verantwortung. Zu sehen an der Vielzahl an Kundenprodukten mit strenger Marktzulassung sowie an unserer weitreichenden Erfahrung mit Regulierungsbehörden auf der ganzen Welt.

Vetter schätzt Leben.
Es steht im Mittelpunkt unserer Aktivitäten bei den Prozessen ebenso wie bei der Fertigung pharmazeutischer und biotechnologischer Wirkstoffe unserer Kunden. Deshalb geben wir alles, damit von uns hergestellte Medikamente die Lebensqualität von Patienten immer weiter verbessern.

Vetter liebt Zukunft.
Das spüren unsere Mitarbeiter: Wir geben gerne Wissen weiter und schaffen gute Bedingungen für die persönliche Weiterentwicklung. Denn vorausschauend zu handeln ist für uns selbstverständlich.

Vetter ist Tradition.
Weil wir in Familienbesitz sind, agieren wir unabhängig von externen Investoren. Zum Vorteil von Kunden, Patienten und Mitarbeitern.

WIR BIETEN

Kantine, Mensa

Alters-vorsorge

Fortbildung

Sport-Angebote

Flexible Arbeitszeiten

VivaNeo Gruppe

Kontakt HR
Aline Gehrhardt
Human Resources Manager
Fon 069 254 741 630
Karriere@vivaneo.de

Firmenadresse
VivaNeo Deutschland GmbH
Am Weingarten 25
60487 Frankfurt
Deutschland

Hauptsitz
Frankfurt am Main

Weitere Standorte
Berlin, Düsseldorf, Frankfurt, Wiesbaden, Eichstätt, DK: Aalborg, Aarhus, Holbaek, Kopenhagen, Skive, AT: Klagenfurt, Wels, Wien, NL: Leiderdorp

Web
www.vivaneo.de

Einstiegsmöglichkeiten
Direkteinstieg
Trainee
Praktikum

Bewerbungsverfahren
E-Mail-Bewerbung
Online-Bewerbung
Initiativbewerbung

Auswahlverfahren
Einstellungsgespräch
Sonstiges
Telefoninterview

Firmenprofil

Die VivaNeo Gruppe ist ein europaweiter Verbund von Kinderwunschzentren. Als Gruppe streben wir nach gesamtheitlicher Exzellenz, sowohl in der Medizin wie auch im Patientenservice, in unseren internen Abläufen und als Arbeitgeber in unseren Zentren. Wir setzen dabei auf den Aufbau einer gemeinsamen Qualitätsplattform aus Wissen, Erfahrung, Prozessen und Technologie und versuchen systematisch best practices aus den unterschiedlichen Zentren in die Verfahrensweisen der gesamten Gruppe zu integrieren bzw. laufend weiter zu entwickeln. In der Gruppe zählen wir heute aktuell insgesamt 10 Zentren mit insgesamt fast 70 Ärzten.

Zusätzlich bietet unser medizinisches Laboratorium in Düsseldorf-Benrath seinen Einsendern ein breites Spektrum an labormedizinischer und mikrobiologischer Diagnostik an.

Die VivaNeo Sperm Bank GmbH hilft Paaren inner- und außerhalb Deutschlands dabei, sich ihren Kinderwunsch mit Spendersamen zu erfüllen.

Zu der VivaNeo-Gruppe gehört ebenfalls das Nierenzentrum-Eichstätt. Unter dem Dach des Nephrologisch/Urologischen Zentrums Eichstätt kooperieren die Ambulanz für Nierenerkrankungen, das Dialysezentrum und die unmittelbar benachbarte Ambulanz für Urologie.

Wen suchen wir ?

- Medizinische Fachkräfte / MFAs
- Medizinische Technische Assistenten / MTAs
- Biologisch Technische Assistenten / BTAs
- Fachärzte für Gynäkologie und Geburtshilfe
- Fachärzte für gynäkologische Endokrinologie
- Fachärzte für Reproduktionsmedizin
- Fachärzte für Laboratoriumsmedizin
- Fachärzte für Anästhesiologie
- Fachärzte für Nephrologie
- Fachärzte für Urologie
- Reproduktionsbiologen

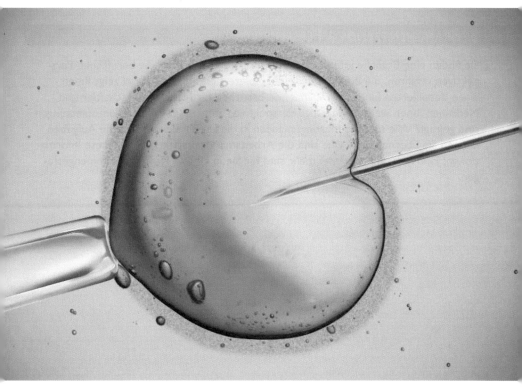

3. Branchentrends & Perspektiven

Sie finden eine Branche interessant oder möchten mehr über die beruflichen Perspektiven erfahren, die Ihr Abschluss Ihnen bietet? Das dritte Kapitel zeigt Ihnen einen detaillierten Einblick in spannende Branchen für Naturwissenschaftler und Mediziner. Ihnen werden vielfältige Perspektiven aufgezeigt. Welche Voraussetzungen sind gefragt? Wie sind die Einstiegschancen in diesen Bereichen? Welche Aufgaben können Sie übernehmen? Wie sind die Arbeitsmarktperspektiven? All diese Informationen, Einblicke und noch viel mehr sind für Sie in diesem Kapitel zusammengetragen.

3. Branchentrends & Perspektiven

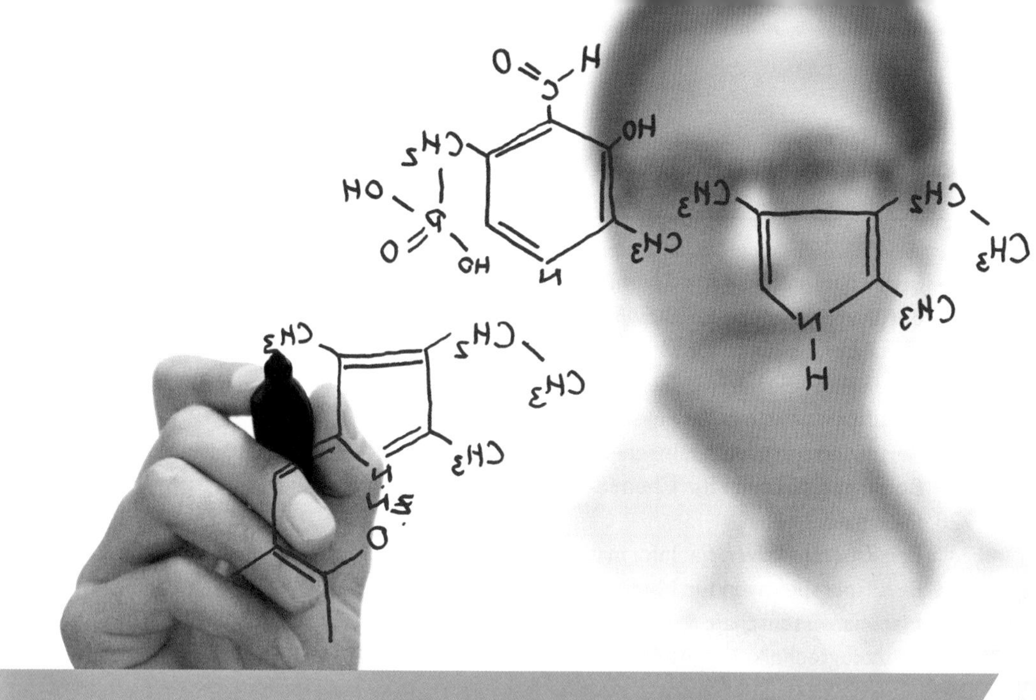

Berufsperspektiven für Chemiker

Chemie ist überall

Die Einsatzgebiete für Chemiker sind so vielfältig wie die Chemie selbst. Die chemische Industrie ist jedoch nach wie vor das Wunsch-Arbeitsgebiet vieler Absolventen. Abwechslungsreiche Aufgabengebiete und attraktive Gehälter sprechen Absolventen vorrangig an.

Neben den „klassischen" Einsatzgebieten in der **Forschung und Entwicklung** sind Chemiker in der **Analytik** tätig. Dort unterstützen sie mit ständig weiterentwickelten Methoden Forschungsabteilungen durch die Charakterisierung neu synthetisierter Verbindungen. Eng verbunden mit der Analytik ist oft die **Qualitätssicherung**. Dabei werden die im Unternehmen hergestellten Produkte ebenso wie die eingekauften Rohstoffe systematisch geprüft, um eine gleichbleibend hohe Qualität der Endprodukte zu gewährleisten.

In der **Verfahrenstechnik** arbeiten Chemiker eng mit Chemieingenieuren und Verfahrenstechnikern zusammen. Sie übertragen die im Unternehmen entwickelten Produkte oder Produktionsverfahren vom Labormaßstab (µl) in den Betriebsmaßstab (Tonnen). So ist die Produktion für einen globalen Markt möglich. Chemiker sind dort in der Regel als Betriebsleiter für eine bestimmte Produktionsanlage verantwortlich, die häufig im 24-Stunden-Betrieb läuft. Ihre Aufgabe ist es, dass die Erzeugnisse termingerecht und in der ▶

geforderten Menge und Qualität hergestellt werden.

Eine Schnittstelle zwischen dem Verkauf von Produkten und dem Labor ist das Einsatzgebiet in der **Anwendungstechnik**. Chemiker führen hier Marktbeobachtungen durch und analysieren die Bedürfnisse der Anwender. Dabei geben sie Anstöße für mögliche Neuentwicklungen. Auch die Chemiker im **Marketing** oder **Produktmanagement** haben die Endkunden im Blick. Sie sind dafür verantwortlich, die Produkte am Markt zu platzieren und erarbeiten Werbestrategien. Im **Vertrieb** schließlich ist der Chemiker der direkte Ansprechpartner des Kunden. Es ist seine Aufgabe, den Kunden zu beraten, ihm die für seine Anforderungen geeigneten Produkte vorzustellen und natürlich auch, den eigentlichen Verkauf abzuwickeln.

Ein weiteres Einsatzgebiet für Chemiker ist die **Öffentlichkeitsarbeit**. Hier sind vor allem Chemiker mit guten kommunikativen Eigenschaften gefragt, die komplizierte chemische Sachverhalte so erklären können, dass auch ein Laie sie versteht. In den **Patentabteilungen** der Industrieunternehmen sorgen Chemiker dafür, dass die im Unternehmen entwickelten Produkte oder Verfahren patentrechtlich geschützt werden, um die kommerzielle Nutzung sicher zu stellen.

Viele dieser Bereiche werden aber nicht nur in der chemischen Industrie, sondern auch in **anderen Branchen** mit Chemikern besetzt. So wird ihre Kompetenz auch in der Lebensmittel-oder Metallindustrie, Kunststoff-, Mineralöl-oder Lackindustrie, Energiewirtschaft, Optik, im Anlagenbau oder in der Recycling-Industrie und vielen weiteren Branchen benötigt. Ebenso wie in der chemischen Industrie wird dort intensiv geforscht, wofür es das Know-How von Chemikern braucht.

Das gilt nicht nur für große, sondern auch für kleine und mittelständische Unternehmen, die sogenannten KMUs. Aber auch in Verbänden, Schulen und gemeinnützigen Organisationen werden Experten aus der Chemie benötigt.

Berufseinsteiger sollten für ihre Stellensuche nicht nur die einschlägigen Online- und Printmedien konsultieren. Über die sozialen Netzwerke werden mittlerweile gezielt Einstiegsprogramm- und Positionen beworben. Aber auch über ein frühzeitig aufgebautes und gepflegtes, berufliches Netzwerk kann der Berufseinstieg gelingen. Der „verborgene Stellenmarkt“ wächst stetig.

Ebenso sollten Chemiker auf Stellensuche bedenken, dass einige Positionen nicht explizit ausgeschrieben werden. Gerade die größeren Unternehmen erwarten für attraktive Einstiegsoptionen ein hohes Maß an Eigeninitiative, z.B. über Initiativbewerbungen.

Eine „klassische“ Bewerbungsmappe in Papierform existiert kaum noch. Vor allem kleinere und mittelständische Unternehmen fordern in der Regel Bewerbungen per Email. Größere Unternehmen bieten hierfür Bewerbungsportale, für die normalerweise ein Benutzerkonto eingerichtet werden kann. Hier können die wichtigsten Basisinformationen hinterlegt ▶

und die Bewerbungsunterlagen hinzugefügt werden. Damit ist die Bewerbung auf eine konkret ausgeschriebene Stelle möglich oder in vielen Fällen auch eine Initiativbewerbung einstellbar.

Eine digitale Bewerbung oder ein Online-Profil muss mit Sorgfalt und Aufmerksamkeit erstellt werden. Sie stellen die Visitenkarte des Bewerbers dar. Chemiker, die nach dem Abschluss von Master/ Diplom oder Promotion ihre erste Stelle außerhalb der Hochschule suchen, finden auf den Webseiten der Unternehmen alle Informationen, die sie für ihre Bewerbung benötigen.

Nach der jährlich erhobenen Statistik der GDCh war der Berufseinstieg für Chemiker im Jahr 2016 nicht ganz so schwer wie in den Jahren zuvor. Bei den Berufseinsteigern handelt es sich zu über 80 % um Promovierte, denn nach wie vor ist der Berufseinstieg mit einem Diplom- oder Masterabschluss nur für wenige Uni-Absolventen eine Alternative. Fast alle der Bachelor-Absolventen schließen direkt ein Master-Studium an, anstatt in den Beruf einzusteigen. Bei Absolventen von Hochschulen für Angewandte Wissenschaften (HAW),

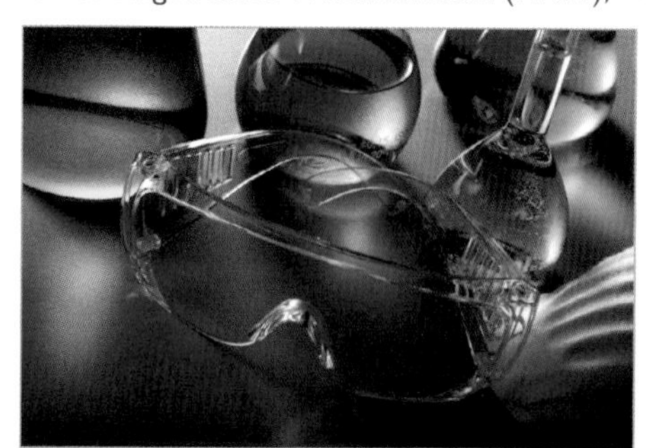

ehemals Fachhochschulen, gehen nach neuester GDCh-Statistik rund ein Drittel nach dem Bachelor-Abschluss in den Beruf, während die anderen zunächst ein Master-Studium anschließen. Unter 10 % der HAW Master-Absolventen beginnen danach eine Promotion.

Im Jahr 2016 gelang rund 33 % der promovierten Absolventen der direkte Einstieg mit einer unbefristeten Stelle in die chemische oder pharmazeutische Industrie und 10 % in die übrige Wirtschaft. Auf gleichem Niveau wie im Vorjahr verbleibt die Anzahl der Absolventen (19 %), die eine zunächst befristete Stelle in der Industrie, einem Forschungsinstitut oder einer Hochschule im Inland annahmen. Dieser Wert ist ein guter Indikator für den Arbeitsmarkt. Er umfasst sowohl befristete Stellen in der Industrie als auch Postdoc- Stellen im Inland. Ins Ausland gingen zunächst 13 % der promovierten Absolventen, in den meisten Fällen zu einem Postdoc-Aufenthalt. Lediglich 2 % der Absolventen blieben nach der Promotion in der Forschung an einer Hochschule oder einem Forschungsinstitut. Im öffentlichen Dienst kamen 5 % unter. Der Arbeitsmarkt der Chemiker unterliegt wie in jedem anderen Bereich Schwankungen und verlangt von Berufseinsteigern zurzeit nach wie vor Geduld. Ein leichter positiver Trend setzt sich allerdings fort. Chemieabsolventen, die zurzeit oder in naher Zukunft auf Stellensuche sind, sollten optimistisch in die Zukunft blicken und die vielen Chancen nutzen, die sich ihnen mit ihrem Studium bieten. Chemie ist überall – daher werden auch „fast" überall gute Chemiker gebraucht. ■

Angela Pereira Jaé
Leitung Karriereservice
Gesellschaft Deutscher Chemiker e.V.

karriere@gdch.de

GDCh
Gesellschaft Deutscher Chemiker

Unter www.gdch.de/karriereprint stellt die GDCh Broschüren für Absolventen eines Chemiestudiums sowie der Chemieberufe (Chemiker, Chemielaboranten, CTAs) zur Verfügung. Hier sind Erfahrungsberichte junger und erfahrener Absolventen (mit und ohne Promotion) in verschiedenen Branchen und Tätigkeitsbereichen veröffentlicht.

Berufsperspektiven für Biowissenschaftler

Ja, das 21. Jahrhundert ist das Jahrhundert der Life Sciences. Es gibt viele neue Arbeitsfelder, die teilweise sehr interdisziplinär sind, aber immer einen biowissenschaftlichen Kern haben. Ein Megatrend bereits seit 20 Jahren ist die Biomedizin mit ihren innovativen biotechnologischen Produkten.

Wer im Zeitalter der alternden Gesellschaft z.B. wirksame Mittel gegen neurodegenerative Erkrankungen wie Alzheimer oder Parkinson findet, dem ist nicht nur der Nobelpreis sicher. Im Kommen sind auch techniknahe Bereiche wie Systembiologie, Bionik, Biophysik oder Nanobiotechnologie.

Welche Wege in die Life Sciences gibt es?

Neben einem biowissenschaftlichen Studium an einer Universität oder einer Fachhochschule führt auch eine Ausbildung zum technischen Assistenten oder zum Laboranten in die Forschungslabore. Für eine Karriere in der Forschung ist aber ein Doktortitel unbedingt notwendig. Biologen werden in der Regel als fachliche Spezialisten eingestellt, sprich der Einstieg erfolgt über den Bereich F&E.

In welchen Branchen arbeiten Biologen?

Biologen arbeiten in den verschiedensten Bereichen. Jobmaschine Nr. 1 ist die Biomedizin, wo über die Hälfte der Grundlagenforschung von Biowissenschaftlern durchgeführt wird. Aber auch in Großforschungseinrich- ▶

tungen, in der chemischen oder pharmazeutischen Industrie, in den Medien, als Berater oder als Lehrkräfte – nicht nur in der Schule – sind Biologen gefragt.

Sie müssen sich aber grundsätzlich entscheiden, ob Sie dauerhaft in der Forschung arbeiten wollen, in der Produktion oder im Vertrieb. Dabei kommt es weniger darauf an, ob im jeweiligen Bereich besonders viele Stellen frei sind, sondern ob die Tätigkeit zu Ihnen – zu Ihrer Persönlichkeit – passt.

Worauf kommt es beim Biologie-Studium wirklich an?

Entscheidend ist die Erkenntnis, dass man trotz vorgegebener Studienpläne selbst für seine Ausbildung verantwortlich ist. Gerade das Grundstudium sollte man nutzen, um möglichst breite Grundkenntnisse und eine große Vielfalt an Fähigkeiten zu erwerben. Auf einer breiten Basis kann man sich dann sehr gut spezialisieren und vor allem später bei einem sich wandelnden Arbeitsmarkt ggf. auf Wissen zurückgreifen, das außerhalb des Spezialgebiets liegt. Lebenslanges Lernen ist für jeden Biologen eine Selbstverständlichkeit.

Was vermissen Sie bei den heutigen Berufsanfängern?

Selbständiges Denken und Handeln wird in den relativ verschulten Studiengängen leider immer weniger vermittelt, aber dann von den Jungakademikern gnadenlos abverlangt. Ich rate zu Folgendem: Lieber ein Semester zuviel auf dem Buckel, dafür aber echte Auslandserfahrung oder ein längeres Industriepraktikum vorweisen können. Firmen wollen Persönlichkeiten einstellen, keine Roboter.

Haben Sie Tipps für die ideale Bewerbung?

Meist braucht man als Biologe nur einen Job – den Richtigen. Das bedeutet, dass man sich nicht krampfhaft bei allen Firmen bewerben sollte, die einem einfallen. Ohne konkrete Anknüpfungspunkte, z.B. über persönliche Kontakte auf Karriereveranstaltungen, würde ich heute keine einzige Initiativbewerbung mehr abschicken.

Die Bewerbungen werden teilweise von Computern auf Reizworte gescannt, da sollte man lieber einen Fachausdruck zu viel als zu wenig nennen. Allerdings nicht im Anschreiben, da wird erwartet, dass man seine Bewerbung mit einem Maximum an Klarheit auf 20 Zeilen zusammenfassen kann.

Wie viel kann man als Biologe verdienen?

Ich will hier keine konkreten Zahlen nennen, aber es wird gutes Geld verdient. In der Chemie- und Pharmaindustrie wird nicht mehr unterschieden, welches Studium man absolviert hat. Hier ist bei den Einstiegsge- ▶

hältern nur wichtig, ob man promoviert hat und ob man bereits Berufserfahrung außerhalb der Akademia vorweisen kann.

Es gibt klare tarifliche Vorgaben, die allerdings nicht für alle Firmen gelten. Es ist wie beim Fußball, Angebot und Nachfrage regeln den Preis. Insbesondere ist es aber auch entscheidend, welches Personalentwicklungskonzept die Firma verfolgt. Was nützt mir ein Spitzengehalt, wenn ich nach kurzer Zeit wieder ausgestellt werde. Allerdings: Wer sich unter Wert verkauft – sprich weniger als im öffentlichen Dienst üblich – hat es schwer, ohne Arbeitsplatzwechsel sein Gehalt nachhaltig zu steigern.

Wo findet man Stellenangebote?

Natürlich auf jobvector.de, schließlich haben wir als Biologenverband diese fachspezifische Online-Plattform von Anfang an begleitet! Aber Spaß beiseite. Stellenangebote werden heute zwar hauptsächlich online gestellt, aber viele Stellen werden gar nicht auf dem freien Markt ausgeschrieben. Gerade im klassischen Bereich werden frei werdende Stellen intern oder nur in Fachkreisen bekannt. Somit gibt es neben den Jobbörsen auch einen nicht zu unterschätzenden informellen Arbeitsmarkt, den man nur erreicht, indem man in den entsprechenden fachlichen Netzwerken unterwegs ist.

Werden klassische Biologen überhaupt noch gebraucht?

Ja natürlich, in bestimmten Bereichen gibt es sogar einen ausgesprochenen Fachkräftemangel. Jedoch haben Absolventen der Ökologie, bzw. klassischen Botanik oder Zoologie gerade beim Karrierestart zum Teil Probleme, da sie selten arbeitsmarktkonform ausgebildet sind. Klassische Berufsbilder finden sich vor allem im Umweltbereich bei Behörden und freiberuflichen Biologenbüros, aber auch an Schulen und Hochschulen. Zudem bieten sich Quereinstiege in Berufsfelder, die nicht explizit für klassische Biologen ausgeschrieben sind. Hier gilt es die Anforderungsprofile in den Stellenanzeigen mit den eigenen Qualifikationsprofil abzugleichen.

Wie sind die Zukunftsaussichten?

Insgesamt ist der Arbeitsmarkt für Biologen im Moment sehr gut aufgestellt. Allerdings haben wir immer noch keinen Bewerbermarkt, da erst seit 20 Jahren Biologen verstärkt eingestellt werden und somit noch nicht mit Pensionierungswellen wie bei den Ingenieuren zu rechnen ist. Viele der großen Probleme der Menschheit werden nur mit Hilfe der Biowissenschaften lösbar sein. Somit sind die Aussichten für Biologen exzellent. Selbst die Wirtschaftswissenschaften haben das Prinzip der Nachhaltigkeit entdeckt. Unter dem Schlagwort Bioökonomie werden wir da noch viel hören.

Entscheidend für die beruflichen Chancen wird auch die Solidarität der Biowissenschaftler sein, die sich gegen die Interessen anderer Berufsstände durchsetzen müssen. Daher das Motto des VBIO: Gemeinsam für die Biowissenschaften! ■

VBiO
Verband | Biologie, Biowissenschaften & Biomedizin in Deutschland

Weiterführende Informationen finden Sie auf www.vbio.de

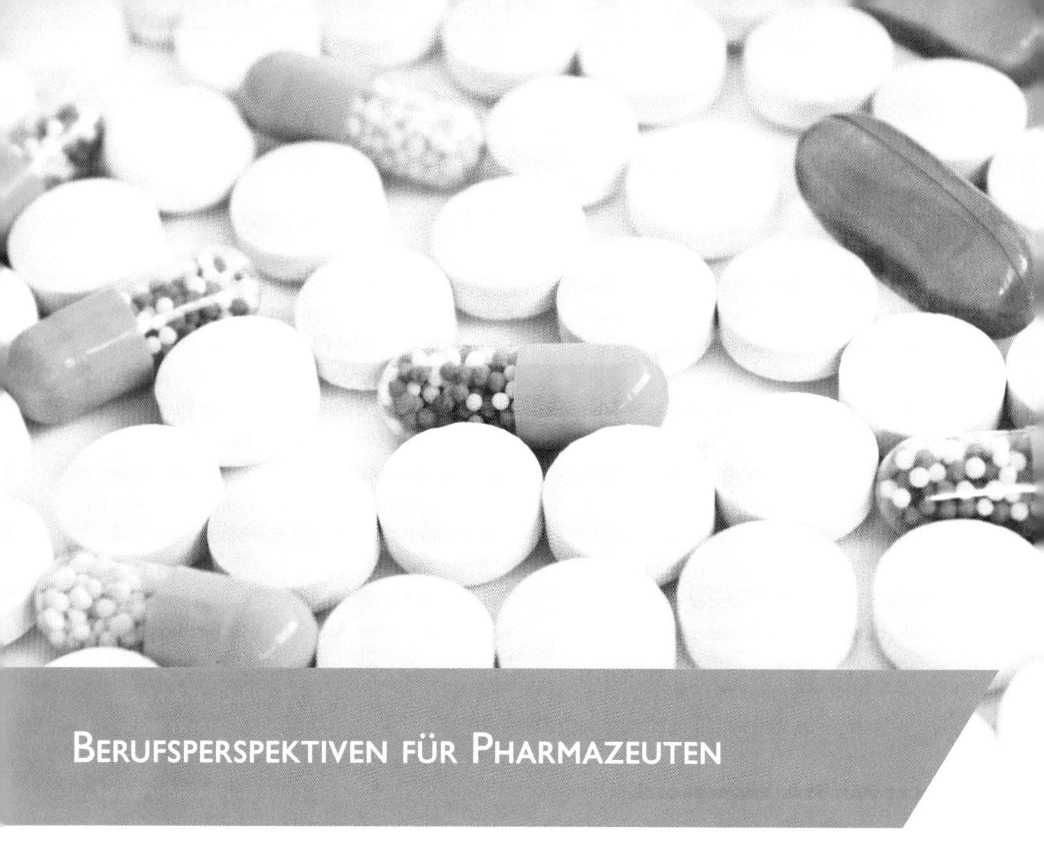

Berufsperspektiven für Pharmazeuten

Seit Anbeginn der Menschheit werden Kräuter oder Extrakte verwendet, um Schmerzen zu lindern und Krankheiten zu heilen. Wer kennt die Produkte der Pharmaindustrie nicht! Sei es eine einfache Kopfschmerztablette, der süße Hustensaft oder das Breitband- Antibiotikum.

Erstaunlich ist, dass es erst seit ca. 120 Jahren der Arzneimittelforschung möglich ist, gezielt Medikamente auf der Basis einzelner Wirksubstanzen zu entwickeln. Jedoch sind bis heute viele Krankheiten nicht therapierbar. Gleichzeitig steigt die Lebenserwartung der Menschen und der Wunsch nach mehr Lebensqualität. Diese Aspekte erhöhen die Nachfrage nach gesundheitsbezogenen Therapien und Produkten und eröffnen somit Naturwissenschaftlern, Ingenieuren und Medizinern ein breites Spektrum an Berufsfeldern und ein enormes Potential an Arbeitsplätzen.

Absolventen von pharmazeutischen Studiengängen bieten sich vielfältige Berufsperspektiven. Viele Pharmazeuten wählen den Weg in die öffentliche Apotheke oder Krankenhausapotheke und üben den klassischen Beruf des Apothekers aus. Es gibt aber auch vielfältige Möglichkeiten in der Industrie z.B. in der Forschung und Entwicklung oder der Arzneimittelzulassung. Auch an Forschungs- oder Prüfinstituten, bei Krankenkassen oder in der Lehre bieten sich abwechslungsreiche Berufsbilder. ▶

Die Pharmaindustrie

Die pharmazeutische Industrie bildet mit über 600 pharmazeutischen Unternehmen alleine in Deutschland, die forschungsintensivste Branche. Der Stellenwert Deutschlands als Pharmastandort wird aufgrund der hohen Qualitätsstandards und den technischen Innovationen in den nächsten Jahren immer bedeutsamer für den Arbeitsmarkt. Innerhalb der EU erzielt Deutschland den höchsten Umsatz und schafft somit einen enormen Wachstumsmarkt, der über 128.000 Angestellte umfasst.

Die DACH-Region

Die DACH-Region (Deutschland, Österreich, Schweiz) ist für Pharmaunternehmen aufgrund vieler Aspekte zu einem attraktiven Standpunkt geworden. Dazu zählen insbesondere die hervorragend ausgebildeten Arbeitskräfte.

Vor allem durch ihr naturwissenschaftliches und technisches Know-How sind Fachkräfte gefragt. Die DACH-Region profitiert aber auch durch ein dichtes Netzwerk guter Universitäten mit pharmazeutischen Fakultäten und einer Vielzahl außeruniversitärer Forschungseinrichtungen, wie Max-Planck-, Leibniz- und Fraunhofer-Instituten.

Aus der pharmazeutischen Forschung gingen bereits bahnbrechende Ergebnisse in Form von bekannten Produkten wie Schmerzmitteln, Blutdrucksenkern, Antibiotika, Rheuma-Medikamenten hervor, welche weltweit eingesetzt werden. Aber auch neue Wirkstoffe, die z.B. Kinder vor einer Ansteckung mit dem HI-Virus im Mutterleib schützen sind aus deutschen pharmazeutischen Labors hervorgegangen. Innovationsstarke Wirkstoffe wie diese und viele mehr haben bis heute kontinuierlich den medizinischen Fortschritt vorangebracht und machen die DACH-Region zu einem lukrativen Standort für Pharmaunternehmen.

Die Pharmaindustrie - ein Spitzentechnologiesektor

Laut der Expertenkommission für Forschung und Entwicklung (EFI) ist die Pharmaindustrie die forschungsintensivste Industrie. Sie liegt vor der Automobil- und Maschinenbau-Branche ebenso wie vor der chemischen Industrie, die zu dem Sektor der Hochtechnologien gehören. Pharmaunternehmen investieren ca. 15 % ihres Umsatzes in Forschung und Entwicklungsprojekte. Ein komplexer noch dazu langwieriger Prozess der Medikamentenentwicklung, der 10 bis 14 Jahre dauern kann, erklärt die hohen Investitionsraten.

Es können abhängig von dem herzustellenden Medikament Kosten in Höhe von über einer Milliarde Euro entstehen. Der komplexe Entwicklungsprozess umschließt mehrere Phasen: Von der Forschung und Entwicklung über die Patentanmeldung bis zur Produktion, der Markteinführung, dem Vertrieb und schließlich die Therapie von Patienten. Hinzu kommt eine ganze Bandbreite an administrativen Aufgaben. Alle diese Bereiche versprechen spannende Berufsfelder für Naturwissenschaftler, Ingenieure und Mediziner.

Der Forschungs- und Entwicklungsprozess besteht u.a. aus einer präklinischen Phase, die intensive Laborarbeit beinhaltet, um grundsätzliche Fragen der Toxizität, der ▶

Wirksamkeit und der Pharmakologie zu klären.

Trotz des hohen Arbeits- und Kostenaufwandes des Forschung- und Entwicklungsprozesses bringen Pharmaunternehmen Jahr für Jahr immer wieder neue Medikamente auf den Markt. Allein 2016 wurden über 1.350 neue Arzneimittel zugelassen. Dieser langjährige und komplexe Prozess der Arzneimittel Entwicklung und Herstellung schließt verschiedene Tätigkeitsfelder und Berufsbereiche mit ein und schafft so ein enormes Beschäftigungspotential sowohl heute als auch in der Zukunft.

WER WIRD GESUCHT?

Die Pharmaindustrie sucht aber nicht nur Pharmazeuten, Mediziner, Biologen, Chemiker und die technischen Assistenten wie PTAs, BTAs, CTAs, und MTAs. Auch interdisziplinäre Studiengänge aus dem Ingenieurwesen und der Informatik, wie z.B. Biotechnologie bieten ausgezeichnete Karrierechancen.

Naturwissenschaftler, Mediziner und Ingenieure werden in den verschiedensten Tätigkeitsfeldern in der Pharmaindustrie benötigt

und eingesetzt. Es gehören u.a. die Bereiche: Produktion, Qualitätskontrolle, Marketing, Medizinische Anwendung, Zulassung, Vertrieb oder die Gesundheitspolitik dazu. Der Karriereeinstieg in die Pharmabranche ist also vielfältig.

Aufgrund der hohen Forschungsintensität der Branche beträgt der Anteil der Akademiker unter den Arbeitnehmern 23 %. Technische Assistenten machen mit 40 % den größten Teil der Angestellten aus. Sowohl Akademiker als auch technische Assistenten verdienen in der Pharmabranche überdurchschnittlich gut im Vergleich zu anderen Spitzentechnologiebranchen.

INNOVATIONEN

Investitionen in Forschung & Entwicklung ermöglichen das Angebot neuer und verbesserter Produkte sowie Produktionsverfahren und bestimmen damit die nationale und internationale Wettbewerbsfähigkeit der Unternehmen. Gleichzeitig sind sie die treibende Kraft für die Verbesserung der Behandlung von Patienten. Durch den hohen Aufwand bei der Wirkstoffentwicklung verkaufen kleinere Unternehmen meist Teile ihrer entwickelten Pipelines an größere Unternehmen und treiben so die Innovationsstärke voran.

Verwandte Branchen wie die Biotechnologie sind wichtige Innovationsmotoren für die Pharmaindustrie. Die Biotechnologie setzte nicht nur ihren Wachstumskurs fort: Junge Start-Ups und mittelständische Unternehmen entwickeln kontinuierlich innovative Produkte und prägen somit den Standort Deutschland. ▶

Von über 615 biotechnologischen Unternehmen sind die meisten im Gesundheitssegment einzuordnen und beschäftigen sich mit Entwicklungsprojekten für neue Biopharmazeutika. Schwerpunkte bilden in der klinischen Forschung z.B. Krebs- und Autoimmunpräparate sowie Impfstoffe. Die molekulare Diagnostik wird maßgeblich durch die Biotechnologie etabliert.

Zukunft der Pharmaindustrie

Trotz der vielen Fortschritte, die in den letzten Jahren in der Forschung erzielt wurden, können die meisten der uns heute bekannten Krankheiten nicht adäquat behandelt werden. Somit wird sich die Forschung und Entwicklung von neuen Medikamenten und Therapiemethoden auch in der Zukunft weiteren Herausforderungen stellen.

Globale Faktoren wie eine wachsende Weltbevölkerung und der demografische Wandel, aber auch der kontinuierliche wissenschaftliche Fortschritt sichern Pharmaunternehmen ein konjunkturunabhängiges Wachstum. Dies sichert das Entstehen vieler neuer Arbeitsplätze. ■

Gefragte Studiengängen und Abschlüsse in der Pharmaindustrie

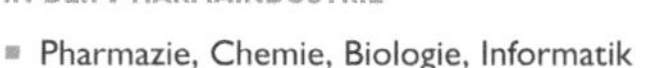

- Pharmazie, Chemie, Biologie, Informatik
- Chemie-, Pharma- oder Verfahrenstechnik
- Medizin
- Ingenieurwesen
- Technische Assistenten und Laboranten (PTA, BTA, CTA, MTA...)

Spannende Branchen für Pharmazeuten

- Arzneimittelzulassung in der Industrie und in öffentlichen Einrichtungen
- Pharmazeutische Industrie
- Chemische Industrie
- Apotheken (niedergelassen, online oder im Krankenhaus)
- Forschungseinrichtungen und Behörden
- Krankenversicherungen

Berufsperspektiven für Geowissenschaftler

Die Geowissenschaften decken fachlich ein sehr breites Spektrum ab, eigentlich alles was sich mit der Erde und ihren Prozessen beschäftigt. Das umfasst verschiedene Teilgebiete, die zwecks Studierbarkeit des umfassenden Lernmaterials unterteilt sind, z.B. in Mineralogie, Hydrogeologie, Sedimentologie, Tektonik, Geophysik, Paläontologie. Interdisziplinär sind sie mehr oder weniger alle, jedoch werden in diesen Teilgebieten verschiedene Methoden und Fähigkeiten vermittelt, was spätestens im MSc-Studium zu einer Spezialisierung führen kann. Diese Spezialrichtungen finden sich teilweise (aber nicht zwingend) in der Berufswelt wieder.

Hierbei sind die Grenzen fließend und die einzelnen Bereiche können nicht immer direkt einem speziellem Studiengang zugeordnet werden. Dementsprechend sind auch die beruflichen Möglichkeiten eines Geowissenschaftlers sehr weit gefächert.

Beschäftigungsfelder

Eine Studie des Berufsverbands Deutscher Geowissenschaften (BDG) besagt, dass 25 % der Geowissenschaftler in geowissenschaftlichen Ingenieurbüros angestellt sind. Im Bereich des öffentlichen Dienstes wie in Ämtern oder Behörden sind weitere 20 % der Geowissenschaftler tätig. In der Forschung und den Hochschulen sind 12 bis 13 % der Geowissenschaftler angestellt. Für die ▶

Industrie/Wirtschaft arbeiten 16 %. Ein großer Teil der Geowissenschaftler sind mit 29 % fachfremd tätig.

Aussichten in der Beratung

Ein Großteil der Geowissenschaftler arbeitet als Berater, sowohl in kleineren Beratungsbüros als auch bei großen Konzernen. Das Tätigkeitsspektrum reicht von Baugrundbewertungen über das Einschätzen von Naturrisiken wie Hangrutschungen, Erdbeben, Vulkanismus bis hin zu Fragen der Altlastensanierung. Um in diesem Bereich gute Einstiegschancen zu haben, ist innerhalb der Geowissenschaften eine Spezialisierung schon während des Studiums auf Gebiete wie angewandte Geologie oder Hydrogeologie bzw. Hydrologie von Vorteil. Prinzipiell hängt es von der Branche und der Spezialisierung des Unternehmens ab, welche Fachrichtung gesucht ist.

Weitere Einsatzmöglichkeiten bieten sich an öffentlichen bzw. staatlichen Einrichtungen. Vor allem die geologischen Landesämter und Dienste versprechen hervorragende Entwicklungsmöglichkeiten für Geowissenschaftler. Es werden alle für das jeweilige Bundesland relevanten geowissenschaftlichen Daten erhoben und aufgearbeitet. Anschließend werden die gesamten Daten ausgewertet, aufbereitet und veröffentlicht, um sie der interessierten Öffentlichkeit aber auch Unternehmen zugänglich zu machen. Die Ämter sind auch für die Festlegung von Richtlinien und Bestimmungen und z.B. Grenzwerten zuständig. Geowissenschaftler in Behörden beschäftigen sich auch mit der Einschätzung von Naturrisiken wie das Risiko von Felsschlägen oder

Hangrutschungen. In den Landesämtern und geologischen Diensten sind Geowissenschaftler nahezu aller Fachgebiete der Geowissenschaften vertreten.
Da sich viele Teilbereiche der Geowissenschaften intensiv mit der Grundlagenforschung befassen, ist die Beschäftigung an einer Universität oder einer Forschungseinrichtung ebenfalls ein attraktives Einsatzfeld. Der Karriereweg führt nach dem Studium üblicherweise über eine Doktorarbeit zu einer Postdocstelle. Die Postdoczeit bietet die Möglichkeit, sich wissenschaftlich weiter zu spezialisieren und das eigene Forschungsgebiet aufzubauen. Unbefristete Festanstellungen gibt es zum Teil im universitären Mittelbau und natürlich bei einer Professur. Das Spektrum an möglichen Forschungsfeldern ist sehr weit gefächert. Es reicht von neuen Methoden der Altlastensanierung bis zu Untersuchungen im Bereich des Vulkanismus.

Eines der eher klassischen Tätigkeitsfelder eines Geowissenschaftlers ist die Prospektion und die Planung des Abbaus von Rohstoffen bei einem Explorationsunternehmen. Besonders innerhalb von Deutschland sind die Stellen für Rohstoffgeologen jedoch ▶

begrenzt. Da die Rohstoffpreise steigen, ist jedoch ein wachsender Anteil an Stellenangeboten insbesondere im Ausland zu beobachten.

Internationale Perspektiven

Gut ausgebildete Rohstoffgeologen sind deshalb gefragte Fachkräfte. Besteht also der Wunsch in diesem Sektor Fuß zu fassen, ist eine gute lagerstättenkundliche Ausbildung erforderlich. Die Bereitschaft zu internationalen Reisen ist unabdingbar, da die meisten Rohstoffe nicht mehr in Deutschland oder Europa abgebaut werden. Für Geologen, die an einer internationalen Karriere interessiert sind, bietet die Rohstoffbranche also spannende Perspektiven. Schon während des Studiums und auch später im beruflichem Alltag kann eine hohe Reisebereitschaft gefordert sein.

Spannende Arbeitgeber für Geowissenschaftler in der Industrie sind Unternehmen, die sich mit Rohstoffen aller Art (fossil, mineralisch, Wasser) befassen. Weitere interessante Stellenangeboten mit guten Karriereperspektiven bieten sich im Bereich des Umweltschutzes.

Zukunftsbranche

Aufgrund der Interdisziplinarität sind viele Geowissenschaftler fachfremd beschäftigt. Die Geowissenschaften decken ein sehr breites Spektrum der Naturwissenschaften ab. Abhängig von der jeweiligen Spezialisierung können die Berührungspunkte mit den Naturwissenschaften und Ingenieurwissenschaften mehr oder weniger intensiv sein. Geowissenschaftler sind deshalb in sehr vielfältigen Feldern tätig. Oft werden im Rahmen von Modellierungen während des Studiums eine oder mehrere Programmiersprachen erlernt. Gepaart mit einem grundsätzlichen naturwissenschaftlichem und technischem Verständnis sind Geowissenschaftler daher auch in der IT und Softwareentwicklung für viele Unternehmen attraktiv. Berufliche Perspektiven bieten sich auch in der Entwicklung und Anwendung der instrumentellen (chemischen) Analytik.

Berufsaussichten

Die Berufsaussichten für Geowissenschaftler sehen sehr vielversprechend aus. Aufgrund des steigenden Rohstoffbedarfs und der immer stärker werdenden Rolle von Fragen des Umweltschutzes und erneuerbarer Energien werden diese auch kontinuierlich besser. Absolventen im Bereich der Geowissenschaften stehen vor einer breiten Palette von beruflichen Perspektiven. Dabei können Sie mit der Wahl der Hochschule, der Durchführung von Praktika und einer entsprechenden Ausrichtung des Studiums frühzeitig die Weichen für ihren Karriereweg legen! ■

Spannende Branchen für Geowissenschaftler

- Petrochemische Industrie
- Rohstoffe und Bergbau
- Umweltschutz
- Softwareentwicklung
- Chemische Industrie

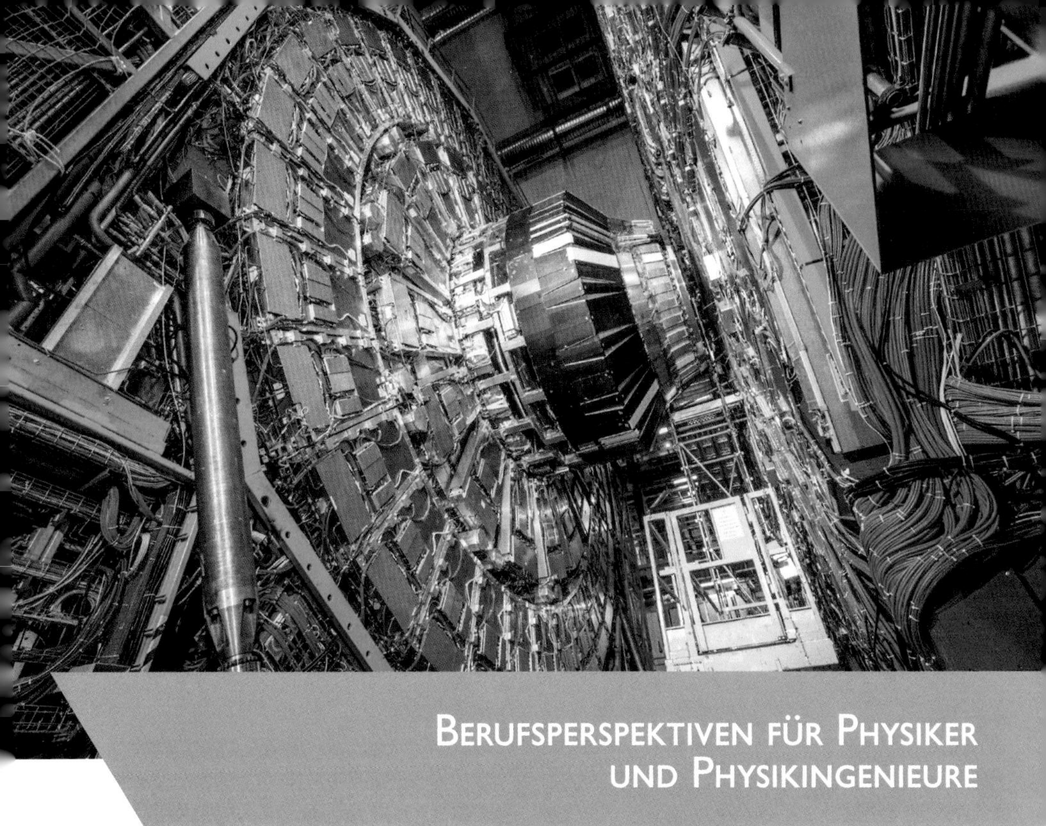

Berufsperspektiven für Physiker und Physikingenieure

Der Einsatz, den ein Physiker während seines vielseitigen Studium zeigt, lohnt sich.

Physiker und Physikingenieure mit einem abgeschlossenen Studium sind Multitalente in vielen Bereichen. Sie können sich dadurch in Unternehmen vielfältig einsetzen. Absolventen eines physikalischen Studiums können in nahezu allen innovationsgetriebenen technischen Tätigkeitsfeldern arbeiten, von der Forschung & Entwicklung, dem Qualitätsmanagement, dem Marketing bis hin zum Risikomanagement, um nur einige Beispiele zu nennen. Unternehmen und Forschungseinrichtungen suchen mittlerweile gezielt nach Physikern oder Physikingenieuren. Insbesondere für Bereiche, die eine Schnittstelle zwischen naturwissenschaftlichen und technischen Fragestellungen bildet, sind Physiker und Physikingenieure bilden. Auch in der Forschung und Lehre an Hochschulen bieten sich für Physiker spannende Perspektiven - von der Grundlagenforschung bis hin zu anwendungsnahen Forschungsthemen.

Zur Zeit arbeitenca. 27 % der Physiker in der Industrie. Weitere 52 % sind im Dienstleistungsbereich tätig und rund 15 % bringen sich an Hochschulen oder Schulen ein. Physiker gelten als technische und wissenschaftliche Innovationsmotoren und sind deshalb sehr gefragt. Dadurch ergeben sich nicht nur Physikern mit Berufserfahrung sondern auch Berufseinsteigern hervorragende Chancen auf dem Arbeitsmarkt. Diese Tatsache spiegelt ▶

sich auch in der geringen Arbeitslosenquote von nur 2,5 % wieder. Durch den Nachwuchsmangel im MINT-Bereich bleibt die Nachfrage an Physikern stabil und bietet auch in der Zukunft eine Auswahl an vielfältigen Jobs. Auch die langfristigen Aussichten für Physiker und Physikingenieure auf dem Arbeitsmarkt sind sehr gut, was sich in den geringen Arbeitslosenquoten durch alle Altersstufen von Physikern zeigt.

Mit der im Studium erlangten Projekterfahrung in verschieden Arbeitsgruppen im In- und Ausland besitzen viele Physiker hervorragende Fremdsprachenkenntnisse. Physikern steht somit eine Karriere in internationalen Unternehmen offen.

Die Einstiegsmöglichkeiten in die Arbeitswelt ist für Physiker und Physikingenieure breit gefächert. In nahezu jeder Innovations-Branche werden sie eingesetzt, da sie komplexe Sachverhalte strukturiert angehen und durch Ihre exzellenten analytischen Fähigkeiten Innovationen vorantreiben und technische Fragestellungen lösen können. Wie auch in anderen Naturwissenschaften arbeitet nur ein Viertel aller Physiker in einem Beruf, der die Bezeichnung „Physiker" auch im Namen trägt, die große Mehrheit arbeitet in anderen Tätigkeitsfeldern.

Neben dem durch das Studium vermittelte Fachwissen in der Physik sind nicht zuletzt auch die Leidenschaft für komplexe technische Fragestellungen und das analytische Talent gefragt. Aus diesen Gründen sind Physiker und Physikingenieure in der IT-Branche, Elektronik- und Elektroindustrie, sowie der Halbleiterindustrie sehr gefragt. Neben diesen Branchen sind Physiker auch in der Luft- und Raumfahrt, Optik, Energiewirtschaft, Medizintechnik, dem Automotivebereich sowie an Hochschulen, Behörden und Forschungseinrichtungen gern gesehen. Doch auch in der Finanzbranche, in Unternehmensberatungen, sowie im Patentwesen können Physiker eine vielversprechende Karriere starten. Dies zeigt, dass Physiker in Bezug auf ihr Tätigkeitsfeld eine hohe berufliche Flexibilität besitzen.

Dass Physiker auch in Management- und Führungspositionen sehr erfolgreich sind, zeigen steile Karrierewege nicht nur in der Wirtschaft, an Forschungseinrichtungen und Hochschulen, sondern auch in der Politik. ■

Spannende Branchen für Physiker und Physikingenieure

- Halbleiterindustrie
- Optik und Photonik
- Medizintechnik
- Luft- und Raumfahrt
- Automotive-Branche
- IT und Softwareentwicklung
- Energiewirtschaft
- Hochschulen und Forschungseinrichtungen

Berufsperspektiven für Ingenieurwissenschaftler

Auch im letzten Jahr konnten sich Ingenieurwissenschaftler über einen guten Arbeitsmarkt freuen. Trotz wachsender Absolventenzahlen fällt die Arbeitslosigkeit so gering aus wie in kaum einer anderen Berufsgruppe. Die Bundesagentur für Arbeit spricht von einer Arbeitslosenquote auf Vollbeschäftigungsniveau. Die Folge der anhaltenden positiven konjunkturellen Entwicklung in den High-Tech und Science-Branchen, wie auch des Fachkräftemangels ergibt für Ingenieurwissenschaftler gerade rosige Karriereperspektiven. Auch die Anzahl an Stellenanzeigen, in denen ein Studium der Ingenieurwissenschaften gewünscht wurde, stieg weiter an. Ingenieurwissenschaftliche Studienplätze sind durch diese Aussichten deutlich gefragter.

Der Arbeitsmarkt

Auf dem Arbeitsmarkt sind neben den klassischen Ingenieurbereichen auch Ingenieurwissenschaftler in der Umwelt-, Sicherheits-, Medizin- und Werkstofftechnik besonders gefragt. Betrachtet man die Stellenanzeigen nach ihrer regionalen Aufteilung, wird besonders häufig nach den westlichen Bundesländern gesucht. Die Mehrzahl der Ingenieurwissenschaftler arbeitet im industriellen Sektor. Nur rund 4 % sind im öffentlichen Dienst tätig. Bei Absolventen ist neben dem fachspezifischen Wissen des jeweiligen ingenieurwissenschaft- lichen Studienfaches ein besonders breites technisches Basiswissen gefragt, welches in den Unternehmen durch individuelle und spezifische Weiterbildung ▶

den jewiligen Anforderungen und Produkten entsprechend weiterentwickelt werden kann. Besonders gern gesehen, sind neben den technischen Fähigkeiten, Kenntnisse im wirtschaftlichen Bereich. Die Hauptaufgabe von Ingenieurwissenschaftlern ist und bleibt es, möglichst effiziente Lösungen für technische Probleme zu finden. Dazu sind technisches Verständnis, Detailwissen im Anwendungsgebiet und Kreativität gefragt, um innovative Lösungen zu erarbeiten. Die Frage, ob sich die Studienreform im Hinblick auf Bachelor- und Masterabschlüsse im Vergleich zum lang etablierten Dipl.-Ing. inzwischen am Arbeitsmarkt durchgesetzt hat, ist insofern schwer zu beantworten, als dass 70 % der Bachelorabsolventen direkt den Masterstudiengang anschließen. Laut des Vereins Deutscher Ingenieure sind Bachelorabsolventen auf dem Arbeitsmarkt gerne gesehen.

Verfahrenstechnik / Chemieingenieurwesen

Die Verfahrenstechnik ist das Ingenieurfach mit dem größten Bezug zu den Naturwissenschaften wie Physik, Chemie und Biologie. Zu den klassischen Tätigkeitsfeldern eines Verfahrenstechnikers zählen alle Bereiche der Maschinenbau-Branche aber auch die Pharma-, Chemie-, Lebensmittel-, Medizin- sowie Energie und Umwelttechnik. Besonders innovativ sind die wachstumsstarken High-Tech-Bereiche wie die Bio- und Nanotechnologie. Die Verfahrenstechnik ist bestens geeignet für Problemlöser, die sowohl naturwissenschaftliches als auch technisches Wissen anwenden möchten.

Fahrzeugtechnik

Die Automotive-Branche zählt zu den klassischen Ingenieur-Branchen. Dabei hat sich das Berufsbild in den letzten Jahren sehr gewandelt und hebt sich wesentlich vom reinen Fahrzeugbau ab. Die Konstruktion von Fahrzeugen findet mittlerweile am Computer und nicht mehr am Reißbrett statt und auch die Fahrgastzellen sind heutzutage Kleinstcomputer, deren Entwicklung Ingenieurwissen auf höchstem Niveau erfordert. In der Fahrzeugtechnik sind typische Arbeitgeber Automobilhersteller, Land- und Baufahrzeughersteller sowie deren Zulieferer aber auch alle Betriebe rund um den Schiff- und Schienenfahrzeugbau. Absolventen der Automotive-Studiengänge stehen dabei auch Positionen offen, bei denen wirtschaftliche Fragestellungen eine größere Rolle spielen. Hierzu zählen z.B. Ingenieurdienstleister, Berater-Unternehmen, Versicherungen sowie Prüf- und Zulassungsstellen.

Zukunftsbranchen

Innovationen sind die Zukunft der Industrie- und High-Tech-Branche. So gilt laut dem VDE z.B. die Biomedizinische Technik als Zukunftstechnologie. Innovationen in diesem Bereich basieren auf Kreativität und Leistungsfähigkeit exzellent ausgebildeter Fachkräfte auf dem Gebiet der Biomedizinischen Technik, den Ingenieur- und Naturwissenschaften sowie von Medizinern. Wer also gerne interdisziplinär arbeitet und seinen Innovationsgeist in das Zeichen der Gesundheitsversorgung setzen möchte, sollte die Biomedizinische Technik als Arbeitsgebiet in Erwägung ziehen. Daher lohnt sich neben den klassischen Branchen auch der Blick auf Branchen im Bereich der ▶

Chemietechnik, Pharmatechnik, Umwelttechnik, des Anlagenbaus und in der Biotechnologie.

Einsatzgebiete für Ingenieurwissenschaftler

Die Einsatzgebiete für Ingenieurwissenschaftler in einem Unternehmen sind vielfältig und ziehen sich durch sämtliche Unternehmensbereiche. Die Entscheidung in welchem Bereich die Karriere starten soll, ist eine erste Weichenstellung für die berufliche Zukunft und den konkreten Karriereweg. Wer schon gute Vorstellungen von seinem beruflichen Werdegang hat, sollte gleich versuchen, in der entsprechenden Abteilung einzusteigen. Für andere ist der Einstieg über die heiß begehrten Trainee-Stellen eine Möglichkeit, gleich zu Beginn des Karriereweges verschiedene Unternehmensbereiche kennenzulernen.

Einkommen für Ingenieurwissenschaftler

Auch 2016 stieg das durchschnittliche Einkommen in allen Fachbereichen des Ingenieurwesens weiter an und liegt nun bei 61.700€. Für Absolventen stieg das durchschnittliche Einstiegsgehalt 2016 auf 46.700€. Den deutlichsten Gehaltszuwachs gab es für Berufseinsteiger im Bauingenieurwesen mit 6,5 % gegenüber dem Vorjahr. Die Spitzenposition bei den Einstiegsgehältern von Ingenieurwissenschaftlern belegten auch 2016 wieder Ingenieure in der Chemie- und Pharmaindustrie. Das durchschnittliche Brutto-Jahresgehalt dieser Branche lag bei durchschnittlich 51.160€ für Absolventen und somit noch vor dem für Berufseinsteiger im Fahrzeugbau mit 50.275€.

Bei Ingenieurwissenschaftlern sind die Einkommensunterschiede zwischen Frauen und Männern etwas geringer als in anderen Berufsfeldern. Während über alle Berufsgruppen hinweg der Gehaltsunterschied rund 22 % beträgt, verdienen Männer im Ingenieurwesen laut VDI rund 16 % mehr als ihre Kolleginnen mit vergleichbarer Qualifikation. Umfangreiche Informationen zu Gehaltszahlen erhalten Sie in dem Artikel „Eine Frage des Geldes". Um sich über aktuelle Stellenangebote zu informieren, stehen spezialisierte Stellenbörsen wie jobvector zur Verfügung. Auch Recruiting- und Branchenmessen können spannende Karriereperspektiven bieten. Nutzen Sie hierzu besonders Fachportale und Fachmessen, die sich auf Ihren Studiengang und die gewünschte Branche spezialisiert haben. Ingenieurwissenschaftler, die zurzeit oder in naher Zukunft auf Stellensuche sind, können optimistisch in die Zukunft blicken. Der Arbeitsmarkt bietet Ihnen viele interessante Karriereperspektiven und Einstiegsmöglichkeiten. ■

- Karriereperspektiven für Ingenieurwissenschaftler momentan sehr gut
- Spannende Entwicklungsmöglichkeiten in Branchen wie: Medizintechnik, Chemietechnik, Umwelttechnik, Anlagenbau und Pharmazie
- Chemie- und Pharma-Branche weist größte Gehaltssteigerungen für Absolventen auf
- Fachwissen von Ingenieuren in der Forschung & Entwicklung gefragt, aber auch in Produktion, Vertrieb und Qualitätswesen

Stellenangebote für Ingenieurwissenschaftler finden Sie auf jobvector.de

Berufsperspektiven für Chemie- und Verfahrensingenieure

Chemie- und Verfahrensingenieuren bietet sich ein abwechslungsreiches und interdisziplinäres Berufsspektrum. Sie können sich in Schnittstellenpositionen zwischen Maschinenbau, Physik, Mathematik sowie physikalischer und technischer Chemie verwirklichen. Es gibt zahlreiche Berufsbilder in denen Sie Ihre Kenntnisse im Bezug auf die Modifikation und Veredelung von Substanzen durch chemische, biologische und physikalische Prozesse einbringen können. In der Industrie ist oft die Verbindung aus Fachwissen mit wirtschaftlichem Denken gefragt. Aufgabenfelder, die sich mit der Einhaltung sicherheitstechnischer Regulierungen bei Produktionsprozessen befassen, eröffnen sichere Karriereperspektiven.

Während in der Vergangenheit die Fachgebiete klar abgegrenzt waren, überschneiden sich die Fach- und Studieninhalte des Chemieingenieurwesens, der Verfahrenstechnik und der Prozesstechnik heutzutage immer stärker. So unterscheiden sich diese drei Bereiche oftmals nur noch durch verschiedene Studienschwerpunkte. Dies hat zur Folge, dass entsprechende Stellenausschreibung häufig für Chemie-, Verfahrens- und Prozessingenieure offen sind. Im beruflichen Alltag ist der Übergang der Tätigkeitsfelder im Chemieingenieurwesen und der Verfahrenstechnik oft fließend.

Durch die praxisorientierten Studiengänge sind die Arbeitsfelder und Berufsbilder sehr vielseitig. Gute Karrieremöglichkeiten ▶

bieten neben mittelständischen Betrieben und der Großindustrie auch Forschungseinrichtungen. Immer komplexer werdende technische Anlagen, immer stärker miteinander verwobene chemische Prozesse verlangen Ingenieure, die interdisziplinär arbeiten möchten. Diese Entwicklungen verschaffen Ingenieuren dieser Fachbereiche exzellente Berufsaussichten.

Chemieindustrie

Die chemische Industrie bietet für Chemie- und Verfahrensingenieure vielversprechende Karriereperspektiven. Die chemischpharmazeutische Industrie ist die drittgrößte Branche Deutschlands und umfasste im Jahr 2015 446.282 Arbeitsplätze. Dieser stabile Wirtschaftszweig wird auch in Zukunft viele Arbeitsplätze bieten. Im europäischen Vergleich ist Deutschland mit einem Umsatz von rund 190 Milliarden Euro Spitzenreiter. Unter den 3900 Chemieunternehmen in Deutschland sind besonders die kleinen und mittelständischen Unternehmen sehr erfolgreich. Sie beteiligen sich mit über 30 % am Gesamtumsatz der Branche und sind oftmals Weltmarktführer auf ihrem Arbeitsgebiet. Interessant ist, dass über 95 % der Chemieunternehmen nicht mehr als 500 Beschäftigte haben und dass über ein Drittel der Arbeitsplätze von den kleineren und mittleren Unternehmen generiert werden (VCI).

Selbst im globalen Export behauptet sich Deutschland mit über 11 % der Chemieexporte auf Platz eins als Globaler Player. Ausländische Unternehmen profitieren von den Standortvorteilen in Deutschland und investieren in die chemisch-pharmazeutische Industrie. Dadurch tragen Sie einen enormen Teil zur Beschäftigungssicherung in Deutschland bei. Somit bieten sich für Chemie- und Verfahrensingenieure vielfältige internationale Karrieremöglichkeiten, in denen Sprachkenntnisse und interkulturelle Kompetenz gefragt sind.

Viele Faktoren wie die Globalisierung, Ernährung, Gesundheit, Energie und Umweltschutz erfordern Lösungen. Auf der Suche nach den Lösungen spielt die Chemie mit nachhaltigen Entwicklungen eine entscheidende Rolle. In der Entwicklung, Produktion und Planung dieser Produkte sehen die Arbeitschancen für Chemie-, Prozess- und Verfahrensingenieure sehr erfolgversprechend aus.

Berufsfelder

Hervorragende Perspektiven weisen die Bereiche der chemischen Verfahrenstechnik, physikalischen Chemie, Bioverfahrenstechnik, Lebensmitteltechnologie und Prozessdynamik auf. So können Chemieingenieure unter anderem in der Anlagen- und Sicherheitstechnik, Lebensmitteltechnik aber auch in der Katalysatorentwicklung und der Anlagensteuerung tätig werden. Für Chemie- und Verfahrensingenieure bietet sich die Möglichkeit der Spezialisierung auf bestimmte Produktpaletten, sowie deren Qualitätssicherung. Die Produktentwicklung, das Qualitätsmanagement, als auch die Produktion und Forschung bieten spannende Tätigkeitsfelder. In diesen Verantwortungsbereichen verbinden Sie Ihr naturwissenschaftliches, insbesondere chemisches Fachwissen, mit Ihrem ingenieurwissenschaftlichen Anwendungswissen und arbeiten ▶

z.B. als Forscher im Labor, als Anlagenentwickler, als Programmierer von Leitsystemen, oder als Betriebsführer von Produktionsanlagen.

Aktuelle Forschungsthemen sind unter anderem die Bereiche Rohstoffe und Energie, die Erforschung individualisierter Nährstoffversorgung durch neue Proteinquellen, intelligente Verpackungen, Speicherung und Nutzung von Energie oder die dynamische Wasseraufbereitung. Chemie- und Verfahrensingenieure können zudem beratend und überwachend im öffentlichen Dienst z.B. in der Gewerbeaufsicht tätig werden.

Aufgabenfelder

In der Industrie entwickeln Chemie-, Verfahrens- und Prozessingenieure nicht nur chemische Substanzen oder einzelne Bauteile sondern auch ganze Anlagen. Hier ist Teamarbeit gefragt. Wenn Sie also gerne in interdisziplinären Teams arbeiten, sind diese Aufgabenfelder eine gute Möglichkeit Ihre Teamfähigkeit einzusetzen. In der Forschung und Entwicklung stehen maßgeschneiderte Produktionslösungen im Mittelpunkt. Besonders die Berücksichtigung der mechanischen, chemischen oder korrosiven Belastbarkeit

der Produkte unterliegen immer weiteren Ansprüchen. Somit können Sie in der Produktentwicklung und dem Produktmanagement Verantwortung für maßgeschneiderte Produktionslösungen übernehmen. Auch in der Prozesstechnik bieten sich spannende Berufsbilder, in denen nachhaltig Stoffumwandlungsprozesse technisch umgesetzt und nutzbare Zwischen- und Endprodukte entwickelt werden. Beispiele sind u.a. Pharmazeutika, Treibstoffe, Kosmetika, Düngemittel oder Lacke. Sie werden mit verfahrenstechnischen Methoden hergestellt und so modifiziert, dass sie die gewünschten Eigenschaften, wie Wirksamkeit und Lagerfähigkeit erhalten.

Gerade in der Forschung, Produktentwicklung und der industriellen Anwendung ist das chemische Fachwissen essentiell. Von thermischen Prozessen und Trenntechniken über Reaktionskinetik und der Wärme- und Stoffübertragung ist Spezialwissen gefragt. Ebenso fließen Erkenntnisse aus verfahrens- und prozesstechnischen Theorien, aber auch Erfahrungen aus der experimentellen Arbeit ein. Dabei verarbeiten Chemie- und Verfahrensingenieure natürliche Rohstoffe, aber auch Zwischen- und Abfallprodukte im Industriemaßstab. Die detaillierte Protokollierung der Ergebnisse, die messtechnische Planung und die computergestützte Simulation komplexer Vorgänge gehören in dem Bereich zur täglichen Arbeit.

Sind Ihre Stärke ein ausgeprägtes Fachwissen und verfügen Sie über eine gute analytische Denkweise? Diese Stärken sind nicht nur in den fachlich geprägten Berufsbildern wie in ▶

der Forschung, Entwicklung, Produktion oder im Anlagenbau gefragt, sondern sie sind auch das Fundament für Managementpositionen.

Nutzen von Studiumsschwerpunkten für den Berufseinstieg Durch die Studieninhalte des Chemieingenieurwesens und der Verfahrenstechnik sind im beruflichen Umfeld viele Spezialisierungen möglich. Die Vielseitigkeit des Studiums spiegelt sich auch in der Vielseitigkeit der Berufsfelder eines Chemie-, Verfahrens- und Prozessingenieurs wider. So setzen Sie durch Ihre Spezialisierung im Studium erste Weichen für Ihre berufliche Zukunft. Haben Sie sich z.B. auf Energietechnik spezialisiert, stehen Ihnen Berufsfelder in der Energiewirtschaft offen. Lag Ihr Schwerpunkt in der Prozesstechnik oder Verfahrenstechnik stehen Ihnen Berufsfelder z.B. im Anlagenbau in der chemischen Industrie offen.

Neben den allgemeinen Spezialisierungen können sie durch speziellere Vertiefungen wie der Lacktechnologie, Bioprozesstechnik, Agrartechnik, Wassertechnologie oder Kunststofftechnologie starke Grundlagen für Ihren beruflichen Einstieg schaffen. Gute Einstiegsmöglichkeiten gibt es auch in den Bereichen Umweltschutz, Explosion- und Brandschutz oder Anlagensicherheit. Auch der Automotiv-Bereich bietet spannende Perspektiven. Hier sind im Fahrzeugbau Themen wie Material- und Prozesstechnik gefragt. Gerade fortschreitende Entwicklungen der Elektromobilität schafft wichtige Einsatzbereiche in Energieerzeugung und –Transport, sowie der Akku und Batterietechnik. Gute Voraussetzungen für einen Einstieg in abwechslungsreiche und interdisziplinäre Arbeitsgebiete schaffen frühzeitige Praxisphasen in der Industrie.

Aufgrund zahlreich aufgestellter internationaler Unternehmen können gute Englischkenntnisse und ein solides Fachvokabular wichtig für den beruflichen Erfolg werden. Ebenso sollten Chemie- und Verfahrensingenieure Kommunikationsstärke mitbringen, um ihren Karriereweg als Teammitglied oder später auch als Teamleiter erfolgreich gestalten zu können. ■

Branchen für Chemie- und Verfahrensingenieure

- Chemie-, Lack- und Kunststoffindustrie
- Pharma-Industrie
- Umwelt- und Energietechnik
- Lebensmittelindustrie und Biotechnologie
- Papier-, Holz- und Zellstoffindustrie
- Anlagenbau
- Aufbereitungs- und Veredlungsbetriebe
- Petrochemie, Erdöl und Erdölderivate
- Forschungseinrichtungen
- Automotivebranche

Erfolgsfaktoren für Chemie- und Verfahrensingenieure

- Fundiertes Fachwissen
- Breites Grundlagenwissen in Mathematik, Physik, Chemie und ingenieurwissenschaftliches Spezialwissen
- Experimentierdrang zur stetigen Weiterentwicklung
- Begeisterung für komplexe Fragestellungen
- Fähigkeit interdisziplinär zu denken
- Kommunikationsstärke
- Interkulturelle Kompetenz

Pharmatechnik

Berufsperspektiven für Chemie- und Verfahrensingenieure

Bayer Bitterfeld GmbH

Eine Spezialisierung innerhalb der Schnittmenge aus Verfahrenstechnik und den Lebenswissenschaften (Life Sciences) ist die Pharmatechnik. Ingenieure mit diesem Schwerpunkt arbeiten fokussiert in der industriellen Gesundheitswirtschaft, besonders hier in der Pharmaindustrie. Warum? Arzneistoffe sind ganz besondere Produkte. Ihre Inhaltsstoffe, genannt Wirkstoffe, müssen in Gehalt, Reinheit und Gesamtanwendung besondere Qualitätsmerkmale aufweisen. Und das beginnt beim Rohstoff und deren erster Verarbeitungsstufe und setzt sich fort bis zum verpackten Produkt, welches über die Apotheken zu den Patienten gelangt. **Process Analytical Technology** heißt in der Pharmaindustrie Qualitätsverbesserung, um unter möglichst optimalen Prozessbedingungen ein fehlerfreies Produkt bei möglichst niedrigen Kosten herzustellen.

Die Ausbildung eines Pharmatechnikers ist vielseitig: Schwerpunkte sind z.B. MINT-Grundlagen und verfahrenstechnischen bzw. pharmazeutisch-technische Kenntnisse. Zudem werden pharmazeutische Grundlagen vermittelt: Wirkstoffkunde, Pharmakologie und Toxikologie. Die Analytischen Methoden zur Herstellung und Produktkontrolle werden praktisch an den Messgeräten gelehrt. Zudem werden Logistik, Verpackungstechnik, Good Manufacturing Practice (GMP) und Arzneimittelrecht vermittelt. ▶

Ein Hauptbetätigungsfeld der Pharmatechniker ist die Qualitätskontrolle der Produkte: bei ca. 3000 in Deutschland zugelassenen Wirkstoffen gibt es ca. 10.000 verschiedene Anwendungsformen, die auch als Darreichungsformen bezeichnet werden: Tabletten, Dragees, Zäpfchen, Salben und Gele, Emulsionen, Sprays oder Infusionslösungen. Zudem wird jedoch jeder einzelne Prozess vom Rohstoff bis zum Fertigprodukt unter Kontrolle gestellt: Mahlen, Trocknen, Granulieren, Pressen, Beschichten u.s.w.

PHARMAINDUSTRIE UND MODERNE HERAUSFORDERUNGEN

Die Gesundheit der Menschen ist ein wichtiges Ziel der humanen Gesellschaft. Somit ist die Pharmabranche eine zukunftsorientierte und stabile Branche innerhalb der industriellen Gesundheitswirtschaft.

Rund 114.000 Menschen sind in Deutschland bei Pharmaunternehmen angestellt (Stand 2015, BPI). Seit 2010 ist die Anzahl der Angestellten mit 10,5 Prozent überdurchschnittlich gewachsen. Im Durchschnitt beschäftigen deutsche Pharmaunternehmen ungefähr 300 Mitarbeiter. Mehr als 90 Prozent der Unternehmen hatten im Jahr 2014 weniger als 500 Angestellte, nur 6,6 Prozent der Hersteller hatte nach Angaben des BPI mehr als 500 Mitarbeiter. Mit etwa 20 Prozent Beschäftigtenanteil in Forschung und Entwicklung liegt dieser über dem Durchschnitt der Spitzentechnologiesektoren.

Digitalisierung und Automatisierung werden in den nächsten Jahrzehnten auch die Produktion von Arzneistoffen beeinflussen. Jedoch werden aufgrund der vielen Wirkstoffe, deren Optimierungen in neuen Applikationen und neuen therapeutischen Ansätzen stets auch ein Bedarf an Ingenieuren der Pharmatechnik vorhanden sein, um eine Vielzahl von Herstellungsprozessen, oft auch in kleinen Maßstäben, zu lenken. Weitere neue Herausforderungen kommen auf die Pharmabranche zu:

- Sicherheit der Produkte vor Produkt-Fälschungen
- Neue spezielle Zubereitungen, z.B. in der Krebstherapie
- Anwendungen, zugeschnitten auf die Konstitution des einzelnen Patienten
- Nachhaltige Pharmazie zum Schutz unserer Gewässer

Der Beruf des Pharmatechnikers ist vielseitig, seine Fähigkeiten reichen von ingenieurtechnischen, pharmazeutischen bis zu betriebswirtschaftlichen Kenntnissen. Somit ist er bestens gewappnet für einen zukünftigen Karriereweg in der Pharmaindustrie, die sich durch Automatisierung und Digitalisierung verändern wird. ■

Berufsperspektiven für Informatiker

Informatiker arbeiten längst nicht mehr nur in Computer- bzw. IT-Unternehmen oder klassischen EDV-Abteilungen. Da heutzutage in unzähligen Bereichen Software nicht mehr wegzudenken ist, gibt es immer mehr Einsatzbereiche: Medizintechnik, Automobilindustrie, Finanzbranche, Geheimdienst und Spieleentwicklung sind davon nur einige Beispiele.

Es gibt nicht mehr DEN typischen Informatiker – aufgrund der vielfältigen Anforderungen haben sich die Berufsbilder in den letzten Jahren sehr gewandelt. So sind Berufsbilder wie Softwareentwickler, Wirtschaftsinformatiker, Systeminformatiker, technischer und medizinischer Informatiker und natürlich Fachinformatiker immer weiter gefragt.

Einsatzbereiche für Informatiker

Mit fast 1 Million Mitarbeitern ist die Informations- und Telekommunikationsbranche die Branche, die 2015 den besten Bruttowertschöpfungsindex in Deutschland aufweisen konnte. Informatiker sind aber auch für andere Hightech-Branchen, wie der Automobilindustrie, der Medizintechnik oder dem Maschinen- und Anlagenbau unersetzbar.

Auch in der Unternehmensberatung können Informatiker helfen, die Zukunft zu gestalten. Durch die immer größere Bedeutung der Informationstechnologie in der Wirtschaft wird auch der IT-Consultant immer wichtiger. Seine Aufgaben können in der Migration von Systemen oder der Verbindung komplexer ▶

Inhalte mit möglichst einfacher Handhabung liegen.

Die Automobilindustrie passt sich ebenfalls immer mehr der Digitalisierung an. Was vor einigen Jahren noch mit Navigationsgeräten und Einparkhilfen begann, kann in wenigen Jahren schon in der Zulassung autonomer Fahrzeuge münden. Die technischen Ansprüche moderner Fahrzeuge steigen stetig, sodass sich für Informatiker besonders Einsatzbereiche bei modernen Sicherheitssystemen, aktiven Fahrassistenten wie Abstandsregler oder Tempomat, der Kommunikationstechnik in Fahrzeugen oder aufwendigen LC-Displays ergeben. Von der Projektentwicklung bis hin zur Implementierung bringen Informatiker hier das notwendige Know-How mit und treiben die Technik weiter voran.

Für die Finanzbranche ist der Informatiker auch ein wichtiges Glied im Gefüge und nicht mehr wegzudenken. Einerseits werden Schnittstellen für den Kunden immer wieder auf die neuesten Sicherheitsstandards gebracht, andererseits müssen interne Programme und Prozesse immer den aktuellen Anforderungen gerecht werden.

Eine weitere interessante Branche ist e-Health. Die klassische Medizintechnik entwickelt sich heute immer mehr zu einer Branche mit enormem Wachstumspotenzial. Einstellungen, die früher einmal manuell vorgenommen wurden, können heute der Maschine überlassen werden, ohne ein Sicherheitsrisiko darzustellen. Software für Medizinprodukte, bildgebende Untersuchungsverfahren wie die Computertomographie und die elektronische Gesundheitskarte wären ohne Informatiker nicht umsetzbar. Von der Idee, über die Entwicklung, bis hin zur Vermarktung ist der Informatiker dort ein gern gesehener Ansprechpartner.

Für kleinere Branchen ist der Informatiker auch von großem Nutzen. Denn auch die Kriminalität macht vor der Digitalisierung nicht halt, sodass der Beruf des IT-Forensikers mittlerweile immer mehr an Bedeutung gewinnt. Was früher z.B. nur in der Gerichtsmedizin vonnöten war, ist nun auch im Internet ein wichtiger Einsatzbereich zur Beweissicherung.

Neben Fachkenntnissen der Informatik zeichnen auch eine polizeiliche Herangehensweisen und Jura-Kompetenzen den IT-Forensiker aus.

Ein weiterhin aufstrebender Bereich der Informatik ist die Webentwicklung. Hierbei sind längst nicht mehr nur Kenntnisse in Grafikdesign und HTML erforderlich. Auch Aspekte wie Suchmaschinenoptimierung (SEO) und interaktive Anwendungen sind unerlässlich. Kaum eine andere Informatik-Branche ist so dynamisch. In der Branche werden echte Softwareentwickler gesucht, die ebenso ein Händchen für Usability haben. Nutzerfreundlichkeit und intuitive Bedienbarkeit spielen auf modernen Webseiten eine entscheidende Rolle – egal ob auf dem PC, dem Tablet oder dem Smartphone.

Ein wichtiger Faktor beim erfolgreichen Berufseinstieg sind Praxiskenntnisse, daher können Absolventen gerade in der ▶

Webentwicklung durch verschiedene Praktika und Werksstudentenjobs punkten. Die Unternehmen suchen Kandidaten mit praktischer Erfahrung.

Einstieg

Egal für welche Branche Sie sich auch entscheiden, die Arbeitgeber haben großes Interesse an gut ausgebildeten Informatikern. Bereits während des Studiums gibt es viele Möglichkeiten, sich die verschiedenen Berufsbilder in der Informatik anzuschauen. Potenzielle Arbeitgeber bieten häufig Praktika oder die Betreuung von Abschlussarbeiten an. Diese kommen Ihnen spätestens nach dem Abschluss zu Gute, denn Berufserfahrung ist auch in der Informatik ein gern gesehener Plus-Punkt.

Um seinen Lebenslauf zu komplettieren, gibt es die Möglichkeit der Zertifizierung. Oft sind diese hersteller- oder produktgebunden. Das International Software Testing Qualifications Board und der Fachverband der IT-Industrie CompTIA bieten zudem auch allgemeingültige Zertifikate an. Diese werden weltweit anerkannt und bieten somit eine Chance, erworbene Kenntnisse nachweisbar in den Lebenslauf einzubringen.

Die Unternehmen bevorzugen außerdem Bewerber, die Eigeninitiative und Einsatzbereitschaft aufbringen, sowie eine analytische Denkweise aufweisen. Im Gegenzug bieten die Unternehmen den Bewerbern sehr häufig eine betriebliche Altersvorsorge und flexible Wochenarbeitszeiten. Zudem gibt es in den meisten Unternehmen zusätzliche EDV-Schulungen und mehr als die Hälfte der Unternehmen bieten ihren Mitarbeitern Sprachkurse an.

Über 90 % der Informatiker steigen laut des Staufenbiel Instituts über Trainee-Programme oder direkt in den Job ein. Ein Großteil arbeitet dann in der Anwendungsprogrammierung, der Software-Entwicklung oder der Datenbank- bzw. Netzwerkadministration.

Gehälter für Informatiker

Neben den guten Berufsaussichten können sich Informatiker ebenfalls über attraktive Gehälter freuen. Die Einstiegsgehälter schwanken laut dem Staufenbiel Institut je nach Position stark, liegen aber in fast allen Bereichen über dem Durchschnitts-Gehalt anderer Studienfächer. Während IT-Spezialisten im Support oder der Webentwicklung mit 35.000 bis 40.000 Euro rechnen können, kann in der IT-Sicherheit, der IT-Beratung oder dem Vertrieb bis zu 50.000 Euro im Jahr verdient werden.

Abhängig ist das Gehalt außerdem vom erreichten Bildungsabschluss. Das ▶

Durchschnittsgehalt eines Bachelor-Absolventen beträgt 42.000 Euro, das eines Master-Absolventen bereits 45.000 Euro. Mit einer Promotion kann man im Durchschnitt sogar 54.000 Euro als Einstiegsgehalt verdienen. Durchschnittlich verdienen Absolventen von Fachhochschulen 10 % weniger als Absolventen von Universitäten.

Die meisten Arbeitsstellen für Informatiker sind für Master-Absolventen bzw. Diplom-Informatiker ausgeschrieben, gefolgt von Bachelor-Absolventen und promovierten Informatikern.

Aussichten

Wirtschaft und Gesellschaft vernetzen sich zunehmend. Durch Neuerungen technologischer Entwicklungen wird eine Informationsgesellschaft gefördert, die zu einem Wandel der Industrieländer beiträgt.

Die Beschäftigung in der Informatik-Branche wird somit zunehmend vielseitiger und der Arbeitsalltag gestaltet sich abwechslungsreich. Durch den steigenden Bedarf sind auch die Prognosen für die Beschäftigungsquoten und die Nachfrage nach gut ausgebildeten Informatikern sehr gut. ■

Persönliche Anforderungen

- Beherrschen mindestens einer Programmiersprache
- Zeit- und Selbstmanagement
- Verständnis für Hardware
- Teamfähigkeit
- Kommunikationsfähigkeit
- Lösungsorientiertes Arbeiten
- Analytische Kompetenz
- Flexibilität

Spannende Branchen für Informatiker

- Elektroindustrie
- Medizintechnik & Robotik
- Automatisierungstechnik
- Maschinenbauindustrie
- Automobilindustrie
- Softwareentwicklung

Stellenangebote für Informatiker finden Sie auf jobvector.de

Berufsperspektiven für Mediziner

Es gibt viele Gründe, den Beruf eines Mediziners anzustreben. Dieser Berufsstand hat eines der höchsten Ansehen in Deutschland. Viele junge Menschen möchten Mediziner werden, um anderen Menschen zu helfen. Mediziner erwarten vielseitige Karriereperspektiven. So sind Ärzte auch immer mehr in Positionen fernab der kurativen Medizin gefragt. Ob in der Industrie, in Forschungseinrichtungen oder in öffentlichen Ämtern – die Berufsmöglichkeiten eines Mediziners sind heute vielseitiger denn je.

Bereits während des Studiums legen Mediziner wichtige Weichen für Ihren zukünftigen Karriereweg. Die meisten Mediziner entscheiden sich für eine Promotion zum Dr. med. Die Promotion kann je nach Wahl des Themas einige Monate, oder im Fall einer intensiven experimentellen Promotion einige Jahre dauern. Wenn der Karriereweg in Richtung Forschung gehen soll, ist eine experimentelle Doktorarbeit eine gute Basis.

Kurative Medizin

Entscheidet sich der Mediziner nach der medizinischen Ausbildung zu einer weiteren 5- bis 6-jährige Facharztausbildung, legt er durch die Wahl der Fachrichtung thematische Schwerpunkte für das spätere Arbeitsfeld. In dieser Zeit ist er als Assistenzarzt unter Aufsicht eines leitenden Arztes tätig. Langfristig steht der Weg bis zum Ober- oder Chefarzt offen. Ärzte, die nicht in einem Krankenhaus ▶

arbeiten möchten, haben die Möglichkeit eine eigene Praxis zu eröffnen oder in Ärztehäusern und Gemeinschaftspraxen tätig zu sein. Im Alltag ist sowohl in der Klinik als auch in Praxen eine hohe Einsatzbereitschaft gefragt. Bereitschaftsdienste, Nachtschichten und Überstunden sind nicht selten. Die Belohnung für diesen Einsatz ist, dass man tägliche Leiden lindern oder gar Leben retten kann.

Wie auch bei Selbstständigen in anderen Branchen, ist das Gehalt von niedergelassenen Ärzten schwer zu ermitteln. Ärzte, die in kommunalen Krankenhäusern arbeiten, werden nach Tarif bezahlt und kommen so auf ein Monatsbruttogehalt von im Schnitt 4.400 - 5.500€. Das Fachgebiet des Arztes ist dabei der entscheidende Faktor. So verdienen Radiologen beispielsweise wesentlich mehr als Allgemeinmediziner. Als Chefarzt oder Spezialist in bestimmten Fachgebieten ist das Gehalt weitaus höher und kann bei bis zu 28.000€ pro Monat liegen.

Arbeits- und Betriebsmedizin

Die Tätigkeit als Arzt in der Arbeits- und Betriebsmedizin bietet aufgrund des Nachwuchsmangels hervorragende Karriereperspektiven. Sie beschäftigen sich mit arbeits- und umweltbedingten Gesundheitsschäden, wie z.B. der Schweißerlunge oder Asbestose und sind somit die Schnittstelle zwischen Arbeitsumfeld und Arbeitnehmer. Im Vergleich zur Tätigkeit als Arzt in einer Klinik übernehmen Arbeitsmediziner keine kurativen Aufgaben, sondern arbeiten präventiv.

Neben dem medizinischen Wissen sind je nach Unternehmen Kenntnisse in der Chemie, Biologie und Physik wichtig. Zudem gilt es sich intensiv mit der Gesetzlichen Unfallversicherung und dem Arbeitssicherheitsgesetz auseinanderzusetzen. Die Qualifikation zum Arbeits- und Betriebsarzt nennt sich Facharzt für Arbeitsmedizin und dauert 5 Jahre. Sie überprüfen Arbeitszeiten und Abläufe, sind verantwortlich für betriebliche Gesundheitsförderung und erstellen Konzepte für die notfallmedizinische Versorgung und Erste-Hilfe-Richtlinien. Mediziner in der Arbeits- und Betriebsmedizin sind auch verantwortlich für Berufskrankheiten, die Wiedereingliederung von chronisch kranken Mitarbeitern und die Beurteilung der Arbeitsfähigkeit von Arbeitnehmern.

Medizintechnik

Medizinern steht auch der Weg in die Medizintechnik offen. Um Krankenhaustechnik, medizinische Geräte und bildgebende Verfahren zu entwickeln, sind fundiertes Wissen über den Menschen und seine Reaktion auf Umweltbedingungen unerlässlich, damit beim Patienten kein Schaden entsteht. Mediziner stellen hierbei die Schnittstelle zwischen Medizin, Management und Produktentwicklungen dar.

Für die Branche der Medizintechnik, sollten Mediziner betriebswirtschaftliches Verständnis mitbringen. Einige Hochschulen bieten spezielle Weiterbildungen an, um insbesondere die nötigen ingenieurwissenschaftlichen Kenntnisse zu vermitteln, damit die Mediziner die Ideen für medizinische Geräte auch technisch umsetzen können. Die Karrieremöglichkeiten in diesem Gebiet sehen sehr gut aus und ▶

selbst der Wechsel zwischen den Unternehmenssparten der Medizintechnik-Branche ist mit Berufserfahrung problemlos möglich.

Medizininformatik

Wenn Sie als Mediziner eine hohe Affinität zu Informatik-Themen haben, können Sie auch eine Karriere in der Medizininformatik anstreben. Medizininformatiker können sowohl in der Entwicklung als auch in der Implementierung von Software im Support und Vertrieb tätig sein. Computer und Programme sind in vielen medizinischen Bereichen essentiell z.B. in der Klinikverwaltung, für die Abrechnung mit den Krankenkassen, den Aufbau von Datenbanken zu Substanzen und deren (Neben-)Wirkungen bis hin zum Modellieren von Abläufen im menschlichen Körper. Ein weiteres wichtiges Gebiet der Medizininformatik ist die digitale Patientenakte.

Je nach Unternehmensgröße ist der Medizininformatiker für die tatsächliche Programmierung oder für die Projektierung der Anwendungen verantwortlich. IT-Kenntnisse werden in jedem Fall vorausgesetzt, um besser abschätzen zu können, ob ein Projekt realisierbar ist. Die Medizininformatik-Branche ist

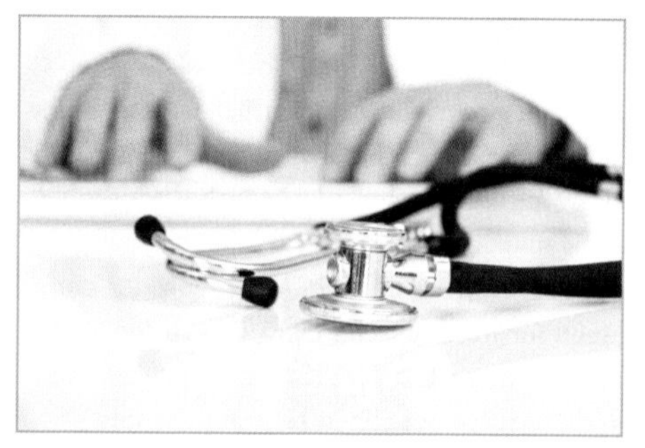

aufstrebend, sodass sich für Mediziner vielseitige Einsatzmöglichkeiten und Karriereperspektiven bieten.

Medizinisches Qualitätsmanagement

Wer nicht ganz den Klinikalltag aufgeben möchte, kann auch im Klinik-Management tätig werden. Qualitätssichernde Maßnahmen sind heute keine freiwillige Selbstverpflichtung mehr, sondern gesetzlich vorgeschrieben. Für Mediziner ergeben sich somit im Qualitätsmanagement weitere interessante Perspektiven.

Wer im Bereich medizinisches Qualitätsmanagement tätig werden möchte, muss neben dem abgeschlossenen Medizinstudium über ausreichend Klinikerfahrung verfügen. Sie fungieren als Vermittler zwischen Experten aus verschiedenen medizinischen Ebenen und verwaltenden Bereichen. Als Mediziner im Qualitätsmanagement sollten Sie Erfahrungen im Krisenmanagement haben, mit Konflikten umgehen können sowie eine ausgeprägte Kommunikationsfähigkeit mitbringen. Im medizinischen Qualitätsmanagement sind neben den betriebswirtschaftlichen Aspekten auch medizinisches Fachwissen erforderlich, um administrative Abläufe zu gestalten und zu optimieren. Daher können Mediziner außerdem eine Weiterbildung oder ein Aufbaustudium in Gesundheitsmanagement oder Krankenhaus-Betriebswirtschaft absolvieren.

Sie implementieren und entwickeln Qualitätsmanagement-Systeme oder erstellen Qualitätsberichte für die gesetzlichen Krankenkassen. Darüberhinaus sind Sie für die Qualitätssicherung in der stationären und ▶

ambulanten Versorgung verantwortlich, um die Behandlungsabläufe und die Patientenversorgung zu verbessern. Dabei müssen neben Hygiene- und ISO- auch Sicherheitsstandards eingehalten werden.

Die Tätigkeit als medizinischer Qualitätsmanager ist eine Alternative zur kurativen Medizin und bietet großartige Chancen für den medizinischen Nachwuchs.

Versicherungswesen und Behörden

Wer einen Arbeitsalltag ohne Patientenkontakt wünscht, kann nach seiner Facharztausbildung einen Berufseinstieg in die Versicherungsbranche in Betracht ziehen. Sie können z.B. bei Kranken-, Lebens- und Unfallversicherungen beginnen. In den Gesundheitsämtern sind Mediziner unter anderem im Sozialpsychiatrischen Dienst tätig, sie führen Einschulungsuntersuchungen mit Kindern und Einstellungsuntersuchungen bei Erwachsenen durch. Auch die Bundesärztekammer und die kassenärztliche Bundesvereinigung bieten zahlreiche Beschäftigungsmöglichkeiten. Dazu ist Wissen über Krankenversicherungsrecht und Versicherungsmathematik von großem Vorteil.

Mediziner in der Pharmabranche

Mediziner sind auch in der Pharmaindustrie bzw. allen Branchen, die sich mit der menschlichen Gesundheit beschäftigen gefragt. So ist die klinische Forschung und die Arzneimittelentwicklung ohne Mediziner undenkbar. In der Pharmabranche gibt es vielfältige Karriereoptionen für Mediziner - vom Marketing, über die Forschung und Entwicklung bis hin zum Vertrieb.

Egal für welche berufliche Richtung der Mediziner sich entscheidet, abwechslungsreiche Aufgabenbereiche und spannende Herausforderungen sind Alltag und auch in Krisenzeiten ist eine Beschäftigung als Mediziner sicher. ■

Arbeitsgebiete für Mediziner

- Krankenhäuser, Klinken und Praxen
- Medizinische Labore
- Rehabilitationszentren
- Medizinische Forschung
- Gesundheitsämter und Gutachterkommissionen
- Ärztekammern
- Krankenversicherungen
- Medizinische Lehre an Universitäten
- Pharmabranchen
- Medizintechnik und -Informatik
- Klinik-Management
- Interessenvertretungen
- Consulting-Firmen
- Medizinmedien
- Arbeits- und Betriebsmedizin

Materialwissenschaft & Werkstofftechnik

Berufsfelder für universelle Bastler und Tüftler

Materialwissenschaft und Werkstofftechnik (MatWerk) ist eine der Königsdisziplinen der Ingenieurwissenschaften. Kaum ein Fachgebiet ist so interdisziplinär aufgestellt wie MatWerk. Studierende, aus dem Fachbereich Physik, Chemie und Biologie, die später in die Industrie gehen, kommen ohne Kenntnisse in der Materialwissenschaftlich und Werkstofftechnik nicht weiter.

Wer verstehen will wie Materialien funktionieren und Materialeigenschaften auf den Grund gehen möchte, wer verstehen will, wie Materialien entwickelt, hergestellt und verarbeitet werden, der ist in der Materialwissenschaft und Werkstofftechnik gut aufgehoben. Für Kreative Menschen, für die das Ganze mehr ist als die Summe seiner Teile und die eine internationale und interdisziplinäre Perspektive suchen, ist Materialwissenschaft und Werkstofftechnik genau das Richtige Fachgebiet.

Interdisziplinäres Know-how für Innovationen

Von der Zündkerze über den Dieselmotor bis zur Magnetschwebebahn, vom Segelflugzeug über das Düsentriebwerk bis zum Hubschrauber, von der Chipkarte bis zum Airbag, von der Kathodenstrahlröhre über LCD-Bildschirme bis zu organischen Leuchtdioden, von bioresorbierbaren Stents bis zu Dentalimplantaten – all diese Innovationen wären ohne Materialwissenschaft und Werkstofftechnik nicht möglich gewesen. ▶

Erfinder wie Robert Bosch, Rudolf Diesel, Karl Ferdinand von Braun und Otto Lehmann haben schon damals auf neue Materialien zurückgegriffen, um ihre Ideen in die Tat umzusetzen.

Mehr als 70 Prozent des Bruttosozialproduktes in westlichen Industrienationen lässt sich auf die Entwicklung neuer Materialien zurückführen. Diese Innovationen machen fast eine Billion Euro Jahresumsatz und rund fünf Millionen Arbeitsplätze in Deutschland aus. Verbesserte und neue Werkstoffe sind gefragt in den Zukunftsfeldern Mobilität, Energie, Umwelt, Gesundheit, Sicherheit und Kommunikation. Neue Werkstoffe sind langlebiger, sicherer und ressourceneffizienter.

Viele Türen stehen offen

Das Wissen der MatWerker ist in zahlreichen Branchen gefragt: etwa in der Automobil- und Luftfahrtindustrie, Kraftwerkstechnik, Elektroindustrie, der chemischen Industrie, Mikroelektronik, Metallerzeugung, Optik, Kunststoffherstellung, Medizin- und Umwelttechnik oder im Maschinenbau. Außerdem forschen sie in staatlichen Institutionen sowie universitären und außeruniversitären Forschungseinrichtungen. Immer häufiger wird auf das Know-how der interdisziplinär ausgebildeten MatWerker etwa als Sachverständiger und Gutachter bei technischen Prüforganisationen und Versicherungen zurückgegriffen.

Nach dem Bachelorstudium können die Absolventen etwa in der Laboranalyse, Produktzulassung, Qualitätssicherung und -management, Verfahrens- oder Produktentwicklung arbeiten. Für eine weitere Karriere in Führungspositi-

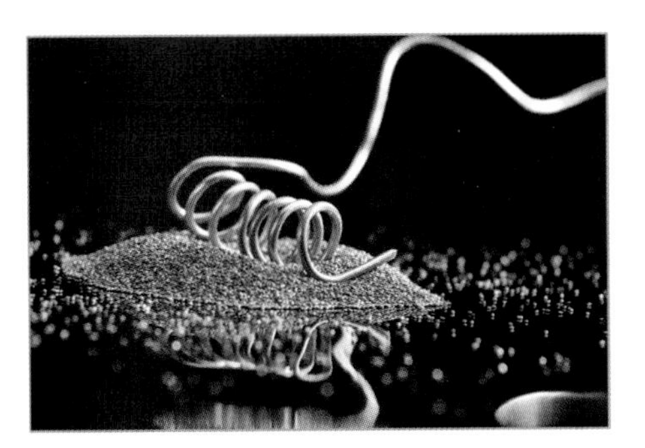

onen oder in der Forschung und Entwicklung sind ein Masterabschluss und oft eine Promotion erforderlich. Auslandserfahrungen und Fremdsprachenkenntnisse sind im Zuge der Globalisierung in nahezu allen Unternehmen unerlässlich geworden. Außerdem werden Schlüsselkompetenzen wie Organisationstalent und Teamfähigkeit ebenso vorausgesetzt wie Kompetenzen im Umgang mit Menschen unterschiedlicher sozialer und nationaler Herkunft.

Wer erfolgreich sein Studium abgeschlossen hat, den erwartet ein breites Angebot an möglichen Tätigkeitsfeldern. Ob in einer Forschungs- und Entwicklungsabteilung eines Industrieunternehmens, in der Produktion, im technischen Vertrieb oder Management, in Forschungszentren oder Universitäten, in der Verwaltung, als Patentanwalt, Unternehmensberater oder in der Schadensfallanalyse – Materialwissenschaftler und Werkstofftechniker sind vielseitig einsetzbar. Es gilt lediglich herauszufinden, was einem liegt: die Laborarbeit oder lieber die Projektarbeit mit dem Kunden.

Viele Wege führen in den Beruf

Von fast 2,5 Millionen Studierenden widmen sich weniger als ein Prozent* konkret einem ▶

materialwissenschaftlichen bzw. werkstofftechnischen Fach. Als eigenständiger Studiengang wird das Studium „Materialwissenschaft und Werkstofftechnik" nur an wenigen Hochschulen angeboten. Wesentlich häufiger kann ein Teilbereich dieses Fachgebiets belegt oder das Fach als Studien- bzw. Vertiefungsrichtung natur- oder ingenieurwissenschaftlicher Studiengänge gewählt werden. Es ist daher nicht verwunderlich, dass auch viele Physiker, Biologen, Chemiker oder Elektrotechniker nach dem Studium noch den Weg in die Materialwissenschaft und Werkstofftechnik finden. Voraussetzung ist der Wille, über die Grenzen seines Fachgebiets zu schauen, interdisziplinär zu arbeiten und die Themenfelder zu verknüpfen.

Denn das macht die Materialwissenschaft und Werkstofftechnik aus: Das Fachgebiet ist eine einzigartige Mixtur aus den „klassischen" Schulfächern Mathematik, Physik, Chemie, Biologie, Englisch und Informatik, die es ermöglicht, das Beste aus den Bereichen zu nehmen und den Weg freizumachen für Innovationen, die den Wirtschaftsstandort Deutschland nachhaltig sichern und Lösungen für die Themen der Zukunft liefern. ■

Dr.-Ing. Frank O. R. Fischer
Geschäftsführendes Vorstandsmitglied
Deutsche Gesellschaft für Materialkunde e.V.

* Studierende des Fachs Materialwissenschaft und Werkstofftechnik an Hochschulen im Wintersemester 2015/2016 insgesamt 8.272 (davon 2.066 Frauen). Statistisches Bundesamt Deutschland, http://www.destatis.de.

Erfahrung, Kompetenz, Wissen: Die Deutsche Gesellschaft für Materialkunde

Die Deutsche Gesellschaft für Materialkunde e.V. (DGM) ist die größte technisch-wissenschaftliche Fachgesellschaft auf dem Gebiet der Materialwissenschaft und Werkstofftechnik in Europa. Die DGM fördert mit ihren interdisziplinären Fachausschüssen, Veranstaltungs- sowie Fortbildungsreihen den Dialog zwischen Wissenschaft und Industrie. Damit gewährleistet sie den Technologietransfer in Deutschland. Der Verein mit Sitz in Berlin sorgt für eine deutschlandweite und internationale Vernetzung von Experten und organisiert europaweit Tagungen und Kongresse. In Regionalforen und Jung-DGM-Ortsgruppen fördert die DGM die regionale Vernetzung von Materialwissenschaftlern und Werkstofftechnikern und bringt Wissenschaft und Industrie, sowie die MatWerk-Nachwuchs vor Ort ins Gespräch. Die Fachausschüsse der DGM decken nahezu alle Materialklassen, Prozesstechniken zur Materialherstellung und -verarbeitung, Erkenntnis- und Anwendungsfelder im Bereich der Materialwissenschaft und Werkstofftechnik ab.

Die DGM bietet jungen MatWerkern mit DGM-Nachwuchsausschuss, Jung-DGM-Ortsgruppen, DGM-MatWerk-Akademie und DGM-Nachwuchsforum eine Plattform. In diesen Gremien und Veranstaltungen werden Nachwuchs-MatWerker auf ihrem Karriereweg, begleitet und mit außeruniversitären Kompetenzen ausgestattet.
Die Jung-DGM-Ortsgruppen in Verbindung mit den Regionalforen fördern Jung-MatWerker und setzen die Beschlüsse des Nachwuchsausschusses hinsichtlich der Weiterentwicklungsmaßnahmen des Nachwuchses vor Ort um. Die DGM-MatWerk-Akademie ist die Elite-Schule der zukünftigen MatWerk-Professoren. Hier werden angehende Professoren mit entsprechenden Instrumenten ausgestattet und erhalten von etablierten Professoren Impulse und Anregungen für ihren weiteren Karriereweg. Das Nachwuchsforum ist eine Veranstaltung, bei der jährlich über 100 Nachwuchswissenschaftler aus unterschiedlichen Disziplinen mit Experten aus Wissenschaft und Wirtschaft vernetzt und geschult werden. Dem Nachwuchs werden in zahlreichen Modulen Kompetenzen vermittelt und Perspektiven eröffnet. (http://www.dgm.de/dgm-tag-nachwuchsforum/)

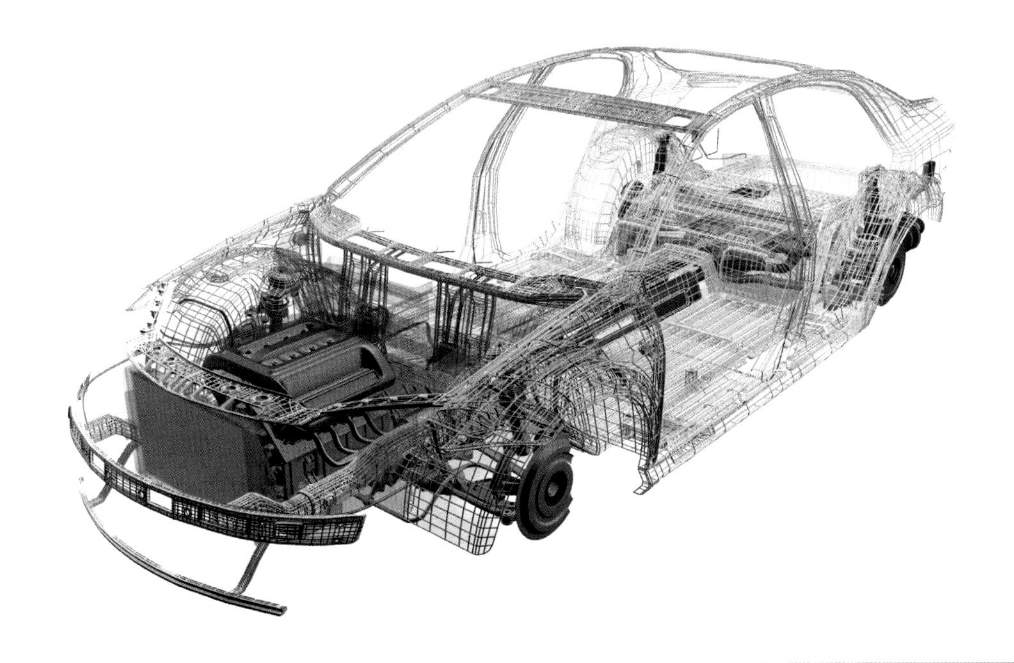

Fahrzeugtechnik: Die Automobilbranche

Die Welt-Pkw-Produktion der deutschen Automobilhersteller liegt 2016 über der 15-Millionen-Marke. Die Pkw-Inlandsproduktion erhöhte sich bis November 2016 mit 5,7 Millionen Einheiten auf Vorjahreslevel (5,4). Das gilt in etwa auch für das kommende Jahr. Der Pkw-Export entwickelt sich 2016 mit 4,4 Millionen Einheiten stabil. Für das kommende Jahr erwarten wir ein Volumen von 4,3 Millionen Pkw (-2 Prozent).

Eine wichtige Grundlage für diesen Erfolg ist die hohe Innovationsgeschwindigkeit: Pro Jahr investieren die deutschen Automobilhersteller und Zulieferer weltweit über 34 Milliarden Euro in Forschung und Entwicklung.

Erfreulich ist die Beschäftigungssituation unserer Industrie am Standort Deutschland: Die Beschäftigung im Inland ist im September 2016 um 13.700 auf 814.600 Mitarbeiter gestiegen. Das ist der beste September seit dem Jahr 1991. Einen Monat zuvor, im August 2016, wurde der höchste Wert überhaupt seit 25 Jahren mit 815.400 Mitarbeitern erreicht.

Die deutsche Automobilindustrie leistet ein Drittel der gesamten industriellen Forschungsinvestitionen in Deutschland. Die Ergebnisse dieser großen Anstrengungen sind messbar: Autos benötigen immer weniger Kraftstoff, entsprechend gehen auch die CO2-Emissionen zurück. Es ist ohne Frage: Der Verkehr wird seinen Anteil zur CO2-Reduzierung leisten. ▶

Um die anspruchsvollen CO2-Vorgaben der EU zu erfüllen, verfolgt die deutsche Automobilindustrie mehrere Ansätze. Zum einen forscht sie an auf erdölunabhängigen „e-fuels". Damit kann eine CO2-neutrale Mobilität selbst beim Verbrenner sichergestellt werden, weil diese Kraftstoffe bei ihrer Produktion genau so viel CO2 binden, wie sie bei ihrer Verbrennung wieder abgeben. Auch werden die konventionellen Antriebe – Benziner und Diesel – weiter entwickelt und optimiert. Dadurch sind Verbrauchssenkungen um 10 bis 15 Prozent in den nächsten Jahren möglich.

Entscheidend ist aber, dass ein großer Anteil der neu zugelassenen Pkw über alternative Antriebe verfügt – zum Beispiel über einen Elektroantrieb.

Bei der Elektromobilität hat Deutschland das Ziel der Leitanbieterschaft erreicht. Mit rund 30 Modellen zählen deutschen Hersteller weltweit zu den Führenden. Doch Leitmarkt ist Deutschland noch nicht. In den ersten zehn Monaten des Jahres 2016 wurden hierzulande rund 19.800 E-Autos neu zugelassen.

Von Seiten der Bundesregierung wie auch der Hersteller werden große Anstrengungen unternommen, um diese Antriebsart populärer zu machen. So werden die deutschen Automobilhersteller ihr Modellangebot an E-Autos bis zum Jahr 2020 mehr als verdreifachen – auf knapp 100.

Um die Akzeptanz der E-Mobilität zügiger zu steigern, ist insbesondere auch der Ausbau der Ladeinfrastruktur wichtig. Zusätzlich zu den 300 Millionen Euro der deutschen Bundesregierung im Rahmen ihres neuen Förderpakets zeigen hier auch die deutschen Hersteller selbst einen enormen Innovations- und Investitionswillen: Zusammen mit dem Ford-Konzern werden sie ein Schnellladenetz an Autobahnen in Europa installieren. Diese Faktoren sowie auch sinkende Batteriepreise und längere Reichweiten werden dazu führen, dass im Jahr 2025 etwa 15 bis 25 Prozent der Neuzulassungen elektrisch unterwegs sein werden. Jedes vierte oder fünfte verkaufte neue Auto wird dann einen Elektroantrieb haben.

Ein ganz wesentlicher Innovationstreiber ist darüber das vernetzte und automatisierte Fahren. Die deutsche Automobilindustrie ist bereits heute auf diesem Feld Patentweltmeister: An allen seit 2010 weltweit erteilten Patenten hat sie einen Anteil von 58 Prozent. Bei diesem Innovationsvorsprung geht es um die politische, wirtschaftliche und gesellschaftliche Herausforderung, den Verkehr der Zukunft sicher und effizient zu gestalten. Die deutsche Automobilindustrie entwickelt Lösungen für unterschiedlichste Fahrerassistenzsysteme – zahlreiche sind bereits im ▶

Einsatz. Die Systeme tragen zur Fahrzeugsicherheit bei und helfen dabei, die Fahraufgaben zu bewältigen, der Fahrer wird entlastet. So umfassend die Modellvielfalt ist, die die deutsche Automobilindustrie anbietet, so breit ist das Aufgabenspektrum, das diese Schlüsselbranche zu bewältigen hat. Deshalb sucht die Automobilindustrie die besten Nachwuchskräfte. Denn eines ist klar: Der Wunsch der Menschen nach individueller Mobilität, nach dem eigenen Auto, ist ungebrochen.

Berufseinsteiger sollten ihr Augenmerk nicht nur auf die großen Hersteller richten. Zulieferer und mittelständische Entwicklungspartner sind für drei Viertel der Wertschöpfung am Automobil verantwortlich. Im September 2016 waren bei den deutschen Zulieferunternehmen 304.700 Mitarbeiter beschäftigt. In den meist mittelständisch geprägten Unternehmen können Berufseinsteiger schneller Verantwortung übernehmen als in großen Unternehmensstrukturen. Hier wie dort sind sowohl Absolventen klassischer Studien- und Ausbildungsgänge gefragt – beispielsweise aus dem Bereich Maschinenbau, Mechatronik, Elektrotechnik, Fahrzeugtechnik und Physik aber auch aus Querschnittsfeldern wie der Elektrochemie und Materialwissenschaften. Je nach Ausbildung gibt es für Ingenieure die Möglichkeit des Direkteinstiegs zur Bearbeitung von Sachthemen oder aber den Start als Trainee mit Tätigkeiten in unterschiedlichen Unternehmensbereichen wie Forschung, Entwicklung oder Testing bei Herstellern und Zulieferern. Einen stark steigenden Bedarf an neuen Mitarbeitern sehen die Unternehmen im Bereich IT, Sensorik, Software und Elektromobilität.

Die Aufgaben für die jungen Ingenieure sind vielfältig: Angefangen bei der Bearbeitung von Forschungs- und Entwicklungsaufgaben mit den Schwerpunkten Regelelektronik, Antrieb, Fahrwerk, Komfort oder Sicherheit bis hin zur Mitarbeit im Bereich Computersimulation. Absolventen können sich aber auch bei Prüfstandversuchen im Labor oder auf der Teststrecke einbringen. Die Bandbreite von Möglichkeiten ist riesig.

Flexibilität, Weltoffenheit, sehr gute Englisch-Kenntnisse und die Bereitschaft, neue Aufgaben zu übernehmen, sind von großer Bedeutung. Der Ingenieur von morgen muss auch Managementfähigkeiten besitzen und ein Teamplayer sein. Junge Mitarbeiter sollten natürlich auch Neugier, Engagement und Leidenschaft für die Automobilindustrie mitbringen. Gesucht werden Absolventen mit umfassenden fachlichen Grundlagen und zielgerichteten Vertiefungsrichtungen aus den unterschiedlichsten Bereichen wie zum Beispiel Fahrdynamik oder Crashsicherheit. Zielgerichtete Praktika und Bachelor- oder Masterarbeiten sind ein hervorragendes Instrument dafür. ■

Verband der Automobilindustrie

Passende Stellenangebote aus der Fahrzeugtechnik finden Sie auf jobvector.de

Energiewirtschaft - Erneuerbare Energien

Atomausstieg, Wüstenstrom, Klimawandel – die Energiewirtschaft ist in aller Munde. Die Branche bietet gute Berufsaussichten und vielfältige Tätigkeitsbereiche für Ingenieure und Naturwissenschaftler. Besondere Bedeutung kommt dabei den erneuerbaren Energien zu. Das Erneuerbare-Energien-Gesetz (EEG) hat im Jahr 2000 eine wichtige Grundlage für die Entwicklung der erneuerbaren Energien in Deutschland gelegt. Dieses Gesetz garantierte den Betreibern von Anlagen für erneuerbare Energie feste Einspeisevergütungen, die von den Netzbetreibern gezahlt werden mussten. Das EEG 2016 nimmt basierend auf den bisherigen Erfahrungen einige Anpassungen in der Vergütung vor. So wird die Förderhöhe nicht mehr staatlich bestimmt, sondern im Wettbewerb durch Ausschreibungen ermittelt.

Im Jahr 2015 betrug der Anteil erneuerbarer Energien am Strommix in Deutschland 32,6 Prozent, bis 2025 ist eine Steigerung auf 40 bis 45 Prozent geplant. Kennzeichnend für die Branche der erneuerbaren Energien ist ein hoher Anteil an kleinen und mittelständischen Unternehmen. Schon jetzt ist der Export für viele Unternehmen der erneuerbaren Energien ein wichtiges Standbein.

Arbeitsmarkt erneuerbare Energien

Während die Zahl der Beschäftigten in der „klassischen" Energiewirtschaft eher ▶

zurückgeht, sind die erneuerbaren Energien ein starker Wachstumsmarkt. Europa ist im Bereich der erneuerbaren Energien Weltmarktführer und Deutsche Unternehmen sind die klare Nummer eins Europa. Mit der Energiewende in Deutschland ist ein weiterer Ausbau der erneuerbaren Energien und somit weitere neue Arbeitsplätze zu erwarten. Auch von einer verstärkten Nachfrage aus dem Ausland wird die Branche profitieren.

Zu den Unternehmen der erneuerbaren Energien zählen sowohl Hersteller als auch Zulieferer und Vertriebsunternehmen, sowie Unternehmen, die mit Wartung und Betrieb von Anlagen betraut sind. Der bisherige Höhepunkt der Branche brachte die Zahl von 399.800 Beschäftigten mit sich und wurde bisher nicht wieder erreicht. Innerhalb von acht Jahren hatte sich die Anzahl der Beschäftigten mehr als verdoppelt. Nach dieser Phase ging dann die Anzahl der Arbeitsplätze leicht zurück. Jedoch geht die Bundesregierung trotz kurzfristiger Konsolidierungsphase davon aus, dass die Branche der erneuerbaren Energien weiter wachsen wird. Für das Jahr 2020 wird damit gerechnet, dass ca. 500.000 Menschen in dem Bereich beschäftigt sein werden.

Beste Chancen für Akademiker

Wissenschaftler, Ingenieure und Techniker haben beste Chancen. Ein wichtiges Merkmal der Branche der erneuerbaren Energien ist der hohe Anteil qualifizierter Mitarbeiter: In den vergangenen Jahren hatten über 20 % der in der Branche beschäftigten Menschen einen Hochschulabschluss. Zum Vergleich: Im Durchschnitt aller Wirtschaftsbereiche hatten im gleichen Zeitraum nur ungefähr 10 % aller Beschäftigten einen Hochschulabschluss.

Für Ingenieure verschiedener Fachrichtungen sind die Karriereaussichten in der Branche hervorragend: In allen Bereichen der erneuerbaren Energien sind Ingenieure sehr gefragt, teilweise werden sie sogar händeringend gesucht. Naturwissenschaftler werden auch geschätzt, insbesondere in den Bereichen Vertrieb, Qualitätssicherung, Service und Marketing. Je nach Branche bieten auch Forschung und Entwicklung gute Chancen. Zu einem der wichtigsten Forschungsfelder zählt die Effizienzsteigerung der Anlagen, um sie wirtschaftlicher zu machen und den Anschluss zur Konkurrenz nicht zu verlieren.

Solarenergie

Die Solarenergie-Branche ist in den vergangenen Jahren enorm gewachsen: Rekord war ein Wachstum um 400 % innerhalb von acht Jahren. Auch hier sanken bundesweit die Zahlen der direkten und indirekten Beschäftigten aufgrund des Rückgangs des inländischen Marktes. Dieser Rückgang ist auf die Produktüberkapazitäten und sinkenden Preisen zurückzuführen. Es gibt viele kleine Unternehmen. Solarenergie setzt sich zusammen aus zwei großen Bereichen: Photovoltaik und Solarthermie. Im Bereich Photovoltaik hat ca. ein Viertel aller Mitarbeiter laut einer repräsentativen Erhebung einen Hochschulabschluss, im Bereich Solarthermie zwischen 10 und 20 % und in solarthermischen Kraftwerken etwa die Hälfte. Ein wichtiges Arbeitsfeld ist die Forschung und Entwicklung bei den Modulherstellern: Um konkurrenzfähig zu ▶

bleiben, müssen Firmen die Solarmodule ständig weiterentwickeln. Der Wirkungsgrad der Solarzellen ist noch steigerungsfähig. Auch die Senkung der Kosten pro Kilowattstunde ist ein wichtiges Forschungsfeld, da die Förderung der Anlagen nach dem EEG stetig gesunken ist und seit dem EEG 2016 schließlich im Wettbewerb ermittelt wird.

Für ein großes Medienecho bei seiner Bekanntgabe sorgte das Projekt Desertec. Bis 2050 sollen in Nordafrika und dem Nahen Osten 15 % des europäischen Strombedarfs durch solarthermische Anlagen produziert werden und über Überseeleitungen nach Europa transportiert werden. Zwölf große Unternehmen haben sich 2009 für die Forschung an diesem Projekt in das Konsortium Dii zusammengetan, darunter deutsche Firmen wie RWE, Schott Solar, Siemens, MAN Solar Millenium, und e.on. Mittlerweile engagieren sich fast 40 Unternehmen in diesem Zusammenschluss. Im Mai 2013 hat in Marokko der Bau des weltgrößten Solarkraftwerkes Ouarzazate begonnen, mit einer Kapazität von 160 Megawatt. Der erste Teil ging Oktober 2015 ans Netz. Dies ist aber erst der Start für eine umweltfreundlich Energiegewinnung. Marokko plant bis zum Jahr 2020 die Hälfte seiner Stromversorgung mit erneuerbaren Energien sicherzustellen. Der enorme Ausbau in diesem Bereich könnten viele neue Arbeitsplätze schaffen.

Windenergie

Neben der Solarenergie ist die Windenergie der größte Bereich der erneuerbaren Energien. Im Jahr 2015 waren insgesamt 142.900 Personen in dieser Branche tätig. Damit wurde ein Wachstum von fast 50 % zwischen 2010 und 2015 erreicht. Diese relative Zahl klingt im Vergleich zu den anderen Bereichen der erneuerbaren Energien klein, jedoch hatte der Windenergie-Sektor auch zuvor schon viele Beschäftigte. In etwa ein Viertel der Mitarbeiter aus dem Bereich Offshore Windenergie hat einen Hochschulabschluss.

In Deutschland ist die Windenergie schon länger beliebt, was dazu geführt hat, dass deutsche Firmen zu den Experten in Sachen Windenergie zählen und auch im Exportgeschäft stark sind. Ein Schwerpunkt in der Windenergie-Branche ist im Moment das Vorantreiben der Offshore-Windparks, also Windkraftanlagen im Meer. Hier gibt es noch viel zu tun in Forschung und Entwicklung sowie im Anlagenbau. Aber auch „onshore“ ist einiges los: Die rasante Entwicklung in der Windenergie-

Forschung in den letzten Jahren hat dazu geführt, dass unter dem Stichwort „re- powering" derzeit viele ältere Windräder umgerüstet werden, um sie effizienter zu machen.

Geothermie

Bei der Nutzung der Geothermie geht es darum, sich die unterhalb der festen Erdoberfläche gespeicherte Wärme zunutze zu machen, indem man damit Häuser heizt oder Strom erzeugt. Bisher arbeiten nur etwa 17.300 Menschen im Bereich der Geothermie, aber die Bedeutung der Branche wächst. Zu Boom-Zeiten wuchs die Branche um satte 772 % in acht Jahren und verzeichnete damit das größte (relative) Wachstum der erneuerbaren Energien! Von 2009 bis 2014 ergab sich zudem eine Wachstumsrate von 5,3 % in Gesamtkapazität und Produktion. Besonders im Neubaubereich wird Geothermie immer wichtiger, da sie zu einer klimaschonenden Stadtentwicklung beiträgt. In der tiefen Geothermie sind etwa 30,9 % aller Akademiker, in der oberflächlichen Geothermie 16,3 % beschäftigt. Ein Berufsfeld ist hier zum Beispiel die Projektierung, bei der der Einbau von Geothermie-Techniken geplant wird.

Wasserkraft

Die Wasserkraft ist derzeit eine der wichtigsten regenerativen Energiequellen in Deutschland. Da die Wasserkraft in Deutschland aber schon lange etabliert ist und mit ausgereifter Technik arbeitet, sind hier keine großen Zuwächse an Arbeitsplätzen zu erwarten.

Bioenergie

Bioenergie wird aus Biomasse gewonnen, zum Beispiel aus Pflanzen oder Gülle. Beste Chancen auf einen zukunftsträchtigen Job im Bereich der Bioenergie haben alle, die agrarwissenschaftliches Hintergrundwissen vorweisen können. Im Bereich der Bioenergie arbeiten ca. 30 Prozent Akademiker (bei Biogas etwas weniger als bei flüssiger Biomasse). Der Bereich Biomasse wächst aktuell weiter. So verzeichnete die Gesamtstromerzeugung durch Biomasse in Deutschland von 2010 bis 2014 ein Wachstum von ca. 40 %. Bis 2019 werden sogar über 60 % Wachstum prognostiziert.

Den Einstieg schaffen

Die Branche ist spätestens seit dem Störfall im Jahr 2011 im japanischen Kernkraftwerk Fukushima auf dem Vormarsch. Auch die Hochschulen hat die Energiewende erreicht, diese bieten inzwischen über 300 Studiengänge in diesem Bereich an. Hierzu zählen Studiengänge, die komplett auf erneuerbare Energien ausgerichtet sind oder eine Spezialisierung im Laufe des Studiums erlauben. Aber auch motivierte Quereinsteiger aus Natur- und Ingenieurwissenschaften mit einem ausgeprägten Interesse an neuen Techniken und schneller Auffassungsgabe haben gute Chancen. Besonders gefragt sind Erfahrung und Spezialwissen. Wer sich für die Branche interessiert, sollte also versuchen, ein Praktikum in diesem Bereich zu absolvieren und entsprechende Seminare zu besuchen.

Photonik

Karriere in der Welt des Lichts

Photonik? Oft versteckt und unsichtbar, manchmal schreiend grell, immer mit Lichtgeschwindigkeit – die Photonik macht fast alles möglich: Flachbildschirme, Smart-Phone- Displays, Blu-ray-Player, Megapixel- Fotografie, Glasfaser-Internet, Solarzellen, Laserschneiden, Laser beim Zahnarzt, Scannerkassen, Lichtschranken, Laserschweißen, Röntgengeräte, Sensoren und Kameras fürs Auto, Laserchirurgie, neueste Beleuchtungstechnik, Pico-Projektoren, Mikrodisplays, OLED-Fenster, 3D-Druck und und und.

Der Weltmarkt der Photonik beläuft sich heute auf über 350 Milliarden Euro und wächst mit rund acht Prozent jährlich. In Deutschland gibt es etwa 1000 Photonik-Unternehmen mit ca. 140.000 Arbeitsplätzen – Tendenz steigend. Techniken rund um Klimaschutz, IT, Kommunikation, Mobilität, Produktion oder Medizin kommen heute ohne Wissen über das Photon nicht mehr aus. Damit ist die Photonik eine Schlüsseltechnologie – gefragt sind Spezialisten aus zahlreichen technischen und naturwissenschaftlichen Bereichen, seien es Physiker, Elektro- oder Maschinenbau-Ingenieure, Biologen oder Chemiker. Der Sprung in die Photonik ist auch für Quereinsteiger aus angrenzenden Fachbereichen möglich. Voraussetzungen sind in erster Linie Begeisterung und Neugier für Technik und Experimentierfreude. „Die Photonik ist interdisziplinär, entsprechend vielfältig sind die Karrieremöglichkeiten." sagt Dr. Sonja Dulitz, Bildungsexpertin und ehemalige ▶

Mitarbeiterin des Zentralverbandes der Elektrotechnik und Elektroindustrie (ZVEI). Die Photonik bietet vielfältige Berufschancen, ob als Entwickler in der F&E-Abteilung für LEDs, Laser, Sensoren oder Medizintechnik, als Optik- Ingenieur, Konstrukteur, Software-Spezialist oder als Projektleiter – hier ist für jeden etwas dabei. Die Photonik ist die Technik mit dem Licht. Sie verknüpft die Optik mit ihren Lichtteilchen – den Photonen – mit der Elektronik und schafft so etwas Neues. Die LED ist ein gutes Beispiel: Die Halbleiter-Elektronik produziert Licht. Plötzlich muss neben dem Elektronik Design auch auf das Optik-Design geachtet werden z.B. für eine gute Lichtauskopplung und geringe Verluste. Diese immer enger werdende Verzahnung der Schlüsseltechnologien Elektronik und Optik zur Photonik sorgt beständig für neue technische Highlights – Microsoft Kinect und Google Glass sind bestimmt erst der Anfang.

Prof. Dr. Andreas Tünnermann, Leiter des Fraunhofer-Instituts für Optik und Feinmechanik: „Wenn wir uns heute den Weltmarkt im Bereich der Mikroelektronikindustrie anschauen, wird dieser dominiert von Firmen wie Samsung, Intel oder Toshiba. Und wenn man dann in diese Fabriken kommt, stellt man plötzlich fest, dass 80 Prozent der Maschinen, die dort eingesetzt werden, ein optisches Herz haben, das aus Deutschland kommt. Das zeigt, dass diese Branche lebt und an verschiedenen Stellen an ganz spannenden Themen arbeitet. Optik ist sexy!"

WAS IST SO FASZINIEREND AN DER PHOTONIK?

„Die Photonik erlaubt uns ungeahnte Einblicke in die Natur – wir können Atomen beim Schwingen zusehen und werden Zeuge, wie das Universum atmet. Und ganz nebenbei fällt die eine oder andere technische Revolution ab: Internet ohne Photonik? Undenkbar. Autos ohne Laser? Unfahrbar. Moderne Medizin ohne Licht? Unüberlebbar.", meint dazu Falk Eilenberger, Doktorand am Abbe Center of Photonics an der Friedrich-Schiller-Universität Jena.

DIE PHOTONIK-BRANCHE IN ZAHLEN

Der Photonik Branchenreport 2013 stellt die Photonik-Branche für die Jahre 2005 und 2011 vor und gibt einen Ausblick auf das Jahr 2020. Herausgeber sind die Industrieverbände SPECTARIS – Deutscher Industrieverband für optische, medizinische und mechatronische Technologien e.V., der VDMA – Verband Deutscher Maschinen und Anlagenbau e.V., der ZVEI – Zentralverband Elektrotechnik und Elektronikindustrie sowie das BMBF – ▶

DIE KENNZAHLEN DES REPORTS SIND IN FOLGENDERÜBERSICHT ZUSAMMENGEFASST

Kennzahl	2005	2011	Änderung	2020	Änderung
Umsatz weltweit in Mrd. €	228	350	jährliches Wachstum um 7,5 %	615	jährliches Wachstum um 6,5 %
Produktion Deutschland in Mrd. €	17	27	jährliches Wachstum um 8 %	44	jährliches Wachstum um 5,6 %
Beschäftigte Deutschland in Tsd. (mit Zulieferern)	104	134		165	

Der Report ist kostenfrei erhältlich unter www.photonik-forschung.de.

Bundesministerium für Bildung und Forschung. Zwischen 2005 und 2011 ist der Umsatz der Photonik-Branche um mehr als 100 Milliarden Euro gewachsen. Der Report prognostiziert mit einem Umsatz von 615 Milliarden Euro im Jahr 2020 ein jährliches Wachstum von 6,5 %.

In Deutschland stieg das Produktionsvolumen im Zeitraum von 2005 bis 2011 um 8 %. Innerhalb von sechs Jahren konnte somit eine Umsatzsteigerung von 10 Milliarden Euro generiert werden. Ganz vorne mit dabei sind insbesondere die Felder Medizintechnik und Life Sciences, Produktionstechnik, Bildverarbeitung und Messtechnik sowie Optische Komponenten und Systeme. Insgesamt nimmt Deutschland innerhalb Europas – mit einem Marktanteil von 40 % – eine Spitzenstellung in der Photonik-Branche ein.

Diese Entwicklung hat spürbar positive Auswirkungen auf die Beschäftigungszahlen. Die Photonik Branche stellt sich als Wachstums- und Jobmotor dar. Insgesamt entstanden zwischen 2005 und 2011 mehr als 30.000 Arbeitsplätze. Hier glänzte besonders die Photovoltaik-Sparte mit einem Zuwachs von 240 %. Die beruflichen Aussichten für junge Akademiker bleiben auch in den kommenden Jahren hervorragend. Die Photonik-Akademie arbeitet mit Unternehmen aus der Photonik-Branche zusammen und bietet jedes Jahr etwa 35 Studierenden faszinierende Einblicke in diesen Bereich. Hier haben die Studierenden nicht nur die Möglichkeit an Exkursionen zu Unternehmen, Workshops und praktischen Experimenten teilzunehmen, sondern können sich auch mit Experten und Gleichgesinnten austauschen. Die Photonik-Akademie 2016 wird vom BioQuant und dem Kirchhoff Institut für Physik der Universität Heidelberg gemeinsam mit dem Bundesministerium für Bildung und Forschung (BMBF) veranstaltet. Exkursionen zu Unternehmen und Instituten der Photonik, ein Praktikum, Treffen mit Firmen-Chefs und Young Professionals, Vorträge ausgewiesener Experten und ein buntes Begleitprogramm machen die Photonik-Akademie zu einem Erlebnis auf mehreren Ebenen.

Profitiere vom Austausch mit Gleichgesinnten und Photonik-Fachleuten und bewirb dich mit Motivationsschreiben, tabellarischem Lebenslauf und Noten aus dem Studium unter http://www.photonik-campus.de/online-bewerbung. Die Akademie richtet sich an die jüngeren Studierenden, deshalb sollte zum Zeitpunkt der Akademie noch kein Masterabschluss vorliegen. ■

Dr. Nikolas Knake

Photonik Campus Deutschland – Entdecke die Weltdes Lichts

Die Photonik-Akademie ist Teil des Photonik Campus
Die Photonik-Akademie ist Teil des Photonik Campus
Deutschland, der Nachwuchsinitiative der Photonik-Branche. Im Showroom des Internet-Portals www.photonikcampus.de wird die Photonik in vielen, teils witzigen Videos erklärt. Campus Life-Videotagebücher gedreht von Studierenden zeigen das Studium der Photonik an der Uni und beleuchten das Studentenleben in all seinen Facetten aus Sicht der Studierenden. Job Life-Videos geben Einblick in das Berufsleben. Eine Deutschlandkarte zeigt, wo die Photonikunternehmen angesiedelt sind und verlinkt zu ihnen.

Life Science -

Machen Sie die Erforschung des Lebens möglich!

Sie wollen nach dem Studium Forschung in Anwendung bringen? Dann lernen Sie die Life Science-Research-Industrie kennen und erfahren mehr über Berufsperspektiven in den Mitgliedsunternehmen der Fachabteilung Life Science Research (FA LSR) im Verband der Diagnostica-Industrie (VDGH) unter https://lsr.vdgh.de/lsr-aktionstage/.

Rund 80 Prozent aller Jungforscher suchen nach der Hochschule früher oder später einen Job in der Industrie. Die Life-Science-Research-Industrie (LSR) bietet dabei ungeahnte Möglichkeiten, Ihr Wissen auf eine neue Basis zu stellen und mit ihrem Know-how die Forschung weiter voranzubringen. Differenzierung, Kreativität und Vorsprung entstehen dort, wo Wege sich kreuzen. Verbinden Sie Ihren wissenschaftlichen Hintergrund mit einem der Tätigkeitsfelder, in die Sie bei den LSR-Unternehmen hineinwachsen könnten.

Um in der LSR-Industrie zu arbeiten, verfügen Sie als Naturwissenschaftler oder Ingenieur über das nötige Wissen, um mit Kunden auf Augenhöhe zu agieren. Dabei lernen Sie in den LSR-Unternehmen stetig dazu. Denn hier werden – gemeinsam mit den Kunden – maßgeschneiderte Lösungen für die Forschung entwickelt und auf den Markt gebracht.
Der Umsatz der LSR-Produkte spiegelt den Stand der Forschung – im deutschen Markt messen wir etwa sieben Prozent der weltweiten Aktivitäten aller Labors in der ▶

Akademie, Pharma, Biotechnologie, Behörden als auch der angewandten Forschung in Industrie- und Servicelabors. Deutschland ist ein führender Standort für LSR-Technologie mit eigenen starken Unternehmen, engagierten ausländischen Partnern und zahlreichen kleinen, kreativen LSR-Firmen. Attraktive Arbeitsplätze warten – vorausgesetzt, Sie sind ergänzend zu den Naturwissenschaften offen für weitere Tätigkeitsfelder.

Die Berufsbilder in der LSR-Industrie sind vielfältig, genau hier benötigen die LSR-Firmen die Kenntnisse junger Naturwissenschaftler und Ingenieure. Sie sind dort überall zu finden: im Bereich F&E, im wissenschaftlichen Außendienst, dem wissenschaftlichen Support, im Marketing, als Applikationsspezialist oder im E-Commerce, im Vertrieb, im (digitalen) Marketing und in der Marktkommunikation, im Distributoren-Management, in der technischen Beratung, der Marktforschung, im Bereich Regulatory Affairs, in der Qualitätskontrolle, auf dem Gebiet der Public Relations, im Einkauf, im Business Development und in der Logistik, um einige Beispiele zu nennen.

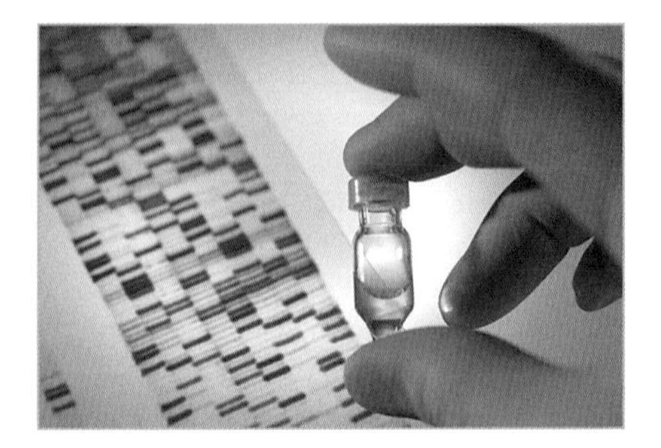

Begabungen und Ihre persönlichen Stärken entscheiden über den erfolgreichen Einstieg als Bewerber– zusätzlich zum Fachwissen und wissenschaftlicher Kompetenz. Machen Sie sich dazu Ihre Stärken und Schwächen bewusst um zu schauen, in welchem beruflichen Bereich Sie am besten aufgehoben sind. Überprüfen Sie sich dazu auf Analysefähigkeit, Urteilsvermögen, Belastbarkeit, Mut, Einsatzbereitschaft und Eigeninitiative, Flexibilität, Kollegialität und Kooperationsbereitschaft, Kommunikationsfähigkeit, Organisation der Arbeit, Zukunftsorientiertheit, Kreativität, Zuverlässigkeit, Zielorientierung und Zielerreichung, Verhandlungsgeschick und Führungsfähigkeit. Die Firmen suchen Sie nicht allein aufgrund Ihrer wissenschaftlichen Stärken, sondern auch Sie als Persönlichkeit.

Haben wir Ihr Interesse geweckt und Sie wollen die LSR-Industrie näher kennenlernen? Dann bewerben Sie sich z. B. auf einem der bundesweiten LSR-Aktionstage. Die Fachabteilung LSR und der VDGH organisieren seit 2012 regelmäßig die LSR-Aktionstage für Berufe in der Life-Science-Research-Industrie. Die Veranstaltungen finden zweimal im Jahr im gesamten Bundesgebiet statt, in Kooperation mit Universitäten und Forschungseinrichtungen. Sie richten sich an Hochschulabsolventen, wissenschaftliche Mitarbeiter und Postdocs mit Studienschwerpunkten Biologie, Chemie, Bioinformatik, Biochemie und Ingenieurswissenschaften. Die LSR-Aktionstage sind exklusiv und haben eine begrenzte Teilnehmerzahl von 40 bis 60 Personen. Einen Tag lang nehmen sich engagierte Mitarbeiter aus Unternehmen der FA LSR Zeit, ihre ▶

Karrierewege, Berufsalltage, Aufgaben und tägliche Herausforderungen vorzustellen und den Teilnehmern und Teilnehmerinnen für Fragen zur Verfügung zu stehen. Zudem gibt es Tipps für dos and don‘ts bei Bewerbungen. Anmeldungen nehmen die Career Center der teilnehmenden Hochschulen entgegen. Aktuelle Informationen unter https://lsr.vdgh.de/lsr-aktionstage/.

Oder nehmen Sie gleich Kontakt zu den Personalabteilungen der LSR-Unternehmen im VDGH auf. Eine Liste der im VDGH organisierten LSR-Mitgliedsunternehmen finden Sie unter https://www.vdgh.de/mitgliedsfirmen/ und https://lsr.vdgh.de/lsr-mitgliedsunternehmen. ■

Dr. Peter Quick, Fachabteilung LSR im VDGH
Gabriele Köhne, VDGH

Life Science Research
Unternehmen
im Verband der Diagnostica-Industrie VDGH

Dr. Peter Quick
(Foto: Henning Schacht)

In-Vitro-Diagnostik-Unternehmen im VDGH mit ergänzenden LSR-Aktivitäten, wie z.B.:
AMP Asbach Medical Products
medac Gesellschaft für Klinische Spezialpräparate mbH
R-Biopharm
Partec (Sysmex)

In-Vitro-Diagnostik-Unternehmen im VDGH, mittels molekulardiagnostischer Verfahren in der personalisierten Medizin engagiert, wie z.B.:
Biocartis NV
Cepheid GmbH
Hologic Deutschland GmbH

Agilent Technologies GmbH
Beckman Coulter GmbH bzw. Danaher Holding GmbH
Becton Dickinson GmbH/BD Biosciences
Biometra bzw. Analytik Jena / Endress & Hauser AG
Biomol GmbH
Bio-Rad Laboratories GmbH
Bruker Daltonik (Scientific Instr.) GmbH
CIS bio GmbH
Clemens GmbH
Eppendorf AG/Eppendorf Vertrieb Deutschland GmbH
Festo AG & Co. KG
GE Healthcare Europe GmbH (Biosciences)
Greiner Bio-One GmbH
Hamilton Robotics GmbH
IDEX Health & Science GmbH
Life Technologies GmbH
Merck Millipore GmbH, Biosciences Sparte der Merck KG
MILTENYI BIOTEC GMBH
New England Biolabs GmbH
Peqlab Biotechnologie GmbH
PerkinElmer LAS (Germany) GmbH
Promega GmbH
QIAGEN GmbH
Roche Diagnostics Deutschland GmbH
Sartorius Weighing Technology GmbH
Scienion AG
Serva Electrophoresis GmbH
SIGMA-ALDRICH Chemie GmbH
STRATEC Biomedical AG Molecular GmbH
Takara Bio Europe S.A.S.
Tecan Deutschland GmbH
Thermo Fisher Scientific FERMENTAS GMBH

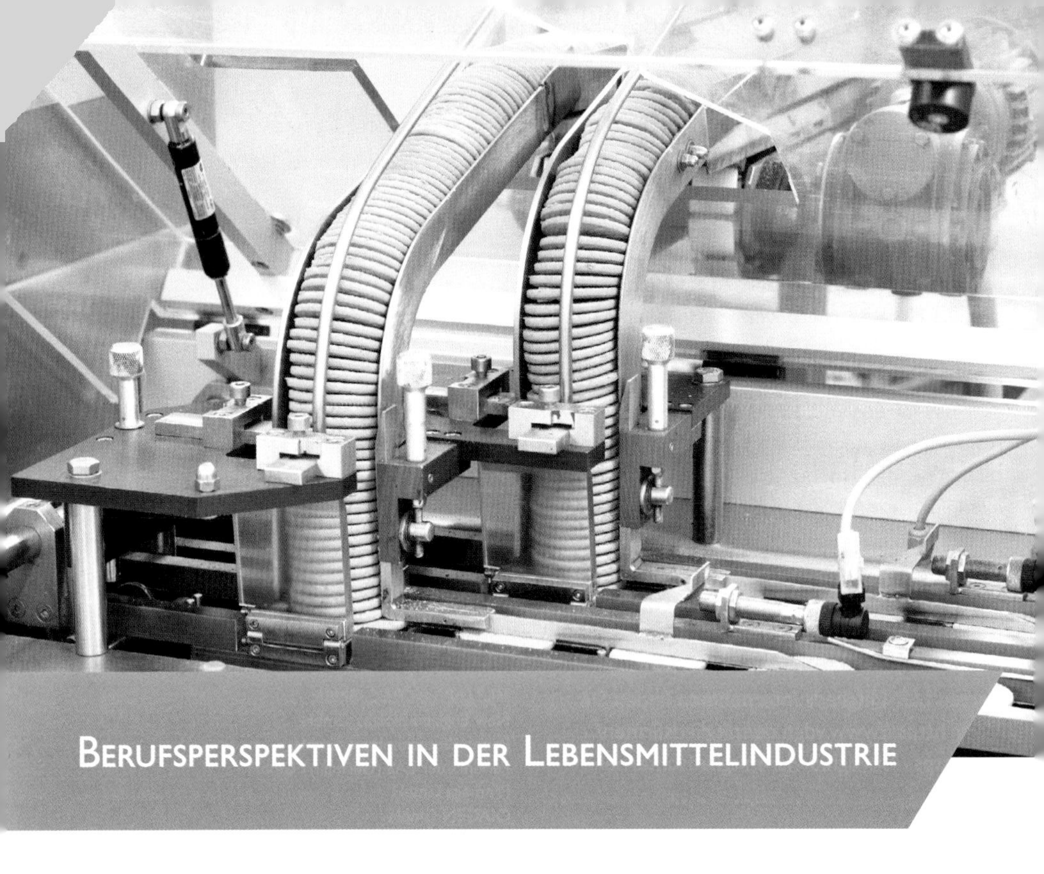

Berufsperspektiven in der Lebensmittelindustrie

Die Ernährungsindustrie ist der drittgrößte Industriezweig Deutschlands. Die Branche arbeitet mit rund 580.000 Beschäftigten in 5.900 Betrieben täglich für das Wohl von 81 Millionen deutschen Verbrauchern und sichert verlässlich ihre Versorgung mit Lebensmitteln. Mit einem Umsatz vonrund 179 Milliarden Euro in 2017 leistete sie einen wichtigen Beitrag zu Wohlstand, Wachstum und Beschäftigung. Die überwiegend von kleinen und mittelständischen Unternehmen geprägte Branche zeichnet sich durch ein besonders breites Spektrum aus. Es gibt viele Unternehmen, die etwas mit Lebensmittel zu tun haben – ob als Hersteller, als Zulieferer von Zutaten und Rohstoffen, oder als Maschinenbauer von Produktionsanlagen. So vielfältig wie das Branchenspektrum sind auch die zahlreichen Berufsbilder in diesem Wirtschaftszweig. Es gibt viele verschiedene Berufsbilder in der Ernährungsindustrie – vom Qualitätsmanager bis zum Verpackungsingenieur. Viele Berufsbilder im Lebensmittelbereich sind jedoch oft gar nicht auf dem Radar der Absolventen und Berufseinsteiger, obwohl die Berufsperspektiven in der Lebensmittelindustrie sehr gut sind. Exemplarisch werden folglich vier verschiedene Tätigkeitsbereiche aus der Ernährungsindustrie vorgestellt.

Lebensmitteltechniker

Lebensmitteltechniker stellen industriell gefertigte Nahrungsmittel wie Fertiggerichte, Konserven oder Backwaren nach vorgegebenen ▶

Rezepturen her oder sind an der Entwicklung von entsprechenden Maschinen in dem Bereich beteiligt. Sie kennen also sämtliche Produktionsabläufe von der Ankunft der Rohware bis hin zum fertigen Produkt. Lebensmitteltechniker wissen, wie man Rohprodukte lagert und verarbeitet. Sie richten die Maschinen und Anlagen nach vorgegebenen Rezepturen für die unterschiedlichen Arbeitsabläufe ein, bedient und überwacht sie. Durch das rechtzeitige Organisieren sind immer genügend Rohstoffe zum Verarbeiten vorhanden. Des Weiteren kümmert sich die Fachkraft für Lebensmitteltechnik auch darum, dass Abfälle umweltgerecht entsorgt werden.

Maschinenbauingenieur & Industriemechaniker

Maschinenbauingenieure und Industriemechaniker der Fachrichtung Maschinen- und Systemtechnik arbeiten Hand in Hand und stellen Maschinen und Produktionssysteme her und halten sie in Stand. Für die Lebensmittelindustrie arbeiten sie im industriellen Bereich, z.B. in Maschinenbaufirmen sowie in Wartungs-, Instandsetzungs- und Reparaturabteilungen unterschiedlicher Industriebetriebe. Ihr Arbeitsplatz dort kann sowohl eine Entwicklungswerkstatt, eine Montagehalle, ein Prüfstand oder eine Baustelle sein.

Verfahrenstechnologe in der Mühlen- und Futtermittelwirtschaft

Verfahrenstechnologen in der Mühlen- und Futtermittelwirtschaft stellen Getreideprodukte, Futtermittel und Spezialprodukte wie z.B. Gewürzpulver her. Die dafür benötigten Anlagen und Maschinen richten sie ein und überwachen den Produktionsprozess. Sie nehmen die Rohstoffe an, reinigen diese und bereiten sie für die Verarbeitung vor. Labortechnische Untersuchungen sowie Sicht-, Geruchs- und Tastkontrollen des Mahlguts führen sie ebenfalls durch. Auch die Lagerung und Verpackung der Erzeugnisse zählt zu ihren Aufgaben. Sie beachten Hygienevorschriften sowie Vorgaben zur Arbeitssicherheit und zum Gesundheitsschutz. Wenn nötig, ergreifen sie Maßnahmen gegen Schädlingsbefall.

Chemielaborant

In Laboratorien prüfen Chemielaboranten chemische Produkte und Prozesse. Zudem entwickeln sie Stoffgemische sowie organische und anorganische Präparate. Versuchsreihen und messtechnische Aufgaben erledigen sie weitgehend selbstständig. Die Versuchsabläufe protokollieren sie und werten sie am Rechner aus. Da sie oft mit gefährlichen Stoffen arbeiten, müssen sie Sicherheits-, Gesundheits- und Umweltschutzvorschriften sorgfältig einhalten.

Diese Berufsbilder sind nur einige Beispiele für die vielen spannenden und interessanten Berufsbilder in der Ernährungsindustrie. Der Arbeitsmarkt in der Ernährungsindustrie ist somit nicht nur sehr zukunftssicher, sondern bietet auch viele Chancen und Perspektiven. ■

Medizintechnik

Starke Branche, die Leben rettet

Jeder kennt sie, Produkte aus der Medizintechnik: Herzschrittmacher, künstliche Hüftgelenke, EKGs, Röntgengeräte beim Arzt oder die Kernspintomografen im Krankenhaus. Doch woher kommen die Produkte? Die Medizintechnik ist ein essentieller Bestandteil der deutschen Gesundheitsversorgung und gehört seit Jahren zu den wachstumsstärksten und forschungsintensivsten Industriezweigen in Deutschland. Allein 2017 lag der Umsatz bei 27,6 Milliarden Euro (weltweit). In Deutschland liegt der Umsatz bei 10,6 Milliarden Euro (2016). Auch weltweit ist die Medizintechnik ein Wachstumsmarkt und bietet somit internationale Karrierewege: Die Exportquote lag 2017 bei 65 %, somit wurden mehr als zwei Drittel des deutschen Umsatzes durch den Außenhandel erwirtschaftet.

Stetiges Wachstum

Davon profitiert auch die Forschung: Die deutsche Medizintechnik-Industrie investiert etwa neun Prozent ihres Umsatzes in Forschung und Entwicklung und liefert somit kontinuierlich Wachstumsimpulse. Wie innovationsstark und dynamisch die Branche ist, zeigen die Patentanmeldungen im Jahr 2017: Insgesamt wurden in der Medizintechnik 13.090 Patente beim europäischen Patentamt EPA zugelassen. Mit 1.340 Patentanträgen und nimmt Deutschland mit dem zweiten Platz eine weltweit wichtige Spitzenposition ein. ▶

Der deutsche Markt liegt mit einem Welthandelsanteil von 14,6 % hinter den USA, aber deutlich vor Japan auf dem zweiten Platz. Auch europaweit ist Deutschland führend und positioniert sich klar vor Frankreich, Großbritannien und Italien. Viele Faktoren tragen dazu bei, dass diese Branche mittel- und auch langfristig zu den zukunftssichersten in Deutschland zählt. Somit bietet die Medizintechnik sichere und internationale Karrierewege für Naturwissenschaftler, Mediziner und Ingenieure.

Der medizinisch-technische Fortschritt ist lebensbestimmend: Vor 20 Jahren war es unvorstellbar, dass 80-jährige Patienten ohne Probleme operiert werden können. Heute steigern künstliche Hüftgelenke und moderne Hörimplantate auch im hohen Alter die Lebensqualität. Der demographische Wandel ist einer der ausschlaggebendsten Faktoren für die Wachstumsstärke der Medizintechnik: Eine immer älter werdende Gesellschaft bringt auch einen strukturellen Wandel in den Bedürfnissen und der Nachfrage nach Gesundheitsleistungen mit sich. Krankheiten wie z.B. Diabetes und Gefäßerkrankungen prägen die Krankheitsbilder unserer Gesellschaft.

Hinzu kommt ein steigender Lebensstandard und die steigende Lebenserwartung. Viele Patienten verlangen daher nicht nur eine medizinische Grundversorgung, sondern auch eine umfassendere Versorgung. Dementsprechend sind sie auch bereit, für diese Leistungen zu zahlen.

Fundamentale Beiträge

Die Medizintechnik leistet dafür einen fundamentalen Beitrag. Alle medizintechnischen Produkte, Geräte und Verfahren unterliegen einer umfangreichen und anhaltenden Weiterentwicklung. Innovationsstärke, kurze Produkt- und Entwicklungszyklen kennzeichnen die Branche und sind ein wichtiger wirtschaftlicher Faktor. Produkte, die jünger als drei Jahre sind, machen mehr als ein Drittel des Umsatzes deutscher Medizintechnikhersteller aus. Die Welt der medizintechnischen Geräte ist faszinierend. Sie trägt maßgeblich dazu bei, dass Diagnosen einfacher gestellt und neue Behandlungstherapien entwickelt werden. Minimalinvasive Operationstechniken und andere chirurgische Präzisionstechnologien, bei denen die Verletzungen des Gewebes und der Haut auf ein Minimum reduziert werden, haben sich in den letzten Jahren etabliert und konventionelle Operationsverfahren abgelöst.

Kontinuierliche Weiterentwicklung

Im Bereich der biomedizinischen Technik werden bildgebende Verfahren, Ultraschall- und Röntgensysteme kontinuierlich weiterentwickelt. Med-Tech-Geräte, wie z.B. Herzschrittmacher, Insulinpumpen oder Cochlea-Implantate werden immer kleiner, leichter und effizienter. Computergesteuerte Prothesen und Hightech Hüftgelenke versprechen Patienten jeden Alters wieder schmerzfreie Bewegungen. Künstliche Augenlinsen ermöglichen wieder scharfes Sehen. Die Entwicklung hochkomplexer technischer Geräte, wie z.B. von Chirurgierobotern und immer präziseren Lasersystemen spielen ebenso eine bedeutende Rolle. ▶

Die Regenerative Medizin und das Tissue Engineering eröffnen neue Möglichkeiten bei der Herstellung lebender und funktionsfähiger Transplantate und Gewebe. Durch neue antibiotische Therapien und Hauttransplantationsverfahren blicken Verbrennungsopfer in eine schmerzfreie Zukunft. Patienten auf der Warteliste für eine Organspende können ebenso hoffen. Auch das Interesse der Medizintechnik an biodegradierbaren und superabsorbierenden Polymeren für Wundauflagen ist in den vergangenen Jahren kontinuierlich gestiegen. Drug-Delivery-Systeme – die Kombination von Medikamenten und deren Verabreichungsform für eine gezielte Wirkstofffreisetzung – machen medikamentöse Behandlungen effizienter und verringern Nebenwirkungen. So können durch innovative Verbandsmaterialien wie z.B. über das Wundpflaster biologisch wirksame Stoffe durch den Wundverband direkt an den Organismus geleitet werden.

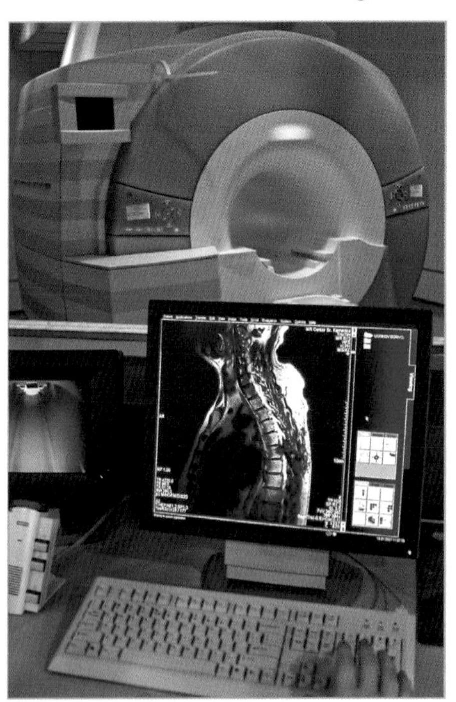

Die Medizintechnik findet aber auch Lösungen zu Problemen, an die man nicht unbedingt an erster Linie denkt. Die Implementierung und dauerhafte Weiterentwicklung von Verpackungsmaschinen für einen GMP-konformen Verpackungsprozess spielen ebenso eine wichtige Rolle wie ein effizienter Spritzgießprozess für Messlöffel. Ebenso sollen in Zukunft Kommunikationsschnittstellen zwischen elektronischen Patientenakten und diagnostischen Geräten oder Implantaten, wie z.B. Herzschrittmachern, ausgebaut werden, um eine schnellere Behandlung im Notfall zu gewährleisten.

All diese Beispiele zeigen, wie wichtig die interdisziplinäre Verknüpfung von Dienstleistungen und Produkten der Medizintechnik auf nationaler und internationaler Ebene ist. Am Anfang stehen immer die Fragen Welche Beschwerden können gelindert werden? Welche Behandlungstherapien waren bisher erfolgreich? Können diese auch auf andere Therapien übertragen werden? Welche Materialien eignen sich am besten, um langfristig im menschlichen Körper verbleiben zu können ohne Nebenwirkungen oder Abstoßungsreaktionen hervorzurufen?

Zusammenarbeit mit vielen unterschiedlichen Bereichen

Lösungen zu diesen Fragen werden ▶

gemeinsam von Medizinern, Naturwissenschaftlern, Ingenieuren und Technikern entwickelt. Spezielle Fragestellungen können nur von Informatikern und Mathematikern gelöst werden. Die Medizintechnik bietet so als Jobmotor sichere Zukunftsperspektiven und zahlreiche Einstiegsmöglichkeiten für Chemiker, Mediziner, Physiker, Biologen, Informatiker und Ingenieure. Sie können z.B. in der naturwissenschaftlich-technischen Grundlagenforschung, der medizintechnischen Forschung, der Produktentwicklung oder der Softwareentwicklung tätig sein. Die Möglichkeiten sind vielfältig. Neben der Forschung und Entwicklung bietet die Medizintechnik-Branche auch umfassende Einstiegs- und Aufstiegsmöglichkeiten für Ingenieure, Mediziner und Naturwissenschaftler im Vertrieb, Marketing, Business Development oder der Qualitätssicherung.

Aktuell sind über 200.000 Beschäftigte in der Kernbranche tätig, die weitgehend von kleineren und mittelständischen Unternehmen dominiert ist. Die Beschäftigtenzahl ist von 2008 bis 2017 um über 55 % gestiegen. Hinzukommen Arbeitsplätze im Vertrieb, Einzelhandel und im Marketing. Experten erwarten, dass bis 2030 mehr als acht Millionen Angestellte in der Gesundheitsbranche tätig sind. Anstehende Gesetzesänderungen versprechen schnellere Zulassungsverfahren und einen geringeren Verwaltungsaufwand in Deutschland. Aber auch die ausgezeichnete Infrastruktur, die hohe Dichte an Forschungszentren und der hohe Standard der klinischen Forschung stärken den Standort Deutschland.

Ein weiterer wichtiger Aspekt ist das hohe Versorgungsniveau der Patienten sowie das hohe Ausbildungsniveau der Wissenschaftler und Ingenieure. Die Medizintechnik ist somit deutschland- aber auch weltweit konkurrenzfähig sowie zukunftssicher und bietet langfristig eine ausgezeichnete berufliche Perspektive. Auch die Verdienstmöglichkeiten und Karriereperspektiven sind attraktiv. ■

ZUKUNFTSBRANCHE MEDIZINTECHNIK

- Hervorragende Karriereperspektiven für Ingenieure, Informatiker und Naturwissenschaftler
- Gute Einstiegs- und Karrieremöglichkeiten in Forschung und Entwicklung, Produktion, Zulassung, Qualitätsmanagement, Vertrieb und Marketing
- Internationale Karrierewege
- Attraktive Gehaltsentwicklungen
- Hoher Personalbedarf und viele Stellenangebote

Passende Stellenangebote aus der Medizintechnik finden Sie auf jobvector.de

Personalisierte Medizin

Vom Trend zum etablierten Ansatz

Jeden Patienten individuell zu behandeln, war schon immer Ziel von Medizinern. Die Möglichkeiten zur personalisierten Therapie sind in den letzten Jahrzehnten allerdings massiv gestiegen. Die technischen Errungenschaften sind mit Genotypisierung und Big-Data-Analysen um ein Vielfaches gewachsen, um einen Patienten auf molekularer, genetischer wie auch phänotypischer Ebene möglichst spezifisch darzustellen. Zunehmend geht es auch in dieser Branche um „Daten". Mit Hilfe von künstlicher Intelligenz, neuen Analysetools sowie Kombination von LifeStyle-Parametern und klinischen Daten werden jetzt gerade ganz neue Türen in ein breites Feld neuer technischer Möglichkeiten aufgestoßen. Biotechnologische Forschungsansätze mit diesem Hintergrund haben immer bessere Chancen auf eine erfolgreiche Entwicklung und treffen somit auch bei Investoren und Pharmaunternehmen auf immer größeres Interesse. Daher ist die pharmazeutisch orientierte Biotechnologie- und Pharmaindustrie eine der zukunftssichersten Branchen überhaupt – mit sehr vielfältigen Betätigungsfeldern.

Erfolge der Biopharmazeutika stammen aus der innovativen Biotechnologie

Seit gut 30 Jahren wird die etablierte Pharmazeutische Industrie mit den teilweise unerwarteten Erfolgen von biotechnologischen Errungenschaften konfrontiert, die aus den Erkenntnissen der (Human-) Genomforschung zu ersten innovativen Medikamenten führten. ▶

In der ersten Phase haben sich Biotechnologie-Unternehmen vor allem darauf konzentriert, Stoffe herzustellen, die in unserem Organismus zwar prinzipiell vorhanden sind, jedoch im Krankheitsfall nicht bzw. nicht in ausreichender Menge. Typische Beispiele dieser ersten Generation von Medikamenten sind Insulin, Hemmstoffe der Blutgerinnung, Wachstumsfaktoren, EPO und immunstimulierende Interferone. Bereits diese Wirkstoffe haben hohe Milliardenumsätze generiert und Firmenriesen wie Genentech oder Amgen entstehen lassen. Von einem ebenso unerwartet großen Erfolg gekrönt ist ein weiteres therapeutisches Konzept: Das der gentechnisch hergestellten monoklonalen Antikörper.

Wirkung statt Nebenwirkung

Auf der anderen Seite muss man jedoch auch konstatieren, dass Medikamente nicht nur Wirkungen, sondern teilweise auch gravierende Nebenwirkungen zeigen. Dazu kommt eine sehr heterogene Wirkungsrate von Therapeutika in der Bevölkerung, die sich in der enormen Schwankungsbreite zwischen 15 und 80 Prozent bewegt. Das bedeutet, dass die Medikamente bei einem Patienten gut wirken, bei einem anderen keine bzw. nur unerwünschte Wirkungen zeigen. Der Grund dafür sind die molekularbiologischen Unterschiede, die auch innerhalb einer Erkrankung auftreten. Viele Branchenexperten – und auch die Zulassungsbehörden – setzen daher auf eine Kombination von Diagnose und Therapie mit so genannten Companion Diagnostics. So sollen die innovativen Therapeutika nur denjenigen Patienten verabreicht werden, die aufgrund einer vorhergehenden Diagnose mit großer Wahrscheinlichkeit auf das Therapeutikum ansprechen werden. Die individuellen Unterschiede der Patienten werden also bei der Therapieauswahl noch stärker berücksichtigt.

Medizin 2.0: Genomforschung kommt beim Patienten an

Eines der bekanntesten Beispiele für den Erfolg des Konzeptes der personalisierten Medizin, ist das Medikament Herceptin®. Es handelt sich dabei um einen Antikörper, der an den auf der Oberfläche von Brustkrebszellen anzutreffenden Rezeptor HER2 bindet und dadurch das Wachstum von Brustkrebszellen unterdrücken kann. Nur etwa jede dritte bis vierte Brustkrebspatientin zeigt jedoch eine solche Überexpression der HER2-Rezeptoren und profitiert deshalb von einer Therapie mit Herceptin. Alle anderen Brustkrebspatientinnen erhalten eine andere Standardtherapie.

Das besondere Kennzeichen der personalisierten Medizin – die man auch als „molekulare Medizin" bezeichnen kann – liegt vor allem darin, dass hier die Erkenntnisse aus der Molekularbiologie, aus den Gebieten Genomics, Proteomics, Transcriptomics und ▶

Metabolomics mit einer daraus resultierenden Diagnostik verknüpft werden und damit die Ausgangsbasis für eine zielgerichtete Therapie bilden. Die personalisierte Medizin bedient sich dabei konkret der sogenannten Biomarker (im oberen Beispiel also etwa die Expressionsrate des HER2- Rezeptor), mit deren Hilfe genau diejenigen Patienten identifiziert werden, die eine sehr große Chance haben, auf eine bestimmte Therapie anzusprechen.

PRÄZISIONSMEDIZIN

Auch in anderen Feldern sind Biopharmazeutika auf der Gewinnerspur. Mit der Entdeckung des CRISPR/Cas9 Systems eröffnen sich völlig neue Möglichkeiten in der Gentherapie. Mit dem als Genome Editing bezeichneten Verfahren besteht die Hoffnung, dass sich genetische Defekte in Zukunft zielgenau reparieren lassen. Intensive Forschung wird auch in der Immunonkologie betrieben. Herkömmliche Krebsmedikamente zielen darauf ab, die Krebszellen zu töten. Die Immunonkologie nutzt Antikörper und Zellen, um das körpereigene Immunsystem des Patienten zu aktivieren, so dass der Tumor von den Immunzellen zerstört wird. Große Hoffnungen werden hier etwa in die Therapie mit Checkpoint-Inhibitoren gesetzt. Diese sollen verhindern, dass die Krebszellen das menschliche Immunsystem abschalten, damit es den Tumor wieder aktiv bekämpfen kann. Mittlerweile sind mehrere solcher Checkpoint-Inhibitoren als Therapie gegen Krebserkrankungen zugelassen und zwei Forscher haben für ihre Arbeit auf diesem Gebiet den Nobelpreis 2018 für Medizin erhalten. Ebenso zukunftsträchtig ist die Therapie mit CAR-T Zellen. Hier werden dem Patienten T-Zellen entnommen und gentechnisch so aufbereitet, dass sie sogenannte chimäre Antigenrezeptoren (CAR) auf ihrer Oberfläche bilden, die gegen spezifische Oberflächenproteine auf den Krebszellen gerichtet sind. Nach erfolgreicher Vermehrung werden die Immunzellen dem Patienten wieder zurückgegeben und sollen dann die Tumorzellen erfolgreich bekämpfen. In den USA erhielt Novartis im August 2017 mit Tisagenlecleucel die erste Zulassung für eine CAR (chimeric antigen receptor)-T Zelltherapie durch die FDA, in 2018 auch für Europa. All diese neuen therapeutischen Ansätze wecken die Hoffnung, dass sich Krebs damit in Zukunft nicht nur kontrollieren, sondern dauerhaft heilen lässt. Eine große Zahl von aktuellen Therapie-Projekten in der Industrie gehen heute in diese Richtung, auch die Gentherapie für monogenetisch bedingte Krankheiten erlebt eine Renaissance.

EINE FÜLLE VON KARRIEREPERSPEKTIVEN

Mit der genombasierten Medizin in Verbindung mit den Möglichkeiten der Digitalisierung und der Nutzung von Big Data in Diagnostik und Therapie öffnet sich das ärztliche Arbeitsgebiet noch mehr als heute der Hightech-Molekularbiologie. Auch in der Medikamentenentwicklung und -zulassung ergeben sich neue und ergänzende Anforderungen an die Qualifikation. An den vielen verschiedenen Phasen der vollständigen Wertschöpfung von der Idee aus einem akademischen Institut bis hin zur erfolgreichen Produktentwicklung und Marktzulassung gibt es eine Fülle von anspruchsvollen und attraktiven Tätigkeiten – in den Biotech Firmen, bei Pharma oder aber auch ▶

den vielen Bereichen der Service- und Beratungsanbieter oder der Zulassungsbehörden.

Deutschland ist in diesem Sektor an vielen Universitäts(klinik)-Standorten sehr gut wissenschaftlich aufgestellt. In einigen Regionen hat sich zudem ein erfolgreiches Ökosystem aus Wissenschaft und Start-ups gebildet, in dem der Anwendung der Forschungserkenntnis und Weiterentwicklung zu einer echten Innovation ein großes Augenmerk geschenkt wird. Im Großraum München finden Sie eine Vielzahl von international renommierten Forschungsinstituten, die sich auch der personalisierten Medizin widmen. Beispiele sind die Ludwig-Maximilians-Universität, die Technische Universität München, das Helmholtz Zentrum München, das Max-Planck-Institut für Biochemie, um nur einige zu nennen. Der Münchner Biotechnologie Cluster mit 270 Firmen im Bereich Biotech- und Pharma ist auf die Entwicklung von innovativen Therapeutika und Diagnostika fokussiert – natürlich spielt auch in den Unternehmen personalisierte Medizin eine große Rolle. Besuchen Sie unsere Webseite und erfahren Sie mehr über die Biotechnologiebranche in München und nutzen Sie unsere lokale Stellenbörse, um Ihren nächsten Karriereschritt zu beginnen. ■

Dr. Georg Kääb, Gabriele Klingner,
BioM Biotech Cluster Development GmbH

Weitere Informationen unter www.bio-m.org.

Karrierewege in der Chirurgie

Perspektivenreich & lebenswert

Die Chirurgie gilt traditionell eher als ein sehr arbeitsintensives, hierarchisch strukturiertes und familienunfreundliches Fachgebiet. Aber auch in der Chirurgie ist die Work-Life-Balance angekommen und wird in vielen Kliniken und Praxen gelebt. Daher möchte der Berufsverband der Deutschen Chirurgen e.V. (BDC) dem medizinischen Nachwuchs dieses Fach als ein perspektivenreiches und lebenswertes Berufsziel realistisch nahebringen. Hilfreich ist hierbei sicherlich, dass in den letzten Jahren auch in den chirurgischen Kliniken dazu gelernt wurde und zum Teil strukturierte Weiterbildungsprogramme, Mentorensysteme oder regelmäßige Feedback-Gespräche eingeführt wurden. Auch die Krankenhausverwaltungen haben Verbesserungsmöglichkeiten in den chirurgischen Kliniken erkannt und durch die Mitfinanzierung der Weiterbildung oder die Etablierung von familienfreundlichen Angeboten Maßnahmen ergriffen, um im Wettbewerb um die besten Nachwuchsmediziner und -medizinerinnen zu punkten.

Die Karrierewege in der Chirurgie bieten heute deutlich mehr Wahlfreiheit als in allen chirurgischen Generationen zuvor. Neben der klassischen „Krankenhaus-Karriere", gibt es eine Vielzahl von Optionen im ambulanten chirurgischen Bereich, sei es die Einzelpraxis, die Praxis- bzw. Berufsausübungsgemeinschaft oder die angestellte Tätigkeit in einem medizinischen Versorgungszentrum. Die interdisziplinäre Verzahnung der verschiedenen ▶

medizinischen Bereiche ist gerade in der Chirurgie gut möglich.

Weiterbildungsordnung

Wenn man sich mit Karrierewegen in der Chirurgie beschäftigt, sollte man sich zunächst die von den Ärztekammern vorgegebene aktuelle Weiterbildungsordnung anschauen. Dabei beginnen Weiterzubildende mit dem zweijährigen Common Trunk, der von allen teilnehmenden chirurgischen Fachrichtungen gefordert wird. Die grundlegenden chirurgischen Fähigkeiten auf der Station, in der Ambulanz, auf der Intensivstation sowie im OP werden dort erlernt. Nach diesem zweijährigen Common Trunk schließt sich eine Spezialisierung in einer der acht chirurgischen Säulen an: Allgemeine Chirurgie, Gefäßchirurgie, Unfallchirurgie/Orthopädie, Thoraxchirurgie, Viszeralchirurgie, Plastische und Ästhetische Chirurgie, Kinderchirurgie und Herzchirurgie. In dieser Zeit kann für ein Jahr eine sogenannte assoziierte Disziplin (z. B. die Gastroenterologie beim Facharzt für Viszeralchirurgie) anerkannt werden. Nach mindestens sechs Jahren Weiterbildung endet dann der jeweilige Facharzt mit der Facharztprüfung.

Klinische Karriere

Möchte man als Chirurg / Chirurgin eine klinisch-chirurgische Karriere verfolgen, kann dies heutzutage sowohl in Krankenhäusern der Grund-, Regel- und Schwerpunktversorgung bzw. Universitätskliniken oder auch in großen Praxen auf hohem Niveau erfolgen. Eine Vielzahl von Kliniken haben in den letzten Jahren Weiterbildungscurricula etabliert, die vor allem durch ein Rotationsprinzip in den verschiedenen Funktionsbereichen eine breite chirurgische Weiterbildung ermöglichen. Im Rahmen einer breiten klinischen Weiterbildung ist es auch empfehlenswert, einen Wechsel zwischen unterschiedlichen Weiterbildungsstätten zu erwägen, um möglichst vielfältige Einblicke zu erhalten. Als langfristiges Berufsziel mit einer solchen klinisch-fundierten Weiterbildung stehen Nachwuchsmedizinern viele Möglichkeiten offen. So ist eine Position in einem Krankenhaus der Grund-, Regel- oder Schwerpunktversorgung ebenso denkbar wie eine herausfordernde Position im ambulant chirurgischen Bereich.

Klinisch-wissenschaftliche Karriere

Möchte man eher eine klinisch-wissenschaftliche Karriere einschlagen, bieten vor allem die Universitätskliniken die besten Voraussetzungen für den akademischen Karriereweg. Hier sollte bereits in frühen Weiterbildungsjahren durch erste experimentelle/klinische Projekte die Basis für eine wissenschaftliche Karriere gelegt werden, die als Ziel die Habilitation beinhalten sollte. Hierbei sollten Möglichkeiten der Forschungsfreistellungen in der eigenen Klinik oder Forschungsaufenthalte im Ausland (z. B. durch ein Drittmittel-gefördertes Projekt) in Erwägung gezogen werden. Während dieser wissenschaftlichen Bestrebungen sollte die klinische Weiterbildung in keiner Weise vernachlässigt werden. Denn zum einen kann das Interesse an einer wissenschaftlichen Karriere schwinden oder der Erfolg ausbleiben und zum anderen definiert sich gerade die akademische Karriere aus der Kombination von Klinik und Wissenschaft. Entsprechend steht der Erwerb des chirurgischen Facharztes ▶

mit einer fundierten klinischen Weiterbildung neben der wissenschaftlichen Karriere im Vordergrund. Schließlich besteht an akademischen Lehrkrankenhäusern sowie Universitätskliniken die Möglichkeit bzw. Verpflichtung sich an der studentischen Lehre zu beteiligen, was in einigen Fällen auch in eine langfristige Schlüsselposition, wie z. B. als Leiter der chirurgischen Lehre, münden kann.

Wissenschaftliche Karriere

Im Gegensatz zur klinisch-wissenschaftlichen Karriere, steht bei der rein wissenschaftlichen Laufbahn die Forschungsarbeit im Mittelpunkt. Hier bieten die Universitätskliniken die besten Voraussetzungen, um eine solche Karriere voranzutreiben. Es werden dort universitäre Anschub- und Grundförderungen zur Verfügung gestellt – wie wissenschaftliche Ausbildungskurse sowie Rotations- und Kooperationsmöglichkeiten mit anderen Forschergruppen im In- und Ausland. Als langfristiges Ziel ist schließlich eine leitende Funktion in einem renommierten Institut für klinisch-experimentelle Chirurgie zu sehen, wie z. B. am Universitätsklinikum Rostock oder des Saarlands.

Ambulante Karriere

Mit dem Erwerb des Facharzttitels im stationären Bereich oder kurz vor Beendigung desselben gibt es als mittelfristiges Ziel nicht nur Positionen wie Chefarzt bzw. Oberarzt im Krankenhaus. Zwar ist die Perspektive für eine Karriere in der Klinik aufgrund vieler unbesetzter Stellen in Krankenhäusern sehr gut, doch nur wenige möchten dauerhaft Nachtdienste bzw. Rufbereitschaften stemmen. In der Tat entsteht bei vielen Chirurginnen und Chirurgen über die Jahre der Weiterbildung der Wunsch nach mehr beruflicher Eigenständigkeit bzw. danach „seine eigene Praxis aufzumachen". Als echte Alternative kann man im ambulanten/niedergelassenen Bereich chirurgisch tätig sein. Als Optionen im ambulanten Bereich besteht die Möglichkeit der Einzelpraxis, der Praxis- oder Berufsausübungsgemeinschaft oder der angestellten Tätigkeit in einem medizinischen Versorgungszentrum. Das Ambulante Operieren ist kein „zartes Pflänzchen" aus der Vergangenheit mehr, sondern ganz im Gegenteil: Es stellt heutzutage einen relevanten tendenziell steigenden Anteil der chirurgischen Versorgung dar.

Wahl der Weiterbildungsstätte

Die bisher aufgezeigten Karrieremöglichkeiten haben eine Vielzahl von Weiterbildungsstätten beschrieben. Dabei ist es wichtig zu betonen, dass frühere Aussagen, wie „wenn Du einmal von der Uniklinik weg bist, gibt es keinen Weg mehr zurück" oder „für eine akademische Karriere musst Du immer direkt an der Uniklinik anfangen", heutzutage nicht mehr gelten. Denn engere Verzahnung der Weiterbildungsstätten sowie die größere Durchlässigkeit des Berufsbildes erlaubt heutzutage auch einen leichteren Wechsel. In der Tat haben nicht alle habilitierten Chirurginnen und Chirurgen ihre Zeit der Weiterbildung ausschließlich in der Universität verbracht und einige Chirurgen haben sich auch vor ihrer Tätigkeit im ambulanten Bereich in der Wissenschaft verdient gemacht. ▶

Fazit

Es gibt ganz verschiedene und attraktive Karrierewege in der Chirurgie. Einen Königsweg gibt es auch hier nicht. Keiner muss und sollte sich am Anfang seiner medizinischen Laufbahn auf einen Karriereweg festlegen. Flexibilität und „das Brennen" für das Fach Chirurgie sind aber die Grundvoraussetzungen für eine Karriere in der Chirurgie. Alles andere kann man lernen!

Der Nachwuchs-Kongress „Staatsexamen & Karriere"

- am 22. und 23. November 2019 im Agaplesion Markus Krankenhaus Frankfurt/Main
- bietet eine optimale Vorbereitung auf die 3. Ärztliche Prüfung in Chirurgie und Innerer Medizin
- mit Vorträgen, Fallbeispielen, Videositzungen und praktischen Workshops
- Anmeldung & Programm: www.staatsexamen-und-karriere.de

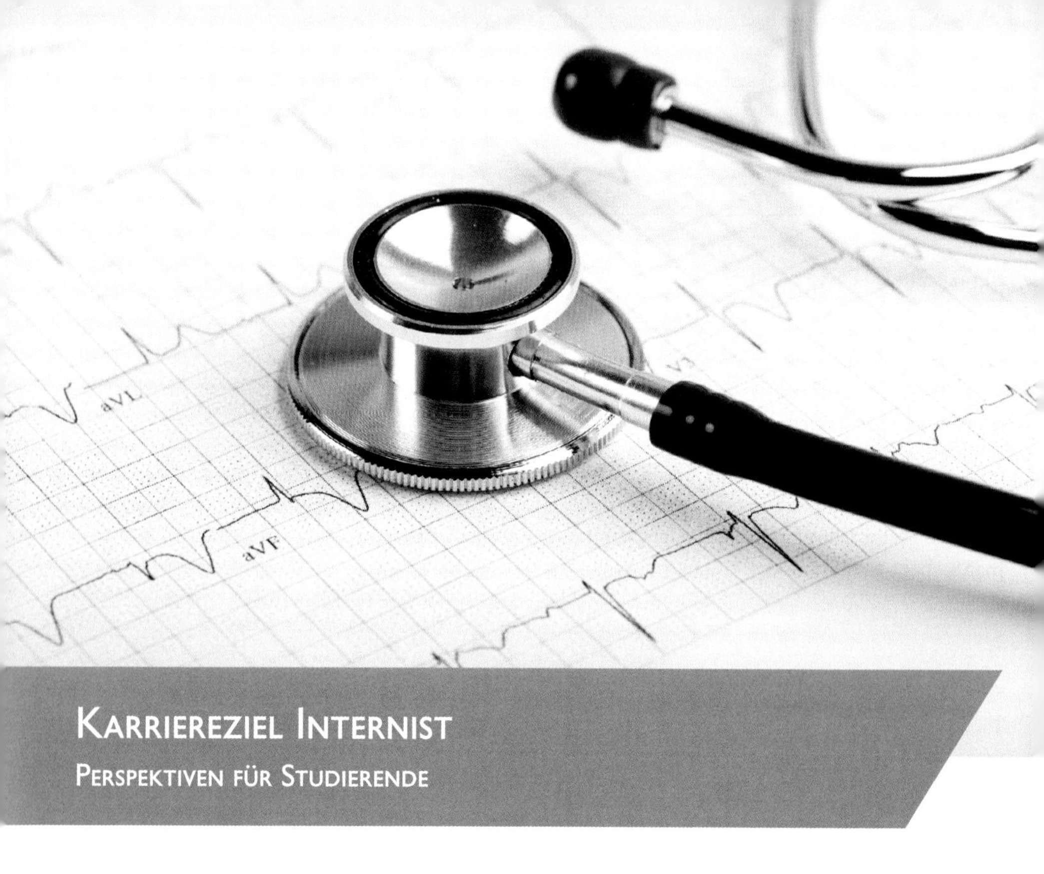

Karriereziel Internist

Perspektiven für Studierende

Kaum ein anderes Gebiet in der Medizin bietet solch ein breites Spektrum und Einsatzmöglichkeiten, wie die Innere Medizin. Nicht nur deshalb erfreut sich das Fach bei Studierenden der Humanmedizin immer größerer Beliebtheit. Auch, weil die Chance nach dem Studium eine Stelle zu erhalten, im Vergleich zu anderen Fachgebieten in der Medizin sehr hoch ist.

Internistische Schwerpunkte

Generell ist die Nachfrage nach Internisten groß, vor allem Kardiologen und Gastroenterologen werden oft gesucht. Krankenhäuser bieten dabei oft ein breites internistisches Spektrum und eine strukturierte Weiterbildung an. Es gilt zu prüfen, welche Häuser eine entsprechende Weiterbildungsberechtigung haben. Für die Bewerbung sollte sich genügend Zeit genommen werden. Die Landesärztekammern können bei der Auswahl von Kliniken und den angebotenen medizinischen Bereichen kompetent weiterhelfen. Wichtig für die angehenden Fachärztinnen und –ärzte ist auch eine gute Betreuung in den Weiterbildungsstätten, möglichst in einem Mentorenprogramm. Aber auch eine Weiterbildung an verschiedenen Kliniken kann Vorteile bieten.

Die Schwerpunkte in der Inneren Medizin sind vielfältig. Das macht den Beruf des Internisten so reizvoll. Auch Zusatzbezeichnungen wie zum Beispiel Intensivmedizin sind möglich. Fast alle Bereiche eignen sich sowohl für ▶

die Tätigkeit in einer Klinik als auch in einer Niederlassung bzw. Praxis. Kein anderes Fach bietet eine solche Auswahl an Spezialisierungen in zehn Schwerpunkten und 33 Zusatzqualifikationen! Daneben ist aber auch eine hausärztliche Betätigung ohne Schwerpunktbezeichnung möglich.

Der lange Weg zum Facharzt

Am Anfang stehen die Staatsexamen. Um Medizinstudierende optimal auf die 3. Ärztliche Prüfung vorzubereiten, entwickelten hier der Berufsverband Deutscher Internisten e. V. (BDI) gemeinsam mit dem Berufsverband der Deutschen Chirurgen e. V. (BDC) ein eigenes und wegweisendes Seminar- und Kongress-Format. Der Nachwuchskongress „Staatsexamen & Karriere", der jeweils zweimal im Jahr im Frühjahr und im Herbst vor der letzten praktisch-mündlichen Prüfung angeboten wird, bereitet die Studierenden nicht nur auf die Prüfung vor. Er beinhaltet vielmehr auch eine eigens auf Hochschüler ausgerichtete Karriereberatung. Hier kommen die Prüflinge in Kontakt mit erfahrenen Medizinerinnen und Medizinern, Weiterbildern und Prüfern. Sie können sich neben der theoretischen Prüfungsvorbereitung in praktischen Trainings wie EKG, Gastroendoskopie und Minimalinvasiver Chirurgie in die Fertigkeiten von Internisten und Chirurgen einarbeiten und anfangen, ein Netzwerk aufzubauen. Die Referenten, von denen viele auch die Facharztprüfung abnehmen, stehen mit Tipps, Rat und Tat beiseite und beraten die Studierenden, wie es nach ihrem Studium in ihrer beruflichen Karriere weitergehen kann. Weitere Informationen wie Termine können Interessierte auf der Internetseite www.staatsexamen-und-karriere.de einsehen.

Die grundsätzliche Weiterbildungszeit nach dem Studium beträgt fünf bis acht Jahre. In dieser Zeit dienen die ersten drei Jahre im Common trunk als Basisweiterbildung. Nach fünf Jahren kann man „fertiger" Internist sein. Nach weiteren drei Jahren kann eine zusätzliche Schwerpunktbezeichnung erworben werden. Im Anschluss können Zusatzweiterbildungen wie beispielsweise Notfallmedizin, Palliativmedizin, Infektiologie oder Intensivmedizin angehängt werden.

Unterstützung während und nach der Ausbildung

Berufsverbände bieten viel praktische Hilfe an. So können angehende Ärztinnen und Ärzte einfach ihr Curriculum für die Famulatur und das Praktische Jahr in der „BDI studis App" des BDI organisieren. Eine Mitgliedschaft in einem Berufsverband ist hierfür nicht nötig. Neben einem „Starterpaket" für Studierende, das aus vielen Vorteilen im Rahmen der Mitgliedschaft besteht, haben sie hier die Möglichkeit, schon früh ein Netzwerk zu knüpfen. Mit einem BDI-Stipendium wird den Studentinnen und Studenten der Humanmedizin auch der finanzielle Druck während des Studiums genommen, sodass diese sich voll und ganz dem Lernen widmen können.

Das Junge Forum im BDI, ein Zusammenschluss aus angehenden und jungen Medizinerinnen und Medizinern, setzt sich für die Belange von Studierenden und Assistenzärzten ein. Es tritt ein für eine Verbesserung der ▶

Weiterbildungsqualität, die Vereinbarkeit von Familie und Beruf sowie die Integration von Forschung in die klinische Tätigkeit, vor allem während der Weiterbildung. Gerade für die junge Generation ist dieses Netzwerk auch wichtig für eine geordnete Karriere in der Inneren Medizin.

Darüber hinaus wartet der BDI mit einer lebenslangen Begleitung und Hilfestellung auf. Mit seinen Services unterstützt er seine Mitglieder in allen Bereichen. Angefangen von der kostenfreien Rechtsberatung über spezielle Angebote im BDI-Vorteilsshop bis hin zu einer kompetenten und umfassenden Berufs- und Karriereberatung ist alles dabei. Aktuelle fachliche und berufspolitische Informationen aus der Inneren Medizin erhalten BDI-Mitglieder unter anderem durch die Zeitschriften „Der Internist" und „BDI aktuell". Kooperationspartner des BDI bieten neben vergünstigten Angeboten in allen Bereichen auch wertvolle Zusatzservices an. Auf der Jobbörse zum Beispiel werden aktuell offene Stellen angezeigt, auf die sich Interessierte bewerben können.

Rat von Experten

Über das BDI-ExpertenPortal können sich BDI-Mitglieder ganz einfach mit Spezialisten aus allen Bereichen austauschen und ihre Fragen klären. Ganz gleich, ob es sich hierbei um Rechts- oder Steuerfragen handelt, ob organisatorische oder fachliche Probleme gelöst werden sollen oder es um Fragen rund

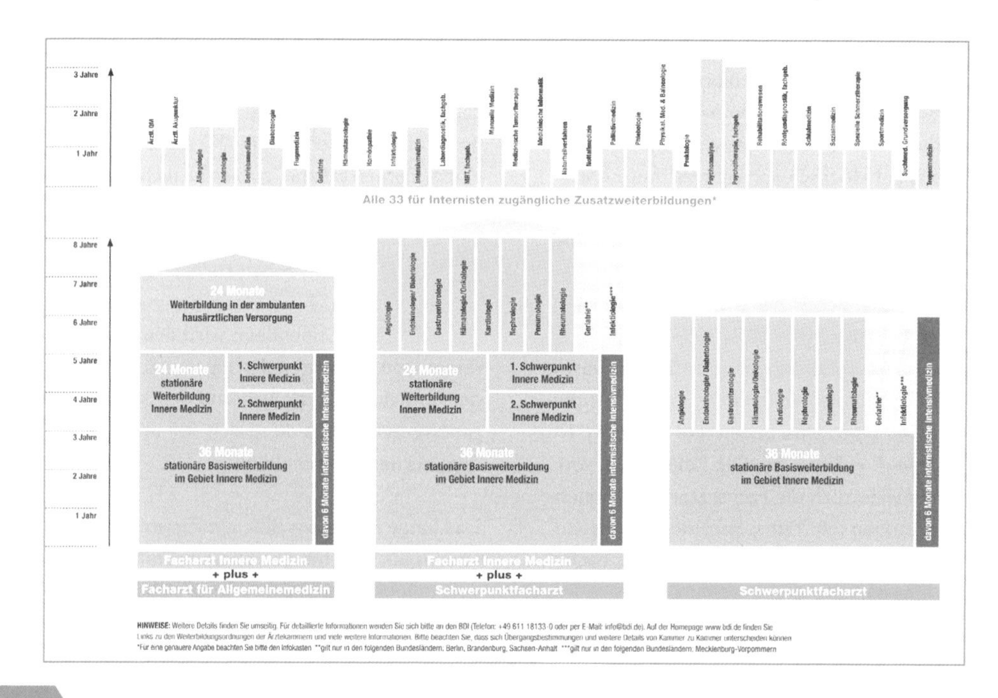

um den Klinikalltag, eine Anstellung oder eine Niederlassung, von der Praxiseröffnung über den Alltagsablauf bis hin zur Abgabe, geht. Im BDI-ExpertenPortal werden alle Fragen zur Karriereplanung beantwortet – und das meist innerhalb von 24 Stunden.

Eine erste Anlaufstelle bieten auch die zahlreichen Apps des BDI. Der BDI-PraxisNavigator beispielsweise begleitet alle Internistinnen und Internisten in ihren täglichen Arbeitsabläufen. Mit der App „Mein Internist" können Ärztinnen und Ärzte sich ihren Patientinnen und Patienten präsentieren und austauschen, Termine schnell und unkompliziert vergeben oder Video Sprechstunden durchführen.

Wissenschaftlich fundierte Fortbildungen

Ein hochkarätiges Fortbildungsprogramm rundet das Angebot des BDI ab. Vom kurzen Intensivkurs bis zum mehrtägigen Kongress bildet der BDI dabei das breite Spektrum der Inneren Medizin ab – immer aktuell, das ganze Jahr über und auf dem neuesten Stand der Wissenschaft und Forschung. Kompetent besetzte Veranstaltungen im In- und Ausland laden zu einer Teilnahme ein. So können zum Beispiel oft mit einem Kurs alle CME-Punkte für ein Jahr gesammelt werden! Im Rahmen einer Mitgliederumfrage im Jahr 2016 gaben über 81 Prozent der Befragten an, dass sie die hohe Qualität der BDI-Fortbildungen schätzen und bescheinigten dem BDI Exzellenz auf diesem Gebiet. Die Fortbildungen sind übrigens für alle Ärztinnen und Ärzte offen. BDI-Mitglieder erhalten allerdings 45 Prozent (!) Ermäßigung auf die reguläre Teilnahmegebühr. Für Assistenzärzte in Weiterbildung, die Mitglied im BDI sind, werden sogar zahlreiche Veranstaltungen kostenfrei angeboten. Somit entlastet eine BDI-Mitgliedschaft ganz nebenbei auch die Fortbildungsbudgets von Kliniken.

Nutzen auch Sie die Chance und werden Sie BDI-Mitglied. Weitere Informationen bietet die Internetseite www.bdi.de. Wir freuen uns auf Sie, denn nur gemeinsam sind wir Arzt! ■

Schwerpunkte der Inneren Medizin

- Angiologie
- Endokrinologie/Diabetologie
- Gastroenterologie
- Geriatrie
- Hämatologie und Internistische Onkologie
- Infektiologie
- Kardiologie
- Nephrologie
- Pneumologie
- Rheumatologie

4. Bewerbung & Karriereplanung

Sie planen Ihren Berufseinstieg oder den nächsten Karriereschritt? Sie haben Ihre Ausbildung, Ihren Bachelor oder Master und wissen noch nicht wohin Ihr nächster Schritt Sie führen soll? Sie sind sich unsicher, ob Sie lieber in der Industrie oder in der Forschung tätig sein wollen? Oder Sie befinden sich gerade in der Bewerbungsphase und kennen Ihren eigenen Marktwert nicht? In diesem Kapitel erhalten Sie viele interessante Tipps, die Ihnen behilflich sind beruflich durchzustarten. Ihnen werden viele spannende Beiträge wie Karrierewege nach der Promotion, Gehälter in der Industrie und alles rund um das Thema Bewerbung aufgezeigt. Alle Artikel sind spezifisch auf Sie als Naturwissenschaftler und Mediziner zugeschnitten.

4. Bewerbung & Karriereplanung

Wer bin ich? Was kann ich?

Stärken für den beruflichen Erfolg nutzen

Was sind Ihre besonderen Fähigkeiten, die Sie aus der Masse der Bewerber hervorheben und besonders qualifizieren? Möchten Sie diese Fähigkeiten zu Ihrer Profession machen? Macht es Ihnen Spaß, sie anzuwenden? Welche Tätigkeiten passen zu diesen Fähigkeiten?

Das sind einige der wichtigsten Fragen, die Sie vor der Bewerbung bedenken sollten. Relevant sind nicht nur Ihre fachlichen Ausbildungsinhalte, sondern auch Ihre fachübergreifenden Fähigkeiten und gesammelten Erfahrungen (Soft Skills). Darüber hinaus können Ihre Interessen und Charaktereigenschaften Sie für einen bestimmten Job qualifizieren. Diese Liste mit Beispielen möglicher Kompetenzen soll Ihnen helfen, sich selbst zu charakterisieren und herauszufinden, welchen „Mehrwert" Sie einem Unternehmen bieten können. In Ihrem Lebenslauf sowie in Ihrem Bewerbungsanschreiben sollten Sie diese Kriterien herausstellen. Passen Sie dabei Ihre Bewerbung der jeweiligen Stellenausschreibung an. Zum Beispiel werden bei einer Bewerbung in einer Unternehmensberatung Kenntnisse über spezielle naturwissenschaftliche Methoden oder technische Anwendungen weniger von Interesse sein, als Ihr analytisches Denken.

Meine Ausbildung

Eine Ihrer wichtigsten Qualifikationen ist natürlich Ihre fachliche Ausbildung. Seien Sie in einem Vorstellungsgespräch auf Fragen zu Ihrer Motivation vorbereitet, wie zum ▶

Beispiel: „Warum haben Sie ausgerechnet dieses Studienfach gewählt?". Relevante Informationen für den Arbeitgeber sind darüber hinaus:

- Abschluss
- Studien-/Forschungsschwerpunkte
- Zusatzstudium
- Außergewöhnliche Nebenfächer

Meine bisherige Erfahrung

Überlegen Sie, welche Erfahrungen Sie in der Vergangenheit gesammelt haben, die für Ihren späteren Beruf und Ihre Bewerbung hilfreich sein können. Haben Sie vielleicht in einem besonders anerkannten Unternehmen gearbeitet? Oder eine Tätigkeit ausgeführt, auf die Sie nun aufbauen können? Vielleicht haben Sie schon einmal in der Branche gearbeitet, in der Sie sich nun bewerben wollen? Vergessen Sie bei einer Bewerbung nicht, entsprechende Referenzen beizufügen! Bereiten Sie daher Informationen vor, über:

- Fachbezogene Praktika
- Fachübergreifende Praktika
- Berufserfahrung
- Relevante Nebentätigkeiten
- Auslandserfahrung

Meine Zusatzqualifikationen

Neben den fachlichen Inhalten sind zunehmend auch fachübergreifende Kompetenzen gefragt, die nicht jeder Ihrer Mitbewerber vorweisen kann. Sollten Sie über Ihre Zusatzqualifikationen Nachweise besitzen, wie Urkunden über Fortbildungen und Kurse, fügen Sie diese Ihrer Bewerbung bei. Bei Fremdsprachen und PC-Programmen erwähnen Sie, auf welchem Level Sie diese beherrschen.

Einige Beispiele für Zusatzqualifikationen:

- Fremdsprachen
- Wirtschaftskenntnisse (Marketing, Patentrecht, Management, usw.)
- Besondere fachspezifische PC-Programme
- Präsentationskompetenz
- Fortbildungen
- Besondere berufsspezifische Techniken

Mein Charakter

Machen Sie sich Gedanken darüber, welche Charaktereigenschaften Sie besonders ausmachen. Welcher Beruf könnte dazu passen? Falls Sie Ihre Charaktereigenschaften in Ihrer Bewerbung erwähnen, sollten Sie in einem Bewerbungsgespräch Beispiele parat haben, die diese Eigenschaften belegen. Wenn Sie Ihre Charaktereigenschaften in einer Bewerbung nicht aufzählen möchten, können Sie sie auch durch Beispiele darstellen. Viele Hobbys lassen z.B. auf bestimmte Charaktereigenschaften schließen. Wählen Sie mindestens fünf Eigenschaften, die Sie am besten beschreiben:

- Intrinsische Motivation
- Offenheit
- Ausdauer
- Lernbereitschaft
- Zuverlässigkeit
- Kritikfähigkeit/Selbstkritikfähigkeit
- Selbstbewusstsein
- Verantwortungsbewusstsein
- Belastbarkeit
- Flexibilität
- Kontaktfreudigkeit

Meine soziale Kompetenz

In der heutigen Arbeitswelt wird soziale Kompetenz immer wichtiger, da Teamarbeit ▶

oder Führungsverantwortung gefragt ist. Auch für diese Kompetenzen sollten Sie in einem Bewerbungsgespräch auf Fragen nach Beispielen gefasst sein. Sie könnten beispielsweise von bestimmten Situationen erzählen, in denen Ihnen eine bestimmte Fähigkeit besonders weiter geholfen hat. Welche der unten genannten Kompetenzen passen am besten zu Ihnen:

- Teamfähigkeit
- Kontaktstärke
- Einfühlungsvermögen
- Führungsqualitäten
- Fähigkeit, andere zu motivieren
- Interkulturelle Kompetenz
- Kooperationsfähigkeit/Kompromissbereitschaft
- Durchsetzungsvermögen
- Höflichkeit/Freundlichkeit/Umgangsformen

Meine Arbeitsweise

In Ihrer Bewerbung sollten Sie auch erwähnen, was Ihre Arbeitsweise besonders auszeichnet.

Achten Sie dabei auf die speziellen Anforderungen der Stelle und beschreiben Sie Ihre Arbeitsweisen mit Begriffen wie:

- Analytische Kompetenz
- Schnelle Auffassungsgabe
- Hohes Engagement
- Zielorientiertes Handeln
- Problemlösungskompetenz
- Vorausschauendes Denken
- Klare und strukturierte Kommunikation
- Strukturiertes Arbeiten

Interessen

Wie schon erwähnt, sagen Ihre Hobbys etwas über Ihren Charakter aus und können deshalb für den Arbeitgeber interessant sein. Doch auch Ihre generellen Interessen können Sie für einen Job qualifizieren. Ein gewisses Grundwissen in Psychologie kann in einem Beruf hilfreich sein, in dem Sie mit Menschen verhandeln. Vielleicht können Sie auch Ihre Interessen zum Beruf machen bzw. in den Beruf einfließen lassen. Wenn Sie sich grundsätzlich für Wirtschaft interessieren, könnten Sie über eine Tätigkeit im Vertrieb nachdenken. Wählen Sie die Themen aus, die Sie am meisten interessieren:

- Wirtschaft
- Kultur
- Politik
- Sport

Vorbereitung

Bereiten Sie sich anhand der Stellenausschreibung vor. Nutzen Sie Ihre Eigenanalyse, um zu evaluieren, welche Berufsfelder zu Ihnen passen. Danach ist es wichtig, genau dieses Wissen in Ihrer Bewerbung zum Ausdruck zu bringen und dem Personalverantwortlichen transparent darzustellen. Auch für das Vorstellungsgespräch ist diese Vorbereitung essentiell. Überlegen Sie, wie Sie die in der Stellenanzeige geforderten Eigenschaften und Qualifikationen im Vorstellungsgespräch überzeugend mit Leben füllen. Somit steigern Sie Ihre Chancen auf Erfolg. ■

Bachelor oder Master? Eine Umfrage

Die meisten Studierenden streben nach dem erfolgreichen Bachelorabschluss einen Masterabschluss an. Insbesondere in den Fächergruppen Mathematik und Naturwissenschaften sind die Quoten der „Weiterstudierenden" sehr hoch – teilweise bei fast 100 %. Zurecht? Ist der Masterabschluss in jedem Fall die bessere Alternative, oder gelingt der Berufseinstieg auch mit dem Bachelorabschluss?

Hört man sich bei Personalverantwortlichen verschiedener Unternehmen zu diesem Thema um, erhält man erstaunlich unterschiedliche Antworten. Die einen sagen, dass sie den Bachelor als berufsqualifizierenden Abschluss akzeptieren und selbstverständlich auch Bachelorabsolventen einstellen, andere geben zu, noch nie einen Bewerber eingestellt zu haben, der „nur" einen Bachelor hatte. Wir haben für Sie exemplarische Meinungsbilder verschiedener Unternehmen zusammengestellt. Bitte beachten Sie, dass diese Meinungsbilder exemplarisch sind und nicht verallgemeinert werden sollten. Vielmehr sollen Ihnen diese zeigen, wie vielfältig die Einschätzungen in diesem Feld sind.

Meinung eines Maschinenbau- und Technologie-Unternehmens mit über 20.000 Mitarbeitern

Dieses Unternehmen stellt Bachelorabsolventen ein. Es gibt sowohl Trainee-Stellen, als auch Direkteinstiegsmöglichkeiten für ▶

Bachelorabsolventen. Man kann sich dieser Meinung nach auch im Job weiterqualifizieren. Zudem nutzen einige Mitarbeiter auch die Möglichkeit, den Master neben der Berufstätigkeit zu absolvieren. Mögliche Berufsbilder für Bachelorabsolventen in diesem Hightech-Unternehmen sind etwa das des Nachwuchs-Software-Ingenieurs (mit Entwicklungsmöglichkeit) oder des Versuchsingenieurs. Sehr spezialisierte Bereiche, in denen vertieftes Expertenwissen Voraussetzung ist, stehen hier Masterabsolventen, promovierten Naturwissenschaftlern oder Ingenieuren offen.

Meinung eines mittelständischen Pharmaunternehmens

Der größere Teil der Absolventen, die in diesem Unternehmen eingestellt werden, sind Masterabsolventen, aber es gibt auch einige mit einem Bachelorabschluss. Es werden keine Trainee-Programme angeboten, ausschließlich Direkteinstiege. Es gibt spezielle Stellen für Bachelorabsolventen, darunter auch einige mit viel Entwicklungspotenzial.

Meinung eines mittelständischen Biotechunternehmens

Der Bachelorabschluss wird hier gleichwertig zu einer Berufsausbildung zum technischen Assistenten eingestuft und somit eher mit Ausbildungsberufen verglichen. Wenn man in diesem Unternehmen eine höhere Position anstrebt, ist ein Master unabdingbar. Einige Personalverantwortliche können mit einem Bachelorabschluss noch zu wenig anfangen (Wo einordnen? Nichts Halbes und nichts Ganzes!). Während ein Masterabschluss wie das frühere Diplom behandelt wird, wird der Bachelor eher mit einem Vordiplom gleichgesetzt. Bei dieser Firma arbeitet bisher kein einziger Bachelor.

Meinung eines Industriedienstleistungsunternehmen mit über 3.000 Mitarbeitern

Ingenieure werden sowohl als Bachelor- als auch als Masterabsolventen eingestellt, es kommt auf den konkreten Job an. Es gibt sehr viele Stellen für Bachelorabsolventen in allen Unternehmensbereichen, z.B. als Betriebsingenieur. Stellen, die sich für Berufseinsteiger eignen, sind in den Stellenausschreibungen als solche gekennzeichnet. Der Bachelor ist in diesem Unternehmen ein akzeptierter und geschätzter Abschluss.

Meinung eines Personaldienstleisters für die Life-Science-Industrie

Praktische Erfahrung und Persönlichkeit zählen für diesen Personaldienstleister grundsätzlich mehr, als der genaue Abschluss. Allerdings sei es so, dass gerade in der „älteren Generation" (die in einigen Unternehmen noch die meisten Führungspositionen bekleidet) zum Teil Vorbehalte gegenüber dem Bachelorabschluss bestehen, da nur wenige den Bachelor und die damit verbundenen Qualifikationen einordnen können. Mit einem Bachelor tut man sich dieser Meinung nach keinen Gefallen. Mit „nur" einem Bachelor habe man schlechtere Chancen, da man in Konkurrenz zu den Masterabsolventen stehe, was für einige Positionen ungünstig ist, da der Berufseinstieg oft schwierig sei. Möglicherweise ändern sich die Vorbehalte gegenüber dem Bachelor, wenn die „Chefs" selbst einen Bachelorstudiengang ▶

absolviert haben. Grundsätzlich suchen diese Dienstleister nach Bewerbern/Mitarbeitern mit Abschlüssen, die der Kunde voraussetzt. Momentan gebe es aber kaum einen Beruf für den „nur" ein Bachelorabschluss ausreicht, weil es den Abschluss in Deutschland bis vor einigen Jahren noch nicht gab.

MEINUNG EINES INTERNATIONALEN HEALTHCARE-KONZERNS

Man hat mit einem Bachelorabschluss auf jeden Fall gute Chancen bei diesem Unternehmen. Ob man als Bachelor einsteigen könne, komme auf die jeweilige Stelle an. Wichtiger als der Abschluss sind jedoch die praktischen Erfahrungen, die der Bewerber vorweisen kann. Dazu zählen sowohl praktische Erfahrungen aus dem „Arbeitsleben" als auch „andere" Erfahrungen, die Soft-Skills gefördert haben, und ein sicheres Auftreten. Grundsätzlich sei dieser Personalverantwortlichen ein Bewerber, der acht Semester für seinen Bachelor gebraucht hat, aber dafür ein Praktikum in der Industrie gemacht hat, lieber, als ein Master, der in der Regelstudienzeit abgeschlossen hat, aber keinerlei Praxiserfahrung vorweisen kann.

Ihr persönlicher Rat ist aber, trotzdem den Master zu machen, da beim Bachelor die Zeit für das Studium zu kurz sei und man durch die Verschulung des Studiums wenig Gelegenheit habe praktische Erfahrungen zu sammeln. Hinzu komme, dass der Bachelor meist sehr allgemein ausgerichtet ist, wohingegen das Masterstudium die Gelegenheit biete, sich zu spezialisieren. Dadurch könne man sich stärker von Mitbewerbern differenzieren.

Eine gute Wahl sei es auch, nach einem naturwissenschaftlichen Bachelor einen managementbezogenen Master zu machen. Durch die Kombination von natur- oder ingenieurwissenschaftlichem Fachwissen und betriebswirtschaftlichen Kenntnissen, werde man sehr interessant für die Unternehmen, da man sich in vielen Unternehmensbereichen einbringen und beide „Welten" vereinbaren könne.

Die vielfältigen Meinungen zeigen, dass eine Entscheidung, ob man einen Master machen sollte oder nicht, sehr abhängig von der Berufswahl, dem Unternehmen sowie der Branche ist. Daher sollte man sich gut überlegen, was dem eigenen Interesse entspricht und welcher Karriereweg am besten zu einem passt. ■

- Ob ein Bachelor- oder Masterabschluss erfolgsversprechend für den Berufseinstieg ist, kommt auf den Aufgabenbereich der Stelle an
- Es hängt individuell vom Unternehmen ab, ob Einstiegspositionen für Bachelorabsolventen angeboten werden
- In der Forschung & Entwicklung werden überwiegend Master- oder Promotionsabsolventen gesucht
- Im Ingenieursbereich hat man als Bachelor bessere Einstiegspositionen als im naturwissenschaftlichen Bereich
- Umso mehr Berufserfahrung man vorweisen kann, desto weniger wichtig wird der Abschluss. Bei einzelnen Positionen ist eine Promotion jedoch von Vorteil

Bachelor und Masterangebote finden Sie auf jobvector.de

Soll ich promovieren?

Karrierewege abwägen

Gegen Ende des Studiums stellt sich für gute Studenten eine wichtige Frage für den weiteren Lebensweg: „Soll ich promovieren?"

Wer sich diese Frage stellt, der übersieht oft, dass sich hinter dieser Frage eigentlich mehrere andere, persönliche Fragen verstecken: Die Frage nach der Stärke von wissenschaftlichem Ehrgeiz, Neugier und Motivation; die Frage nach den Vorteilen einer Promotion für den weiteren Lebensweg; die Frage nach den beruflichen und privaten Zielen; nach der persönlichen Eignung; und nicht zuletzt die Frage, was einen erwartet und ob man bereit ist, auch Nachteile in Kauf zu nehmen.

Promotion: Ja oder Nein?

Der beste, edelste und am weitesten tragende Grund für eine Promotion ist immer noch: brennendes Interesse am Thema. Man hat die Möglichkeit, sich mehrere Jahre lang intensiv mit einem Thema auseinanderzusetzen, aktiv zu forschen, Lösungen zu finden und zum Experten auf seinem Gebiet zu werden. Gerade bei einer praxisnahen, in der Industrie verwendbaren Fragestellung, kann dieses Expertenwissen auch im Leben nach der Promotion sehr hilfreich sein. Das Interesse am Thema ist die wichtigste Voraussetzung für eine Promotion: Die große Motivation, die daraus geschöpft wird, hilft beim erfolgreichen Bestehen der Promotion – auch wenn es länger dauern sollte als geplant. ▶

Dann wären da noch die Karrierechancen. In bestimmten Branchen ist eine Promotion sinnvoll, wenn nicht gar obligatorisch. Wer eine wissenschaftliche Karriere anstrebt, für den gehört die Promotion einfach dazu. Allerdings sollte er sich vorher sorgfältig über den Arbeitsmarkt im universitären Bereich informieren. Eine gute Promotion ist noch lange kein Garant für eine akademische Berufslaufbahn. Auch wer eine verantwortungsvolle Position in einer naturwissenschaftlich ausgerichteten F&E-Abteilung eines Unternehmens ins Auge fasst, sollte promovieren.

Für Chemiker etwa, die mit Führungsverantwortung als Laborleiter arbeiten möchten, ist die Promotion der richtige Abschluss. Andernfalls verlängert sich der Weg bis zur angestrebten Personalverantwortung. In der Medizin ist die Promotion zumeist obligatorisch, hier steht man eher vor der Entscheidung, welche Art von Promotion man wählt: Entweder eine Promotion mit einem hohen Forschungsanteil, die oft auch zeitlich aufwendiger ist, oder eine Promotion mit einem überschaubaren zeitlichen Aufwand.

Auch in weniger wissenschaftlichen Bereichen kann ein „Dr." der Karriere dienen: Der Titel verspricht Prestige. Außerdem signalisiert er möglichen Arbeitgebern neben Leistungsbereitschaft, Disziplin auch Hartnäckigkeit: Der Absolvent hat bereits vor dem eigentlichen Berufsstart erfolgreich ein Projekt mit langer Laufzeit beendet – die eigene Promotion. Man sollte sich aber genau umsehen und nicht ausschließlich wegen den vermeintlich besseren Karriereaussichten promovieren. In vielen Bereichen ist kein Titel nötig, um schnell aufzusteigen oder viel zu verdienen, etwa im Vertrieb. Gerade kleine Betriebe sehen eine Promotion oft als Überqualifikation an, wenn diese für die Ausübung der Tätigkeit nicht erforderlich ist und können oder wollen den entsprechenden Vergütungsaufschlag nicht zahlen. Auch Absolventen aus Bereichen, in denen Bewerber dringend gesucht sind, sollten sich überlegen, ob sie den aktuellen Fachkräftemangel nicht nutzen möchten, um sofort in die Industrie zu gehen.

Wer promovieren möchte, braucht ein hohes Maß an Motivation, die einen über die mehrjährige Promotion trägt. Auch vielleicht auftretende Forschungsmüdigkeit in fortgeschrittenen Phasen sollte diese Motivation überwinden können. Dazu braucht man Leidenschaft für das Thema. Persönliche Eitelkeit („Dr.-Titel vor dem Namen klingt einfach verdammt gut"), oder Druck von außen sollen keine maßgeblichen Faktoren sein.

Bedenken Sie, dass Sie sich über Jahre mit einem einzigen Thema beschäftigen werden. Oft ist eine hohe Frustrationstoleranz nötig, kombiniert mit Stressresistenz. Auch wer nicht gerne schreibt, wird sich schwer tun, viele Seiten wissenschaftlicher Texte in Form von Publikationen und der eigentlichen Dissertation zu verfassen. Weitere Argumente gegen eine Promotion sind die finanziellen Entbehrungen, die man trotz harter Arbeit und im Regelfall erheblicher Überstunden während der Promotionszeit in Kauf nehmen muss. ▶

Die beiden Buchstaben vor dem Namen sind ein Schlüssel. Die passende Tür für diesen Schlüssel, die Lebensglück im Hinblick auf Jobzufriedenheit, Vergütung und Aufgabenfeld eröffnet, muss trotz erfolgreicher Promotion erstmal gefunden werden. Eine Garantie gibt's nicht, jedoch ist die Wahrscheinlichkeit für eine anspruchsvolle Tätigkeit in einem spannenden Umfeld hoch. Viele Doktoranden berichten von der Promotionszeit als eine der schönsten Zeiten im Leben, in der sich nicht selten Freundschaften fürs Leben ergeben haben.

DOKTORVATER / DOKTORMUTTER

Wenn man alle Argumente abgewogen und sich zu einer Promotion entschlossen hat, stößt man auf die nächste große Frage: „Wie finde ich den richtigen Doktorvater bzw. die richtige Doktormutter?". Die Wahl des Betreuers ist eine wichtige Entscheidung, denn der Betreuer bietet im Idealfall fachliche Unterstützung, persönlichen Zuspruch und Ermutigung in Krisenzeiten. Außerdem hilft das persönliche und berufliche Netzwerk des Doktorvaters oder der Doktormutter oft beim Berufseinstieg.

Am besten belegt man verschiedene Kurse und Vorlesungen, um die Professoren und ihre Arbeit besser kennen zu lernen. Außerdem sollte man herausfinden, ob der potenzielle Doktorvater ein gutes Renommee hat und wie er in seinem Fach vernetzt ist.

Wichtig für eine gelungene Promotion ist eine gute Betreuung. Man kann mit anderen Doktoranden sprechen und fragen, wie gut sie sich unterstützt fühlen. Haben sie genügend Freiraum, um ihre Doktorarbeit zu gestalten, oder überwiegt die Arbeitszeit, die in andere Aufgaben wie Klausurkorrekturen und weitere Zuarbeiten im Institut investiert werden muss? Welche Methoden bevorzugt der Professor?

Auch die menschliche Ebene sollte berücksichtigt werden. Man kann sich auch über Graduierten-Kollegs informieren: Dort arbeitet man gleich mit einem ganzen Betreuer-Team. Wie im nachfolgenden Berufsleben ist ein nicht zu unterschätzender Faktor?

INHALT UND AUFBAU EINER DISSERTATION

Wie funktioniert eigentlich eine Promotion? Zunächst braucht man eine gute Fragestellung, die man selbstständig und als erster bearbeitet. Um das richtige Thema zu finden, sollte man zunächst überlegen, für welches Themengebiet man sich persönlich interessiert und welche Fragestellungen daraus relevant und noch unbeantwortet sind. Bevor man mit der Arbeit beginnt, sollte man absolut sicher sein, dass die Fragestellung bzw. die angestrebte Lösung so noch nicht bearbeitet und veröffentlicht worden ist. Anschließend sollte man die Fragestellung daraufhin abklopfen, ob es ▶

möglich ist, sie in der geplanten Promotionszeit umfassend zu behandeln oder eingegrenzt werden sollte. Danach wird das Thema in kleinere Teile „zerlegt", so dass Etappenziele festgelegt werden können.

Während der nächsten Monate forscht man aktiv und dokumentiert dabei seine Ergebnisse. Gleichzeitig behält man aktuelle Forschungsergebnisse anderer Wissenschaftler aus dem Gebiet der Doktorarbeit im Blick und vergleicht seine Ergebnisse damit. Die messbare Güte der Promotion sollte sich letztlich auch in der Anzahl der während der Promotionsphase veröffentlichten Publikationen manifestieren. Zum Abschluss der Promotion, verfasst man eine zusammenhängende Dissertationsschrift.

Die Dissertation wird wie jeder wissenschaftliche Text logisch gegliedert. Sie beginnt mit einer Einleitung, in der das Thema und die Fragestellung dargestellt und hergeleitet werden. Im zweiten Teil stellt man dar, wie man zu seinen Ergebnissen gekommen ist: Man beschreibt also seine Materialien und Methoden. Der größte Teil der Schrift beschäftigt sich mit der Darstellung der Ergebnisse gefolgt von deren Interpretation in der Diskussion.

Was hier so knapp dargestellt recht einfach klingt, ist ein Prozess, der sich in den Natur- und Ingenieurwissenschaften über mindestens drei Jahre hinzieht und in dem man Rückschläge einstecken und Motivationslöcher überbrücken muss. Am Ende steht aber die Promotionsfeier, auf der man sich den Doktorhut aufsetzen darf und stolz auf seine Leistungen zurückblicken kann! Sie sollten die Promotionszeit auch nutzen, um sich sogenannte Schlüsselqualifikationen anzueignen. Viele Hochschulen bieten speziell für Doktoranden entsprechende Kurse an. Diese können neben wissenschaftlichen Inhalten wie wissenschaftliches Schreiben oder Präsentieren auch Themen wie Projektmanagement, Zeitmanagement, Rhetorik beinhalten. Gerade Kurse dieser Art können für eine zukünftige Bewerbung sehr vorteilhaft sein.

In dem Zusammenhang sollten Sie sich auch nach strukturierten Promotionsprogrammen erkundigen. Diese werden von vielen Hochschulen angeboten. Beispiele sind Graduiertenkollegs, Excellence-Schwerpunkte oder Graduiertenprogramme. In diesen werden Kurse angeboten, Institutsübergreifende Vortragsreihen organisiert und oft Mehrbetreuerkonzepte umgesetzt, damit Sie möglichst viel wissenschaftlichen Input erhalten.

Die Promotionszeit ist auch eine hervorragende Gelegenheit, um Kontakte zu knüpfen und sich ein Netzwerk aufzubauen, sowohl in der Wissenschaft, als auch in der Wirtschaft. ■

Karrierewege nach der Promotion

Forschung & Lehre versus Industrie

Die Promotion legt für einen Großteil der Naturwissenschaftler und Mediziner, aber auch für Ingenieure den Grundstein für eine Karriere. Sie ist eine Investition in die berufliche Zukunft, denn die Promotion ist für viele Positionen in der universitären und industriellen Forschung Voraussetzung. Doch spätestens kurz vor dem Ende der Dissertation stellt sich vielen Doktoranden die Frage: Wie geht es weiter? Diese Frage bereitet vielen schon während der Promotionsphase Bauchschmerzen, da die beruflichen Möglichkeiten vielfältig sind. Doch was ist das Richtige für mich?

Einstieg in die Industrie

Während die akademische Forschung wissenschaftliche Erkenntnisse und den Ausbau der Grundlagenforschung und des wissenschaftlichen Renommees durch Publikationen als primäres Ziel hat, ist die industrielle Forschung eher produktorientiert und anwendungsbezogen. Außerhalb der klassischen akademischen Laufbahn stehen Promovierten zahlreiche Einstiegsmöglichkeiten außerhalb der Forschung offen. Eine Studie hat ergeben, dass 70 % der promovierten Naturwissenschaftler und Ingenieure nicht in die Forschung, sondern in andere Berufsfelder einsteigen.

Wenn Sie bereits während des Studiums wissen, dass Sie keine akademische Laufbahn einschlagen möchten, ist es sinnvoll schon vor der Promotion Kontakt zu Unternehmen und Forschungsinstitutionen aufzubauen. ▶

Informieren Sie sich über Forschungskooperationen sowie Promotionsmöglichkeiten während Sie zum Beispiel Praktika oder Abschlussarbeiten absolvieren. Durch verschiedene Einstiegsmöglichkeiten bieten Firmen Studenten und Promovierenden so die Möglichkeit einen ersten Einblick in die industrielle Arbeitswelt zu erlangen. Dies kann Ihnen einen fließenden Übergang in die industrielle Arbeitswelt erleichtern.

In den letzten Jahren haben sich insbesondere Trainee-Programme etabliert. Sie bieten Promovierten und Postdoctoral Fellows, kurz Postdocs, einen interdisziplinären Einstieg in verschiedene Fachabteilungen. Es gibt unterschiedliche Trainee-Programme, die den Einstieg in verschiedene Berufsfelder ermöglichen: Während der in der Regel 16- bis 36-monatigen Programmdauer können Sie in Forschungs- und Entwicklungsprojekte eingebunden sein. Sie können aber auch an Schnittstellen zwischen Produktentwicklung, Marketing, Vertrieb und Management stehen und lernen verschiedene Geschäftsbereiche kennen. Informieren Sie sich am besten auf Jobbörsen wie jobvector, fachspezifischen Karrieremessen oder direkt auf den Karrierewebseiten der Firmen über ihre Einstiegsmöglichkeiten. Wichtig ist, dass Sie sich bereits im Vorfeld Gedanken über Ihre Interessen und Ihre möglichen Karrierewege machen.

Viele Unternehmen bieten Naturwissenschaftlern, Medizinern und Ingenieuren natürlich auch den gängigsten Berufseinstiegsweg über einen klassischen Direkteinstieg. Der Weg, den die meisten frisch Promovierten im Blick haben, ist der Postdoc in der Industrie. Der Postdoc kann sowohl in der Grundlagenforschung als auch der angewandten Forschung und Entwicklung tätig sein, meist in einer leitenden Position z.B. als Laborleiter. In Ihren ersten Berufsjahren sammeln Sie Führungserfahrung, schreiben Forschungspläne und koordinieren (Teil-) Projekte und Personal. Dazu gehören aber auch Aufgaben wie das Einholen von Angeboten von Labormaterialien und deren Verhandlungen mit Vertriebsmitarbeitern von Laborgerätefirmen. Da Sie oft sehr interdisziplinär mit verschiedenen Unternehmenseinheiten zusammenarbeiten, bieten viele Unternehmen ganz unterschiedliche Entwicklungs- und Weiterbildungsmöglichkeiten: So können Sie sich betriebswirtschaftliche oder patentrechtliche Grundlagen aneignen oder in das Marketing oder den Vertrieb reinschnuppern.

Haben Sie bereits während des Studiums erste Marketing- oder Vertriebserfahrungen durch Praktika oder Nebentätigkeiten sammeln können, dann steht Ihnen auch ein Quereinstieg offen. Abhängig von Ihrem persönlichen Karriereplan und dem Unternehmen, haben Sie nach zwei bis fünf Jahren oft die Chance die Karriereleiter weiter aufzusteigen, z.B. als Produktmanager. Der Einstieg in die industrielle Forschung und Entwicklung scheint gängig, ist jedoch wie eingangs erwähnt nicht die Regel. Der Berufseinstieg in andere Berufsfelder wie den Vertrieb, das Marketing, das Qualitätsmanagement u.v.m. bietet facettenreiche Möglichkeiten. ▶

FORSCHUNG UND LEHRE

Wenn Sie Ihre berufliche Zukunft langfristig in der universitären Forschung und Lehre sehen, ist der erste Schritt eine Position als Postdoc. Diesen können Sie entweder an einer in- oder ausländischen Universität oder Großforschungsinstituten wie einem Fraunhofer-, Max-Planck oder Helmholtz-Insitut ausüben.

POSTDOC

Das Hauptziel liegt während der ca. zwei- bis sechsjährigen Postdoc-Phase darin: Ihr wissenschaftliches Profil und Ihr berufliches Netzwerk auszubauen, national und international in renommierten Fachzeitschriften zu publizieren, an Konferenzen teilzunehmen und Vorträge zu halten. Das alles dient zur langfristigen Etablierung auf Ihrem Fachgebiet.

An der Universität oder an Forschungszentren angestellte Postdocs werden rein formal als wissenschaftliche Mitarbeiter mit befristeten Verträgen beschäftigt. Sie erhalten im ersten Berufsjahr ca. 42.000 Euro brutto (Entgeltgruppe 13 des Tarifvertrags für den öffentlichen Dienst der Länder). Ebenso sind Förderungen über Drittmittel, eigene Forschungsgeldanträge und Postdoc-Stipendien möglich. Allerdings variieren in vielen Fällen neben der Förderhöhe und -dauer auch die Auszahlungsmodalitäten. Viele Stipendien beinhalten Zuschläge für Sach-, Kinderbetreuungs- und Reisekosten. Dafür zahlen die Stipendiaten nicht selbst in die Arbeitslosen- und Rentenversicherung ein und sind verpflichtet entweder eine gesetzliche oder private Krankenversicherung abzuschließen. ▶

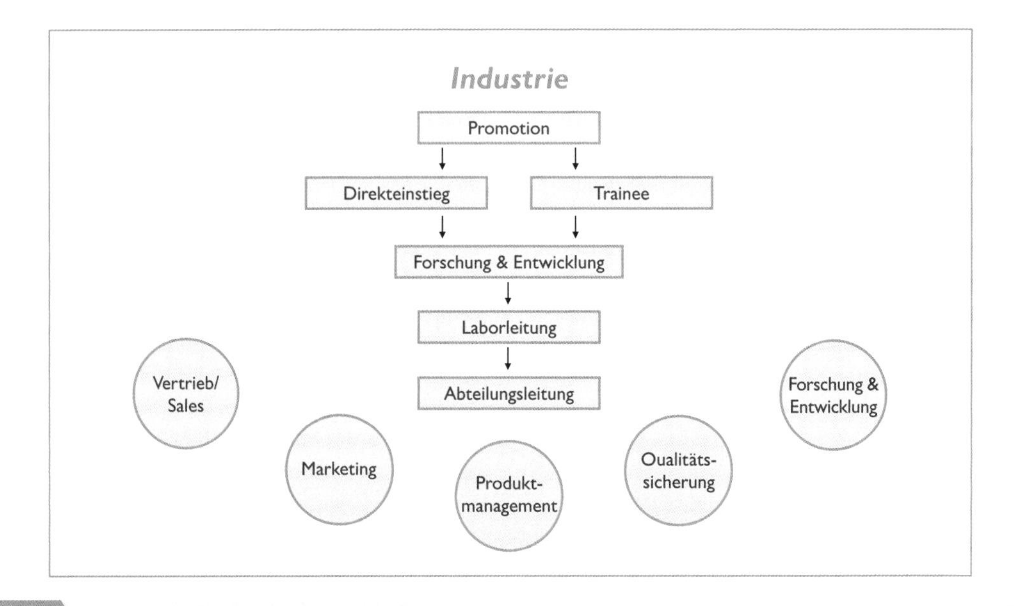

Die Dauer der Postdoc-Phase ist nicht klar definiert. Sie variiert in der Regel zwischen zwei und sechs Jahren. Da die Anstellung meist über befristete Verträge erfolgt, sollten Sie das Thema, den Umfang Ihres Projekts und dessen Dauer abwägen und sich mit dem Wissenschaftszeitvertragsgesetz auseinandersetzen. Darin wird seit 2007 die Beschäftigung des wissenschaftlichen Personals an Hochschulen und außeruniversitären Forschungseinrichtungen auf maximal sechs Jahre vor und sechs Jahre nach der Promotion beschränkt. Aber selbst nach sechs Jahren muss nicht zwangsläufig mit der Forschung Schluss sein: Es gibt vielfältige Forschungsmöglichkeiten außerhalb der Universität. Allgemein stellt sich für viele Postdocs spätestens nach zwei bis drei Jahren die Frage nach der beruflichen Weiterentwicklung. Wer in der akademischen Forschung und Lehre seine wissenschaftliche Zukunft sieht, für den sind neben der Habilitation eine Juniorprofessur oder eine Nachwuchsgruppenleitung der nächste Schritt.

Juniorprofessur

Eine Juniorprofessur ist als Einstiegsposition in das selbstständige wissenschaftliche Arbeiten eine weitere Etappe auf dem Weg zur Lebenszeitprofessur. Sie soll jungen Akademikern die Basis zur wissenschaftlichen Selbstständigkeit bieten. In der Regel ist sie auf drei Jahre befristet und kann bei positiver Zwischenevaluierung auf insgesamt sechs Jahre verlängert werden. Neben der Forschung und dem Publizieren übernehmen Juniorprofessuren Lehrtätigkeiten von vier bis sechs Stunden pro Woche. Sie werben Drittmittel ein und sind verantwortlich für die Budget-und Personalplanung. Als Beamte auf Zeit werden sie mit W1 amtlich besoldet, was einem monatlichen Grundgehalt von ca. 4.100 Euro entspricht.

Nachwuchsgruppenleiter

Alternativ können sich junge Wissenschaftler auf Förderprogramme für die Leitung einer Nachwuchsgruppe bewerben. Mit einem eigenen Budget, Mitarbeiterstellen und Sachmitteln ausgestattet, können Nachwuchsforscher eigenverantwortlich für meist fünf Jahre an der Universität ihrer Wahl ihr eigenes Forschungsprojekt realisieren. Die jeweiligen Prüfungs- und Promotionsordnungen der „Gastinstitution" legen fest, in wie weit Nachwuchsgruppenleiter berechtigt sind, Promotionen abzunehmen. Abhängig vom Förderprogramm haben Nachwuchsgruppenleiter auch die Möglichkeit einen Auslandsaufenthalt zu absolvieren. Voraussetzungen, sowohl für die Bewerbung auf eine Nachwuchsgruppenleitung als auch auf eine Juniorprofessur sind der Nachweis von einschlägigen Publikationen, die Benotung der Dissertation und andere wissenschaftliche Leistungen wie z.B. die Durchführung von Lehrtätigkeiten.

Habilitation

Die Habilitation wird als „höchstes deutsches akademisches Examen" bezeichnet und ist der letzte Schritt auf dem Weg zur Lebenszeitprofessur. Sie kann sich, abhängig von der wissenschaftlichen Leistung, an die Postdoc-Phase anschließen oder parallel zur Juniorprofessur oder der Nachwuchsgruppenleitung erfolgen. Die Juniorprofessur soll eigentlich die Habilitation ersetzen. Trotzdem habilitieren viele Juniorprofessoren parallel, da die ▶

Berechtigung zur Abnahme von Promotionen nach der Juniorprofessur nicht einheitlich geregelt ist und man Gefahr laufen kann, das Promotionsrecht trotz positiver Evaluierung zu verlieren, wenn sich nicht gleich eine Lebenszeitprofessur anschließt. Während der in der Regel sechs Jahre dauernden Habilitationszeit muss der Kandidat nachweisen, dass er in einem wesentlich größeren Umfang als in seiner Dissertation in der Lage ist, selbstständig zu Forschen, komplexe wissenschaftliche Fragestellungen zu klären und Lehrtätigkeiten zu übernehmen. Die fachlichen Voraussetzungen für eine Habilitation und die dazugehörige Habilitationsschrift werden individuell in den Landeshochschulgesetzen und den Prüfungsordnungen der Universitäten geregelt. Die Habilitationsschrift dient als finale schriftliche Prüfungsleistung. Nach dem erfolgreichen Verlauf des Prüfungsverfahrens erhält der Habilitand die Lehrbefugnis, „Venia legendi" und ist berechtigt, den Titel „Privatdozent" zu führen.

TENURE-TRACK

Eine Alternative zur Habilitation auf dem Weg zur Lebenszeitprofessur bietet das aus den USA und Kanada stammende Tenure-Track-System: In der Regel werden ambitionierte Nachwuchswissenschaftler als Assistant Professor oder Juniorprofessor, mit Aussicht auf eine dauerhafte Professur, berufen. Diese erfolgt nicht automatisch, sondern ist mit einer strengen und positiven Zwischenevaluierung der Forschungs- und Lehrleistungen verbunden.

DER WEG ZUR PROFESSUR

Von einer erfolgreich abgeschlossenen Promotion, Juniorprofessur oder Habilitation bis zur Berufung als Professor vergehen in der ▶

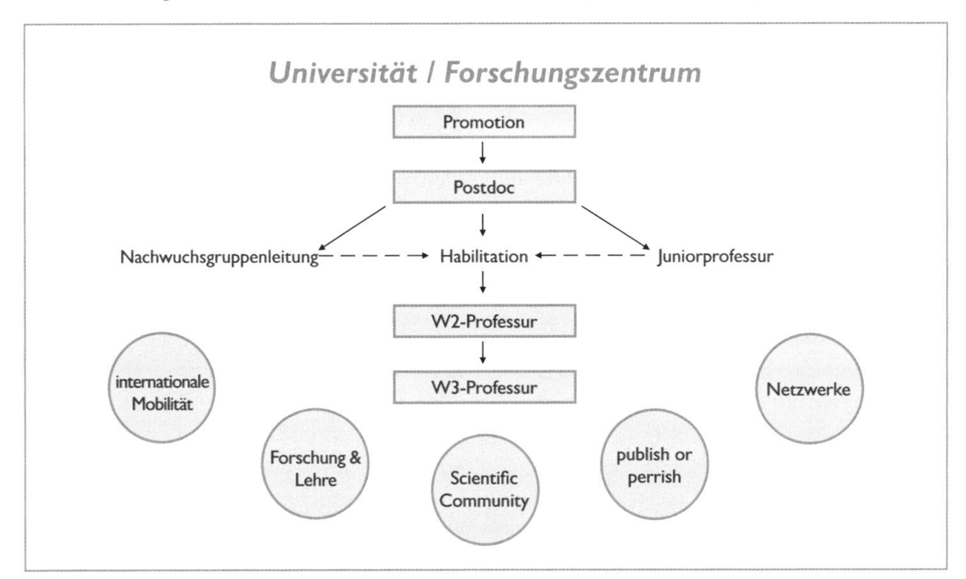

Regel mindestens 12 Jahre. Neben hervorragenden wissenschaftlichen Leistungen ist für eine Professur neben Ausdauer und einer ausgeprägten Stress- und Frustrationstoleranz, auch ein gewisses „Trendgespür" bei der Suche nach neuen wissenschaftlichen Fragestellungen erforderlich. Zu den Kernaufgaben eines Professors gehören neben der Forschung und Lehre auch Verwaltungs- und Gremientätigkeiten und die Pflege von Kooperationen mit Unternehmen und Partneruniversitäten.

Pro und Contra

Bevor Sie den einen oder den anderen Karriereweg einschlagen, ist wichtig: Machen Sie sich rechtzeitig vor dem Abschluss Ihres Studiums bzw. Ihrer Promotion Gedanken darüber, wo Sie sich beruflich langfristig sehen. Haben Sie Spaß am wissenschaftlichen Forschen und Schreiben? Fühlen Sie sich im universitären Umfeld zuhause? Oder sehen Sie Ihre berufliche Zukunft in der angewandten und produktorientierten freien Wirtschaft? Sie arbeiten lieber praxisorientiert und interdisziplinär und wollen unabhängig von universitären Forschungsgeldern sein? Dann haben sie in der Industrie gute Chancen.

Allerdings sollten Sie bedenken, dass im Vergleich zur akademischen Forschungsfreiheit hier Ziele und Methoden oft vorgegeben sind. Während Sie in der industriellen Forschung im Vergleich zur akademischen Laufbahn nur noch bedingt Zeit im Labor verbringen werden, brauchen Sie für die universitäre Forschung und Lehre eine gesunde Portion Individualismus und Durchhaltevermögen. Nicht jedem Forschungsgeldantrag wird stattgegeben und nicht jedes Paper wird akzeptiert. Nicht jeder Wissenschaftler erhält den Ruf zu einer Professur. Viele wissenschaftliche Angestellte im akademischen Umfeld arbeiten auf befristeten Stellen im akademischen Mittelbau. Da die Forschungsetats in der Industrie meist höher sind, locken nach Ende der Probezeit oftmals unbefristete Verträge und bieten so langfristig eine sichere und zuverlässigere berufliche Perspektive.

Weiterhin sollten Sie überdenken, in welchem Berufsfeld Sie sich sehen. Auch wenn die Forschung und Entwicklung nahe liegt, bieten andere Berufsfelder aussichtsreiche Möglichkeiten. Machen Sie sich frühzeitig Gedanken, welches Berufsfeld Ihnen liegen könnte um schon während der Promotion Erfahrungen und Qualifikationen sammeln. Unternehmen achten hier neben den fachlichen Soft Skills besonders auf Ihre Erfahrungen und Qualifikationen, welche für dieses Berufsfeld erfolgversprechend sind.

Unabhängig von Ihrer Entscheidung eine wissenschaftliche Karriere anzustreben oder in die Industrie zu gehen, sind ein gutes Netzwerk und die Begeisterung für die eigene Arbeit essentiell. Wichtig ist das Gesamtpaket, das Sie mitbringen: Sprachkenntnisse, Auslandsaufenthalte, Soft Skills, Spezialisierungen und die damit verbundenen persönlichen Erfahrungen machen Ihr Portfolio aus. ■

Stellenanzeigen richtig lesen

Die Sprache der Arbeitgeber verstehen

Wenn man die Formulierungen einer Stellenanzeige verstehen und richtig bewerten möchte, sollte man immer im Hinterkopf behalten, was ein Unternehmen mit der Anzeige erreichen möchte:

- Potentielle Bewerber begeistern
- Die richtige Bewerber-Zielgruppe ansprechen
- Auffallen und das Firmenimage transportieren
- Aber auch Kunden und Mitbewerber beeindrucken

Stellenanzeigen werden öffentlich ausgeschrieben und sind daher auch in Bezug auf den Kunden- und Wettbewerbsmarkt ein Medium der Außendarstellung des Unternehmens. Aus diesem Grund sind die Anforderungen an den Bewerber meistens sehr ambitioniert formuliert: Man möchte zeigen, dass nur die Besten für das Unternehmen arbeiten. Wenn man bei der Lektüre der Stellenanzeige den Eindruck hat, dass „Mr/s Perfect" gesucht wird, sollte man sich deshalb nicht sofort abschrecken lassen.

Eine klassische Stellenanzeige ist meist in fünf bis sechs Abschnitte aufgeteilt, die Aufschluss über das Arbeitsumfeld und die Stelle geben, wenn man sie richtig zu lesen weiß:

Firmenvorstellung

Die meisten Stellenanzeigen beginnen mit einer Vorstellung des Unternehmens. ▶

Diesen Abschnitt nutzen die Unternehmen als Visitenkarte: Sie nennen Unternehmensgröße, Marktführerschaft, Kennzahlen und wichtige Produkte. Über den konkreten Arbeitsbereich erfährt man hier meist wenig, dafür aber über die Branche, in der das Unternehmen zu Hause ist. Aus diesem Teil kann man wichtige Informationen für die eigenen Karriereperspektiven und das Arbeitsumfeld herauslesen. Der Hinweis auf ein kleines Team bedeutet häufig, dass der Bewerber ein sehr vielfältiges Aufgabengebiet erwarten kann, da in einem kleinen Team auch Aufgaben übernommen werden können, die in großen Konzernen in verschiedenen Abteilungen bearbeitet werden. Dies kann gerade für Berufsanfänger sehr interessant und lehrreich sein. Auf der anderen Seite bieten große Unternehmen oft vielfältige Entwicklungsmöglichkeiten in verschiedenen Konzernbereichen.

STELLENTITEL

Meist optisch hervorgehoben, findet sich im Stellentitel die Funktion und der Bereich für das ausgeschriebene Berufsbild. Die Bezeichnung „Senior" oder „Junior" im Stellentitel bezieht sich nicht etwa auf das Alter des gewünschten Bewerbers, sondern auf seine Berufserfahrung.

Oft kursieren völlig unterschiedliche Bezeichnungen für vergleichbare Tätigkeiten, wie man am Beispiel der Klinischen Monitore erkennen kann. Auch gibt es zum Teil Berufsbezeichnungen, bei denen das Berufsbild ideal zu einem passt, die man aber bisher nicht kannte. Wenn man also nicht sicher ist, was sich hinter dem genannten Jobtitel verbirgt, sollte man sich Aufgaben und Anforderungen ansehen und die zukünftige Suche eventuell um diese entsprechenden Begriffe erweitern.

Wird im Stellentitel oder später eine Referenznummer genannt, sollte diese in der Bewerbung unbedingt erwähnt werden. Das hilft dem Unternehmen, die Bewerbung der richtigen Vakanz zuzuordnen und zu dokumentieren, welche Recruitingkanäle zu passenden Bewerbungen führen.

AUFGABENBESCHREIBUNG

Die Aufgaben des zukünftigen Berufsbildes, die den Bewerber erwarten, werden in der Aufgabenbeschreibung dargestellt. Der Aufgabenbereich ist für den Bewerber der wichtigste Teil der Stellenanzeige, da hier beschrieben wird, was der zukünftige Arbeitsbereich, die Kompetenzen und die Erwartungen des Unternehmens beinhaltet. Dabei stehen die Aufgaben, die den Schwerpunkt des Jobs bilden, am Anfang der Liste, weiter unten finden sich ergänzende Aufgaben. Um die richtigen Bewerber anzusprechen, setzen gut vorbereitete Unternehmen auf eine zielgruppenspezifische Ansprache. Fachwörter sollen garantieren, dass sich nur geeignete Bewerber bewerben. Wenn man in der Aufgabenbeschreibung über Fachwörter oder Abkürzungen stolpert, die man bisher nicht kannte, lohnt sich eine kurze Recherche. Meist klärt sich schnell, was gemeint ist und ob das Berufsbild zu den eigenen Vorstellungen passt. Die Aufgabenbeschreibung liefert damit eine wichtige Entscheidungsgrundlage, ob die Stelle zu einem passt und ob man sich in diesem Berufsbild wiederfindet und sich verwirklichen möchte. ▶

Sollten Sie sich für eine Bewerbung auf die Stelle entscheiden, ist es wichtig in der Bewerbung deutlich herauszustellen, dass Sie die Fähigkeiten, Kompetenzen und Erfahrungen besitzen, die hier genannt werden.

Anforderungsprofil

Im Anforderungsprofil definiert das Unternehmen, welche Kenntnisse, Fähigkeiten, Ausbildung oder Studium und Berufserfahrung der Bewerber haben sollte, um in dem Berufsbild erfolgreich im Unternehmen arbeiten zu können. Es sollte klar sein, für welche Aufgaben man die genannten Qualifikationen benötigt. In der Regel beginnt das Anforderungsprofil mit der gewünschten Berufsausbildung oder dem Studium, anschließend folgen weitere Hard- und zuletzt Soft-Skills. Tendenziell kann man sagen, dass auch hier die wichtigeren Anforderungen jeweils weiter oben im Abschnitt stehen, weniger wichtige weiter unten.

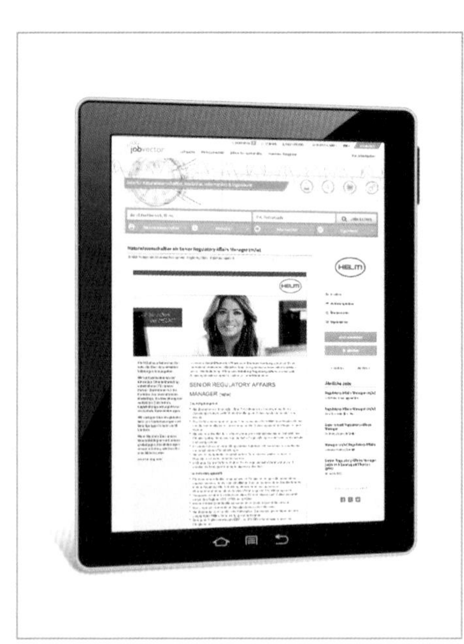

Lassen Sie sich nicht direkt abschrecken, wenn Sie nicht alle Anforderungen erfüllen: Oft beschreiben Stellenanzeigen den Idealbewerber, den das Unternehmen sich wünscht, aber häufig können genannte Anforderungen durch andere kompensiert werden. Wenn man ca. 60-70 % der genannten Anforderungen erfüllt, kann man eine Bewerbung wagen. Gelegentlich wird zwischen sogenannten „Muss- und Kann-Anforderungen" unterschieden. „Kann-Anforderungen" erkennt man zum Beispiel an Formulierungen wie „...wäre ideal", „... sind erwünscht", „...ist von Vorteil" oder „... nach Möglichkeit". Bei „Muss-Anforderungen", wie „nachweisliche Erfolge erforderlich" oder „Voraussetzung", sollten Sie sich nur bewerben, wenn Sie die Anforderungen tatsächlich erfüllen können.

Insbesondere die geforderten Soft-Skills können wichtige Hinweise auf die spätere Arbeit geben, da diese für die konkreten, nicht fachlichen Anforderungen der Stelle benötigt werden: Gewünschte „Teamfähigkeit" weist darauf hin, dass Sie in Teams arbeiten werden; wenn Sie „auch in turbulenten Zeiten einen klaren Kopf bewahren" sollen, ist dies ein Hinweis darauf, dass Sie z.T. strenge Deadlines einhalten sollen. Viele Bewerber machen sich angesichts der in Stellenanzeigen geforderten Sprachkenntnisse Sorgen, ob sie diesen Anforderungen gerecht werden. In der Regel werden diese mit den Abstufungen ▶

„Grundkenntnisse“, „in Wort und Schrift“ und „verhandlungssicher“ angegeben. Unter Grundkenntnissen werden wirklich nur rudimentäre Kenntnisse erwartet. Ein Beispiel wäre, dass man sich bei Anwendungsprogrammen in der entsprechenden Sprache mit den Oberflächen arrangieren kann; „Sehr gut in Wort und Schrift“ bedeutet, dass man sowohl mündliche als auch in der schriftliche Kommunikation kompetent bewältigen kann. „Verhandlungssicher“ ist die höchste Qualifikation, die ein Arbeitgeber verlangen kann. Man sollte die Sprache soweit beherrschen, dass man die bei Verhandlungen wichtigen Feinheiten der Sprache erkennen und darauf reagieren kann. Wer sich in der Fremdsprache problemlos unterhalten kann, sollte sich dadurch nicht von einer Bewerbung abhalten lassen.

Wir bieten

In diesem Teil der Stellenanzeige soll dem Bewerber die Tätigkeit bei genau diesem Unternehmen schmackhaft gemacht werden. Dazu werden Vorteile aufgezählt, die über ein spannendes Aufgabengebiet hinausgehen. Häufig werden zum Beispiel ein attraktives Gehalt, gute Aufstiegsmöglichkeiten, betriebliche Altersvorsorge oder individuelle Lösungen für Eltern als zusätzliche Anreize ins Spiel gebracht. Das Unternehmen, das sich gerade wenn es hoch qualifizierte Fachkräfte sucht, in Konkurrenz zu anderen Firmen befindet, umwirbt hier den Bewerber. Sie können diesen Teil der Stellenanzeige nutzen, um zu evaluieren, welche Werte dem Unternehmen wichtig sind und natürlich abhängig von Ihren Erwartungen und Ihrer Lebenssituation wichtige Punkte gegeneinander abwägen.

Kontaktdaten

Stellenanzeigen enden normalerweise mit den Kontaktdaten und einem Hinweis, wie und bis wann man sich bewerben soll. Die Formulierung „vollständige Bewerbungsunterlagen“ meint eine Bewerbung, die neben Anschreiben und Lebenslauf auch alle Arbeits- und Abschlusszeugnisse sowie Nachweise über zusätzliche Qualifikationen enthält, die Ihre Qualifikationen untermauern. Achten Sie hierbei darauf, dass Sie nur Unterlagen zufügen, die auch für das Stellenprofil relevant sind. „Aussagekräftige Bewerbungsunterlagen“ sollen genau darauf eingehen, warum Sie konkret für diese spezielle Stelle geeignet sind. Ihre Bewerbung sollten Sie entsprechend individualisieren. Ist z.B. in den Kontaktdaten ein Ansprechpartner genannt, sollten Sie diesen auch persönlich im Anschreiben ansprechen und Ihre Unterlagen entsprechend adressieren. Wenn es bei den Kontaktdaten auch eine Telefonnummer für den Personalverantwortlichen gibt, dann dürfen Sie diese auch nutzen und Ihre Fragen stellen. Wenn Sie konkrete Fragen haben, empfiehlt es sich vor der Bewerbung telefonischen Kontakt aufzunehmen und das was Sie in Erfahrung gebracht haben gleich in die Bewerbungsunterlagen einfließen zu lassen. Ist ein Link zum Online-Bewerbungssystem enthalten, bewirbt man sich am Besten direkt über dieses System. ■

Wie finde ich den perfekten Arbeitgeber?

Wegweisende Suche

Wenn Sie sich entschieden haben, in welchem Bereich Sie arbeiten möchten, ist ein wichtiger Schritt schon gemacht. Doch mindestens genauso wichtig ist es, den Arbeitgeber zu finden, der zu Ihnen und Ihren Wünschen und Bedürfnissen passt.

Die folgende Checkliste soll Ihnen helfen zu reflektieren, was Ihre Ziele sind, was Sie von Ihrem Arbeitgeber erwarten und was Sie sich von ihm wünschen. Entwickeln Sie mit Hilfe der folgenden Checkliste Kriterien, nach denen Sie entscheiden, bei welchen Unternehmen Sie sich bewerben möchten. Oder nutzen Sie sie, um Fragen zu entwickeln, die Sie den Personalverantwortlichen stellen möchten – beispielsweise auf einem Recruiting Event, in einem Telefonat oder im Bewerbungsgespräch.

Setzen Sie sich mit diesen Aspekten Ihrer beruflichen Zukunft auseinander, dann wird Ihnen die Wahl Ihres Wunscharbeitgebers wesentlich leichter fallen.

Der Arbeitgeber

Größe und Art des Arbeitgebers, aber auch seine wirtschaftliche Lage und sein Image können entscheidend auf Ihre Motivation einwirken, in Zukunft mit Freude Ihrer Arbeit nachzugehen. Möchten Sie in der Privatwirtschaft arbeiten oder lieber an einer Universität? Möchten Sie in einem hochdynamischen, ▶

jungen Start-up tätig sein, in dem Sie mit vielfältigen Aufgaben in Kontakt kommen, in einem großen und international führenden Konzern oder in einem etablierten Familienunternehmen? Ist Ihnen wichtig, was das Unternehmen produziert?

Prüfen Sie, ob Sie sich mit den Produkten des Unternehmens und deren Einsatz am Markt identifizieren können. Welches Produkt möchten Sie unterstützen? Möchten Sie ein Produkt anfassen können oder arbeiten Sie lieber im Dienstleistungssektor? Finden Sie es spannender, direkt mit dem Kunden zu interagieren oder arbeiten Sie lieber „im Hintergrund", z.B. in der Zuliefererindustrie? Bewerben Sie sich auf Forschungsprojekte, dann sollten Sie sicher sein, dass Sie das Thema der Arbeit wirklich interessiert. Sie sollten sich nicht bewerben, nur weil Sie z.B. die gefragten Methoden beherrschen, schließlich arbeiten Sie oftmals lange an solchen Projekten.

	Will ich unbedingt	Wünsche ich mir	Möchte ich eher nicht	Möchte ich nicht	Ist nebensächlich
Großes, internationales Unternehmen					
Kleines bis mittelgroßes Unternehmen					
Universität oder öffentliche Forschungseinrichtung					
Guter Ruf					
Attraktive Produkte					
Positionierung am Markt					
Gute wirtschaftliche Lage					
Wachstumschancen					
Dynamisches Unternehmen					
Weltmarktführer					
Familienunternehmen					
Hochinnovatives Start-up					

Leistungen

Mit Leistungen sind die besonderen vertraglichen Bedingungen gemeint, die Ihnen zugesichert werden. Mit der genauen Klärung dieser Fragen sollten Sie jedoch erst im Vorstellungsgespräch rechnen. Die Frage, ob man einen Firmenwagen erwarten kann, hängt eng mit der angestrebten Stellung zusammen. Wollen Sie im Außendienst tätig sein, ist die Wahrscheinlichkeit, dass Ihnen ein Firmenwagen zugeteilt wird, ungleich höher, als wenn sie eine Labortätigkeit ohne Reisenotwendigkeit ausführen. ▶

	Will ich unbedingt	Wünsche ich mir	Möchte ich eher nicht	Möchte ich nicht	Ist nebensächlich
Unbefristeter Vertrag					
Überdurchschnittliches Gehalt					
Besondere Sozialleistungen (z.B. betriebliche Altersvorsorge)					
Firmenwagen					
Vergütung nach Tarif					

TEAM/POSITION

An dieser Stelle sollten Sie sich Gedanken über Ihre Wunschkollegen machen und darüber, wie viel Freiraum und eigene Verantwortung Sie in Ihrem Aufgabenbereich übernehmen möchten. Ist es Ihnen wichtig in einem jungen Team zu arbeiten, oder schätzen Sie erfahrene Kollegen? Wenn Sie in Betracht ziehen in einer neuen Stadt zu arbeiten, in der Sie bisher keine Freunde oder Familie haben, ist ein Anschluss im Kollegenkreis umso wichtiger. Daher kann für Sie auch der Sympathiefaktor der zukünftigen Kollegen wichtig sein.

	Will ich unbedingt	Wünsche ich mir	Möchte ich eher nicht	Möchte ich nicht	Ist nebensächlich
Möglichkeit, eigene Ideen zu verfolgen					
Anspruchsvoller Aufgabenbereich					
Gelegenheit zu eigenverantwortlicher Arbeit					
Abwechslungsreiche Tätigkeiten					
Führungsverantwortung					
Hoher Anteil an Teamarbeit					
Passende Altersstruktur der Mitarbeiter/Kollegen					
Gutes Arbeitsklima					
Internationales Umfeld					

REISETÄTIGKEIT

Hier geht es darum, ob Sie lieber an einem festen Standort arbeiten möchten oder bereit sind, für Ihre Arbeit viel zu reisen. ▶

	Will ich unbedingt	Wünsche ich mir	Möchte ich eher nicht	Möchte ich nicht	Ist nebensächlich
Landesweit arbeiten					
International arbeiten					

KARRIERE UND WEITERENTWICKLUNG

Was sind Ihre Karriereperspektiven bei Ihrem Wunschunternehmen, insbesondere im Hinblick auf Weiterbildungsmöglichkeiten und Aufstiegschancen? Im Rahmen einer strukturierten Karriere- und Laufbahnplanung bieten viele Unternehmen Programme an, um Ihre Mitarbeiter auf zukünftige Aufgaben vorzubereiten. Beispiele hierfür sind etwa Trainee- oder Management-Programme, so dass Ihre Lernkurve weiterhin steil nach oben zeigt. Der strukturierte Zugewinn an Kompetenzen ermöglicht Ihnen, weiteres Wissen zu erlangen, um den nächsten Karriereschritt durchzuführen.

	Will ich unbedingt	Wünsche ich mir	Möchte ich eher nicht	Möchte ich nicht	Ist nebensächlich
Gute Aufstiegschancen					
Weiterbildungsmöglichkeiten					
Strukturierte Karriere- und Laufbahnplanung					
Möglichkeit, den Arbeitsbereich zu wechseln					

UNTERNEHMENSKULTUR

Die Unternehmenskultur ist ein wichtiger Indikator dafür, ob das Unternehmen zu Ihnen passt. Sehen Sie nach, ob das Unternehmen seine Werte publiziert hat. Können Sie sich mit den Werten dieses Unternehmens identifizieren? Sind Sie der Typ, der genauso denkt? Sind alle Werte vertreten, die Sie in dieser Branche für wichtig halten? Wenn die Unternehmensphilosophie insgesamt konträr zu Ihren Überzeugungen steht, sollten Sie sich ernsthaft überlegen, ob dieses Unternehmen der richtige Arbeitgeber für Sie ist. Wenn Ihnen einige der Punkte besonders gut gefallen, sollten Sie diese für ein eventuelles Bewerbungsgespräch im Hinterkopf behalten. Oft stellen Personaler die Frage, weshalb man ausgerechnet bei diesem Unternehmen tätig sein möchte. ▶

	Will ich unbedingt	Wünsche ich mir	Möchte ich eher nicht	Möchte ich nicht	Ist nebensächlich
Insgesamt überzeugende Unternehmensphilosophie					
Flache Hierarchien					
Ethische Werte					
Soziales Engagement					
Umweltfreundlichkeit					
Ausgeprägte Team-Kultur					
Familienfreundlichkeit					

Work-Life-Balance

Machen Sie sich Gedanken darüber, wie wichtig Ihnen Ihr Privatleben im Vergleich zur Arbeit ist. Die wöchentlichen Arbeitszeiten variieren je nach Arbeitsbereich und Unternehmen stark. Informieren Sie sich vor einer Bewerbung über die durchschnittliche Arbeitszeit für diese Tätigkeit. Brauchen Sie viel Zeit, sich von der Arbeit zu erholen oder können Sie in Ihrer Arbeit aufgehen? Sind Sie bereit, viele Überstunden zu machen oder brauchen Sie geregelte Arbeitszeiten? Sind Sie gewillt, für Ihre Karriere Ihre Beziehung oder Freundschaften zu vernachlässigen? Was sagt Ihre Familienplanung zu Ihren Karriereambitionen? Zum Punkt „Vereinbarkeit von Beruf und Familie" bieten Unternehmen verschiedene Lösungsmöglichkeiten an, beispielsweise flexibel gestaltbare Arbeitszeiten oder Teilzeitstellen.

	Will ich unbedingt	Wünsche ich mir	Möchte ich eher nicht	Möchte ich nicht	Ist nebensächlich
Geregelte Arbeitszeiten					
Flexibel gestaltbare Arbeitszeiten					
Überdurchschnittlich viel Urlaub					
Vereinbarkeit von Beruf und Familie					

Tragen Sie zusammen, welche Punkte Sie als besonders wichtig markiert haben (Spalten eins und vier). Aus diesen können Sie K.O.-Kriterien entwickeln, nach denen Sie entscheiden, ob es überhaupt sinnvoll ist, sich auf eine bestimmte Stelle zu bewerben oder nicht. Die Spalten zwei und drei eigenen sich als weitergehende Kriterien zur Feinabstimmung, um beispielsweise nach mehreren Bewerbungsgesprächen die Vor- und Nachteile der verschiedenen Unternehmen oder Stellen abzuwägen. Natürlich sind nicht alle genannten Kriterien anhand externer Informationen einzuschätzen, aber einige geben einen guten Überblick, welche Fragen man in einem Bewerbungsgespräch stellen könnte, um echtes Interesse am Unternehmen und der Stelle zu zeigen. Informationen zum Unternehmen können Sie auf der Unternehmenshomepage, aber auch auf Recruitingevents z.B. in Firmenvorträgen erhalten. Einige Unternehmen stellen auch Arbeitgebervideos zur Verfügung mit deren Hilfe Sie einen authentischen Einblick ins Unternehmen erhalten können. Behalten Sie Ihre Wünsche bei der Auswahl des Arbeitgebers im Hinterkopf und achten Sie gleichzeitig auf Ihr Bauchgefühl – so werden Sie zufrieden in Ihren neuen Job starten können! ■

i

Checkliste

- Art und Größe des Arbeitgebers
- Vertragliche Leistungen
- Team und Position
- Mobilität und Reisetätigkeit
- Karriere- und Weiterentwicklungspotenzial
- Unternehmenskultur
- Work-Life-Balance

Vergütung in der Industrie

Eine Frage des Geldes

„Bitte senden Sie Ihre Bewerbung unter Angabe Ihrer Gehaltsvorstellungen an…" Dieser letzte Satz in Stellenanzeigen löst bei vielen Bewerbern große Unsicherheit aus. Man möchte sich schließlich weder unter Wert verkaufen, noch sich mit übermäßig hohen Gehaltsvorstellungen sofort aus dem Rennen katapultieren.

Noch schwieriger wird es in den konkreten Gehaltsverhandlungen: Da sollte man seinen Gehaltswunsch verteidigen und mit Argumenten untermauern können. Den eigenen „Marktwert" zu kennen, ist dazu unverzichtbar. Nur: „Wie ermittelt man diesen?" Vergleichszahlen können hierbei hilfreich sein: Was verdienen andere in meiner Position?

Sollten Sie schon eine konkrete Stelle im Auge haben, informieren Sie sich zunächst, ob der Arbeitgeber einem Branchenverband angehört. Versuchen Sie bei Gewerkschaften oder anderen Arbeitnehmerverbänden Vergleichszahlen zu recherchieren.

Besonders einfach geht das, wenn der Arbeitgeber an einen Tarifvertrag gebunden ist. Einen sehr hoch dotierten Tarifvertrag bietet beispielsweise die Chemiebranche. Sind über Arbeitnehmerverbände keine Vergleichszahlen erhältlich, nutzen Sie für Ihre Recherchen Gehaltsvergleichsportale im Internet. Dort gemachte Angaben sind allerdings mit Vorsicht zu genießen, da sie nicht immer repräsentativ sind. Denn besonders hohe oder niedrige ▶

Gehaltsangaben verzerren die Ergebnisse. In der Gehaltsverhandlung sollten Sie auf jeden Fall mit einem Wert beginnen, der über Ihren Minimalvorstellungen liegt, um noch verhandeln zu können.

Grundsätzlich hängt das Gehalt von verschiedenen Faktoren ab, die Sie bei Ihren Überlegungen berücksichtigen sollten. Dazu gehören Unternehmensgröße, angestrebte Position innerhalb des Unternehmens, die Lebenshaltungskosten vor Ort, Ihr höchster Abschluss und Ihre Berufserfahrung.

Vergütung von Naturwissenschaftlern

Ob Chemie, Physik, Informatik, Mathematik... – Absolventen von naturwissenschaftlichen Studiengängen sind nach wie vor sehr gefragt. Dies macht sich auch an den Einstiegsgehältern bemerkbar, denn Naturwissenschaftler gehören branchenunabhängig zu den Topverdienern in Deutschland. Differenzieren lässt sich hier vor allem nach der Einstiegsposition und der Art des Abschlusses, der gerade im MINT-Bereich einen hohen Einfluss auf die Gehaltsentwicklung hat.

Gehaltsunterschiede Naturwissenschaftler nach Hochschulabschluss
Quelle: personalmarkt via Staufenbiel, Stand 03/2017

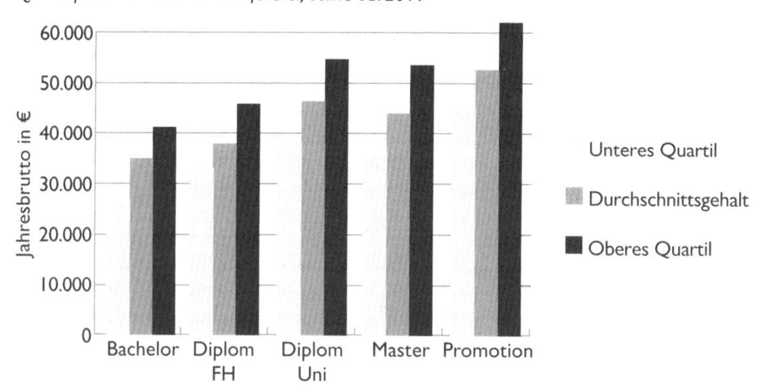

Promotionen sind besonders bei Naturwissenschaftlern keine Seltenheit. Beim Blick auf die Gehaltsunterschiede nach Art des Hochschulabschlusses fällt auf, dass dies auch finanziell eine lohnende Angelegenheit ist: Der Gehaltsmedian liegt bei promovierten Naturwissenschaftlern bei 50.318 Euro und befindet sich deutlich über den Werten von Diplom- oder Masterabschlüssen. Doch auch der Master-Abschluss zahlt sich aus. Absolventen können hier mit einem durchschnittlichen Plus von 8.000 Euro verglichen zum Bachelor-Abschluss rechnen. ▶

Einstiegsgehälter Naturwissenschaftler nach Branchen

Quelle: personalmarkt via Staufenbiel, Stand 03/2017

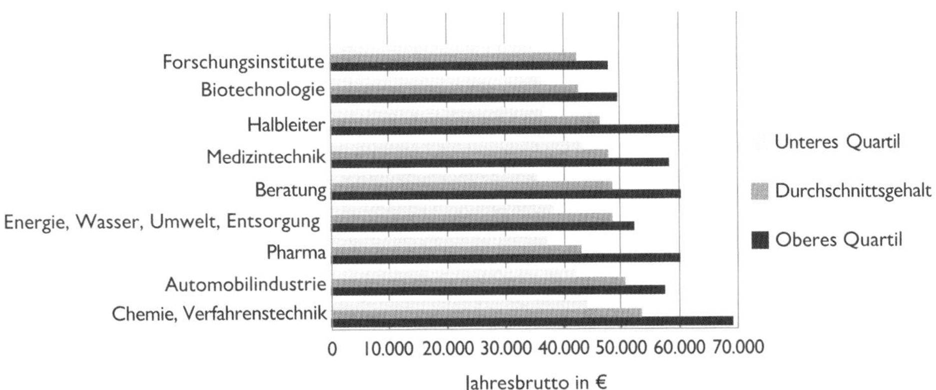

Beim Blick auf die Einstiegsgehälter von Naturwissenschaftlern spielt auch die Branche eine entscheidende Rolle. So können Berufseinsteiger beispielsweise in der Chemiebranche ein weitaus höheres Einstiegsgehalt erwarten als in einem Forschungsinstitut.

Einstiegsgehälter Naturwissenschaftler nach Berufsposition

Quelle: personalmarkt via Staufenbiel, Stand 03/2017

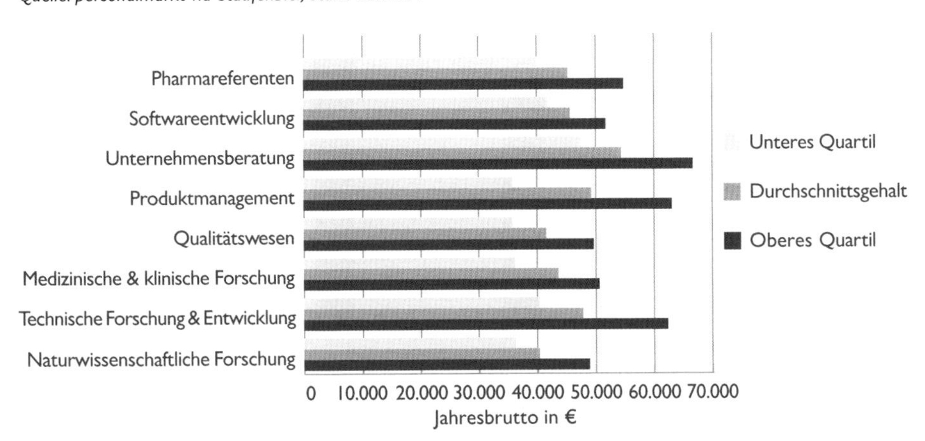

Arbeitsgebiete, die näher am „Geldverdienen" des Unternehmens sind wie z.B. die Unternehmensberatung, werden besser vergütet als solche Unternehmensbereiche, die eher „umsatzfern" arbeiten wie z.B. das Qualitätswesen oder die Klinische Forschung. Dabei können sich Differenzen von bis zu 15.000 Euro im Jahresgehalt bemerkbar machen. ▶

Einstiegsgehälter Naturwissenschaftler nach Region
Quelle: personalmarkt via Staufenbiel, Stand 03/2017

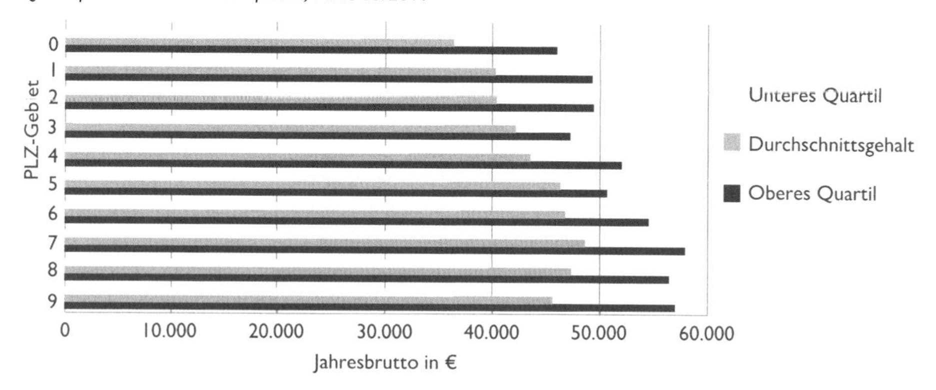

Auch die Standortwahl ist entscheidend für das Einstiegsgehalt: Je nach Region variieren die Einstiegsgehälter für Naturwissenschaftler. Denn je nachdem, ob im Westen oder Osten Deutschlands eine Tätigkeit aufgenommen wird, können Abweichungen zwischen 5.000 bis 9.000 Euro pro Jahr (brutto) auftreten.

Einstiegsgehälter Naturwissenschaftler nach Unternehmensgröße
Quelle: personalmarkt via Staufenbiel, Stand 03/2017

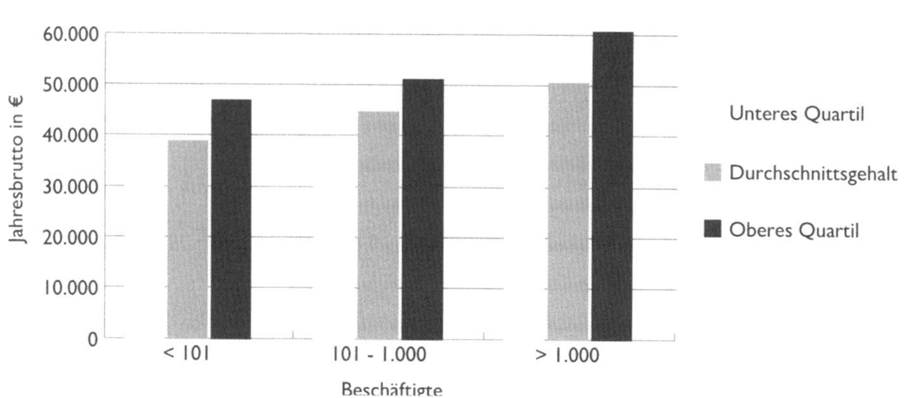

Bei Naturwissenschaftlern ist die Differenz der Gehälter zwischen großen und kleinen Unternehmen besonders hoch. Berufseinsteiger haben damit eine deutlich bessere Verdienstmöglichkeit, wenn sie bei großen Unternehmen anfangen. Naturwissenschaftler verdienen in großen Unternehmen mit über 1.000 Mitarbeiter zwischen 10.000 und 13.00 Euro mehr als, wenn Sie in einen kleinen oder mittelgroßen Unternehmen angestellt sind. ▶

VERGÜTUNG VON LABORANTEN UND TECHNISCHEN ASSISTENTEN

Technische Assistenten und Laboranten sind sowohl für die Durchführung als auch für die Auswertung wissenschaftlicher Versuchsreihen zuständig und bilden dadurch die Basis aller Forschung und Entwicklung. Abhängig von der gewählten Ausbildung kann hier mit soliden Einstiegsgehältern gerechnet werden, die mit wachsender Berufserfahrung kontinuierlich steigen.

Monatseinkommen Chemielaboranten nach Tarifbindungen und Betriebsgröße in €
Quelle: WSI-Lohnspiegel-Datenbank, Stand 09/2011

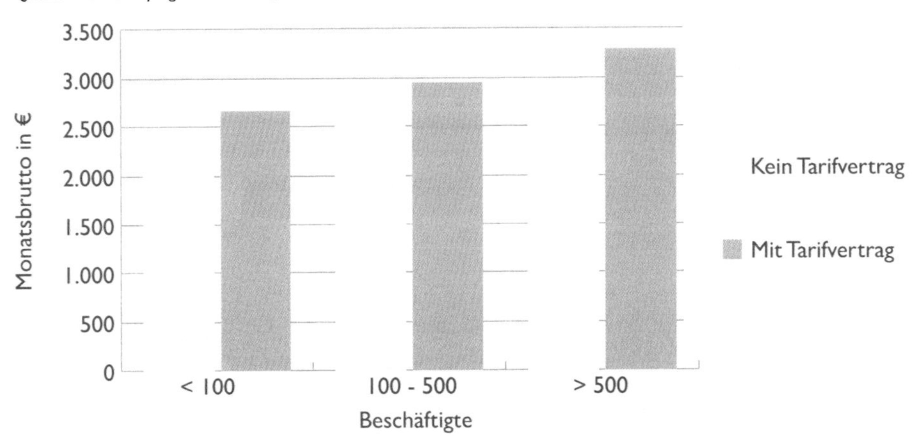

Ähnliche Effekte wie bei Naturwissenschaftlern lassen sich auch bei den Gehältern von Technischen Assistenten und Laboranten erkennen. Am Beispiel der Chemielaboraten zeigt sich, dass größere Unternehmen höhere Monatsgehälter zahlen.

Monatsverdienste von Chemielaboranten nach Branchen
Quelle: WSI-Lohnspiegel-Datenbank, Stand 09/2011

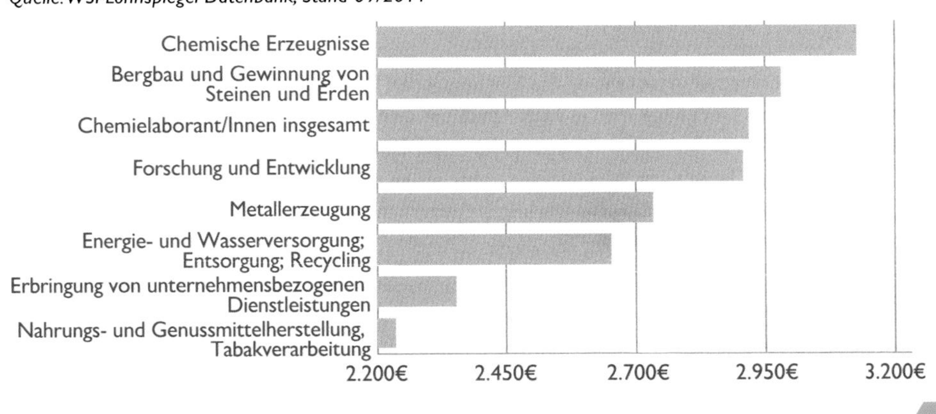

Ebenso kann das Monatseinkommen bei Chemielaboranten je nach Branche stark variieren. Daher sollten angehende Chemielaboranten sich bei der Frage nach der Wunschbranche ebenso damit auseinandersetzen, wie die Gehälter dort aussehen. Während ein Chemielaborant in der Branche der chemischen Erzeugnisse bis zu 3.125 Euro im Monat verdient, kann in der Nahrungs- und Genussmittelherstellung hingegen mit maximal 2.239 Euro gerechnet werden.

Monatseinkommen der Chemielaboranten nach Berufserfahrung
Quelle: WSI-Lohnspiegel-Datenbank, Stand 09/2011

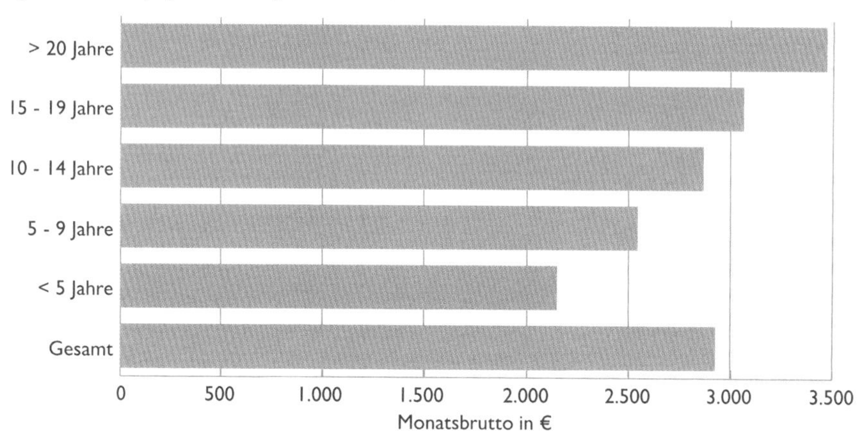

Bei Chemielaboranten lassen sich auch beim Blick auf die Berufserfahrung Gehaltsunterschiede erkennen. So kann ein Chemielaborant mit über 20 Jahren Erfahrung nahezu 3.500 Euro brutto pro Monat erhalten. Natürlich werden solche Erfahrungen nicht nur bei Laboranten, sondern meist auch unabhängig vom Berufsbild vergütet.

Als Biologisch-Technischer Assistent ist das Einstiegsgehalt im öffentlichen Dienst an die Entgeltstufen gekoppelt. Dort kann man je nach Abschluss und Einstufung mit 22800€ bis 26400€ Jahresbrutto rechnen. In der freien Wirtschaft kann das Einstiegsgehalt durchaus geringer ausfallen, dafür können auf lange Sicht die Gehälter höher als im öffentlichen Dienst sein. Das Durchschnittsgehalt, unabhängig der Berufserfahrung, in Unternehmen mit mehr als 1000 Beschäftigten beträgt ca. 30000 im Jahresbrutto. ▶

Jahreseinkommen Chemisch-Technische Assistenten nach Ost/West-Gefälle und Betriebsgröße in €

Quelle: WSI-Tarifarchiv der Hans-Böckler-Stiftung, Stand 12/2015

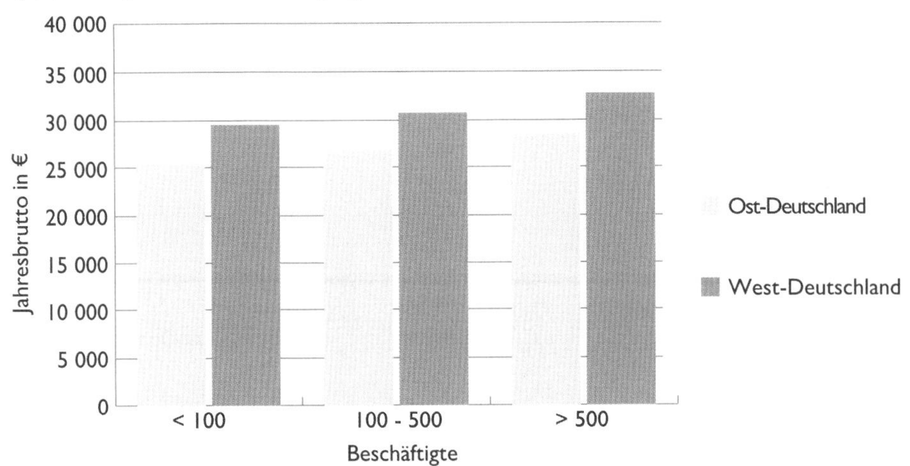

Chemisch-Technische Assistenten haben ein vergleichsweise hohes Einstiegseinkommen in kleinen Betrieben. Trotzdem steigt nach Betriebsgröße das Jahresbrutto-Gehalt an. In West-Deutschland verdient man dabei jedoch noch einmal 15,8 % mehr, als in Ost-Deutschland.

Jahreseinkommen Pharmazeutisch-Technische Assistenten nach Ost/West-Gefälle und Betriebsgröße in €

Quelle: WSI-Tarifarchiv der Hans-Böckler-Stiftung, Stand 12/2015

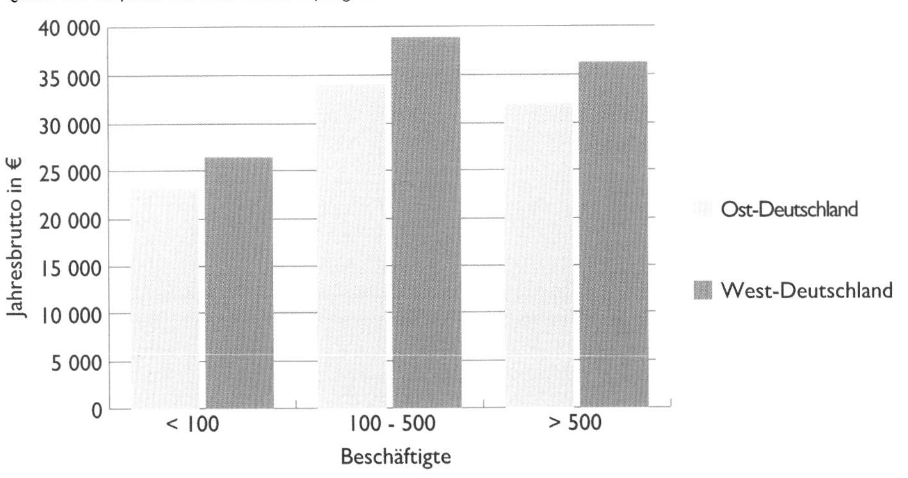

Besonders in mittelgroßen und großen Unternehmen kann der Pharmazeutisch-Technische Assistent mit einem hohen Einstiegsgehalt rechnen, welches deutlich über dem der anderen Technischen Assistenten liegt. Auch hier verdient der PTA im Westen rund 13,7 % mehr als im Osten.

Jahreseinkommen Medizinisch-Technische Assistenten nach Ost/West-Gefälle und Betriebsgröße in €

Quelle: WSI-Tarifarchiv der Hans-Böckler-Stiftung, Stand 12/2015

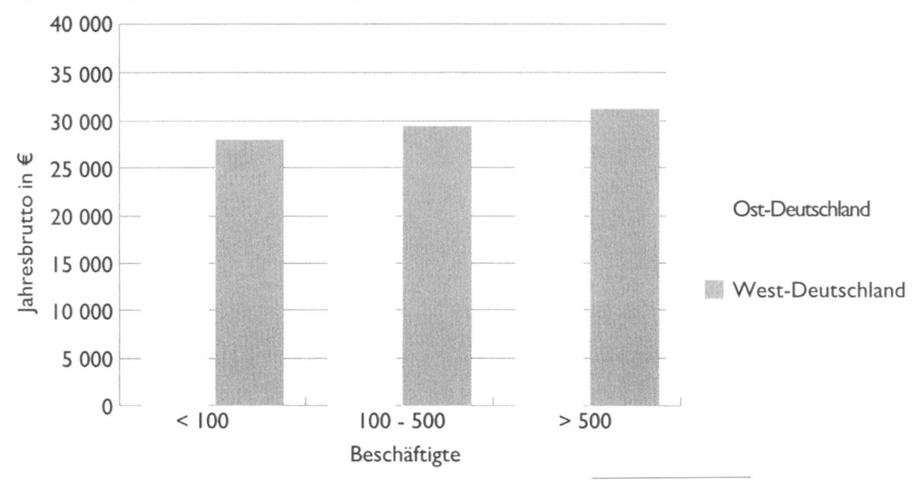

Eine besonders hohe Ost/West-Differenz haben die Medizinisch-Technischen Assistenten mit bis zu 18,8 % Unterschied. Aber auch hier gilt: Je größer das Unternehmen, desto höher das mögliche Einstiegsgehalt.

Vergütung von Medizinern

Eine Tätigkeit als Arzt ist seit Jahren der angesehenste Beruf in Deutschland. Dies belegt auch die Allensbacher Berufsprestige-Skala von 2013, die regelmäßig das Ansehen bestimmter Berufe erhebt. Dieses Ansehen spiegelt sich auch in der Vergütung wieder. Schon beim Berufseinstieg können Absolventen der Medizin mit hohen Gehältern rechnen.

Tarifvertrag für Ärzte an kommunalen Krankenhäusern *(gültig ab 01.12.15)*:

€	1	2	3	4	5	6
I	4189,71	4427,20	4596,81	4890,82	5241,39	5385,57
II	5529,74	5993,38	6400,49	6637,97	6869,76	7101,58
III	6926,33	7333,42	7915,82			
IV	8147,60	8730,02				

Quelle: Marburger Bund, TV-Ärzte VKA

Tarifvertrag für Ärzte an Universitätskliniken der Länder *(gültig ab 01.04.16)*:

€	1	2	3	4	5	6
Ä1	4407,32	4657,14	4835,56	5144,86	5513,62	5657,44
Ä2	5816,95	6304,69	6732,93	6973,57	7104,75	7286,07
Ä3	7286,07	7714,31	8326,93			
Ä4	8570,81	9183,42	9671,13			

Quelle: Tarifgemeinschaft deutscher Länder, Anlage B zum TV-Ärzte

An Unikliniken und kommunalen Krankenhäusern ist das Gehalt tariflich geregelt. Berufseinsteiger im Krankenhaus erhalten innerhalb der ersten Tarifstufe bereits ein Gehalt von 4.190 Euro brutto, bei einer Beschäftigung in einer Universitätsklinik liegt diese sogar um ca. 220 Euro höher. Zusätzlich zu diesem Verdienst fallen bei Ärzten Sonderzahlungen für Wochenend- oder Nachtschichten an, die auf die tarifliche Vergütung addiert werden. Je nach Position und Erfahrung des Mediziners steigt das monatliche Gehalt in Abhängigkeit von der erreichten Tarifstufe relativ schnell an. Das Gehalt der Fachärzte im Vergleich zu Allgemeinärzten nährt sich hingegen weiter an. Das Durchschnittseinkommen eines Facharztes liegt bei 114.000 Euro im Jahr, das der Allgemeinärzte bei 110.000 Euro im Jahr.

Berufserfahrene Ärzte können ein weiteres Kriterium heranziehen: Wie viel haben Sie bisher verdient? Bei einem Jobwechsel können sie auf Grundlage ihres bisherigen Verdienstes eine Gehaltssteigerung anvisieren. Übernehmen Mediziner zudem in ihrem künftigen Job Personalverantwortung, können sie mit einer entsprechend höheren Vergütung rechnen. Es gilt jedoch zu beachten, dass auch das Gehalt von Führungskräften regionalen Unterschieden unterliegt. ■

Es lassen sich folgende Tendenzen feststellen

- Große Unternehmen zahlen besser als kleine
- Bereiche, die näher am „Geldverdienen" sind, werden besser vergütet als solche Unternehmensbereiche, die eher „umsatzfern" arbeiten
- Im Westen Deutschlands verdient man tendenziell besser als im Osten
- (Formal) höher Qualifizierte verdienen mehr als (formal) geringer Qualifizierte
- Bei mittelgroßen Unternehmen liegt das durchschnittliche Einstiegsgehalt für Naturwissenschaftler bei 45.744 Euro, für Ingenieure bei 45.838 Euro

Gehaltsverhandlungen

Den eigenen Marktwert erkennen

Wenn Sie Zahlen für vergleichbare Positionen recherchiert haben, überlegen Sie, ob Sie für die ausgeschriebene Stelle Zusatzqualifikationen mitbringen, die sich gehaltssteigernd auswirken könnten. Orientieren Sie sich dabei an der Leitfrage: „Welchen Mehrwert biete ich dem Arbeitgeber?". Dieser Mehrwert kann zum Beispiel in Ihrer Berufserfahrung, in speziellen Kenntnissen oder Auslandserfahrung bestehen. Auf Basis der oben genannten Kriterien modifizieren Sie Ihre Gehaltsvorstellungen. Dabei sollten Sie das Jahresgehalt inkl. aller Zusatzleistungen berücksichtigen. Diese können bis zu 15 % der Gesamtvergütung ausmachen.

Worin können solche Zusatzleistungen bestehen? Zum einen kann es sich dabei um zusätzliche Geldauszahlungen handeln – etwa in Form von Prämien, Urlaubs-, Weihnachtsgeld oder zusätzlichen Monatsgehältern. Viele Unternehmen bieten auch eine betriebliche Altersvorsorge an. In diesem Fall sollten Sie abklären, in welcher Form diese angeboten wird, nach wie vielen Jahren Betriebszugehörigkeit Ansprüche erreicht werden können und ob die Ansprüche bei einem Jobwechsel bestehen bleiben.

Zum anderen können Zusatzleistungen in der Bereitstellung von Dienstwagen, Handys ▶

und -Notebooks bestehen. Diese bieten sich in Positionen mit Reisetätigkeit an. Beachten Sie, dass solche Zusatzleistungen – ob monetäre Leistungen oder Sachleistungen – unter Umständen als sogenannter „geldwerter Vorteil" gelten und somit wie ein Einkommen versteuert werden müssen. Bei einem Dienstwagen muss, zum Beispiel im Rahmen der sogenannten 1 %-Regel, ein Prozent des Bruttolistenneupreises monatlich versteuert werden.

Klären Sie in diesem Fall ab, ob die private Nutzung erlaubt ist und welche Kosten entstehen. Der Weg zum Arbeitsplatz kann auch Gegenstand von Zusatzleistungen sein, etwa in Form von vergünstigten ÖPNV- oder Zugtickets oder der Finanzierung des Umzugs an den Arbeitsort.

Weitere Zusatzleistungen können Betriebskindergärten, Personalrabatte auf die Produktpalette des Unternehmens, Freizeitangebote (z.B. betriebseigenes Fitnessstudio), Mitarbeiteraktien, subventionierte Mahlzeiten (z.B. in einer Kantine) oder günstige Kreditangebote sein.

Die im Artikel (Vergütung in der Industrie) genannten Zahlen und Tendenzen sind Anhaltspunkte, die Ihnen helfen sollen Ihre Gehaltsvorstellungen zu konkretisieren und ihren Gehaltswunsch in künftigen Vorstellungsgesprächen zu argumentieren. Die Unternehmen selbst orientieren sich an firmeninternen Gehaltsbändern – also Unter- und Obergrenzen für Bruttogehälter, die Stellen mit gleichwertigen Anforderungsprofilen und Verantwortungsbereichen zusammenfassen.

An welcher Stelle Sie in das Gehaltsband einsteigen, ist abhängig von Ihrem Verhandlungsgeschick. Gerade für Berufseinsteiger sind die ersten Gehaltsverhandlungen eine Herausforderung. Bedenken Sie aber: Ihr Einstiegsgehalt ist nicht in Stein gemeißelt. Mit zunehmender Berufserfahrung, der Übernahme weiterer Aufgabenbereiche oder Personalverantwortung können Sie über die Höhe Ihres Gehalts verhandeln. Solche Verhandlungen über eine Gehaltserhöhung sind Naturwissenschaftlern und Ingenieuren oft unangenehm. Möchten Sie keinen Extra-Termin bei Ihrem Chef machen, nutzen Sie das jährliche oder halbjährliche Mitarbeitergespräch, um über eine Gehaltsanpassung und/oder über mögliche Beförderungen zu sprechen.

Eine gute Vorbereitung erhöht die Chancen auf ein erfolgreiches Gespräch. Dazu gehören stichhaltige Argumente, die einen Wunsch nach mehr Gehalt rechtfertigen. Analysieren Sie dazu Ihre bisherigen Leistungen und suchen Sie nach konkreten Beispielen für den Erfolg Ihrer Arbeit, die Ihren Wert für das Unternehmen belegen. ■

Vergütung im öffentlichen Dienst

Durchblick im Tarifdschungel

Wer sich im öffentlichen Dienst (also bei Institutionen von Bund, Ländern und Kommunen) bewerben möchte, kann sein erwartbares Gehalt recherchieren, da die Gehälter in Tarifverträgen festgeschrieben sind. Bei der Beschäftigung durch den Bund oder durch eine Kommune gilt der „Tarifvertrag für den öffentlichen Dienst“ (TVöD), für den es für bestimmte Berufs- und Beschäftigtengruppen Modifizierungen gibt, zum Beispiel „TVöD SuE“ für Beschäftigte im Sozial- und Erziehungsdienst oder „TVöD BT-K“ für Beschäftigte im Krankenhaus. Für Einrichtungen der Länder (z.B. die Universitäten) gelten verschiedene Tarifverträge: In Berlin und Hessen gilt der TVöD jeweils modifiziert um länderspezifische Angleichstarifverträge („Angleichs-TV Land Berlin“, bzw. „TV-H“), die Gehälter der übrigen Bundesländer sind im „Tarifvertrag für den öffentlichen Dienst der Länder“ (TV-L) geregelt, der wiederum in die Tarifgebiete West und Ost geteilt ist. Auch hier gibt es Modifizierungen für bestimmte Beschäftigtengruppen.

Als Anlage zu den Tarifverträgen gibt es Entgelttabellen, aus denen das zu erwartende Gehalt entnommen werden kann. Die aktuellen Entgelttabellen für den öffentlichen Dienst können zum Beispiel unter http://tarif-oed.verdi.de eingesehen werden. ▶

Entgelttabellen lesen

Auf den ersten Blick sieht so eine Entgelttabelle irritierend aus. Um Ihr Gehalt herauszufinden, müssen Sie wissen, in welcher Zeile und Spalte der Entgelttabelle Sie nachsehen können, also in welche Entgeltgruppe Sie eingeordnet werden. Wenn Sie das System aber erst einmal verstanden haben, erfahren Sie nicht nur, wie viel Sie bei einer Einstellung verdienen werden, sondern auch, mit welchen Gehaltserhöhungen Sie rechnen können und was das Maximalgehalt ist, das Sie erreichen können. Dies sind wichtige Hinweise bei der Entscheidung zwischen einer Karriere im öffentlichen Dienst und einer in der freien Wirtschaft, denn gerade in Spitzenpositionen können sich die Gehälter im öffentlichen Dienst deutlich von denen in der Industrie unterscheiden.

Das Vergütungssystem im öffentlichen Dienst ist folgendermaßen aufgebaut: Es gibt verschiedene Entgeltgruppen, in die Arbeitnehmer vor allem aufgrund ihrer formalen Ausbildung eingruppiert werden. Eine abgeschlossene Berufsausbildung von mindestens 2-3 Jahren – etwa zum Laboranten oder Technischen Assistenten – führt zu einer Eingruppierung in die Entgeltgruppen E5 bis E8. Ein Bachelor oder ein Fachhochschul-Abschluss führen zu einer Eingruppierung in eine der Gruppen E9 bis E12. Ein Masterabschluss, ein wissenschaftliches Hochschulstudium und eine Promotion bedeuten eine Eingruppierung in die Gruppen E13 bis E15.

Entgeltgruppen nach Ausbildung/Studium

E5 bis E8 Ausbildung 2-3 Jahre
E9 bis E12 Bachelor- oder Fachhochschulabschluss
E13 bis E15 Masterabschluss, Promotion

Häufig finden Sie in der Stellenausschreibung nicht nur Angaben dazu, nach welchem Tarifvertrag Sie bezahlt werden, sondern auch Angaben zu der Entgeltgruppe, in der die Stelle angesiedelt ist. Die Angabe „Entlohnung nach TVöD Bund 13“ bedeutet zum Beispiel, dass der „Tarifvertrag für den öffentlichen Dienst Bereich Bund“ gültig ist und die Stelle in der Entgeltgruppe 13 angesiedelt ist. Ein Berufseinsteiger würde hier 3.573,37 Euro Bruttogehalt im Monat verdienen (gültig bis 31.01.2017).

Innerhalb jeder Entgeltgruppe gibt es bis zu sechs Stufen. Eine höhere Einstufung bedeutet ein höheres Gehalt. Das wichtigste Kriterium für die Einordnung in diese Stufen ist die Berufserfahrung. Die Einstiegsstufe ist Stufe 1, aus dieser gelangt man nach einem Jahr in Stufe 2, nach dem dritten Jahr in Stufe 3 und so weiter. Höhere Einstufungen sind aber zum Beispiel aufgrund besonderer Qualifizierungen möglich. Die höchste Stufe (und damit das Maximalgehalt) erreichen die Entgeltgruppen E9 bis E15 nach 10 Jahren mit Gruppe 5, die Entgeltgruppen E1 bis E8 nach 15 Jahren mit Stufe 6. Die höchste Stufe für einen Angestellten in Entgeltgruppe 13 des TVöD Bund wäre Stufe 6 mit 5396.82 Euro Bruttogehalt im Monat (gültig bis 31.01.2017).

Eine Höhergruppierung in die nächsthöhere Entgeltgruppe ist ab Stufe 3 möglich. Normalerweise bleibt man zwar in der Entgeltgruppe, der man zu Beginn des Arbeitsverhältnisses zugeteilt wird. Wenn sich die Aufgaben ändern, zum Beispiel indem man Personalverantwortung übernimmt, ist eine ▶

Umgruppierung aber möglich. Dies ist kein Automatismus, sondern sollte selbstständig eingefordert werden. Eine Höhergruppierung in die nächste Entgeltgruppe geht meist mit einer Rückstufung um eine Stufe einher. Man gelangt also zum Beispiel von 13-4 auf 14-3.

Im Bereich Wissenschaft ist eine „Vorweggewährung von Stufen" möglich, somit kann schon bei der Einstellung eine höhere Entgeltgruppe verhandelt werden.

Auch eine übertarifliche Bezahlung ist möglich, zum Beispiel als Anreiz, wenn es nur wenige Wissenschaftler gibt, die für diese Stelle in Frage kämen. Neben dem Gehalt gibt es auch im öffentlichen Dienst die Möglichkeit, Zusatzleistungen zu erhalten, etwa eine betriebliche Altersvorsorge oder die Möglichkeit, vergünstigt in einer Kantine zu essen.

Angestellte des öffentlichen Dienstes erhalten eine Jahressonderzahlung (Urlaubsgeld oder Weihnachtsgeld), die nach den regulären Monatsgehältern ausgerichtet ist. Bei steigender Entgeltgruppe fällt sie prozentual geringer aus. In den neuen Bundesländern fällt die Sonderzahlung im TV-L generell geringer aus:

Jahressonderzahlung (Urlaubsgeld oder Weihnachtsgeld) in % eines Monatsgehalts

Entgeltgruppe	West	Ost
E1 bis E8	90 %	80,9 %
E9 bis E11	80 %	68 %
E12 und E13	50 %	47 %
E14 und E15	35 %	32 %

Arbeitsbedingungen

Einige Stellen, die im öffentlichen Dienst ausgeschrieben werden, sind befristete Stellen. Man schließt also einen Arbeitsvertrag ab, der nach einer bestimmten Zeit automatisch ausläuft, ohne das eine Kündigung notwendig ist. Ein Grund für die Befristung ist zum Beispiel die Laufzeit des Projekts, für das man angestellt wird.

Die Befristung von Arbeitsverträgen ist im „Teilzeit- und Befristungsgesetz" geregelt. Der Befristung von Arbeitsverträgen und vor allem der Aneinanderreihung von befristeten Arbeitsverträgen sind allerdings Grenzen gesetzt, z.B. durch das „Gesetz über Teilzeitarbeit und befristete Arbeitsverträge" und das „Wissenschaftszeitvertragsgesetz" (Wiss ZeitVG), das die vorhergehenden Sonderregelungen des Hochschulrahmengesetzes für die Qualifizierungsphase (§§ 57a ff. HRG) im Wesentlichen unverändert übernommen hat. Für befristete Arbeitsverträge gelten dieselben Eingruppierungsgrundsätze wie für unbefristete Stellen. Es gibt also keine höhere Vergütung für weniger Sicherheit.

Die wöchentliche Arbeitszeit im öffentlichen Dienst liegt bei einer vollen Stelle, je nach Tarifvertrag, zwischen 39 und 40 Stunden. Prinzipiell ist auch eine Teilzeitbeschäftigung möglich, insbesondere, wenn minderjährige Kinder oder pflegebedürftige Familienmitglieder betreut werden. Meist ist in den entsprechenden Stellenanzeigen vermerkt, ob die Stelle teilzeitfähig ist. ▶

Mehrarbeit und Überstunden sollen vor allem durch Freizeitausgleich abgegolten werden. Das heißt, die Arbeit, die über die reguläre Arbeitszeit hinausgeht, wird nicht zusätzlich vergütet, sondern die Zeit kann später frei genommen werden. Die Tarifverträge ermöglichen flexible Arbeitszeitmodelle bis hin zur Nutzung von Lebensarbeitszeitkonten, in denen geleistete Überstunden und Mehrarbeit nicht verfallen, wenn sie nicht innerhalb kurzer Zeit ausgeglichen werden. Theoretisch ist es also möglich, sein ganzes Arbeitsleben lang Überstunden anzusammeln und dann dementsprechend eher in Rente zu gehen.

Der Urlaubsanspruch im öffentlichen Dienst richtet sich nach dem Lebensalter: vor dem vollendeten 55. Lebensjahr besteht ein Anspruch auf 29 Urlaubstage und ab dem vollendeten 55. Lebensjahr auf 30 Urlaubstage.

Urlaubsanspruch

Alter bis 55 Jahre – 29 Tage
über 55 Jahre – 30 Tage

Nicht alle Stellen im öffentlichen Dienst werden direkt aus öffentlichen Mitteln finanziert. Unterschieden wird zwischen „Erstmitteln", die direkt aus dem Etat oder Haushalt der Einrichtung stammen, an der man angestellt ist und „Drittmitteln", die entweder von öffentlichen Förderern stammen (z.B. der DFG) oder von nicht-öffentlichen Geldgebern (z.B. der Industrie) zur Verfügung gestellt werden. Mittel öffentlicher Förderer werden teilweise auch als „Zweitmittel" bezeichnet.

Viele Stellen im akademischen Mittelbau sind befristet und werden von der Arbeitsgruppe oder vom Angestellten selbst eingeworben. Promotionsstellen werden häufig als Teilzeitstellen ausgeschrieben und bezahlt – erwartet wird jedoch eine Vollzeitleistung. Zudem variiert der Anteil der Zeit, in der der Doktorand an seiner Doktorarbeit arbeiten kann. In der Regel werden Praktika oder Übungen betreut oder auch andere Tätigkeiten für das Institut geleistet. Viele Universitäten und Institute regeln die Besonderheiten von Promotionsverträgen in gesonderten Rahmenvereinbarungen.

Entgeltgruppe W

Die sogenannte W-Besoldung („W" steht für Wissenschaft), die für Professoren eingerichtet wurde und 2005 die C-Besoldung ablöste, ist ein Sonderfall. Professoren erhalten eine Kombination aus Grundgehalt und leistungsbezogenen Bezügen. Der leistungsbezogene Anteil kann selbstständig ausgehandelt werden. Der Grundgedanke dahinter ist es, Leistung und besonderes Engagement in der Wissenschaft zu belohnen, statt ein höheres Gehalt lediglich von den Dienstjahren abhängig zu machen.

Professoren können die Besoldungsgruppe W2 oder W3 erreichen, Juniorprofessoren erhalten die Besoldungsgruppe W1. Die Grundgehälter variieren je nach Bundesland.

Die Zulagen können für besondere Leistungen in Forschung, Lehre, Weiterbildung oder Nachwuchsförderung ausgehandelt werden; als Berufungs- und Bleibeleistungsbezüge; für die Wahrnehmung von Funktionen oder besonderen Aufgaben im Rahmen der ▶

Hochschulselbstverwaltung oder der Hochschulleitung, sowie als nicht ruhegehaltsfähige Zulage für die Einwerbung von Drittmitteln. Diese Leistungszulagen können eine Höhe von mehreren tausend Euro erreichen, z.B. bei der Übernahme einer leitenden Funktion – wie die des Dekans.

Das neue Vergütungssystem hat zu Diskussionen und Gerichtsverfahren geführt, da Professoren durch die niedrigeren Grundgehälter zum Teil weniger verdient haben als Lehrer. Das Bundesverfassungsgericht hat deshalb im Februar 2012 entschieden, dass das System überarbeitet werden muss, da die W2-Besoldung „evident amtsunangemessen" sei.

Ein entsprechender Gesetzesentwurf zur Neuregelung der Professorenbesoldung wurde vom Bundeskabinett Ende Januar 2013 beschlossen und trat ein halbes Jahr später in Kraft. Die Gesetzesänderungen beinhalten im Wesentlichen eine Anhebung der Grundgehälter der Professoren der Besoldungsgruppen W2 und W3 sowie die Einführung von Erfahrungsstufen. Demnach erhält ein W2-Professor beim Bund rückwirkend zum 01.01.2013 monatlich zwischen 5.100 und 5.700 Euro Grundgehalt, ein W3-Professor zwischen 5.700 und 6.500 Euro. Diese neue Gehaltsstruktur stellt sowohl eine amtsangemessene als auch leistungsbezogene Besoldung sicher (Quelle: http://www.bmi.bund.de). ■

GEHALTSRECHNER

Um Ihr Gehalt auszurechnen, gibt es Besoldungsrechner, in die Sie Ihre Daten wie Besoldungsgruppe, Stufe etc. eingeben können
http://oeffentlicher-dienst.info/beamte/bund/

Praktikum für Wissenschaftler

Perspektiven entdecken

Wer keine akademische Laufbahn plant, kann sich bereits während des Studiums durch ein Praktikum außerhalb der Universität mit beruflichen Perspektiven in der Industrie vertraut machen. Ein Praktikum ist eine ideale Möglichkeit, über den Tellerrand des Studiums hinauszuschauen, Praxisluft zu schnuppern und erste Kontakte in die Berufswelt zu knüpfen. Zudem erleichtert die praktische Erfahrung eines Praktikums später die Stellensuche. Praktika sind bei Personalverantwortlichen gerne gesehen und steigern somit die Chancen auf dem Arbeitsmarkt.

Möchten Sie, wie viele Wissenschaftler, eine Laufbahn in der Forschung einschlagen, ist es sinnvoll, einen Praktikumsplatz zu suchen, der fachspezifisch ist und die Themenkomplexe des Studiums aufgreift. Praktikumsplätze in Forschungs- und Entwicklungsabteilungen sind begehrt. Wer eine praktische Forschungstätigkeit ausüben möchte, sollte sich daher frühzeitig um einen Praktikumsplatz bemühen.

Es lohnt sich aber auch, sich anderweitig umzuschauen: Gerade Naturwissenschaftler mit ihrer stark labor- und forschungsorientierten Sichtweise können versuchen, andere Geschäftsbereiche auszukundschaften. Wie funktioniert der Vertrieb von erklärungsbedürftigen Investitionsgütern, z.B. von Laborgeräten oder Pharmaka? Wie läuft die Produktion von Chemikalien ab? Wie ist der Ablauf bei der Beschaffung von Rohstoffen? ▶

Was macht eine Marketingabteilung? Praktika in diesen Bereichen ermöglichen es, wichtige fachübergreifende Qualifikationen und Erfahrungen zu sammeln, die oft im Studium nicht vermittelt werden.

PLANUNG: WANN UND WIE LANGE?

Ein Praktikum ins Studium zu integrieren, wird gerade im Zuge der straff durchstrukturierten Bachelor- und Masterstudiengänge immer schwieriger. Sie sollten sich daher rechtzeitig informieren, wann welche Prüfungen und Pflichtveranstaltungen im Studium anstehen und die Zeit für ein Praktikum sorgfältig planen. Unter Umständen sollten Studenten darüber nachdenken, ein Semester mehr für ihr Studium einzuplanen, um Zeit für ein Praktikum zu schaffen. Gelingt es nicht, ein Praktikum in das Studium zu integrieren, gibt es durchaus bedenkenswerte Alternativen. So können Sie auch als studentische Aushilfe oder Werksstudent wertvolle Praxiserfahrung sammeln und Kontakte knüpfen.

Ein Praktikum, das zur generellen Berufsorientierung gedacht ist, sollten Sie spätestens zwei Semester vor dem Abschluss absolvieren. Die ideale Länge eines Praktikums hängt von der individuellen Zielsetzung ab. Für ein „Reinschnuppern" in einen Bereich genügen einige Wochen. Möchte Sie jedoch Kompetenzen erwerben und verstehen wie eine Abteilung oder gar ein Unternehmensbereich funktioniert, sollten Sie vier bis sechs Monate einplanen.

Oftmals ist auch eine längere Einarbeitungszeit erforderlich: Sicherheitsbestimmungen und Laborrichtlinien müssen berücksichtigt werden, bevor eine wissenschaftlich- technische Arbeit im industriellen Umfeld aufgenommen werden kann. Gibt es die Möglichkeit, als Praktikant im Betrieb eigene Projekte zu gestalten, wird dies erst im Rahmen einiger Monate Arbeitszeit möglich sein.

Auslandspraktika auch mit dem Ziel, die sprachlichen Fähigkeiten aufzubauen, sollten mindestens einen Umfang von sechs Monaten haben, um als „echte" Auslandserfahrung zu gelten. Eine frühzeitige Planung und Vorbereitung sind besonders wichtig: Die Finanzierung ist zu sichern, Praktikumsplatz und Unterkunft müssen gefunden, Flüge gebucht und unter ▶

Umständen Visa beantragt werden. Insbesondere bei Praktika in den USA sollte viel Zeit für sicherheitsrelevante Vorbereitungen eingeplant werden. Wer den organisatorischen Aufwand scheut, kann sein Auslandpraktikum grundsätzlich auch von einer darauf spezialisierten Agentur vermitteln lassen, was aber mit Kosten verbunden sein kann.

WAS MACHT EIN GUTES PRAKTIKUM AUS?

In einem guten Praktikum erhalten Sie realistische und umfassende Einblicke in die Arbeitswelt. Eine gute Einarbeitung ist wichtig, um die Kompetenzen zu erweitern. Besonders wichtig ist, dass Sie im Unternehmen durchgehend einen oder sogar mehrere Ansprechpartner haben, welche das Praktikum begleiten. Dauert das Praktikum länger als wenige Wochen, sollte es zudem vergütet sein.

Praktikumsplätze sind z.T. von Unternehmen aktiv in Jobbörsen wie jobvector als Spezialjobbörsen oder auf der Unternehmenshomepage ausgeschrieben. Sollten beim Wunschunternehmen keine Praktika ausgeschrieben sein, kann sich ein Anruf lohnen, ob es Möglichkeiten gibt, ein Praktikum zu absolvieren. Ist ein geeigneter Praktikumsplatz gefunden, gilt es, das Praktikum zu einem vollsten Erfolg zu machen. Damit dies gelingt, sollten Sie sich im Vorfeld überlegen, was Sie von dem Praktikum erwarten, um gezielt darauf hinarbeiten zu können. Gleichzeitig sollten Sie offen für Neues sein und sich auf neue Aufgaben einlassen. Gerade wer das Unternehmen als späteren Arbeitgeber in Betracht zieht, sollte beweisen, dass er engagiert, lernwillig und offen für neue Herausforderungen ist. ■

- Nutzen Sie Praktika, um Ihren Erfahrungsschatz außerhalb des Studiums oder der Ausbildung aufzubauen
- Planen Sie Ihr Praktikum insbesondere im Hinblick auf die Arbeitsinhalte
- Bauen Sie Kontakte auf und nutzen Sie den Erfahrungsschatz von Kollegen
- Praktika, welche mehrere Monate dauern, sollten vergütet werden
- Bitten Sie nach dem Praktikum um eine Praktikumsbescheinigung mit den Arbeitsinhalten oder ein Arbeitszeugnis

Praktikumsstellen finden Sie auf jobvector.de

Jede Bewerbung

Immer eine neue Herausforderung

Eine erfolgreiche Bewerbung – Tunen Sie Lebenslauf und Anschreiben auf Ihre Wunschstelle – jedes Mal!

Nichts ist so bunt und vielfältig wie die Anzahl der guten Ratschläge, die in den zahlreichen Bewerbungsratgebern gefunden werden können. Ob im Einzelfall Mythen wie die Bewerbung des Designers mit einem flotten Spruch und die Rufnummer auf der Pizzaschachtel oder der Bewerber als perfekte Ergänzung für die Marathonmannschaft des Geschäftsführers ausschlaggebend waren, darf getrost einer kurzen statistischen Analyse des geneigten, naturwissenschaftlichen Lesers überlassen werden. Eine unbestrittene Tatsache bleibt sicher, dass den meisten Arbeitsverhältnissen eine durchdachte und überzeugende Bewerbung vorausgegangen ist. Diese führte zu Vorstellungsgesprächen und letztlich zur Unterzeichnung des ersehnten Arbeitsvertrags.

Unabhängig von allen Ratschlägen gilt: Was das Unternehmen in der Stellenanzeige wünscht, welche Unterlagen es anfordert, das sollten Sie auch liefern. Denn meist sind die internen Prozesse hierauf abgestimmt. Wer hier aus dem Rahmen fällt, erschwert die Bearbeitung und wird im günstigsten Fall hinten angestellt oder – im ungünstigsten Fall – direkt aussortiert.

Eine gute Bewerbung bedarf einiger Vorbereitung. Als Erstes sollten Sie abgleichen, ▶

was der potentielle Arbeitgeber sucht und was Sie davon mitbringen. Je größer die Übereinstimmung und je besser diese belegt werden kann, desto besser die Aussicht auf Erfolg.

Hierbei gilt: Seien Sie nicht zu hart zu sich, aber reden Sie auch nichts schön. Sucht ein Unternehmen einen Spezialisten mit drei bis fünf Jahren Berufserfahrung in der IT und nachgewiesenen Projekten in einer bestimmten Programmiersprache, dann ist für einen Berufseinsteiger eine Bewerbung in der Regel nicht sinnvoll. Hier wird jemand gesucht, der die Erfahrung mitbringt, um direkt in ein Projekt einzusteigen. Verschwenden Sie nicht ihre Ressourcen, sondern gehen Sie zur nächsten Stellenanzeige über, bei der Sie mehr Übereinstimmungen erzielen können.

Ihre Unterlagen müssen an jeder Stelle aussagekräftig sein. Dies bezieht sich insbesondere auf Lebenslauf und Anschreiben. Was der Personalverantwortliche zuerst liest, können Sie nicht beeinflussen, deshalb sollten sowohl Anschreiben als auch Lebenslauf auf Anhieb das Interesse an Ihnen als interessanten Kandidaten wecken. Stellen Sie im ersten Absatz des Anschreibens klar, was Sie an dem Unternehmen und der Stelle konkret anspricht und warum Sie sich gerade hier bewerben. Dann schließen sich zwei Absätze an, die Ihre persönliche bzw. fachliche Eignung in den Vordergrund stellen. Bedienen Sie hier bitte keine Allgemeinplätze, denn jeder ist heute „teamorientiert" und „kommunikativ". Das soll diese Fähigkeiten keinesfalls schmälern, diese sollten sich in Ihrem Lebenslauf sowie später im Vorstellungsgespräch wiederfinden lassen.

Deshalb: Machen Sie für sich Werbung, aber mit Versprechen, die Sie auch halten können.

Im letzten Absatz sagen Sie was Sie wollen, nämlich ein Vorstellungsgespräch. Vermeiden Sie unnötige Konjunktive! Sie sollen später Ihr Unternehmen erfolgreich vertreten, da erwartet man von Ihnen auch Stellung zu beziehen.

Ihr Lebenslauf sollte keine rein zeitliche Aufzählung Ihrer Lebensgeschichte sein. Fangen Sie oben mit den Kontaktdaten an. Geben Sie Ihrem Lebenslauf eine Struktur. Frau Sina Punke ist Standortleiterin in München bei Kelly Scientific Resources und bringt das folgendermaßen auf den Punkt: „Aus dem Lebenslauf will ich direkt ersehen, was der Bewerber wann genau gemacht hat und dabei ist das Aktuellste immer das Wichtigste." Oft sind Praktika während des Studiums oder Nebentätigkeiten im wirtschaftlichen Umfeld final entscheidender als der Studienabschluss. Diesen erwarten die Unternehmen zwar, ▶

aber der Ferienjob in der Marketingabteilung ist vielleicht der Unterschied, der Sie von Ihren Mitbewerbern abhebt.

Passen Sie den Lebenslauf so an, dass beim Lesen schnell klar wird, dass Sie optimal auf diese Stelle passen und Sie diese auch unbedingt wollen. Berücksichtigen Sie bei der Auswahl der Zeugnisse auf jeden Fall diejenigen, die notwendige Abschlüsse und Qualifikationen belegen. Zum Thema Arbeitszeugnisse rät Frau Sina Punke, Consultant bei Kelly Scientific Resources: „Wenn Sie den Personaler bei der Personalauswahl nicht unnötig ins Grübeln bringen möchten, sollten Ihre Arbeitszeugnisse lückenlos vorliegen.“ Ihr Abiturzeugnis ist nur evtl. für eine vollständige Personalakte erforderlich, aber im Verhältnis zu Ihrem Studienabschluss verliert es oft an Aussagekraft.

Abgeschickt und geschafft? Weit gefehlt – oft erfolgt keine Rückmeldung! Bevor Sie zum Anruf schreiten, prüfen Sie Ihren Junkmail-Ordner. Viele Mailprogramme und Provider erkennen die Eingangsbestätigung als unerwünschte Werbesendung. Oft stehen hier aber entscheidende Hinweise, wie das Unternehmen Ihnen Rückmeldung gibt. Ein unnötiger Anruf zum falschen Zeitpunkt kann Ihnen mehr schaden als nützen. Einen generellen Zeitrahmen für Rückmeldungen gibt es nicht. Als Faustregeln mögen für kleinere Unternehmen zwei bis drei Wochen, für Großunternehmen auch schon mal vier bis sechs Wochen gelten. Überlegen Sie sich vorher Ihre Fragen und auch, was Sie im Falle einer Absage wissen wollen. Nicht immer, aber gelegentlich eben doch, erhalten Sie wertvolle Hinweise was Sie bei der nächsten Bewerbung besser machen können. Wir wünschen Ihnen viel Erfolg! ■

Die Bewerbung

Durch Struktur überzeugen

Sie haben die perfekte Stelle gefunden und möchten sich bewerben. Dann nutzen Sie Tipps zum Aufbau und den Inhalten einer erfolgsversprechenden Bewerbung.

Zunächst das Wichtigste. Nehmen Sie sich Zeit, egal ob es sich um eine Bewerbung für einen Praktikumsplatz, eine Doktorarbeit oder eine feste Stelle handelt. Fehler im Anschreiben oder im Lebenslauf sind schnell gemacht und schmälern den Erfolg der Bewerbung, also die Einladung zu einem Vorstellungsgespräch.

Das Bewerbungsanschreiben

Das Anschreiben einer Bewerbung ist mit das relevanteste Dokument der Bewerbung. Sie können darin neben Ihren fachlichen auch Ihre persönlichen Kompetenzen aufzeigen, die sonst aus dem Lebenslauf nicht direkt ersichtlich sind. Es ist besonders wichtig, dass Sie auf die Anforderungen aus der Stellenanzeige eingehen. Wenn möglich nehmen Sie Bezug auf Ihre bisherigen Erfahrungen. Sie sollten jedoch darauf achten, dass das Anschreiben nicht länger als eine DIN-A4 Seite ist. Die Informationen sollten in sinnvollen Absätzen gegliedert sein.

Sorgfalt und Zeit

Für die Erstellung des Anschreibens sollten Sie sich genug Zeit nehmen. Für jede Bewerbung sollten Sie ein individuelles Anschreiben verfassen, welches spezifisch für die ▶

Ausschreibung ist. Für Personalverantwortliche ist das Anschreiben sehr aufschlussreich. Hierzu gehört unter anderem, wie gut Sie Sachverhalte formulieren können, ob Sie die Daten in einer übersichtlichen Darstellung wiedergeben und natürlich, ob sie fehlerfreie Ergebnisse liefern können. HR-Manager ziehen auch Rückschlüsse, inwieweit Sie konzentriert arbeiten können.

Ausschlaggebend, ob Ihre Bewerbungsunterlagen weiter gelesen werden, ist natürlich, wie gut Sie herausstellen, dass Sie die Anforderungen der Stellenausschreibung erfüllen - also ein guter Kandidat für diese Stelle sind.

Aufbau Anschreiben

Wenn es um den Aufbau des Anschreibens geht, kann man sich an einem üblichen Briefaufbau orientieren. Wenn Sie bisher keine persönliche Briefvorlage haben, gibt es im Internet oder auch in Ihrem Textverarbeitungsprogramm entsprechende Vorlagen. Sie starten mit der Adresse der Firma und dem Namen des Ansprechpartners. Falls Sie in der Ausschreibung keinen persönlichen Ansprechpartner finden können, rufen Sie bei der Firma an und lassen sich den Namen der Kontaktperson geben. Das zeigt dem Unternehmen, dass Sie offen und zielstrebig sind und sich für die Stelle einsetzen. Nach der Empfängeradresse folgen Ihre Kontaktdaten, bestehend aus Vor- und Nachname, Adresse, Telefonnummer und Email-Adresse.

Die Betreffzeile wird über Ihrem Text des Anschreibens platziert. Hier geben Sie an, auf welche Stelle Sie sich bewerben. In der Regel wird die Betreffzeile fett formatiert, damit sie dem Leser sofort ins Auge fällt. Ist auf der Stellenausschreibung eine Referenznummer angegeben, so fügen Sie die in der Zeile unterhalb der Betreffzeile ein.

Die Anrede ist der nächste Punkt beim Anschreiben. Falls Sie aus der Stellenanzeige oder dem vorherigen Telefonat einen Ansprechpartner ermitteln konnten, verwenden Sie: „Sehr geehrter Herr Mustermann“ oder „Sehr geehrte Frau Mustermann“. Sollte Ihr Ansprechpartner einen Doktortitel oder eine Professur besitzen, achten Sie darauf den Titel korrekt wiederzugeben. Konnten Sie keinen Ansprechpartner finden, schreiben Sie lediglich „Sehr geehrte Damen und Herren“.

Im ersten Absatz beziehen Sie sich auf den Grund Ihrer Bewerbung und wie Sie auf die Stellenausschreibung gestoßen sind. Anschließend gehen Sie auf Ihre fachlichen Qualifikationen und Fähigkeiten ein und erläutern dem Unternehmen, warum Sie für diese Stelle perfekt geeignet sind. Heben Sie Ihre Stärken hervor und belegen Sie diese mit aussagekräftigen und bestärkenden Fakten aus Ihrem Werdegang oder Ihrer aktuellen Tätigkeit.

Im letzten Absatz gehen Sie nochmal auf Ihre beruflichen Erwartungen, Ziele und Wünsche ein. Geben Sie Ihre Gehaltsvorstellungen mit an, sofern diese in der Stellenausschreibung erwartet wird. Formulieren Sie als letztes einen kurzen Abschlusssatz. Gehen Sie darauf ein, dass Sie sich auf ein persönliches Gespräch freuen und das Unternehmen in dem Gespräch von Ihren fachlichen und ▶

persönlichen Qualifikationen überzeugen möchten. Sie verbleiben „Mit freundlichen Grüßen" und beenden Ihr Bewerbungsanschreiben mit Ihrem vollständigen Namen.

Falls Sie Ihre Bewerbungsunterlagen elektronisch versenden, können Sie eine Unterschrift einscannen und ins Dokument einbauen. Verschicken Sie eine Bewerbungsmappe per Post, ist eine Originalunterschrift wichtig. Ihre kompletten Kontaktdaten wie Name, Straße und Ort, Telefonnummer und E-Mail Adresse können Sie, Ihrer Briefvorlage entsprechend, in der Kopf oder Fußzeile einbauen. Bei der E-Mail Adresse sollten Sie darauf achten, dass Sie eine seriöse Adresse verwenden, wie z.B. vorname.nachname@provider.de.

Durch das Anschreiben überzeugen

Wenn das Anschreiben den Personalverantwortlichen nicht überzeugt, macht er sich oft nicht die Mühe und geht Ihre Bewerbung weiter durch. Sie müssen den Personaler also schon mit dem Anschreiben überzeugen, um ihn zum Weiterlesen zu bewegen.

Das Deckblatt

Das Deckblatt einer Bewerbung ist kein Muss, aber hilfreich. Es hilft Ihren Unterlagen eine persönliche Note zu geben und optisch aus der Masse an Bewerbungen hervorzutreten. Sie sollten den Stil des Deckblattes der ausgeschriebenen Stelle anpassen und eher schlicht und übersichtlich halten. Ebenso ist es ratsam, die gleiche Formatierung, sowie Schriftart und -farbe wie im Rest Ihrer Bewerbung zu verwenden. Bei dem Bewerbungsfoto sollten Sie nur ein Businessfoto verwenden.

Der generelle Inhalt eines Deckblattes ist im Prinzip immer gleich, jedoch können Sie Ihren Ideen bei der Anordnung dieser Informationen freien Lauf lassen.

Was gehört auf das Deckblatt

- Name des Unternehmens
- Titel der Stellenausschreibung
- Referenznummer (falls vorhanden)
- Ihre Kontaktdaten mit vollständigem Namen, Adresse, sowie Telefonnummer und E-Mail Adresse
- Bewerbungsfoto

Das Deckblatt wird vor dem Lebenslauf platziert. Sie vermitteln dem Personalverantwortlichen einen ersten Eindruck von sich, bevor die zuständige Person überhaupt Ihre Bewerbungsunterlagen gelesen hat. Sehen Sie das Deckblatt als den klassischen ersten Eindruck, den man bekanntlich kein zweites Mal machen kann.

Bewerbungsfoto

Der erste Eindruck zählt, das gilt auch bei Ihrer Bewerbung. Das Bild kann auf dem Deckblatt und oben rechts oder links im Lebenslauf positioniert werden. Je nachdem in welche Richtung der Blick zeigt wird das Bild platziert, da der Blick immer in Richtung Blattmitte gehen sollte. Das Bewerbungsfoto sollte dem Personalverantwortlichen in positiver Erinnerung bleiben und Sympathie ausstrahlen. (Hierzu siehe auch Artikel Sympathieträger Bewerbungsfoto – Ein Bild macht den Unterschied).

Lebenslauf

Ihr Lebenslauf dient dazu dem Personalmanager zu vermitteln, dass Sie die Voraussetzungen und Erfahrungen besitzen, welche in ▶

der Stellenanzeige formuliert sind. Der Lebenslauf sollte eine Länge von zwei bis drei Seiten nicht überschreiten. Hier verschaffen sich die Arbeitgeber einen ersten Überblick über Ihre Ausbildung, den beruflichen Werdegang und Ihre fachlichen Qualifikationen.

Sorgen Sie bei der Erstellung des Lebenslaufs dafür, dass dieser vollständig und ohne Lücken ist. Der Lebenslauf sollte übersichtlich und harmonisch gestaltet sein und keine großen Lücken aufweisen. Wenn Sie ein Jahr auf Weltreise waren oder sich beruflich neu orientiert haben, dann schreiben Sie dies in Ihren Lebenslauf. Nutzen Sie Zwischenüberschriften, um das Lesen und die Zuordnung der Tätigkeiten für den Leser einfacher zu gestalten. Sie sollten sich vorher bewusst machen, wie Sie Ihren Lebenslauf aufbauen wollen. Die übliche Sortierung ist die umgekehrte chronologische Anordnung. Sie beginnen also mit Ihrer aktuellen Tätigkeit, da diese für den Arbeitgeber am interessantesten ist.

Generell gilt bei der Erstellung des Lebenslaufs, nur für die Stelle relevante Aspekte näher auszuführen und andere Stationen Ihres Lebenslaufs nur stichwortartig zu benennen. Das zeigt dem HR-Manager, dass Sie auf den Punkt kommen und wichtiges von unwichtigem unterscheiden können. Versehen Sie Ihren Lebenslauf zum Schluss noch mit Ort, Datum und Ihrer Unterschrift am Ende des Blattes.

Der Personalverantwortliche entscheidet innerhalb weniger Sekunden, ob er sich Ihre Bewerbung weiter durchlesen möchte oder nicht. Umso wichtiger ist es, dass Ihr Lebenslauf übersichtlich ist und Sie alles genau auf den Punkt bringen.

Daten zur Person

Unter diesem Punkt machen Sie alle Angaben zu Ihrer Person, wie z.B. Ihren Vor- und Nachnamen, Ihre Adresse, Geburtsdatum und -ort, Staatsangehörigkeit, sowie Ihren Familienstand. Die Angabe des Familienstandes und der Staatsangehörigkeit ist inzwischen weniger verbreitet, sodass Sie sich überlegen können, ob Sie diese Daten angeben möchten oder nicht. Sie sollten die Staatsangehörigkeit nur dann aufführen, wenn aufgrund Ihres Familiennamens und Geburtsort nicht direkt ersichtlich ist, dass Sie in Deutschland geboren sind.

Berufserfahrung

Geben Sie neben dem Namen der Firma, den Firmensitzes, Ihre Berufsbezeichnung und Position an. Die Beschreibung Ihres Aufgabenbereiches ist von besonderer Wichtigkeit, insbesondere wenn Ihre Tätigkeiten über die selbstverständlichen Aufgaben hinausgingen. Stellen Sie drei bis fünf der wichtigsten Aufgaben stichpunktartig zusammen. Sortieren Sie die Aufgaben nach der Relevanz für die ▶

03/2009 – 09/2014: Verpackungsingenieur bei der Muster GmbH in München

- Schnittstellenmanagement zwischen Kunden, Vertrieb, Supply Chain und Produktion
- Entwicklung neuer Verpackungskonzepte unter Einbezug von wirtschaftlichen Aspekten mit Vertriebsaußendienst und Kunden
- Transfer von entwickelten Konzepten in der Produktion
- Analyse von Verpackungsvariationen und alternativen Verpackungskonzepten für den Vertrieb

Stellen für welche Sie sich bewerben und beginnen Sie mit der wichtigsten. Ein Aufbau könnte wie folgt aussehen:

Berufsausbildung bzw. Studium

Zu den Angaben der Berufsausbildung oder dem Studium zählen neben der Bezeichnung der Ausbildung und der Ausbildungsstätte auch der erzielte Abschluss und die Abschlussnote. Geben Sie beim Studium die Art und Richtung an sowie die Hochschule. Vermerken Sie, ob das Studium schon abgeschlossen ist oder ob Sie noch studieren. Falls Sie Ihre Abschlussarbeit bereits geschrieben haben, können Sie das Thema mit angeben. Sie sollten das Thema jedoch nur mit aufnehmen, wenn es in Verbindung mit Ihrer Bewerbung steht. Führen Sie Ihre Abschlussnote auf, wenn Sie Ihr Studium bereits abgeschlossen haben.

Schulausbildung

Fassen Sie Ihre bisherige Schulausbildung zusammen und beginnen Sie mit Ihrem höchsten Abschluss. Unternehmen sind nicht daran interessiert welche Grundschule Sie besucht haben.

Weiterbildungen

Weiterbildungen, die Ihnen für Ihr berufliches Weiterkommen nützlich waren, sollten Sie mit Informationen über die Art des Lehrgangs, den Veranstalter und die Inhalte aufführen.

Besondere Kenntnisse

Verfügen Sie über Fremdsprachenkenntnisse? Dann sollten Sie diese unter diesem Punkt mit Angabe des Sprachniveaus aufführen. Auch bei den EDV Kenntnissen vermerken Sie hinter jedem neuen Punkt die Erfahrung mit den Programmen bzw. die Sicherheit im Umgang. Diese Angaben können sich von Grundkenntnisse bis Expertenwissen erstrecken.

Zeugnisse

Scannen Sie Ihre Zeugnisse zunächst ein und fügen Sie diese hinter Ihren anderen Dokumenten ein. Ihrer Bewerbung sollte maximal fünf Arbeitszeugnisse enthalten. Als Berufseinsteiger sollten Sie auch schulische Abschlusszeugnisse und das Zeugnis des Studienabschlusses anhängen. Passen Sie die Wahl der Zeugnisse der gewünschten Stelle an. Das Zeugnis sollte Aufgaben und Qualifikationen detailliert darstellen. Es sollte auch Ihre Stärken und Erfolge beschreiben. Prüfen Sie vor dem Abschicken alle Dokumente noch einmal auf Rechtschreibfehler und Grammatik. Stellen Sie sich abschließend die Frage: Wären Sie in der Position des Arbeitgebers, würden Sie sich zu einem Vorstellungsgespräch auf diese Stelle einladen? Wenn Sie die Frage mit ja beantworten, dann schicken Sie Ihre Bewerbung erfolgreich ab.

Viel Erfolg in Ihrer Bewerbungsphase. ■

Checkliste

- Haben Sie durchgehend das gleiche Format verwendet: Abstände, Schriftart und -größe?
- Ist der richtige Ansprechpartner genannt?
- Haben Sie das aktuelle Datum verwendet, sowohl im Anschreiben als auch im Lebenslauf?
- Gehen Sie konkret auf die Stellenausschreibung ein?
- Gehen Sie auf Ihre Qualifikationen und Fähigkeiten in Bezug auf die Stellenausschreibung ein?
- Ist Ihr Lebenslauf lückenlos und übersichtlich?
- Haben Sie Ihren Lebenslauf auf die Stellen angepasst?
- Haben Sie alle relevanten Zeugnisse eingefügt?

Die digitale Bewerbung

Schnell und effizient

Unternehmen wünschen bei der Art des Bewerbungszugangs meist die Online- oder E-Mail- Bewerbung, da diese die Bearbeitung der Bewerbungen in vielerlei Hinsicht für Unternehmen erleichtert. Folgen Sie dem Wunsch des Arbeitgebers in der Stellenausschreibung. Beide Seiten sparen Zeit und Kosten im Vergleich zur früher gängigen Papierbewerbung.

Digitale Bewerbungsunterlagen können innerhalb des Unternehmens schnell ausgetauscht werden. Bei der Online-Bewerbung kann z.B. aufgrund Ihrer strukturierten Dateneingabe automatisch gefiltert werden, ob Sie zu den Anforderungen der ausgeschriebenen Stelle passen.

Bei den elektronischen Bewerbungen unterscheidet man zwischen der Online-Bewerbung und der E-Mail-Bewerbung.

Online-Bewerbung

Für die Online-Bewerbung stellt das Unternehmen ein Bewerbungssystem auf seiner Homepage zur Verfügung. In der Stellenanzeige wird dann ein Link angegeben, über welchen Sie sofort zur richtigen Stelle in das System geleitet werden. Meist müssen Sie sich zunächst registrieren und können dann in vorgefertigte Formulare Ihre Daten eintragen. Hierzu zählen z.B. die Angaben zu Ihrer Person, wie Ihre Kontaktdaten, die Stationen Ihres Lebenslaufs und Ihre Qualifikationen, sowie Ihre bisherigen Erfahrungen. Anlagen ▶

wie Zeugnisse und Zertifikate können meist am Ende der Bewerbung hochgeladen werden. Durch den Aufbau eines Formulars haben die Unternehmen für alle Bewerber die gleiche Struktur der Angaben und können diese unmittelbar miteinander vergleichen und im Bezug auf die relevanten Punkte aus der Stellenausschreibung evaluieren.

Da es bei den Formularen der Online-Bewerbungen Pflichtfelder zum Ausfüllen gibt, haben die Personalverantwortlichen alle relevanten Informationen und Unterlagen parat. Sie können so leichter ihre Wahl treffen, welche Kandidaten sie zu einem Vorstellungsgespräch einladen. Je nach Stellenausschreibung werden die Bewerbungsmasken angepasst und ermöglichen das Abgleichen mit dem Anforderungsprofil. Aus diesem Grund ist der Verwaltungsaufwand des HR-Managers geringer und folglich verkürzt sich auch Ihre Wartezeit bis zu einer Entscheidung.

Ein weiterer Vorteil für Sie ist, dass die Bewerbung auf jeden Fall vollständig ist, also alle Daten beinhaltet, welche der Arbeitgeber braucht, um eine Auswahl zu treffen. Da man bei der Online-Bewerbung die Texte wie das Anschreiben direkt in das Formular eingibt, ist es ratsam, dass Sie die entsprechenden Texte zunächst wie bei einer klassischen Bewerbung in einem Textverarbeitungsprogramm auf Ihrem Rechner erstellen. Das Anschreiben kann dann nochmals sowohl auf Rechtschreibfehler als auch inhaltlich geprüft werden. Anschließend können Sie die Texte in die Formularfelder kopieren. Das bietet zwei Vorteile: zum einen sind Sie sicher, keine Flüchtigkeitsfehler zu machen und zum anderen können Sie das Textdokument anschließend speichern und zur Vorbereitung auf das Bewerbungsgespräch nutzen, wenn Sie eingeladen werden. Beim Upload der Zeugnisse sollten Sie nur stellenrelevante Dokumente mitschicken.

E-MAIL-BEWERBUNG

Im Gegensatz dazu kommt die E-Mail-Bewerbung der klassischen Print-Bewerbung sehr nahe. Sie schicken das Anschreiben zusammen mit Ihrem Lebenslauf und den Zeugnissen per E-Mail an das Unternehmen. Ihr Vorteil bei einer E-Mail Bewerbung ist, dass Sie Ihre persönliche Note mit einbringen können. Der Nachteil, dass Sie nicht sicher wissen, welche Daten das Unternehmen von Ihnen genau haben möchte. Daher ist es hierbei umso wichtiger auf alle Punkte einzugehen, die Sie aus der Stellenanzeige herauslesen können.

Der Aufbau der digitalen Bewerbungsunterlagen entspricht dem einer klassischen Bewerbung. Trotzdem gibt es einige Besonderheiten, die man bei einer digitalen Bewerbung beachten sollte. Gehen Sie mit der gleichen Sorgfalt und Vorbereitung vor, wie bei einer klassischen Bewerbung. Nur weil die Bewerbung schnell per E-Mail verschickt ist, heißt es nicht, dass die Qualität leiden darf. Von Massenbewerbungen bei denen nur der Firmenname ausgetauscht ist, ist prinzipiell abzuraten. Individualisieren Sie jede Bewerbung und gehen Sie explizit auf die Stellenausschreibung ein.

Versenden Sie Ihre Dokumente ausschließlich als PDF-Dateien und nicht als offene ▶

Dokumente (z.B. MS Word). Bei den meisten offenen Dateiformaten gibt es Funktionen wie „Änderungen nachverfolgen". Nichts ist unangenehmer, als bei einem Bewerbungsgespräch darauf angesprochen zu werden, warum man etwaige Änderungen gemacht hat. Außerdem besteht bei offenen Dateiformaten die Gefahr, dass sie auf anderen Rechnern mit unterschiedlichen Programmversionen verschieden angezeigt werden und die Formatierungen leiden.

Nachdem Sie also die Dateien für die Bewerbung fertiggestellt haben, ist es sinnvoll alle Dokumente zusammen in eine PDF-Datei zu speichern. Die Formatierung bleibt so auf jedem Computer gleich. Zudem erleichtern Sie auch dem Personalverantwortlichen die Arbeit, da er nur eine Datei zu öffnen braucht. Benennen Sie die PDF-Datei mit Ihrem Namen, z.B. Bewerbung_Max_Mustermann.pdf, damit Ihnen Ihre Bewerbung leichter zugeordnet werden kann.

Geben Sie auch die Referenznummer mit an, wenn in der Stellenausschreibung eine vorhanden ist: Max-Mustermann_Referenznummer.pdf. Bewerber neigen dazu Bewerbungen in dem Muster Bewerbung_Unternehmensname zu benennen, um diese bei sich sortieren zu können. Dies hilft dem Personaler aber nicht Ihre Bewerbung zuzuordnen. Achten Sie darauf, dass das Dokument nicht größer als 3-5 MB ist.

Auch bei den digitalen Bewerbungsunterlagen ist der erste Eindruck wichtig. Kontrollieren Sie daher abschließend die PDF-Datei nach folgenden Gesichtspunkten:

- Stimmen alle Formatierungen?
- Ist die Auflösung des Bewerbungsfotos gut?
- Sind die Zeugnisse gut lesbar?
- Kann man das Dokument gut drucken?
- Ist das Dokument vollständig?

Aufbau der E-Mail

Geben Sie in der Betreffzeile der E-Mail an - Bewerbung: „Ihren Namen", „Stellentitel". Wenn es eine Referenznummer in der Stellenausschreibung gibt, geben Sie diese ebenfalls mit an. Benutzen Sie für die Anrede den selben Namen wie in Ihrem beigefügten Anschreiben an das Unternehmen. Schreiben Sie in ein bis zwei Sätzen, dass Sie Interesse an der Mitarbeit in der Firma haben und verweisen Sie auf die Bewerbung im Anhang. Vermeiden Sie Abkürzungen wie „MfG". Bevor Sie die E-Mail abschicken, überprüfen Sie nochmal die Rechtschreibung.

Nutzen von Talent Pools

Aufgrund des Fachkräftemangels und der demographischen Entwicklung zeichnet sich momentan ein Trend ab - das sogenannte Active Sourcing. Hierbei suchen Unternehmen aktiv in Lebenslaufdatenbanken nach passenden Kandidaten. Ein besonderer Fokus liegt auf Kandidaten aus dem sogenannten MINT-Bereich (Mathematik, Ingenieurwesen, Naturwissenschaften und Technik).

Gute Jobbörsen wie auch jobvector bieten Ihnen die Möglichkeit Ihren Lebenslauf zu hinterlegen, so dass Unternehmen aktiv nach Ihnen suchen können. Viele Unternehmen darunter auch Großkonzerne betreiben ▶

Active Scouring, das heißt, dass sie gezielt nach passenden Bewerberprofilen für ihre offenen Positionen suchen. Dabei kann es sich auch um Positionen handeln, die nicht öffentlich ausgeschrieben werden. Sie können durch Ihren Eintrag in einem solchen Talent Pool Ihre Chancen auf einen schnellen Bewerbungserfolg erhöhen.

Seriöse Jobportale ermöglichen es Ihnen, Ihren Lebenslauf und Ihre Bewerbungsunterlagen kostenlos und auf Wunsch auch chiffriert anzulegen. Das bedeutet, dass die Unternehmen nur anonymisierte Daten einsehen können. Möchte ein Unternehmen mit Ihnen Kontakt aufnehmen, entscheiden Sie, ob Sie Ihre persönlichen Daten freischalten möchten oder nicht. Dies kann besonders wichtig sein, wenn Sie noch im Arbeitsverhältnis sind. Schließlich möchte keiner, dass der eigene Arbeitgeber seine persönlichen Daten in einem Talent Pool einsehen kann.

Tipps zur erfolgreichen Nutzung von Talent Pools

Das Anschreiben sollten Sie allgemeiner formulieren, da Sie sich nicht auf eine konkrete Stellenausschreibung bewerben. Hier heißt es also seine Stärken zu präsentieren. Bei allen Eingaben sollten Sie überlegen: Nach was könnten Unternehmen suchen? Um einen größeren Erfolg zu ermöglichen, empfehlen wir Ihnen, Ihre Angaben durchdacht und mit großer Sorgfalt einzugeben und immer auf dem aktuellsten Stand zu halten.

Neben dem allgemein formulierten Anschreiben und dem Lebenslauf können Sie weitere Dokumente wie Arbeitsbescheinigungen oder Zeugnisse hochladen, um Ihren Werdegang zu unterstreichen. Wenn Sie Ihre Daten chiffrieren möchten, achten Sie darauf in Freitextfeldern auf personenbezogene Daten zu verzichten z.B. Ihren Namen unter dem Bewerbungsanschreiben. Wenn Sie z.B. Ihre Publikationen angeben möchten, nennen Sie nur Journal und Jahr.

Nutzen Sie ausschließlich seriöse Jobportale, schließlich handelt es sich um sehr persönliche Daten. Wenn es z.B. keine Datenschutzerklärung gibt, sollten Sie von diesem Portal absehen.

Die Nutzung eines Talent Pools lohnt sich nicht nur für Berufseinsteiger, sondern ist auch für Bewerber interessant, die aktuell in einem Arbeitsverhältnis stehen, sich aber beruflich verändern möchten oder für berufliche Veränderungen offen sind. ■

jobvector Talent Pool

Sie sind Naturwissenschaftler, Mediziner oder Ingenieur? Dann nutzen Sie den fachspezifischen jobvector Talent Pool. Unternehmen suchen im jobvector Talent Pool ausschließlich nach Kandidaten mit einem ingenieurs- oder naturwissenschaftlichem Hintergrund. Nutzen Sie Ihre Chance von Unternehmen gefunden zu werden.

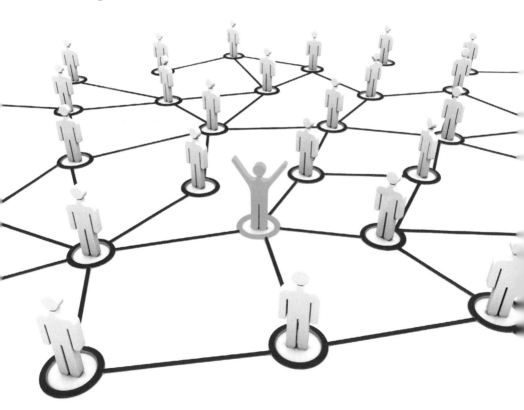

Sympathieträger Bewerbungsfoto

Ein Bild macht den Unterschied

Als Naturwissenschaftler oder Ingenieur können Sie vielleicht Kameras konstruieren, Strahlengänge erklären oder Selbstauslöser programmieren. Für Bewerbungsfotos sind jedoch Aspekte wichtig, die sich nicht immer in allgemeingültige Grundsätze zusammenfassen lassen. Das liegt einerseits an uneinheitlichen Standards und der Vielzahl an Gestaltungsmöglichkeiten, die das Bewerbungsfoto bietet. Andererseits ist entscheidend, welchen Eindruck Sie mit Ihrem Bewerbungsfoto vermitteln möchten. Diesen sollten Sie nach dem Unternehmen oder Stellenprofil, auf das Sie sich bewerben, anpassen. Als potentielle Führungskraft in einem Industriekonzern ist ein ernsterer oder neutralerer Blick angemessener, als in einem jungen Start-up Unternehmen. Obwohl ein Bewerbungsfoto seit Einführung des Antidiskriminierungsgesetzes (AGG) kein zwingender Bestandteil einer Bewerbung ist, erwarten Personaler in Deutschland weiterhin Bewerbungen mit Foto. Es kann also noch von Nachteil sein, auf diese Komponente der Bewerbungsunterlagen zu verzichten. Ein gut getroffenes Bewerbungsfoto von einem professionellen Fotografen kann für Sie nur von Vorteil sein. Denn es leistet das, wozu Anschreiben und Lebenslauf nicht in der Lage sind: Es transportiert eine positive Ausstrahlung und einen ersten, visuellen und damit persönlichen Eindruck Ihrer Person. Wenn Sie einen kompetenten Fotografen wählen, rückt er Sie mit geschultem Auge ins rechte Licht. Ein Bewerbungsfoto soll keine künstliche ▶

Inszenierung sein, sondern einen authentischen Ausschnitt Ihrer Persönlichkeit einfangen und vermitteln. Ihr Bewerbungsfoto sollte aus diesem Grund nicht älter als ein Jahr sein bzw. bei größeren optischen Veränderungen sollten Sie neue anfertigen lassen.

Mit den folgenden Tipps und Empfehlungen erreichen Sie dieses Ziel ganz einfach.

Qualität

Der Termin bei einem professionellen Fotostudio ist unumgänglich. Dies zeigt eine Studie des Berufszentrums Nordrhein-Westfalen, wonach 50 % der Bewerber allein aufgrund eines minderwertigen Fotos bei der weiteren Auswahl nicht berücksichtigt wurden (Quelle: http://www.berufszentrum.de/). Ein Passbildautomat kann nie die Qualität hervorbringen, die sich für ein so wichtiges Dokument, wie eine Bewerbung eignet. Ebenfalls ungeeignet sind selbst bearbeitete Privataufnahmen sowie Ganzkörperfotos. Schließlich drücken Sie mit einem stimmigen Foto aus, dass Sie Ihre Bewerbungen ernst nehmen und das Unternehmen wertschätzen.

Ein Fotograf bietet die Möglichkeit, mit professionellem Equipment das Beste aus Ihnen herauszuholen und Ihre Vorzüge zu betonen. Oft ist die Bearbeitung der Aufnahmen nach dem Fotoshooting im Preis inbegriffen. Die Preisspanne guter Bewerbungsfotos ist nach oben hin offen. Sie beginnt bei ca. 15 €; qualitativ sehr hochwertige können auch 100 € und mehr kosten. Dafür dürfen Sie jedoch erwarten, dass eine Reihe verschiedener Fotos von Ihnen erstellt werden, von denen Sie mehrere auswählen können – je nachdem auf welche Position Sie sich bewerben möchten. Rechnen Sie zeitlich mit mindestens 30 Minuten. Wenn Sie eine Serie mit unterschiedlichen Outfits machen, planen Sie eine Stunde und mehr ein. Ein guter Fotograf lässt Sie zwischendurch die Aufnahmen einsehen. Idealerweise können Sie danach bei der Bearbeitung und Auswahl der besten Fotos dabei sein. Verzichten Sie auf übermäßige Retusche. Eine Korrektur kleinerer Makel, wie Hautunebenheiten oder abstehende Haarsträhnen sind im Rahmen. Lassen Sie sich neben einigen Abzügen für postalische Bewerbungen die Aufnahmen digital geben. So haben Sie die wichtigen digitalen Versionen für Ihre Online-Bewerbungen.

Eine gute Alternative ist unser professioneller kostenfreier Bewerbungsfotoservice auf den jobvector career days (die aktuellen Termine finden Sie auf www.jobvector.de).

Grösse/Format

Ein Bewerbungsfoto wird klassischerweise als Portrait angefertigt. Bei der klassischen Variante ist Ihr Kopf bis zum Brustbereich sichtbar. Vermeiden Sie Fotos, bei denen die Stirn angeschnitten ist. Ein weißer Rahmen wertet das Bild auf. Machen Sie dabei keine Experimente. Das lässt im schlechtesten Fall vermuten, dass sie von Ihren fachlichen Qualifikationen ablenken möchten. Ein einheitliches Format gibt es bei Bewerbungsfotos nicht. Mit bewährten Standardformaten – zum Beispiel 4,5 x 6 cm, 5 x 7 cm oder auch 6 x 9 cm – sind Sie jedoch auf der sicheren Seite. Sie orientieren sich am Goldenen Schnitt und wirken daher besonders harmonisch und stimmig. ▶

Diese Größen eignen sich für den Lebenslauf im gängigen DIN A4-Format sehr gut. Verwenden Sie ein Deckblatt, kann das Fotoformat etwas größer sein.

Bei Online-Bewerbungen gilt: Das Foto sollte eine möglichst kleine Dateigröße, aber eine ausreichende Auflösung haben, so dass es auch im Ausdruck nicht unscharf ist. Der Personaler soll Sie schließlich auch auf einem Ausdruck erkennen können. Bewerben Sie sich über Online-Portale, sollte die Bild-Datei die maximal erlaubte Dateigröße beim Hochladen nicht überschreiten. Fragen Sie am besten Ihren Fotografen. Er kennt sich mit der idealen Auflösung und Größe für die digitale Version Ihres Bewerbungsfotos aus. Drucken Sie auch Ihre digitalen Bewerbungsunterlagen zum Test aus, bevor Sie diese losschicken.

Position

Das Bewerbungsfoto wird standardmäßig oben rechts auf der ersten Seite des Lebenslaufs platziert. Falls Sie mit einem Deckblatt arbeiten, wird das Foto mittig im oberen Drittel oder in der Mitte positioniert. Verwenden Sie bei einer Printbewerbung Klebestifte oder spezielle lösbare Fotoklebestreifen, um es sauber am Blatt zu befestigen. Büroklammern oder gar Heftklammern wirken lieblos, fallen leicht ab und hinterlassen unschöne Einkerbungen. Vergessen Sie nicht, mit einem wasserfesten Stift, auf der Rückseite des Fotos Ihren Namen und Ihre Telefonnummer zu schreiben. Falls sich das Foto wider Erwarten doch von der Bewerbung löst, können die Personaler Ihr Foto leichter zuordnen.

Farbe

Ob Sie Ihr Foto in Farbe, Schwarzweiß oder in einem etwas wärmeren Sepiafarbton wünschen, ist reine Geschmackssache und bleibt Ihnen überlassen. Farbige Fotos haben den Vorteil mehr Tiefe wiederzugeben. Sie wirken natürlicher und lebendiger. Eine vorteilhafte Beleuchtung ist hierbei sehr wichtig und ein weiterer Grund, einen Profi ans Werk zu lassen. Auch bei der Kleiderwahl sollten Sie darauf achten, harmonische Farben zu wählen, die Ihren Typ unterstreichen und nicht von Ihrem Gesicht ablenken. Sie sollten gedeckt und nicht grell oder leuchtend sein. Das Gleiche gilt für den Hintergrund. Er sollte als Kontrast bei farbigen Bildern unbedingt im Einklang mit dem Motiv und Ihrer Bewerbung stehen und nicht hervorstechen. Varianten wie Schwarzweiß oder Sepia sind eleganter. Die Konturen treten mehr in den Vordergrund, weshalb Sie Ihnen mitunter leicht einen harten Zug verleihen können. Lassen Sie beide Versionen von Ihrem Fotografen anfertigen. Falls Sie unentschlossen sind, holen Sie Meinungen aus Ihrem Umfeld ein.

Das Fotoshooting

- Sprechen Sie vorab mit dem Fotografen Ihrer Wahl über Ihre Wünsche und Vorstellungen und planen Sie für den Termin mindestens 30 Minuten ein.
- Bereiten Sie sich zu Hause vor. Bringen Sie Ihre Frisur in einen guten Zustand oder investieren Sie in einen Frisörtermin. Verzichten Sie auf zu viel Gel, da es auf dem Foto unvorteilhafte Effekte erzeugen kann. Bei langen Haaren wirkt eine zusammengefasste Frisur sehr ▶

professionell und bringt das Gesicht zur Geltung. Allerdings sollte sie nicht zu streng sein. Wenn die Haare offen bleiben, sollten sie nicht störend in das Gesichtsfeld fallen.

- Allgemein: Für Bewerber, die zu fettiger Haut neigen, empfiehlt sich sogenanntes Löschpapier, das sie in gut sortierten Drogerien finden. So vermeiden Sie auf dem Foto unvorteilhafte Lichtspiegelungen.
- Frauen sollten Ihr Make-up dezent und natürlich halten. Betonen Sie Ihr Gesicht ohne es zu sehr zu schminken. Einige gute Fotostudios bieten auch die Leistung eines Stylisten an.
- Treffen Sie eine Auswahl an Kleidungsstücken, die sich gut miteinander kombinieren lassen und die Sie auch im Bewerbungsgespräch tragen würden. Für Männer sind Hemd mit Krawatte und Sakko die richtige Wahl. Frauen haben eine größere Auswahl. Blusen kombiniert mit einem Blazer eignen sich sehr gut.
- Für Frauen: Wählen Sie höchstens eine dezente Kette oder kleine Ohrringe aus, wie zum Beispiel Stecker. Große Schmuckstücke lenken ab.
- Wenn Sie als Brillenträger verschiedene Brillen haben, testen Sie vor dem Fotoshooting, welche Brille Sie tragen möchten.
- Probieren Sie beim Shooting verschiedene Posen im Sitzen und Stehen aus. Lassen Sie sich von Ihrem Fotografen beraten. Er sollte Sie jedoch nie zu Posen überreden, die Sie gekünstelt wirken lassen. Ein leicht gedrehter Oberkörper, der sich ein wenig nach vorne in Richtung des Betrachters neigt, wirkt dynamisch. Der Kopf sollte leicht seitlich gedreht sein, sodass Sie nicht frontal in die Kamera schauen. Dies kann zu forsch und direkt wirken. Vermeiden Sie bei Bewerbungsfotos für Führungspositionen eine Kameraeinstellung, die zu sehr von oben auf Sie gerichtet ist. Eine Führungskraft sollte sich im wahrsten Sinne zumindest auf Augenhöhe befinden.
- Ganz wichtig: Zeigen Sie ein natürliches Lächeln mit geschlossenem oder leicht geöffnetem Mund. Damit wirken Sie immer sympathisch und das Foto erhält eine positive Ausstrahlung. Falls Ihnen das schwer fällt, denken Sie an etwas Schönes. Wie wäre es mit dem Moment, wenn Sie eine positive Zusage für den künftigen Job bekommen? So erreicht Ihr Lächeln auch Ihre Augen. ■

Checkliste

- Halte ich Blickkontakt zum Betrachter?
- Ist der Körper dem Betrachter zugeneigt?
- Zeige ich ein offenes, natürliches Lächeln?
- Ist das Gesicht gut ausgeleuchtet und frei zu erkennen?
- Sitzen die Haare?
- Ist der Teint matt/sitzt das Make-up?
- Ist die Kleidung passend zum Job gewählt?
- Werfen Hemd, Bluse und Jackett keine Falten?
- Ist der Hintergrund ruhig und neutral?
- Gefällt Ihnen das Bild?
- Sind Sie auf dem Bild authentisch getroffen?

Ihr Erfolg auf einem Recruiting Event

Vor Ort überzeugen

Gute Vorbereitung ist alles, wenn man eine Karriereveranstaltung besucht. Egal, ob Sie allgemein Ihre Karrierechancen testen möchten oder gezielt nach Ihrem Traumjob suchen. Um aus der Masse der Bewerber herauszustechen, zählt der persönliche Eindruck.

Vor dem Recruiting Event

Zeit ist kostbar. Ermitteln Sie vorab die an der Veranstaltung teilnehmenden Firmen. Finden Sie zunächst heraus, was der Fokus der jeweiligen Firma ist. Stellen Sie ein Ranking jener Firmen auf, die Sie interessieren. Die beste Quelle hierfür ist die Homepage der Firma. Jobbeschreibungen, die auch häufig online geschaltet werden, sind ebenfalls eine gute Möglichkeit, die Erfordernisse der Stelle und die nötigen Qualifikationen zu ermitteln, aber auch viel über Firmenpolitik oder zukünftige Planungen der Firma zu erfahren.

Machen Sie sich selbst klar, ob und wie Sie in die Firma passen. Um das Maximum aus der kurzen Zeit herauszuholen, sollten Sie wissen, wie Ihre Fähigkeiten und Interessen mit denen der Firma zusammenpassen. Das wird Ihnen auch helfen in Worte zu fassen, warum Sie für diese Firma arbeiten möchten und welchen Vorteil die Firma mit Ihnen gewinnen würde. Seien Sie bestmöglich über das jeweilige Unternehmen informiert. Schreiben Sie sich bereits vor dem Recruiting Event die Fragen auf, die Sie den Personalverantwortlichen vor Ort stellen möchten. Bereiten Sie ▶

mindesten zwei Fragen unter Berücksichtigung Ihrer Firmeninformationen vor. So führen Sie mit dem Personalverantwortlichen ein interessantes Gespräch und stechen gleichzeitig aus der Menge der anderen Bewerber heraus. Da Sie sich bereits vorher informiert haben, brauchen Sie nicht mehr zu fragen, was die Firma eigentlich macht, sondern können gleich zu den relevanten Fragen bezüglich der Karriereoption, zur Firmenphilosophie oder zu weiteren Jobmöglichkeiten oder auch geplanten Recruitings in der Zukunft übergehen. Da Ihnen nur begrenzt Zeit zur Verfügung steht, sollten Sie darauf achten, dass Ihre Fragen so klar wie möglich formuliert sind.

> **Arbeitgeber wünschen sich, dass Bewerber sich über das Unternehmen informiert haben**
>
> - Informationen über das Unternehmen einholen, um gezielte Fragen zu stellen
> - Sehr gute Englischkenntnisse in Wort und Schrift
> - Offen, neugierig sein und Lust haben, das Unternehmen kennenzulernen

Planung ist alles

Planen Sie Ihre Route: Gehen Sie die Liste der teilnehmenden Firmen durch und entscheiden Sie, welche Sie am meisten interessieren. Erstellen Sie eine Liste dieser Firmen, die Sie besuchen wollen. Falls es sich um Ihre erste Recruiting-Veranstaltung handelt, können Sie auch die Firmen, die bei Ihnen nur an zweiter Stelle stehen, zuerst besuchen, um Ihre Vorgehensweise zu üben. Wenn Sie schon erfahren sind, gehen Sie zuerst zu Ihren Favoriten. Erweitern Sie Ihren Fokus: Informieren Sie sich auch über Firmen, die Sie bisher nicht kannten. Häufig gibt es dort auch tolle Entwicklungschancen. Blicken Sie über den Tellerrand. Seien Sie flexibel und denken Sie an alternative Karriereoptionen, die Ihnen helfen, wertvolle Erfahrungen zu sammeln und in einer Firma Qualifikationen auch für andere Aufgaben zu erlangen.

Abgestimmter Lebenslauf

Identifizieren Sie zunächst den Job, der Sie interessiert und die dazu notwendigen Fähigkeiten und Qualitäten. Wenn Sie das Wissen, die Fähigkeiten und Anforderungen der ausgeschriebenen Stelle besitzen, sollten Sie diese unbedingt in Ihrem Lebenslauf herausstellen. Sie können auch verschiedene Versionen anfertigen für die verschiedenen Stellen, die Sie anvisieren. Sie sollten ein gezieltes Anschreiben haben, das Sie je nach Firma und Stelle modifizieren können. Achten Sie darauf, dass die Version des Lebenslaufs einscanbar ist. Mehr und mehr Personalverantwortliche scannen die Bewerbungsstapel, die sie auf Recruiting Events erhalten, in Datenbanken. Seien Sie sicher, dass Ihr Lebenslauf stimmig ist, da dieser meist als Grundlage für Vorstellungsgespräche verwendet wird.

Wenn Sie sicher sind, dass Ihr Lebenslauf vollständig ist, drucken Sie 20 – 30 Kopien für das Recruiting Event aus. Verwenden Sie hochwertiges Papier in neutralen Farben, vorzugsweise in weiß. Achten Sie darauf, die spezifischen Anschreiben an die richtigen Personalverantwortlichen zu verteilen. Sie können auch eine Karrieremappe erstellen, die den Lebenslauf, Referenzen und weitere Bewerbungsunterlagen beinhaltet. Auch wenn die meisten Recruiting Events zeitlich eng begrenzt sind, gibt es manchmal die Möglichkeit, die Bewerbungs- ▶

unterlagen mit dem Personaler durchzugehen, zum Beispiel in einer kurzen Pause, beim Mittagessen oder während eines zweiten Interviews. Es ist immer gut, bestens vorbereitet zu sein, egal was passiert.

Bewerbungsunterlagen: ja, nein, vielleicht

- Ja, wir nehmen gerne die Bewerbungsunterlagen mit, da es wichtig für unsere interne Analyse ist
- Nein, die Bewerbungsunterlagen müssen nicht unbedingt mitgebracht werden. Wir finden es besser, wenn die Bewerber sich danach direkt online bewerben und auf den jobvector career day Bezug nehmen
- Wir finden es gut, wenn die Bewerber ihre Bewerbungsunterlagen mitbringen, wir nehmen sie aber nicht mit. Uns ist wichtig einen Blick auf die Bewerbung zu werfen, um direkt sagen zu können, ob der Bewerber zu uns passt oder nicht

Vorbereitung: Vorstellungsgespräch

Sie haben wahrscheinlich nur wenig Zeit für viele Vorstellungsgespräche. Hier sollten Sie also gleich zu Beginn des Gesprächs einen sehr guten Eindruck machen und damit das Interesse des Gegenübers gewinnen. Um das zu erreichen, sollten Sie eine Art „Werbespot" für sich vorbereiten, also einen kleinen Vortrag, der nicht länger als 30 – 60 Sekunden dauert. Machen Sie sich klar, welche Voraussetzungen die Stelle erfordert und bestimmen Sie dann Ihre Stärken und Fähigkeiten. Gehen Sie in Ihrem „Werbespot" auf die stärksten und/oder relevantesten Punkte ein. Stimmen Sie dabei die Einleitung auf den jeweiligen Gesprächspartner ab: Beginnen Sie mit Ihrem Namen, dem Ausbildungs- oder Studiumshauptfach, einer kurzen Beschreibung der Laufbahn, Ihren Erfahrungen, Stärken und Qualifikationen.

Arbeitgeber wünschen sich, dass Bewerber wissen, was sie möchten

- Wissen, was man kann und was man später machen möchte
- Wissen, in welche Fachrichtung es gehen soll
- Die eigenen Stärken und Schwächen kennen

Beschreiben Sie die Art von Stelle, die Ihnen vorschwebt. Geben Sie ein Beispiel für eine erreichte Leistung, auf die Sie stolz sind. Zeigen Sie, dass Sie sich über die Firma informiert haben. Äußern Sie Ihr Interesse am Unternehmen. Enden Sie mit einer fokussierten, offenen Frage, die den Personaler in eine Unterhaltung führt, zum Beispiel „Welche Fähigkeiten, denken Sie, passen am besten zu Ihrem Unternehmen?" Sie können sich diese Stichpunkte für jede Firma auf ein separates Fragekärtchen schreiben und sich noch einmal in Erinnerung rufen, bevor Sie an den jeweiligen Ansprechpartner herantreten. Stellen Sie sicher, dass Ihr Einführungsvortrag auch zu Ihnen passt, da Sie nur dann überzeugend wirken, wenn Sie hinter Ihren Aussagen stehen. Verwenden Sie positive nonverbale Kommunikation wie Augenkontakt, Gesichtsausdruck, Körpersprache und vermeiden Sie Verhaltensweisen wie das Herumspielen mit Haaren oder Schmuck sowie Kaugummikauen.

Das äussere Erscheinungsbild

Kleiden Sie sich auf einer Recruiting-Veranstaltung wie zu einem Vorstellungsgespräch. Viele Gespräche dort gehören zu einer ersten Auswahlrunde mit Kurzinterviews, da zählt vor allem der erste Eindruck! Es ist meist besser overdressed zu sein, als wegen unpassender Kleidung aufzufallen. Organisieren Sie Ihre Aktentasche: Verwahren Sie jede ▶

Lebenslauf-Version in einer eigenen Mappe auf und sortieren Sie diese entsprechend Ihrer Route. Zusätzlich benötigen Sie natürlich einen Stift, Papier für Notizen, Taschentücher und Minzbonbons. Nicht vergessen: Im Laufe des Recruiting Events werden Sie reichlich Infomaterial erhalten. Denken Sie daher an eine ausreichende Aufbewahrungsmöglichkeit.

Verhalten auf dem Recruiting Event

Kommen Sie ausgeruht zum Event und suchen Sie die Personaler alleine auf, nicht in „Rudeln". Das zeugt von mehr Selbstständigkeit. Kommen Sie früh, damit Sie genügend Zeit haben, auch die beschäftigtsten Personaler zu treffen. Möglicherweise müssen Sie einen Stand dazu auch mehrmals ansteuern. Die weniger frequentierten Stände können Sie auch in der Hauptzeit besuchen. Sie können am Ende Ihrer Runde zu den Firmen zurückkehren, die Ihnen wichtig sind oder gut gefallen haben und sich für das Gespräch bedanken. Falls Sie sich im Voraus nicht entscheiden können, welche Firmen Sie aufsuchen möchten, lesen Sie mindestens bei Ihrer Ankunft das Messeplaner, um einen Überblick zu erhalten. Niemals zufällig an einen Stand herantreten und fragen „Was machen Sie eigentlich?". Zu solchen Gesprächen hat während eines Recruiting Events niemand Zeit und Lust.

Verhalten Sie sich immer professionell und seriös, auch abseits der Stände. Treten Sie an den Stand, lächeln Sie Ihr Gegenüber an und begrüßen Sie sie oder ihn mit einem Händedruck. Hüten Sie sich vor unangebrachter Nähe oder „Kumpelhaftigkeit". Überreichen Sie ein Exemplar Ihres Lebenslaufs und beziehen Sie sich während Ihres Vorstellungsgesprächs des Öfteren darauf. Sprechen Sie dabei ganz natürlich und ohne Rednerallüren, flapsige Ausdrücke oder Füllwörter. Die limitierenden Faktoren in der heutigen Firmenwelt sind Zeit und Kosten. Das bedeutet, dass Sie unbedingt gut vorbereitet sein sollten, um auch bei kurzfristigen Interviews eine gute Figur zu machen. Dabei sollten Sie jedes Gespräch mit einem Personaler als Bewerbungsgespräch ansehen. Häufig werden Sie gefragt, was Sie erwarten. Halten Sie sich bei der Antwort an Ihre Interessen und die der betreffenden Firma. Vermeiden Sie Fragen zum Gehalt und zu Vergünstigungen. Fragen Sie nach Entwicklungspotenzial, was das Arbeiten bei dieser Firma ausmacht, was die größte Herausforderung für die Firma ist oder wie die Firmenkultur ist. Schließen Sie die Vorstellung mit einer offenen Frage an den ▶

Personaler ab und gehen Sie damit in ein Gespräch über. Am Ende des Gesprächs fragen Sie nach den Firmenunterlagen, der Visitenkarte des Gegenübers und den sich anschließenden Schritten.

Erkennen Sie die deutlichen oder versteckten Zeichen, dass es Zeit ist, das Bewerbungsgespräch zu beenden. Wenn Ihr Gesprächspartner an Ihnen vorbei zu der langen Reihe anderer Bewerber schaut oder nur noch mit „Ja“ oder „Nein“ antwortet, sollten Sie sich verabschieden. Penetranz und Selbstverliebtheit machen den guten ersten Eindruck zunichte. Machen Sie sich direkt nach dem Gespräch Notizen zum Ablauf und den wichtigsten Eckdaten, so dass Sie später bei einer erneuten Kontaktaufnahme auf die Recruiting-Veranstaltung Bezug nehmen können.

“

Arbeitgeber wünschen sich, dass Bewerber sich gut präsentieren können

- Flüssig in drei Sätzen sagen können, was der Bewerber gemacht hat, macht und machen möchte
- Ein gepflegtes Auftreten
- Sich selber präsentieren können

Nach dem Recruiting Event

Verlieren Sie auch jetzt keine Zeit und erstellen Sie kurze Danksagungen. Ihre Erinnerung ist noch frisch. Vergleichen Sie das mitgenommene Info-Material (für spätere Gespräche aufbewahren) mit Ihren Notizen. Fertigen Sie dann ein Schreiben an, in dem Sie sich noch einmal für das Gespräch bedanken sowie Ihre Qualitäten und Fähigkeiten erneut auflisten. Beziehen Sie sich dabei auf Punkte aus Ihrem Treffen und bekunden Sie Ihr Interesse an einem zweiten Bewerbungsgespräch. Fügen Sie einen Lebenslauf bei und verschicken Sie alles am nächsten Tag postalisch oder via E-Mail. Bleiben Sie dann in Kontakt mit den Personalverantwortlichen und fragen Sie 10-14 Tage später nach. Sollte es bis dahin keine Entscheidung gegeben haben, lassen Sie noch einmal 3-4 Wochen verstreichen. Keinesfalls sollten Sie eine Entscheidung durch wöchentliche Telefonanrufe oder E-Mails erzwingen. Lernen Sie dazu und verbessern Sie Ihren Lebenslauf ständig, indem Sie zum Beispiel Ihre Fähigkeiten besser herausstellen. ■

Nutzen Sie die jobvector career days

München, Februar
Frankfurt, März
Hamburg, Juni
Berlin, September
Düsseldorf, November

Aktuelle Termine
der jobvector career days
finden Sie auf jobvector.de

Jobs

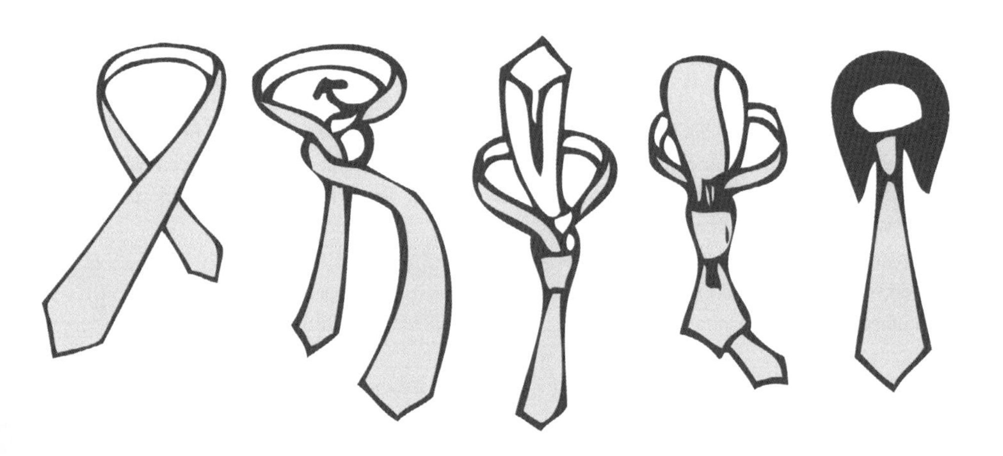

Dress for Success – Der erste Eindruck zählt

Die richtige Kleidung für Ihr Vorstellungsgespräch

Vielleicht denken Sie bei der Überschrift daran, wann Sie zuletzt einen Anzug oder ein Buisness-Outfit getragen haben. Beim Abiball? Lange her... Während des Studiums steht die Kleidung für Naturwissenschaftler, Mediziner und Ingenieure nicht allzu sehr im Vordergrund. Kittel und Jeans gehören zur Standard-Garderobe.

Doch wenn Sie Ihre erste Einladung zu einem Vorstellungsgespräch in der Hand halten, wird die passende Kleidung zu einem Thema, mit dem Sie sich eingehend beschäftigen sollten. Schließlich zählen zum ersten Eindruck nicht nur die Inhalte Ihrer Worte und Ihr Auftreten, sondern auch Ihr äußeres Erscheinungsbild.

Oftmals wird der erste Eindruck unterschätzt. Gerade bei einem Vorstellungsgespräch entscheidet dieser jedoch über Erfolg oder Misserfolg. Unterbewusst entscheiden Personalverantwortliche bereits in den ersten Sekunden, ob ihnen jemand sympathisch ist oder nicht. Ihr Gegenüber fragt sich oftmals bei einem Vorstellungsgespräch, ob Sie als Kandidat geeignet sind, das Unternehmen - auch vor Kunden oder Geschäftspartnern - angemessen zu präsentieren. Durch ein gepflegtes Äußeres drücken Sie dem Gesprächspartner gegenüber ihre Wertschätzung aus.

Bei gleich qualifizierten Bewerbern entscheidet bei 65 % der Personalverantwortlichen ▶

die Kleidung darüber wer die Stelle bekommt. 70 % bewerten zu bunte und grelle Kleidung als negativ. Sie sehen, gute Kleidung ist im Job immer wichtig, ganz gleich ob Sie in der Wissenschaft, der Klinik oder der Industrie tätig werden möchten. Sie kann sogar den wesentlichen Unterschied ausmachen.

Mit dem richtigen Erscheinungsbild können Sie also gleich bei Ihrem potenziellen neuen Arbeitgeber punkten. Dabei gibt es einige Punkte zu beachten.

Allgemeines

Ein passendes Outfit ist eine Visitenkarte für Ihr Marketing in eigener Sache. Die Investition in gute Kleidung lohnt sich in jedem Fall, auch wenn Sie Ihnen vielleicht hoch erscheint. Das Vorstellungsgespräch eignet sich prima, um sich mit dem Business-Look vertraut zu machen. Schließlich werden Sie in Ihrem künftigen Job diese Kleidung öfter tragen.

Auch eine Tasche, in der Sie Ihre Unterlagen mit zum Vorstellungsgespräch bringen, gehört zum Outfit. Lassen sie Ihren Rucksack zu hause und wählen Sie stattdessen eine Aktentasche, die zu Ihrem Businesslook passt.

- Unpassende Kleidung
- Grelle Farben
- Schmutzige Schuhe
- Sicht auf Tätowierungen und Piercings

Windsorknoten

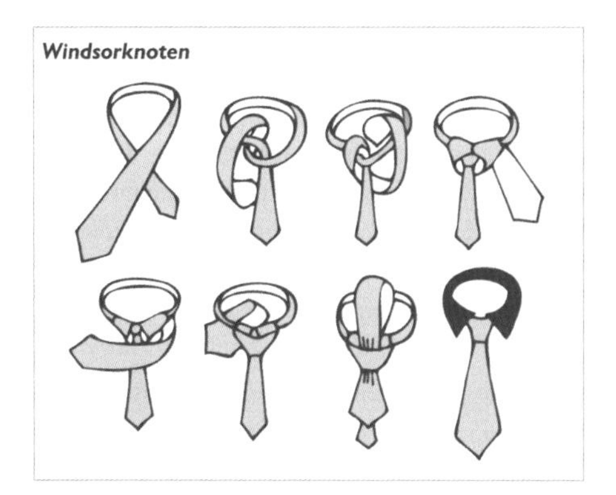

Für Bewerber

Männliche Kandidaten sind mit einem dunklen Anzug branchenunabhängig auf der sicheren Seite. Allgemein sind dunkle Farben wie blau oder grau zu bevorzugen. Das passende Hemd in einem helleren Farbton sollte ordentlich gebügelt sein.

Eine Krawatte ist ein absolutes Muss. Dezente, farblich abgestimmte Muster sind erlaubt. Greifen Sie aber auf keinen Fall zu Rot, diese Farbe ist zu dominant. Die Krawatte sollte exakt bis zum Hosenbund reichen und sorgfältig gebunden sein. Üben Sie im Voraus das Binden oder lassen Sie sich notfalls dabei helfen.

Das Sakko Ihres Anzugs sollte geschlossen sein. Beim Hinsetzen können Sie es öffnen, doch denken Sie beim Aufstehen daran, es wieder zu schließen. Ziehen Sie es niemals aus, auch wenn es noch so heiß ist, es sei denn, Ihr Gesprächspartner macht es Ihnen vor. Auch die Krawatte sollten Sie nicht lockern. Diese Geste ist allzu lässig und kommt nicht gut an.

Bei einer langen Anreise empfiehlt es sich ein Ersatzhemd mitzunehmen, falls Ihr Hemd bis zur Ankunft verknittert oder verschwitzt ▶

ist. Die Sicht auf Männerbeine beim Sitzen sollte unbedingt vermieden werden. Deshalb sind Socken zu wählen, welche bis zur Wade reichen und farblich eine Nuance dunkler sind als der Anzug. Sportsocken oder bunte Exemplare mit auffälligem Muster sind tabu.

Das Schuhwerk sollte vor dem Vorstellungsgespräch geputzt und poliert werden. Stimmen Sie Ihre Schuhe farblich mit dem Gürtel ab. Dies trägt zu einem harmonischen Gesamtbild bei. Auf das Tragen von auffälligem Schmuck sollten Sie verzichten und ggf. auffällige Piercings oder Tattoos verdecken. Über dem Anzug tragen Sie unterwegs am besten einen leichten Mantel oder Trenchcoat. Zerstören Sie Ihren gepflegten Business-Look nicht durch eine unpassende Jacke.

Ihre Haare sollten zum Rest Ihres Business-Looks passen. Nutzen Sie nicht zu viel Haargel. Bei längeren Haaren empfiehlt es sich, einen Zopf zu machen. Gehen Sie nicht unrasiert zu einem Vorstellungsgespräch. Bei einem längeren Bart ist darauf zu achten, dass er gepflegt aussieht.

- Kapuzenpullover
- Jeans
- Mützen
- Bedruckte Shirts
- Sandalen
- Tennissocken

Für Bewerberinnen

Weibliche Kandidatinnen haben in der Wahl der passenden Kleidung mehrere Möglichkeiten. Am besten eignen sich ein Hosenanzug oder Kostüm, bestehend aus Rock und Blazer. Die Farbe sollte einheitlich, dezent und gedeckt sein.

Kleiner Windsorknoten

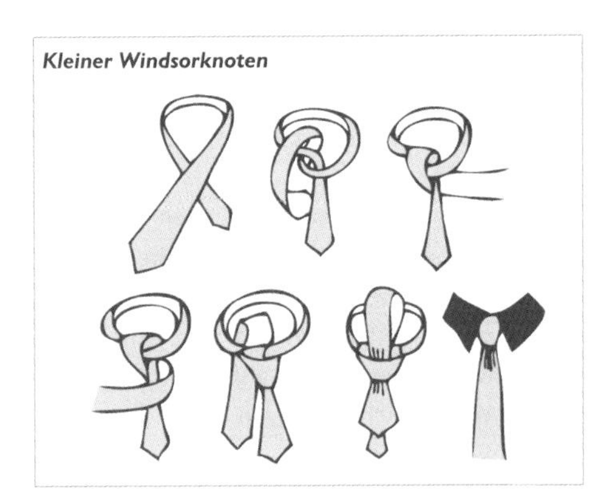

Verzichten Sie bei der Kleidung auf Details wie Schleifen oder Rüschen. Der Schmuck sollte ebenso dezent gewählt werden. Kombinieren Sie nie mehr als fünf Teile und stimmen Sie diese aufeinander ab. Weniger ist hier mehr. Dies gilt auch bei Ihrem Make-up.

Vermeiden Sie es unbedingt mehr Haut als nötig zu zeigen. Der Rock sollte mindestens bis zum Knie reichen. Eine Feinstrumpfhose dazu ist – zu jeder Jahreszeit - unverzichtbar. Sie sollte matt und in einer dezenten Hautfarbe gewählt werden. Denken Sie daran, sich eine Ersatzstrumpfhose einzupacken, damit Sie im Falle einer Laufmasche nicht in Not geraten.

Wenn Sie Ihr Outfit farblich akzentuieren möchten, tun Sie das mit dem Oberteil, jedoch nicht mit einer bunten Strumpfhose oder ähnlichem. Ebenso tabu sind Trägertops und tiefe Ausschnitte. All dies hinterlässt keinen seriösen Eindruck. Greifen Sie eher zu einer ▶

Bluse. Unkomplizierte Stoffe sind am einfachsten zu handhaben. Leinen zum Beispiel knittert schnell; Seide dagegen ist zu elegant.

Wählen Sie zudem Schuhe, in denen Sie sicher laufen können. Vermeiden Sie zu hohe Absätze und offene Schuhe. Am wichtigsten ist, dass Sie sich in Ihrer Kleidung wohl und sicher fühlen. Achten Sie deshalb auf gut sitzende Stücke, die Sie nicht einengen.

Für Ihre Frisur gilt: Fassen Sie lange Haare am besten zu einer ordentlichen Frisur zusammen. Offene Haare stören und werden schnell zur Verlegenheitsfalle, wenn Sie sie ständig zurückstreichen müssen. Eine gepflegte Frisur dagegen unterstreicht Ihren Business-Look.

- Miniröcke
- Durchsichtige Kleidung
- Großzügige Ausschnitte
- Trägertops
- Strass, Pailletten, Schleifen, Rüschen, Spitze
- Übertriebenes Make-up
- Greller Nagellack

Allgemein gilt

Neben einem gepflegtem Erscheinungsbild gilt es auch, keine penetranten Parfüms zu verwenden. Ein zu starker Duft kann negativ ausgelegt werden. Vermeiden Sie es auch am Tag vor dem Vorstellungsgespräch Lebensmittel mit intensiven Gerüchen zu essen oder zu trinken. Am Tag des Vorstellungsgesprächs sollten Sie nicht zu stark rauchen und vorsichtshalber ein Mundspray und Deo mitnehmen.

Legen Sie Ihr Outfit einige Tage vorher zurecht. Prüfen Sie vor dem Termin frühzeitig den Zustand Ihrer gewählten Kleidung auf offene Säume, Flecken oder Knitter und geben Sie diese gegebenenfalls in die Reinigung. Falls Sie unsicher sind, ziehen Sie es probehalber einmal an und bewegen Sie sich ein wenig darin.

Fragen Sie Ihr Umfeld wie Sie wirken. Üben Sie dabei auch eine entsprechende Körperhaltung. Übertreiben Sie nicht und bleiben Sie auch im anfangs ungewohnten Business-Look authentisch. Finden Sie heraus, in welchem Businesslook Sie sich am wohlsten fühlen. So unterstreicht das äußere Erscheinungsbild Ihre beruflichen Ambitionen ideal und Sie machen die beste Werbung für sich. ■

Das Vorstellungsgespräch

Wenn Sie zu einem Vorstellungsgespräch eingeladen werden, haben Sie die erste Hürde bereits gemeistert! Die formalen Anforderungen haben Sie erfüllt. Sie wurden ausgewählt, sich persönlich vorzustellen. Jetzt kommt es darauf an, sich gut zu präsentieren und durch Kompetenz und Persönlichkeit zu überzeugen.

Punkten Sie, indem Sie sich gut auf den zukünftigen Arbeitgeber vorbereiten. Informieren Sie sich vor dem Gespräch sehr gut über das Unternehmen und die Schwerpunkte der Stellenbeschreibung. Setzen Sie sich intensiv mit Ihrem eigenen Lebenslauf auseinander und durchdenken Sie, warum Sie welche Entscheidungen getroffen haben. Warum haben Sie Ihren Studiengang oder Ihre Ausbildung gewählt?

Es muss nicht immer der stromlinienförmige Lebenslauf sein, der überzeugt. Wichtig ist, dass Sie jede Station Ihres Lebenslaufs begründen und transparent darlegen können, warum Sie genau diese Entscheidung für Ihren Werdegang getroffen haben. Häufig werden Sie gebeten, den Interviewer kurz durch Ihren Lebenslauf zu führen, oder im Bewerbungsgespräch spricht der Interviewer bestimmte Situationen Ihres Werdegangs an.

Setzen Sie sich nochmals genau mit der Stellenbeschreibung auseinander und ▶

überlegen Sie, wie Sie im persönlichen Gespräch überzeugen können und warum Sie das Anforderungsprofil erfüllen. Ist zum Beispiel Teamfähigkeit gefordert, dann überlegen Sie sich, anhand welcher Lebenssituation Sie gut darlegen können, dass Sie teamfähig sind.

Bereiten Sie sich auf die gängigen Fragen im Vorstellungsgespräch vor. Bei der Frage nach den persönlichen Schwächen geht es nicht um eine Darstellung Ihres persönlichen Selbstportraits, sondern um eine eloquente und dennoch selbstkritische Reaktion – können Sie sich gut darstellen? Bleiben Sie immer authentisch und versuchen Sie nicht, eine Rolle zu spielen. Sprechen Sie den Personalverantwortlichen ruhig auf Ihre Perspektiven und Entwicklungsmöglichkeiten im Unternehmen an.

Wenn Sie das Berufsfeld wechseln oder Berufseinsteiger sind, möchten Sie bestimmt wissen, was Sie erwartet. Überlegen Sie sich im Vorfeld, was Sie von Ihrem zukünftigen Arbeitgeber und zu Ihrer Stelle wissen möchten, um nach dem Gespräch entscheiden zu können, ob die Stelle und das Unternehmen auch zu Ihnen passen.

Falls Sie in eine Gehaltsverhandlung kommen, vergessen Sie nicht: Geld allein macht nicht glücklich, aber es ist beruhigend, genug zu haben. Wichtig ist hier seinen Marktwert realistisch einzuschätzen (Siehe hierzu auch Artikel: Eine Frage des Geldes).

Hören Sie Ihrem Gesprächspartner zu und stellen Sie Ihre Fragen zum richtigen Zeitpunkt. Eine kurze Denkpause ist nicht schlimm und beruhigt. Erscheinen Sie ausgeruht, angemessen gekleidet (Siehe hierzu Artikel: Dress for Success) und pünktlich zum Vorstellungsgespräch.

Zu Ihrem Vorstellungsgespräch sollten Sie bestimmte Unterlagen mitnehmen. Ihre Gesprächsunterlagen sollten die Stellenanzeige, eine Kopie der Bewerbung und die Einladung beinhalten. Nehmen Sie vorsichtshalber alle Zeugnisse und Referenzen, die Sie in der Bewerbung erwähnt haben mit.

Oftmals ist ein kleines Rollenspiel des Bewerbungsgesprächs mit Freunden oder vor dem Spiegel sehr hilfreich. Es kann mögliche Unsicherheiten beiseite räumen und Ihr Auftreten im Gespräch verbessern. Wenn Sie zu mehreren Gesprächen eingeladen werden, dann versuchen Sie, wenn möglich das Vorstellungsgespräch mit Ihrem Favoriten nicht als erstes zu terminieren. Das verschafft Ihnen mehr Erfahrung für Ihre Favoriten-Unternehmen und Sie können ruhiger in die für Sie wichtigen Gespräche gehen. Vielleicht liegt Ihnen sogar schon ein Angebot vor, sodass Sie noch selbstbewusster auftreten können.

Mögliche Fragen

Die folgenden Fragen gehören zu den häufig gestellten Interviewfragen. Sie sollten zu diesen eine klare und überlegte Antwort geben können. Wir können natürlich nur einen beispielhaften Auszug von Fragen darstellen. ▶

Zu Ihrer Person allgemein

- Welche persönlichen Ziele haben Sie?
- Weshalb wollen Sie sich verändern?
- Wo liegen Ihre Stärken und Schwächen?
- Was verstehen Sie unter Teamarbeit?
- Wie organisieren Sie Ihren Arbeitstag?

Zu Ihrer Vergangenheit

- Was war Ihr schwierigstes berufliches Problem, wie haben Sie es gelöst?
- Haben Sie Misserfolge erlebt?
- Welches waren die wichtigsten Aufgaben in Ihrer letzten Position?

Zu Ihrer Zukunft

- Was erwarten Sie von der neuen Stelle?
- Was möchten Sie in 5 Jahren erreicht haben?

Zu Grund- und Fachwissen

- Welche Station in Ihrem Werdegang hat Sie fachlich am meisten geprägt?
- Welche Fachkenntnisse konnten Sie bereits beruflich nutzen?
- Welche Rolle spielt Ihr Fachwissen in Ihrer heutigen Position?
- Fachfragen zur gesuchten Position

Unerwartete Fragen

- Können Sie lügen?
- Weshalb würden Sie sich selbst möglicherweise nicht einstellen?
- Was wäre das Schlimmste, was Ihnen passieren
- könnte?
- Können Sie sich nur in Fachwörtern ausdrücken?
- Was denken Sie über Ihren letzten Chef?

Zulässige und unzulässige Fragen

Die bewusst falsche oder unvollständige Antwort auf Fragen berechtigt den Arbeitgeber in der Regel zur Anfechtung des Arbeitsvertrages wegen arglistiger Täuschung. Voraussetzung ist, dass die Fragen zulässig waren. Unzulässige Fragen müssen nicht wahrheitsgetreu beantwortet werden. ■

Zu Ihrer Lernbereitschaft

- Wenn es nicht läuft wie gewohnt, was machen Sie dann?
- Welchen Stellenwert haben Fortbildungen für Sie?

Im Zusammenhang mit der Firma

- Warum haben Sie sich gerade bei uns beworben?
- Weshalb interessiert Sie diese Position?
- Was wissen Sie über unser Unternehmen?
- Nennen Sie mir Gründe, weshalb wir Sie einstellen sollten.
- Wie würden Sie die Tätigkeit der Position umschreiben?
- Welche Eigenschaften wären Ihnen bei Ihrem zukünftigen Chef wichtig?
- Warum sind Sie für diese Postion geeignet?

Zu überfachlichem Wissen

- Was interessiert Sie besonders?
- Wie halten Sie sich auf dem Laufenden?
- Was sind Ihrer Meinung nach die wichtigsten Erfindungen der letzten Jahrzehnte und warum?
- Verfügen Sie über Zusatzqualifikationen?
- Fragen zu einem tagespolitischen Thema
- Welchen Produkten gehört Ihres Erachtens die Zukunft und warum?

Heikle Fragen

- Weshalb sind Sie arbeitslos geworden?
- Sind Sie nicht über – bzw. unterqualifiziert für diese Aufgabe?
- Weshalb haben Sie hier ein mittelmäßiges Zeugnis erhalten?

Unzulässige Fragen

- Was haben Sie mittelfristig für (private) Pläne?
- Provokativ: Wann wollen Sie eine Familie gründen und Kinder kriegen?
- An Frauen: Können Sie sich durchsetzen?

Die häufigsten nonverbalen Fehler im Vorstellungsgespräch

Körperhaltung

21 % spielen mit den Haaren oder Händen im Gesicht

26 % zu lockerer Händedruck zur Begrüßung

21 % verschränkte Arme (ablehnende Körperhaltung)

33 % zappeln zu viel herum

47 %
Der häufigst beklagte Fehler: Bewerber informieren sich zu wenig oder überhaupt nicht über das Unternehmen

Gestik

9 % zu häufiges Gestikulieren

67 % zu wenig Blickkontakt

38 % zu wenig lächeln

Die Top Ten der häufigsten Fehler, die bei einem Vorstellungsgespräch gemacht werden

- Nicht nach der Tätigkeit fragen
- Sich nicht von den anderen Kandidaten abheben
- Im Vorstellungsgespräch zu viel improvisieren
- Sich verbiegen, um die Person zu sein, die das Unternehmen sucht
- Ausschließlich die eigenen Interessen über die des Unternehmens stellen
- Unzureichende Recherche über den potentiellen Arbeitgeber
- Nicht genügend Interesse oder Begeisterung zeigen
- Fehlender Humor, Herzlichkeit oder Persönlichkeit
- Vermitteln, dass Sie noch nicht über den letzten Job hinweg sind
- Zu sehr ins Detail gehen, warum Sie die letzte Beschäftigung verloren haben ▶

Quelle: Verändert nach Classes and Careers

33 % der Recruiter wissen bereits nach den ersten 90 Sekunden des Vorstellungsgespräches, ob der Kandidat für eine Einstellung in Frage kommt

Das erste Gespräch mit dem neuen potentiellen Arbeitgeber dauert **durchschnittlich 40 Minuten**

Der erste Eindruck

- **7 %** Gesprächsinhalt
- **38 %** Ausdrucksqualität und rhetorische Fähigkeiten
- **55 %** Kleidung und die Art und Weise des Auftretens
- **33 %** schlechte Körperhaltung

Kleidung

- **70 %** der Recruiter sagen: nicht zu bunt und keine knallbunten Krawatten oder Tücher
- **65 %** Verantwortliche sagen: Kleidung ist ein Entscheidungsfaktor bei gleich qualifizierten Bewerbern

Tipps für das Bewerbungsgespräch

- Bereit sein, kurz Ihre Erfahrungen zu beschreiben
- Überprüfen Sie Ihre Qualifikationen für den Job
- Eine bestimmte Aufgabe im Auge haben
- Im Vorfeld über das Unternehmen informiert sein

5 Fragen die gerne gestellt werden

- Erzählen Sie mir etwas über sich.
- Warum haben Sie Ihren letzten Job gekündigt?
- Was wissen Sie über unser Unternehmen?
- Warum wollen Sie für uns arbeiten?
- Erzählen Sie etwas über Ihre Erfahrungen im...

Soft Skills

Wichtiger Karrierefaktor neben der Fachkompetenz

Sowohl im Berufsleben als auch im Privatleben spielen Soft Skills, auch soziale Kompetenzen genannt, eine wichtige Rolle. Sie können den Erfolg in vielen Lebensbereichen bestimmen. Insbesondere bei einem Bewerbungsgespräch ist das Wissen über die eigenen Stärken und Schwächen von großer Bedeutung, denn so können Sie sich gekonnt in Szene setzen und überzeugen.

Neben der reinen Fachkompetenz, genannt Hard Skills, die Ihre berufstypischen Qualifikationen beschreiben, gibt es die Soft Skills, die als „weiche Fähigkeiten und Fertigkeiten" bezeichnet werden. Diese Kompetenzen umfassen z.B. Fähigkeiten wie Einsatzbereitschaft, Kreativität, aber auch Kommunikationsstärke und Teamfähigkeit.

Hard Skills erlangen Sie in Ihrem Studium, Ihrer Ausbildung, durch Praktika oder im Berufsleben selber. Bei der Bewerbung können Sie diese anhand von Zeugnissen und Erfahrungen aus Ihrem Berufsleben leicht darstellen. Im Gegensatz dazu sind Soft Skills Grundlage Ihrer Lebens- und Berufserfahrung, einige können durch spezielle Trainings oder Coachings geschult werden. Bei Soft Skills unterscheidet man zwischen persönlichen, sozialen und methodischen Handlungskompetenzen. ▶

Persönliche Kompetenzen

Zu persönlichen Kompetenzen zählen z.B. Einsatzbereitschaft, Verantwortungsbewusstsein, Selbstvertrauen und Kreativität. Im Berufsleben wäre ein Zeichen für Einsatzbereitschaft, wenn Sie sich besonders für Ihre eigenen Aufgaben einsetzen oder auch Kollegen Ihre Hilfe anbieten, um ein Projekt zu Ende zu bringen, auch wenn es für Sie Überstunden bedeutet. Ebenso bedeutend ist Selbstvertrauen. Stellen Sie sich neuen Herausforderungen und sagen Sie nicht von vornherein, dass Sie etwas nicht können. Fragen Sie nach und zeigen Sie Ihren Vorgesetzten, dass Sie Interesse daran haben, etwas Neues zu erlernen. Das zeigt Ihrem Arbeitgeber, dass Sie nicht nur das machen, was Sie bereits können, sondern sich weiterbilden möchten.

Eine weitere Kompetenz ist das Verantwortungsbewusstsein. Erledigen Sie Ihre Aufgaben gewissenhaft, stehen Sie zu Ihren Ergebnissen und präsentieren Sie diese mit Überzeugung. Jedoch zeugt nicht nur das Fertigstellen der eigenen Aufgaben von Verantwortungsbewusstsein, sondern auch das Verhalten im Team. Übernehmen Sie Organisatorisches oder unterstützen Sie Ihre Kollegen bei Problemstellungen. Dabei dürfen Sie natürlich Ihre eigene Aufgabe nicht aus dem Auge verlieren und erfolgreich umsetzen.

Sie besitzen diese Fähigkeiten? Dann sollten Sie in Ihrer Bewerbung auf diese Punkte eingehen. Sie können Ihre Einsatzbereitschaft z.B. durch Engagements außerhalb des Studiums oder durch über das Studium hinausgehende Kurse und Seminare zeigen. Überzeugen Sie den Personalverantwortlichen, dass Sie nicht nur das Nötigste machen, um Ihr Ziel zu erreichen. Zeigen Sie, wie wichtig es Ihnen ist, Neues zu erlernen und sich für andere einzusetzen. Ehrenamtliche Tätigkeiten oder eine Stelle in einer leitenden Position sind ein Indiz für den Personaler. Sie machen damit deutlich, dass Sie bereits verantwortungsvolle Aufgaben gemeistert haben. Legen Sie Ihrer Bewerbung Arbeitszeugnisse oder konkrete Ergebnisse Ihrer Arbeit bei, damit sich der Personaler ein eigenes Bild von Ihnen und Ihrer Kreativität machen kann.

Am besten bereiten Sie sich auf ein Vorstellungsgespräch vor, indem Sie sich schon im Vorfeld Beispiele aus Ihrem Berufs- oder auch Ihrem Privatleben überlegen, um diese dann auch im Gespräch überzeugend darstellen zu können.

Soziale Kompetenzen

Als Basis fast aller Sozialkompetenzen lassen sich Kommunikationsfähigkeit, Empathie und Teamgeist bezeichnen. Sie können Ihre Meinung klar zum Ausdruck bringen ohne dabei andere zu denunzieren? Das zeugt von einer guten Kommunikationsfähigkeit, da Sie sich gegenüber anderen angebracht ausdrücken und auch Kritik sachlich äußern können. Teamgeist haben Sie, wenn Sie gerne mit Ihren Kollegen zusammen arbeiten und sich gegenseitig bei Ihrer Arbeit unterstützen. Diese Fähigkeiten sind Erfolgsfaktoren in sehr vielen Berufsbildern.

In Ihrer Bewerbung können Sie z.B. mit Mannschaftssportarten oder Teamarbeit in ▶

ehrenamtlichen Tätigkeiten punkten. So zeigen Sie dem Personalverantwortlichen, dass Sie bereits Erfahrung in der Teamarbeit gesammelt haben, aber auch, dass Sie in der Lage sind, im Team Konflikte zu lösen und Erfolge zu feiern.

Methodische Kompetenzen

Bei methodischen Kompetenzen geht es darum, wie gut Sie Methoden und Techniken erlernen und anwenden können. Dazu zählt z.B. das Vorbereiten, Aufbauen, Gestalten einer Präsentation, das verständliche Präsentieren oder die Fähigkeit, Probleme strukturiert anzugehen und zu lösen. Auch die Art und Weise mit welchen Strategien Sie sich Ihre Zeit effektiv einteilen, Sie Ihre Arbeit erleichtern und strukturieren ist eine methodische Fähigkeit. Ihre Kreativität bzw. Ihre Innovationsfreude und der Einsatz von Techniken zur Ideenfindung sind ebenso bedeutende Punkte. Diese helfen bei einer Herausforderung verschiedene Lösungswege zu entwickeln.

Für Ihre Karriere ist das Selbstmarketing, also authentisch Ihre eigenen Stärken bewusst unterstreichen zu können, eine wichtige Kompetenz. Präsentieren Sie Ihre Ergebnisse und zeigen Sie Ihrem Vorgesetzten, dass Sie gute Arbeit geleistet haben. Machen Sie im Unternehmen auf sich aufmerksam.

Die Bewerbung ist das Erste, das der Personalverantwortliche von Ihnen sieht, also stellen Sie sich so gut wie möglich dar. Unterstreichen Sie Ihre Stärken z.B. durch ein ansprechendes Layout der Bewerbung. Ebenso spielen die passenden Formulierungen und die Herausarbeitung der für das Berufsbild wichtigen Erfahrungen und Karrierestationen eine große Rolle. Mit all diesen Aspekten können Sie dem Personaler zeigen, dass Sie zu der Stelle passen und sich gut vorbereitet haben.

Handlungskompetenz

Nicht nur als Führungskraft ist es wichtig mit Herausforderungen und Leistungsdruck umgehen zu können. Bringen Sie Ihre Stärken aktiv in Ihr Arbeitsleben ein und zeigen Sie Ihren Kollegen und Vorgesetzten, dass Sie bereit sind, sich Herausforderungen zu stellen und sich stetig weiterentwickeln möchten. Gehen Sie Ihre Aufgaben so an, dass Sie ständig Ihr Ziel vor Augen haben und ergebnisorientiert handeln.

In jedem Beruf gibt es Zeiten, in denen es hektischer zugeht. Bewahren Sie in diesen Situationen die Ruhe und erledigen Sie trotz Zeitdruck Ihre Arbeit konzentriert und ergebnisorientiert. Geben Sie sich nicht mit dem Minimum zufrieden, sondern versuchen Sie immer aus allem das Maximum raus zu holen.

Auszeichnungen für gute Leistungen und gute Arbeitszeugnisse eigenen sich sehr gut, um diese Fähigkeiten im Lebenslauf festzuhalten. Studienbezogene Leistungen, wie ein Stipendium, eine Bestnote in der Bachelorarbeit oder ein Doppelstudium sowie die Teilnahme an einem Elite-Programm sind sehr gute Referenzen, die Ihre Fähigkeiten herausstellen. Ebenso können Erfolge aus Ihren Hobbys für den Personaler ausschlaggebend sein. Haben Sie bei einem akademischen oder ▶

musikalischen Wettbewerb gewonnen oder sind Sie sportlich aktiv? Diese Aktivitäten stehen genau wie z.B. die Auszeichnung zum Mitarbeiter des Jahres in Ihrem Nebenjob für Ihre Belastbarkeit und Ihren Leistungswillen.

Bewertung der Soft Skills

Soft Skills können im Gegensatz zu den Hard Skills nur subjektiv bewertet werden, daher ist es schwierig einzelne Fähigkeiten zu definieren. Letztlich ist es wichtig, dass Ihre Fähigkeiten zu dem Berufsbild passen.

Neben dem Bewerbungsgespräch setzen einige Unternehmen im Auswahlprozess Verhaltens- und Persönlichkeitstest sowie Assessment Center ein, um sich von Ihren personalen, sozialen und methodischen Kompetenzen zu überzeugen. Mittels dieser Tests haben Sie nicht nur die Chance Ihre Fachkompetenz unter Beweis zu stellen, sondern können auch Ihre sozialen Kompetenzen präsentieren.

Einen ersten Eindruck von Ihren Soft Skills erhalten Personalverantwortliche in Ihrem Bewerbungsschreiben, Lebenslauf, Referenzen oder Zeugnissen. Wenn Sie in Ihrem Lebenslauf viele Weiterbildungen aufweisen können, sagt das aus, dass Sie neugierig und offen für Neues sind. Ihr Anschreiben sollte aus der Masse herausstechen, da das für den Personaler ein Zeichen für Kreativität und Ihren Ehrgeiz ist. Sehr wichtig ist, dass Sie auf die Anforderungen in der Stellenanzeige eingehen und es damit dem Personalverantwortlichen leicht machen zu erkennen, dass Sie ideal auf die zu besetzende Stelle passen. ■

- Gehen Sie in Ihrer Bewerbung auf die geforderten Soft Skills aus der Stellenanzeige ein
- Bereiten Sie Beispiele für die in der Stellenanzeige erwähnten Soft Skills vor, um im Bewerbungsgespräch zu überzeugen
- Versuchen Sie in Ihrem Studium oder Ihrer Ausbildung auf Kurse zu achten, welche Ihre Stärken unterstreichen

Assessment Center

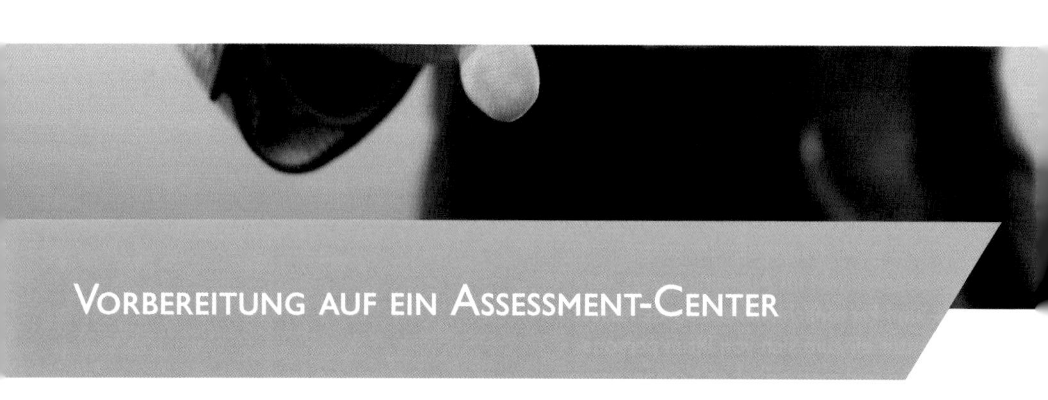

Vorbereitung auf ein Assessment-Center

Ein Assessment-Center ist ein personalisiertes Auswahlverfahren im Bewerbungsprozess, das aufgrund seines Zeit- und Kostenaufwands meist nur von größeren Unternehmen bzw. für leitende Stellen eingesetzt wird. Dabei werden insbesondere persönliche Fähigkeiten, die sogenannten Soft Skills wie soziale Kompetenzen, Intelligenz, Lernfähigkeit und Führungsqualitäten der Probanden geprüft. Die Ergebnisse werden dann von Vertretern des Unternehmens mit den Anforderungen der Stelle verglichen und bewertet.

Um vorhandene Fähigkeiten beobachten und Entwicklungspotenziale einschätzen zu können, werden reale und typische Anforderungen aus der Arbeitswelt gezielt simuliert. Die Aufgaben sind vielfältig und fordern die unterschiedlichsten Eigenschaften und Fähigkeiten des Bewerbers. Das Assessment-Center beinhaltet Einzel- und Gruppenaufgaben und kann in der Regel in einem zeitlichen Rahmen von ein bis zu drei Tagen absolviert werden.

Die Entscheidung darüber, ob ein Gruppen-Assessment oder ein Einzel-Assessment durchgeführt wird, hängt im Wesentlichen von der Hierarchiestufe ab, für die das Auswahlverfahren durchgeführt wird. Mit Ausnahme der Rekrutierung von hochrangigen Führungskräften wird meist ein Gruppen-Assessment durchgeführt. ▶

Mögliche Aufgabenstellungen sind:

Einzelaufgaben

- Selbstpräsentation
- Aufsatz
- Postkorbübung
- Rollenspiele
- Fallstudien
- Interview
- Psychologische Testverfahren
- Abschlussgespräch

Gruppenaufgaben

- Gruppenpräsentation
- Gruppendiskussionen
- Rollenspiel
- Fallstudien
- Konstruktionsübung
- Präsentation
- Unternehmensplanspiel
- Partnerpräsentation

Häufig genutzte Methoden von Assessment-Centern sind:

Selbstpräsentation

- Die Selbstpräsentation steht meist am Anfang eines jeden Assessment Centers. In der Regel werden Sie aufgefordert, in fünf bis zehn Minuten sich selbst zu präsentieren.
- Tipps: Nutzen Sie unbedingt die Ihnen zur Verfügung gestellten Hilfsmittel, wie beispielsweise Flip Charts oder Overheadfolien und üben Sie Ihre Präsentation vorher zu Hause. Arbeiten Sie die bisherigen Berufserfahrungen oder Hobbys, die Ihre für den Job relevanten Eigenschaften unterstreichen, wie einen Roten Faden in Ihrer Präsentation heraus. Achten Sie während der Präsentation auf Ihre Körperhaltung, Mimik und Gestik.

Fallstudie

- Die Fallstudie kann als Einzel- oder auch als Gruppenaufgabe gestellt werden. Ein branchentypisches Problem wird simuliert und Sie bekommen die Chance Ihr Fachwissen und insbesondere Ihr analytisches Denkvermögen unter Beweis zu stellen. Wenn die Fallstudie innerhalb einer Gruppe gelöst werden soll, dann werden dabei zusätzlich die Eigenschaften Durchsetzungsvermögen, soziale Kompetenz und Teamfähigkeit unter die Lupe genommen.
- Tipps: Versuchen Sie Ruhe zu bewahren und lesen Sie sich zuerst die Aufgabenstellung ausführlich durch. Als Nächstes ordnen Sie die erhaltenen Informationen und listen die vorhandenen Daten und Fakten auf. Dokumentieren Sie den Lösungsweg für die Beobachter.

Postkorbübungen

- Bei der Postkorbübung handelt es sich um einen Stresstest mit anschließender Entscheidungsbegründung. Sie bekommen bis zu 20 Meldungen, die Sie innerhalb des vorgegebenen Zeitplans bewältigen sollen. Die Schwierigkeit besteht darin, dass Sie in der Regel kaum Zeit dafür eingeräumt bekommen, alle Aufgaben innerhalb des Zeitraums zu erledigen. Daher heißt es, Prioritäten festzulegen und die wichtigen und zeitkritischen Aufgaben von eher unwichtigen oder nicht zeitkritischen Aufgaben zu trennen. Mit der Postkorbübung werden insbesondere Ihre Auffassungsgabe, Ihr Organisationstalent, Ihr Zeitmanagement, Ihre ▶

Entscheidungsfreudigkeit, Ihre Fähigkeit, systematisch zu denken sowie Ihre Stresstoleranz getestet.

- Tipps: Die Postkorbübung ist am besten zu bewältigen, wenn Sie einen Zeitplan erstellen, Ruhe bewahren und sich einen ersten Überblick verschaffen. Als Nächstes müssen die Aufgaben nach Dringlichkeit priorisiert werden. Termine, die einzuhalten sind, sollten Sie besonders hervorheben, wichtige Aufgaben, die aber nicht so dringlich sind, können Sie auf einen anderen Termin verschieben. Aufgaben, die dringlich, aber nicht so wichtig sind, können delegiert werden. Dabei müssen Sie die Konsequenzen der einzelnen Entscheidungen bedenken, um diese später zu begründen.

Rollenspiele

- Rollenspiele werden in einem Assessment-Center oft bei Positionen mit Publikumskontakt oder Personalverantwortung eingesetzt. Bewertet wird, ob Sie in schwierigen Situationen stets freundlich bleiben und souverän auftreten können. Häufige Ausgangspunkte sind Verkaufs- und Preisverhandlungsgespräche, aber auch Mitarbeiterkritik, Motivations- und Beschwerdegespräche.
- Tipps: Am besten, Sie versuchen zu Beginn eine positive Gesprächsatmosphäre zu schaffen, beispielsweise indem Sie kurz Smalltalk halten. Bei dem Gespräch selbst ist es wichtig, das Thema des Gesprächs zu verinnerlichen. Analysieren Sie, reflektieren Sie vor einem Gespräch, bis Sie sich sicher fühlen. Gehen Sie auf den Gesprächspartner ein. Versuchen Sie sich in die vorgegebene Rolle hineinzuversetzen ohne sich selbst gänzlich zu vergessen. Überschreiten Sie nie die Handlungskompetenz dieser Rolle.

Gruppendiskussion

- Ein vorgegebenes Thema soll innerhalb einer Gruppe von Bewerbern mit einer Zeitvorgabe von 15-45 Minuten kontrovers diskutiert werden. Ziel ist es, das dargestellte Problem möglichst einvernehmlich zu lösen. Dabei wird nicht der Inhalt der Diskussion, sondern der Umgang der Teilnehmer miteinander und das Teamverhalten bewertet.
- Tipps: Um diese Übung erfolgreich zu bestehen, gilt es folgende Verhaltensregeln zu beachten. Dabei ist es ratsam, das richtige Maß zwischen Führungskraft, Zielstrebigkeit und Durchsetzungsvermögen einerseits und Teamfähigkeit, Kompromissbereitschaft und Rücksichtnahme andererseits einzuhalten. Nichtsdestotrotz ist es vorteilhaft, in der Gruppe souverän und respektvoll die Rolle des Moderators einzunehmen, denn als Moderator haben Sie die besten Möglichkeiten, um auf sich aufmerksam zu machen und sich gleichzeitig für das Thema und die Gruppe einzusetzen. Das funktioniert am besten, indem Sie sicher auftreten und eine klare Vorstellung von Ihren eigenen Argumenten haben. Das Knifflige dabei ist, Sie sollten dennoch auch den anderen Teilnehmern zuhören und deren Argumente nachvollziehen können. Des Weiteren können Sie einen guten Eindruck hinterlassen, wenn Sie die stillen Teilnehmer zu einer Stellungnahme ermuntern. Inhaltlich befinden Sie sich auf der sicheren Seite, wenn Sie von ▶

Anfang an wichtige Punkte ansprechen, systematisch denken und dabei die Zeitvorgabe nicht außer Acht lassen.

Fragebögen

- Fragebögen finden ihren Einsatz bei den Einzelübungen. Es handelt sich um ein psychometrisches Testverfahren. Dabei werden die Persönlichkeit und Leistungen der Probanden gemessen. Des Weiteren gibt es Fragebögen zur Intelligenzbeurteilung. Diese oft standardisierten Fragebögen können schriftlich und/oder am PC beantwortet werden. Mit Hilfe der unterschiedlichen Fragebögen können Kompetenzen wie personale Kompetenz (z.B. Durchhaltevermögen), Methodenkompetenz (z.B. Planungsfähigkeit), fachliche Basiskompetenz (z.B. Arbeitsgenauigkeit), kognitive Basiskompetenz (z.B. Konzentrationsfähigkeit) oder schulische Kompetenz (z.B. Umgang mit deutscher und englischer Schriftsprache) ermittelt werden.
- Tipp: Um auf den Fragebogen-Test gut vorbereitet zu sein, sollten Sie sich die Anforderungen der Position gut einprägen und über das Unternehmen und sein Umfeld recherchieren, denn so können Sie sich ein Bild davon machen, welche Tendenzen die Fragen haben werden.

Abschlussgespräch mit Auswertung und ggf. Jobangebot

- Ein Abschlussgespräch wird meist genutzt, um noch einmal auf offene Punkte einzugehen oder vertiefende Fragen zu stellen. Es gibt Ihnen die Möglichkeit, Überzeugungskraft, Fachwissen und Zielstrebigkeit zu beweisen.

- Tipp: Kleiden Sie sich gepflegt und seriös. Nutzen Sie die Gelegenheit um den Interviewern klar zu vermitteln, warum Sie am besten für die angebotene Stelle geeignet sind.

Letztendlich erhöhen Sie bei einem Assessment-Center durch gute Vorbereitung und detaillierte Informationen über das Unternehmen Ihre Chancen auf eine gute Bewertung und somit auf ein Angebot für die Stelle.

Karriereleitern für Naturwissenschaftler & Mediziner

Als Naturwissenschaftler, Mediziner oder Ingenieur in einer Führungsposition oder erfolgreich in einer Fachkarriere? Sie denken nur wenige sind in diesen Positionen zu finden? Eine weit verbreitete Einschätzung und doch nur ein Mythos. Statistiken zeigen, dass die Hälfte der Vorstandsvorsitzenden in börsennotierten Unternehmen einen natur- oder ingenieurwissenschaftlichen Hintergrund haben. Neben einer kompetenten Führungspersönlichkeit sind ebenso die Fachkompetenzen ein wichtiger Karrierefaktor in innovativen High-Tech-Unternehmen.

Wählen Sie eine Laufbahn aus, die zu Ihnen und Ihrer Persönlichkeit passt. Die Basis für eine erfolgreiche Karriere ist der Spaß am eigenen Job. Sie haben so die besten Chancen Ihre persönliche Karriereleiter heraufzusteigen und sich nach Ihren Wünschen weiter zu entwickeln.

Fachkarriereweg

Sie haben die fachliche Kompetenz und Erfahrungen, wollen aber keine Führungsposition einnehmen? Dann können Sie eine Fachkarriere einschlagen - auch Experten- oder Projektlaufbahn genannt.

Viele Forschungs- und High-Tech-Unternehmen bieten Fachkarrierewege an, denn Innovationen und Produktentwicklungen sind die Grundlagen des Geschäftserfolgs. ▶

Abteilungswechsel als Karrierebooster

Sie haben ein naturwissenschaftliches, medizinisches oder ingenieurwissenschaftliches Studium absolviert oder einen Ausbildungshintergrund in diesem Bereich? Nun streben Sie eine Marketingkarriere an, sehen Ihre Stärken im Vertrieb oder möchten sich in der Forschung und Entwicklung engagieren? Viele Karrierewege sind möglich, denn jede Karriere verläuft anders.

Ihre berufliche Laufbahn muss nicht immer geradlinig verlaufen. Der ein oder andere „Schlenker" im Lebenslauf kann von Vorteil sein. Gerade der Wechsel zwischen verschiedenen Abteilungen kann als Karrieresprungbretter dienen. Diese haben den Vorteil, dass Sie Ihr Fachwissen erweitern, Zusatzqualifikationen erlangen und somit viel breiter aufgestellt sind. Sowohl Sie als auch das Unternehmen profitieren davon, denn was gibt es besseres für ein Unternehmen als einen Professional, der in zwei oder gleich mehreren Abteilungen die Herausforderungen und deren Lösungsansätze kennt. Hier können Sie schnell Schnittstellenpostionen einnehmen. Sie können somit Erfahrungen aus den Abteilungen in Ihr Aufgabenfeld einbringen und Ihre Effizienz steigern.

Managementkarriereweg

Voraussetzung für eine Managementkarriere sind ganz klar die passenden Soft Skills. Diese brauchen Sie, um Ihr Team effizient zu führen. In vielen Studiengänge werden wenig Möglichkeiten geboten, sich mit den eigenen Soft Skills auseinanderzusetzen. Nehmen Sie es daher selbständig in die Hand, diese Fertigkeiten weiter zu entwickeln.

Sie sind sich noch nicht sicher, wohin Sie Ihr Karriereweg führen soll? Die Karriereleitern für Naturwissenschaftler, Mediziner & Ingenieure zeigen Ihnen beispielhafte Wege, die Sie gehen können und welche Fähigkeiten Sie mitbringen sollten, um den nächsten Schritt zu machen. Befassen Sie sich frühzeitig mit Ihren Möglichkeiten, denn so können Sie Ihre Karriere in jeder Phase planen und entsprechend voran bringen. Die Karriereleitern zeigen geradlinige Möglichkeiten innerhalb eines Aufgabengebietes. Wie beschrieben kann der Wechsel zwischen verschiedenen Abteilungen z.B. Vertrieb und Marketing eine gute Karriereoption sein. Gerade wenn Sie eine Managementkarriere anstreben, sind Wechsel zwischen Abteilungen und Aufgabenbereichen sehr wichtig, um große Karrieresprünge machen zu können. ■

Akademische Laufbahn

Stetiger Ausbau des Netzwerks

W2/W3-Professur

- Beschaffung moderner Forschungsgeräte und Drittmittel
- Etablierung als internationaler Experte
- Ausbildung der Forscher von morgen

Juniorprofessur

- Eigene Drittmittelanträge
- Publikationen als Letztautor
- Eigenständige Lehre und Ausbau der Führungsstärke

Postdoc

- Arbeit in einem renommierten Institut am besten im Ausland
- Einsatz innovativer Forschungsmethoden
- Renomme über Publikationen in high-impact Journals / Patente
- Mitwirkung an Drittmittelanträgen

Promotion

- Präsentationen auf Tagungen und Symposien
- Veröffentlichungen als Erstautor oder Coautor
- Wahl eines Doktorvaters mit gutem Namen

Master

- Studienabschluss mit sehr guten Noten
- Wahl des Forschungsgebiets und der Abschlussarbeit in Hinblick auf die Laufbahn

Forschungsleiter

Abteilungsleiter

- Überdurchschnittlicher Erfolg der Entwicklungen im Verantwortungsbereich
- Gestaltung von Marketingmaßnahmen
- Sehr gute betriebswirtschaftliche Ergebnisse
- Erkennen von Synergien in der Entwicklung von Produktgruppen

Laborleitung / Projektleitung

- Eigene Managementprozesse etablieren und Führungserfahrung aufbauen
- Enger Kontakt zum Marketing- und Produktmanagement
- Betriebswirtschaftliche Grundlagen erlernen und umsetzen
- Kontakte im Unternehmen ausbauen
- Optimierung interner Prozesse und Abläufe
- Verantwortung für den reibungslosen Ablauf des Tagesgeschäfts

Wissenschaftlicher Mitarbeiter

- Umsetzung des wissenschaftlichen Know-Hows
- Breites Wissen & sicheres Anwenden von Methoden und Techniken
- Innovative Produktentwicklungen
- Firmenstrukturen erkennen und nutzen
- Sehr gute Forschungsergebnisse

Stetiger Ausbau des Netzwerks

Vertriebsleiter

Stetiger Ausbau des Netzwerks

Regional-/Gebietsleiter

- Überdurchschnittlicher Umsatzzuwachs im Verantwortungsbereich
- Führungserfahrung aufbauen
- Gestaltung von Marketingmaßnahmen
- Kundenbedürfnisse in Produktentwicklungen umsetzen
- Netzwerk im Unternehmen -insbesondere in andere Abteilungen- ausbauen

Key Account Manager

- Ausbau Produktwissen
- Sehr gute Kundenbeziehungen
- Marktstrukturen erkennen
- Überdurchschnittliche Umsatzzahlen
- Enger Kontakt zum Marketing- und Produktmanagement

Außendienst / Vertrieb

- Kunden und Kundeninteressen kennenlernen
- Unternehmensstrukturen kennenlernen und Netzwerk aufbauen
- Sehr gutes Vertriebsgeschick
- Sehr gute Umsatzzahlen

Marketingleiter

Marketingmanager
▪ Überdurchschnittlicher Erfolg der Entwicklung im Produktbereich
▪ Führungserfahrung aufbauen
▪ Genaue Kenntnisse über die Zielgruppe
▪ Erkennen und umsetzen von Synergien in der Entwicklung von verschiedenen Produktgruppen
Produktmanager
▪ Enger Kontakt zum Marketing und zur Produktentwicklung
▪ Wirtschaftlicher Erfolg des Produkts
▪ Ausbau des Verständnisses von Kunden und Markt
▪ Kenntnis des Wettbewerbs
Produkt- / Applikationsspezialist
▪ Erstellung von Produktkonzepten
▪ Überzeugende Präsentationen beim Kunden und im Unternehmen
▪ Firmenstrukturen erkennen und nutzen
▪ Sehr gutes Fachwissen im Produktgebiet
Stetiger Ausbau des Netzwerks

Notizen

Notizen